Patrizia Groß

Physische Geographie
kompakt

Jürgen Bauer · Wolfgang Englert · Uwe Meier
Frank Morgeneyer · Winfried Waldeck

Mit Beiträgen von Gerd Garten und Wolfgang Maetz

4., aktualisierte und erweiterte Auflage

Zuschriften und Kritik an:
Elsevier GmbH, Spektrum Akademischer Verlag, Verlagsbereich Biologie, Chemie und Geowissenschaften,
Merlet Behncke-Braunbeck, Slevogtstraße 3–5, 69126 Heidelberg
m.braunbeck@elsevier.com

Titel der Originalausgabe: Physische Geographie
© 2004 Bildungshaus Schulbuchverlage Westermann Schroedel Diesterweg Schöningh Winklers GmbH, Braunschweig

Wichtiger Hinweis für den Benutzer
Der Verlag und der Autor haben alle Sorgfalt walten lassen, um vollständige und akkurate Informationen in diesem Buch zu publizieren. Der Verlag übernimmt weder Garantie noch die juristische Verantwortung oder irgendeine Haftung für die Nutzung dieser Informationen, für deren Wirtschaftlichkeit oder fehlerfreie Funktion für einen bestimmten Zweck. Der Verlag übernimmt keine Gewähr dafür, dass die beschriebenen Verfahren, Programme usw. frei von Schutzrechten Dritter sind. Der Verlag hat sich bemüht, sämtliche Rechteinhaber von Abbildungen zu ermitteln. Sollte dem Verlag gegenüber dennoch der Nachweis der Rechtsinhaberschaft geführt werden, wird das branchenübliche Honorar gezahlt.

Bibliografische Information Der Deutschen Bibliothek
Die Deutsche Bibliothek verzeichnet diese Publikation in der Deutschen Nationalbibliografie;
detaillierte bibliografische Daten sind im Internet über http://dnb.ddb.de abrufbar.

Alle Rechte vorbehalten
4. Auflage 2005, Lizenzausgabe
© Elsevier GmbH, München
Spektrum Akademischer Verlag ist ein Imprint der Elsevier GmbH.

04   05   06   07   08   5   4   3   2   1   0

Das Werk einschließlich aller seiner Teile ist urheberrechtlich geschützt. Jede Verwertung außerhalb der engen Grenzen des Urheberrechtsgesetzes ist ohne Zustimmung des Verlages unzulässig und strafbar. Das gilt insbesondere für Vervielfältigungen, Übersetzungen, Mikroverfilmungen und die Einspeicherung und Verarbeitung in elektronischen Systemen.

Lektorat: Merlet Behncke-Braunbeck

Herstellungskoordination: Detlef Mädje

Umschlaggestaltung: WSP Design, Heidelberg

Satz: klr mediapartner Druck und Medien GmbH, Lengerich

Druck und Bindung: Westermann, Braunschweig

Printed in Germany

ISBN 3-8274-1597-7

Aktuelle Informationen finden Sie im Internet unter www.elsevier.de

Inhaltsverzeichnis

1 Die Entwicklungsgeschichte der Erde

1.1 Vom „Big Bang" zum blauen Planeten 6
1.2 Die letzten „Tage" in der Entwicklungsgeschichte der Erde 10

2 Die Wirkung endogener Kräfte

2.1 Die Entschlüsselung des Erdinneren 12
2.2 Die Theorie der Plattentektonik 16
2.3 Belege für die Richtigkeit der Theorie 18
     GEO-EXKURS: Regionalbeispiele 21
2.4 Plattentektonik und Vulkanismus 24
2.5 Vulkanismus und Erdbeben in Deutschland 26
2.6 Gebirgsbildung: Bildung von Falten- und Deckenfaltengebirgen 28
     GEO-EXKURS: Entstehung der Alpen 32
2.7 Bildung von Bruchschollengebirgen 34
2.8 Rekonstruktion eines globalen Puzzles 36

3 Die Wirkung exogener Kräfte

3.1 Verwitterung: Wenn die Steine sterben 38
3.2 Massenselbstbewegungen 41
3.3 Formenbildung durch fließendes Wasser 42
     GEO-EXKURS: Die Gesichter des Rheins 46
     GEO-EXKURS: Kaltzeiten und Warmzeiten 50
3.4 Formenbildung durch Eis 52
3.5 Formenbildung an Küsten 56
3.6 Formenbildung durch Wind 58
3.7 Formenbildung in Karstgebieten 60

4 Die großen Kreisläufe

4.1 Der Gesteinskreislauf 62
4.2 Wasserkreislauf und biogeochemische Kreisläufe 64
     GEO-EXKURS: Meeresströmungen 66

5 Die Bildung von Lagerstätten

5.1 Bildung von Erzlagerstätten 68
5.2 Bildung von Salzlagerstätten 70
5.3 Bildung von Kohlenlagerstätten 72
5.4 Bildung von Erdöl- und Erdgaslagerstätten 74
     GEO-EXKURS: Verteilung der Lagerstätten 76

INHALTSVERZEICHNIS

6 Die Dynamik der Atmosphäre

- 6.1 „Akteure" im Wetter-/Klimageschehen 78
- 6.2 Vom Strahlungs- und Wärmehaushalt zur Lufttemperatur 80
- 6.3 Aufbau der Atmosphäre 86
- 6.4 Wasser in der Atmosphäre 88
- 6.5 Luftdruck und Wind 92
- 6.6 Grundlagen der globalen atmosphärischen Zirkulation 94
- 6.7 Wettergeschehen in den mittleren Breiten 98
  - GEO-EXKURS: Auswertung einer Wetterkarte 100
- 6.8 Großwetterlagen in Mitteleuropa 102
  - GEO-EXKURS: Hundertjähriger Kalender, Bauernregeln und Witterungssingularitäten ... 104
- 6.9 Wettergeschehen in den Tropen 106
  - GEO-EXKURS: Regionalbeispiele 112
- 6.10 Vom Wetter zum Klima 114
- 6.11 Effektive Klimaklassifikation 116
- 6.12 Klimadiagramme – Steckbriefe des Klimas 118
  - GEO-EXKURS: Das Klima Europas 120
- 6.13 Natürliche Klimaschwankungen 122
- 6.14 Anthropogen bedingte Klimaänderungen 124

7 Die Böden der Erde

- 7.1 Bodenbildung: Umwandlungsprozesse 130
- 7.2 Bodenbildung: Stoffverlagerungsprozesse 134
- 7.3 Bodenfruchtbarkeit 136
- 7.4 Bodenzonen der Erde 138
- 7.5 Bodentypen im Überblick 140
  - GEO-EXKURS: Erhaltung und Verbesserung der Bodenfruchtbarkeit 144
- 7.6 Bodenschädigung und Bodenvernichtung 146

8 Die Vegetation der Erde

- 8.1 Palmen die Fürsten der Pflanzen 148
- 8.2 Pflanzen und ihre Umwelt 150
- 8.3 Pflanzen erobern und verändern die Umwelt 152
- 8.4 Die Vegetationszonen der Erde 154
- 8.5 Die großen Wälder 158
- 8.6 Die großen Grasländer 162
- 8.7 Die Wüsten und Halbwüsten 168
- 8.8 Das Vegetationsmosaik der Subtropen 170
- 8.9 Die Höhenstufen der Vegetation 172
- 8.10 Die Bedrohung des grünen Planeten 174

9 Die naturräumliche Gliederung Deutschlands

- 9.1 Die Großlandschaften Deutschlands 176
- 9.2 Das norddeutsche Tiefland 178
- 9.3 Die Mittelgebirgszone 184
- 9.4 Das Alpenvorland und die Alpen 188

MERKMALE DES PLANETEN

Die Entwicklung des Planeten Erde ist eine Geschichte ständiger Veränderungen, ausgelöst durch eine Vielzahl endogener (von innen kommender) und exogener (von außen kommender) Einflüsse und Prozesse, die letztendlich durch energetische Ungleichgewichte angetrieben werden.

Das größte Ungleichgewicht besteht innerhalb des Planeten selbst, zwischen dem noch heißen Erdinneren und seiner erkalteten Außenhaut. Diese besitzt vergleichsweise nur die Dicke einer Eischale und wird daher von der aus dem Inneren drängenden Wärme fortwährend aufgerissen und in Stücke zerlegt. Vulkanismus, Erdbeben, Verschiebungen von Erdplatten und Gebirgsbildungen sind die Folgen dieses Energieungleichgewichts. Der Energiestrom aus der Erde wird als Infrarotstrahlung ins All abgegeben. 99 % der Energie für die Erwärmung der Erdoberfläche und der Atmosphäre stammen von der Sonne. Da die von der Sonne zugestrahlte Energie auch wieder abgestrahlt wird, ist das System Erde-Atmosphäre-All langfristig und global gesehen im Gleichgewicht. Wegen der Kugelgestalt, der Rotation um sich selbst, der Schrägstellung der Erdachse und der Wanderung der Erde um die Sonne variiert die Erwärmung der Oberfläche und der Atmosphäre jedoch räumlich und zeitlich erheblich. Die Folgen sind die Entstehung von Tag/Nacht, von Jahreszeiten und von großräumigen Luftmassen- und Meeresströmungen, die den Energieaustausch zwischen unterschiedlich warmen Regionen sicherstellen. Der in diese Prozesse eingebettete Wasserkreislauf führt – zusammen mit der Gravitation – dazu, dass auch die durch endogene Prozesse immer neu entstehenden Höhenunterschiede wieder ausgeglichen werden: Selbst die höchsten Gebirge werden nach und nach durch Erosionsprozesse wieder eingeebnet.

Alle Stoffströme – egal ob es sich um feste, flüssige oder gasförmige Stoffe handelt – auf und in der Erde sind Kreislaufprozesse, die vielfältig miteinander verwoben sind. Und in praktisch alle Kreisläufe dieses planetarischen Stoffwechsels haben sich die Lebewesen seit ihrer Entstehung eingeschaltet, teilweise mit weit reichenden Folgen: Ohne die Fotosynthese der grünen Pflanzen hätte der Planet eine andere Atmosphäre; ohne ihre Biomasseproduktion gäbe es keine komplexen Nahrungsketten und Nahrungsnetze, keine Bodenbildung und auch keine Lagerstätten fossiler Brennstoffe. Die Lebewesen der Erde haben ihren Heimatplaneten auf nahezu unglaubliche Art und Weise verändert und sich dabei alle nur denkbaren Lebensräume erschlossen, zu Wasser, zu Land und in der Luft.

Katastrophen, ausgelöst z. B. durch Meteoriteneinschläge, durch Vulkanausbrüche oder auch durch das Zusammenspiel von kosmischen und irdischen Faktoren wie z. B. bei der Entstehung der Eiszeiten brachten das Leben regional oder global aber schon mehrfach bis an den Rand des Untergangs. Immer wieder haben sich der Planet und seine Lebewesen aber von diesen Rückschlägen erholt und weiter entwickelt. Neben diesem ständigen Evolutionsprozess ist ein weiteres Merkmal des Planeten sein außerordentlich hohes Maß an Selbstregulation: Obwohl die Sonne seit der Entstehung des Lebens auf der Erde ihre Wärmeabgabe um 25 % gesteigert hat, ist die Temperatur der Erdoberfläche über den ganzen Zeitraum von über 3,5 Mrd. Jahren – von Ausnahmen abgesehen – auf einem für das Leben erträglichen Niveau geblieben. An den für diese Regulation erforderlichen Rückkopplungsprozessen sind alle Bausteine des Systems Erde beteiligt:
- die Geosphäre (der Erdkörper),
- die Atmosphäre (die Lufthülle),
- die Hydrosphäre (die Wasserhülle), von der meist ein Teil in der Kryosphäre (Eis) gebunden ist,
- die Biosphäre (die belebte Welt),
- die Pedosphäre (die Bodenschicht), in der alle anderen Sphären besonders eng miteinander verzahnt sind.

Erdmasse	5976×10^{21} kg	Mittlere Landhöhe	84×10^1 m
Erdradius	6371×10^3 m	Meeresvolumen	1350×10^{15} m^3
Meeresfläche	3620×10^{11} m^2	Masse des Meeres	1384×10^{18} kg
Landfläche	1481×10^{11} m^2	Masse der Atmosphäre	5137×10^{15} kg
Mittlere Meerestiefe	373×10^1 m	Anzahl heute lebender Arten	$5 \times 10^6 - 100 \times 10^6$

1 Die Entwicklungsgeschichte der Erde

1.1 Vom „Big Bang" zum blauen Planeten

Die modernen Naturwissenschaften haben die Geschichte des Universums immer weiter zurückverfolgt, bis zu jenem Zeitpunkt vor etwa 15 Mrd. Jahren, als das gesamte heutige Universum auf ein Volumen von wenigen Litern mit unvorstellbarer (aber berechenbarer) Dichte und Temperatur konzentriert war. Die „Geburt" unserer Welt begann damit, dass dieser „Urstern" in einer Explosion von immenser Gewalt auseinander getrieben wurde. Es ist sinnlos, darüber zu spekulieren, was vor diesem so genannten Urknall war, denn erst seit dem „Big Bang" gibt es unser Universum, gibt es Materie, Raum und Zeit. Durch die Ausdehnung des Universums sank seine Temperatur und aus den Elementarteilchen konnten sich erste, einfach gebaute Atome wie Wasserstoff und Helium bilden. Etwa 100 000 Jahre nach dem Urknall entstanden aus diesen Gasen – bedingt durch die Schwerkraft – in dem weiterhin expandierenden Weltall lokale

Die bisherige Entwicklung des Universums hat die Vielzahl der chemischen Elemente und Moleküle hervorgebracht, aus denen alle Himmelskörper, aber auch Pflanzen, Tiere und wir Menschen aufgebaut sind. Die Entstehung und das Fortdauern des Lebens auf unserem Planeten wurden jedoch erst möglich durch das Zusammenwirken vielerlei Faktoren im System Sonne-Erde-Mond:

- Seit dem Zünden ihres nuklearen Feuers vor 4,5 Mrd. Jahren schickt die Sonne unaufhörlich einen gewaltigen Strom von Protonen und Elektronen, den „Sonnenwind", durch das Sonnensystem, der die energiereiche und daher lebensfeindliche kosmische Höhenstrahlung bis jenseits der Plutobahn zurückdrängt und sie so wie ein ferner Schutzschild vom Sonnensystem fernhält.
- Die Erde selbst ist durch ihr Magnetfeld vor dem Sonnenwind geschützt.
- Zusätzlich zum Sonnenwind sendet die Sonne elektromagnetische Strahlung aus, die die Erde erleuchtet und erwärmt.
- Vor zu energiereicher Strahlung (UV-Strahlung) ist die Erde durch ihre Ozonschicht geschützt.
- Der Abstand der Erde zur Sonne ist gerade so groß, dass Wasser in festem, flüssigem und gasförmigem Zustand vorkommt, dass lebenswichtige Moleküle wie die Nukleinsäuren (Erbsubstanz) und die Proteine stabil bleiben und eine Vielzahl chemischer Reaktionen weder zu schnell noch zu langsam abläuft.
- Im Gegensatz zum Mond ist die Erde groß genug, um durch ihre Schwerkraft flüssige und gasförmige Bestandteile (Ozeane und Atmosphäre) an sich zu binden.
- Der Mond der Erde wirkt schließlich stabilisierend auf die Lage der Erdachse und verhindert so, dass durch ein Schlingern der Achse Jahreszeiten und Temperaturen sich zu rasch verändern können.

6.1 Ein Platz an der Sonne

DIE ENTWICKLUNGSGESCHICHTE DER ERDE

kugelförmige Verdichtungen, die durch rasche Rotation zu scheibenförmigen Gasnebeln abgeplattet wurden, den Vorstufen der Galaxien (Milchstraßensysteme). Innerhalb dieser Gasnebel kam es wiederum zu kleineren Zusammenballungen von Atomen und Elementarteilchen. Durch die Massenanziehung prallten dabei immer mehr Teilchen aufeinander, wobei ihre Bewegungsenergie in Wärmeenergie umgewandelt wurde. Als die Temperatur $10^7\,°C$ überschritt, begann die Verschmelzung von Wasserstoffkernen zu Heliumkernen: das „Sternenfeuer" war gezündet. Bei dieser Kernfusion werden große Mengen Energie frei. Diese Energie führt zu einer Bewegung der Teilchen nach außen, die dem Zusammenstürzen der Materie unter dem Einfluss der Schwerkraft entgegenwirkt. Wenn beide Vorgänge sich die Waage halten, hat der entstandene Stern einen stabilen Zustand erreicht und verbrennt im Laufe von Jahrmilliarden allmählich seinen Wasserstoffvorrat. Neben Helium bilden sich dabei als „Asche" des nuklearen Feuers, das die Sterne leuchten lässt, auch Kerne der schwereren Elemente (C, N, O, Si, ...), die es im jungen Universum noch nicht gab. Am Ende eines Sternenlebens platzen die nun chemisch so reichhaltig gewordenen Sternkörper und schleudern in gewaltigen Supernova-Explosionen die neu geschaffenen Elemente – Bausteine für weitere Himmelskörper – hinaus ins Weltall.

Unsere Sonne ist ein Stern der 2. Generation. Sie und ihre Planeten entstanden aus den Trümmern einer Supernova, die vor ca. 6–9 Mrd. Jahren in unserem Teil der Galaxis explodierte. Die Tatsache, dass alle Planeten in einer Ebene auf nahezu kreisförmigen Bahnen mit gleichem Umlaufsinn die Sonne umkreisen und alle denselben Drehsinn besitzen, deutet darauf hin, dass sich das Sonnensystem aus einer einzigen rotierenden scheibenförmigen Gas- und Staubwolke entwickelt hat. 99,89 % der Gesamtmasse des Sonnensystems wurden bei der Verdichtung dieses „Urnebels" in der Sonne konzentriert. Aus dem Rest bildeten sich durch Zusammenballung nach und nach die Planeten und deren Monde. Im Gegensatz zu den innerhalb des Asteroidengürtels liegenden festen erdähnlichen Planeten sind die äußeren Planeten überwiegend aus Gasen aufgebaut.

Die Erde ist nach heutiger Vorstellung dadurch entstanden, dass sich aus dem solaren Restnebel vor etwa 4,9 Mrd. Jahren zunächst kleinere Körper bildeten, die miteinander kollidierten und so allmählich zum Planeten Erde heranwuchsen, einem zunächst kalten, unsortierten Konglomerat aus Silikaten, Eisen- und Magnesiumoxiden sowie geringen Anteilen anderer Verbindungen. Durch die Energiefreisetzung bei den Kollisionen, durch Meteoriteneinschläge, durch Wärmeabgabe bei radioaktiven Zerfallsprozessen und andere physikalische Vorgänge im Erdinneren begann die Erde schließ-

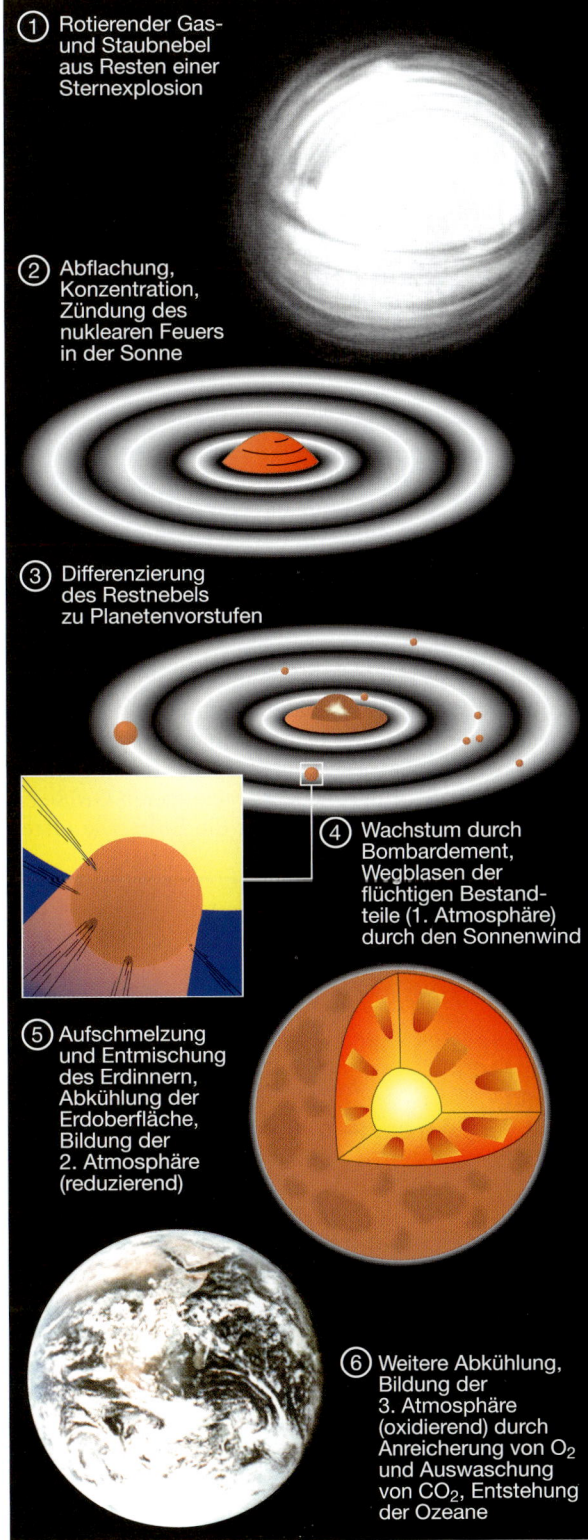

7.1 Die Entstehung der Erde

DIE ENTWICKLUNGSGESCHICHTE DER ERDE

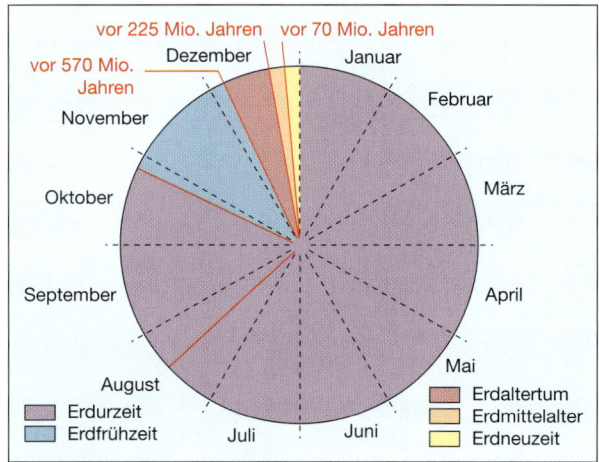

8.1 Geologische Jahresuhr

Gesteine des Mondes bildeten sich daher bereits vor etwa 4,4 Mrd. Jahren, während die zur Erdkruste erstarrten Gesteine höchstens 4,0 Mrd. Jahre alt sind.

Die erste Atmosphäre der Erde bestand vermutlich aus Wasserstoff, der sich jedoch wegen seiner geringen Dichte rasch ins Weltall verflüchtigte. Vulkane, welche die zunächst noch dünne Erdkruste in der Frühphase der Erde sehr häufig durchbrachen, lieferten durch ihre Ausgasungen die zweite, noch sauerstofffreie und daher lebensfeindliche Atmosphäre (v. a. mit CO_2, N_2, H_2S, Wasserdampf). Durch ihre allmähliche Abkühlung kondensierte der Wasserdampf und aus sintflutartigen Regenfällen entstanden die Urmeere. Sie entwickelten sich durch Einschwemmungen von gelösten Stoffen aus den verwitternden Gesteinen des Festlands zu schwachen Salzlösungen. In ihnen wurden durch die Reaktion von gelöstem CO_2 mit Kalziumionen immer größere Mengen Kalkstein ausgefällt, sodass sich der Chemismus auch der Atmosphäre allmählich veränderte. Dieser Vorgang wurde durch die sich entwickelnden Lebewesen noch tief greifend und nachhaltig verstärkt.

lich von innen her aufzuschmelzen. Dadurch entmischten sich ihre Bestandteile. Die schwersten Komponenten (Eisen, Nickel) sanken ins Zentrum und bildeten den schweren Erdkern. Das spezifisch leichtere Material blieb wie bei einem Hochofen als Schlackenschicht (v. a. Silikate) an der Oberfläche und erkaltete langsam. Während dieser Phase kollidierte ein etwa marsgroßer Körper mit der Erde, wobei ein eisenarmer riesiger glutflüssiger Klumpen abgesprengt wurde, aus dem sich der Erdmond formte. Aufgrund seiner geringeren Größe erkaltete dieser Tropfen rascher als die Erde. Die ersten

Da eine fossile Dokumentation fehlt, kann der Zeitpunkt für die Entstehung des Lebens auf der Erde nicht genau angegeben werden. Als gesichert gilt jedoch, dass im Meer schon sehr früh aus anorganischen Vorstufen organische Moleküle entstanden, die sich dann zu reproduktionsfähigen Systemen mit Stoffwechsel organisierten. Die ersten Lebewesen konnten ihren Energie-

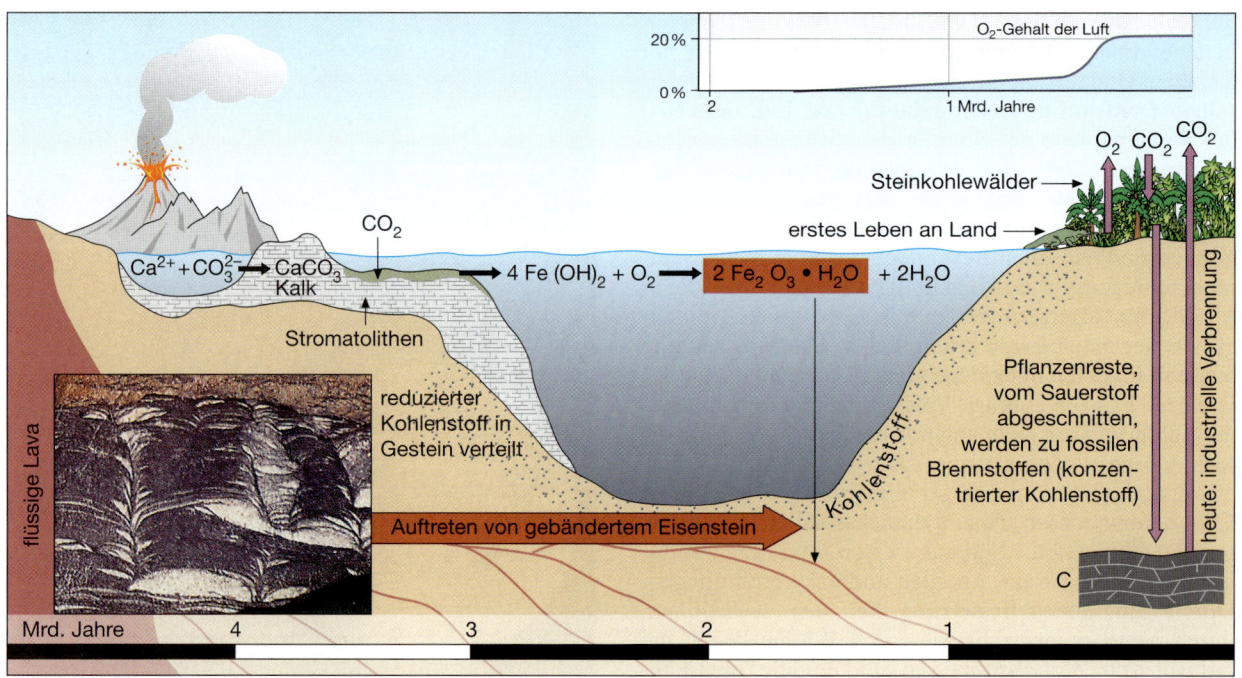

8.2 Entwicklung der Atmosphäre

bedarf zunächst noch aus den in der „Ursuppe" vorhandenen organischen Molekülen decken. Als dieser Vorrat weitgehend aufgebraucht war, bewältigte das noch junge Leben die drohende Energiekrise durch die „Erfindung" der Fotosynthese. Dabei werden mithilfe von Sonnenenergie aus CO_2 energiereiche Moleküle aufgebaut, bei deren Abbau mithilfe von Sauerstoff (= Atmung) die gespeicherte Energie aufgefangen und für den Betriebsstoffwechsel der Organismen genutzt werden kann. Cyanobakterien („Blaualgen") dürften die ersten dieser fotoautotrophen Lebewesen gewesen sein. Zumindest werden die ältesten sicheren Lebensspuren, 3,8 Mrd. Jahre alte so genannte Stromatolithenkalke, als fossile Blaualgenkolonien gedeutet.

Der bei der Fotosynthese als „Abfallprodukt" entstehende Sauerstoff lässt seit dem Beginn dieses revolutionären Vorgangs den ganzen Planeten rosten. Zunächst wurde er in den Gewässern von den ursprünglich großen Mengen an zweiwertigem Eisen „weggefangen", das dadurch zu unlöslichem dreiwertigen Eisen oxidiert wurde, welches heute als gebänderter Eisenstein bedeutende Erzvorkommen darstellt. Erst nachdem die Meere kaum noch gelöstes Eisen (II) enthielten, reicherte sich auch die Atmosphäre allmählich mit Sauerstoff an. Dass damit der Prozess des Rostens auch auf das Festland übergriff, belegen die ältesten, etwa 2 Mrd. Jahre alten kontinentalen Rotsedimente.

Langsam entstand so eine dritte, oxidierende Atmosphäre. Ein Teil des aufsteigenden Sauerstoffs wurde durch die UV-Strahlung der Sonne gespalten und bildete in der Höhe die Ozonschicht. Erst dieser Schutzschirm ermöglichte den Lebewesen auch die Besiedelung des Festlands.

Parallel zur O_2-Anreicherung lief die CO_2-Abnahme der Atmosphäre durch Bildung von Kalksedimenten und Riffkalken ständig weiter. Beide Vorgänge wurden noch verstärkt durch die Deponierung von organisch gebundenem Kohlenstoff in Form von Kohle, Erdöl und Erdgas. Unter den Planeten des Sonnensystems hat die Erde damit eine einzigartige Atmosphäre entwickelt. Ohne sie erschiene der Himmel heute selbst bei Tage dunkel und neben der Sonne wären auch die Sterne sichtbar. Das auffällige, mehr oder weniger intensive Himmelsblau entsteht dadurch, dass die einfallenden Sonnenstrahlen durch die Luftmoleküle bevorzugt im kurzwelligen, blauen Spektralbereich gestreut werden. Aus demselben Grund erscheint die Erde auch vom Weltall aus gesehen als blauer Planet, dessen Atmosphärenfarbe sich zusätzlich noch in den Ozeanen spiegelt.

Die Lebenserwartung dieses einzigartigen Planeten beträgt jedoch insgesamt „nur" etwa 10 Mrd. Jahre. In gut 5 Mrd. Jahren wird sich die Sonne zu einem Roten Riesen aufblähen und dabei die inneren Planeten – einschließlich der Erde – verschlingen.

Die Erde ist der einzige Planet des Sonnensystems, auf dem Wasser in allen drei Aggregatzuständen vorkommt. Ohne Eis, flüssiges Wasser und Wasserdampf hätte die bisherige Entwicklung des Planeten und seiner Lebewesen nicht ablaufen können. Wasser ist – neben Kohlenstoff in seinen zahlreichen organischen und anorganischen Verbindungen – für die belebte und unbelebte Natur von zentraler Bedeutung: Es ist Lösungsmittel, Transportmittel für Stoffe und Energie und Reaktionspartner in zahllosen Reaktionen. Das Vorkommen von Wasser schafft damit wesentliche Voraussetzungen für die den Planeten prägenden physikalischen, chemischen und biochemischen Prozesse. Diese überragende Bedeutung des Wassers resultiert aus seinen besonderen Moleküleigenschaften.

- H_2O ist ein sehr kleines und sehr mobiles Molekül.
- H_2O ist ein Dipol, denn in dem gewinkelten Molekül sind aufgrund der polaren Atombindungen zwischen Sauerstoff und Wasserstoff die Teilladungen ungleich verteilt. Wassermoleküle umhüllen (hydratisieren) daher andere polar gebaute Moleküle, lagern sich selbst aber auch über Wasserstoffbrücken zu größeren Einheiten (Clustern) zusammen. Beim Verdampfen von Wasser muss daher zusätzlich Energie aufgewendet werden, um die Wasserstoffbrücken zu brechen. Dies macht sich als Verdunstungskälte bemerkbar und bedingt einerseits den relativ hohen Siedepunkt des Wassers, ermöglicht andererseits aber auch die Speicherung von relativ viel Energie.
- H_2O besitzt eine Dichteanomalie. Nicht festes Wasser (Eis), sondern flüssiges Wasser hat die größte Dichte ($q = 1 g/cm^3$), denn im Eis sind die Wassermoleküle in einem Gitter festgelegt, das ca. 9 % mehr Volumen beansprucht als flüssiges Wasser. Deshalb schwimmt das leichtere Eis immer auf dem schweren Wasser, Voraussetzung dafür, dass z. B. Gewässer von der Oberfläche her zufrieren.
- H_2O dissoziiert (spaltet sich) teilweise in H_3O^+ (vereinfacht $H^+_{(aq)}$) und OH^--Ionen. Wasser beeinflusst damit wesentlich den pH-Wert einer Lösung.

9.1 Der blaue Planet – ein Wasserplanet

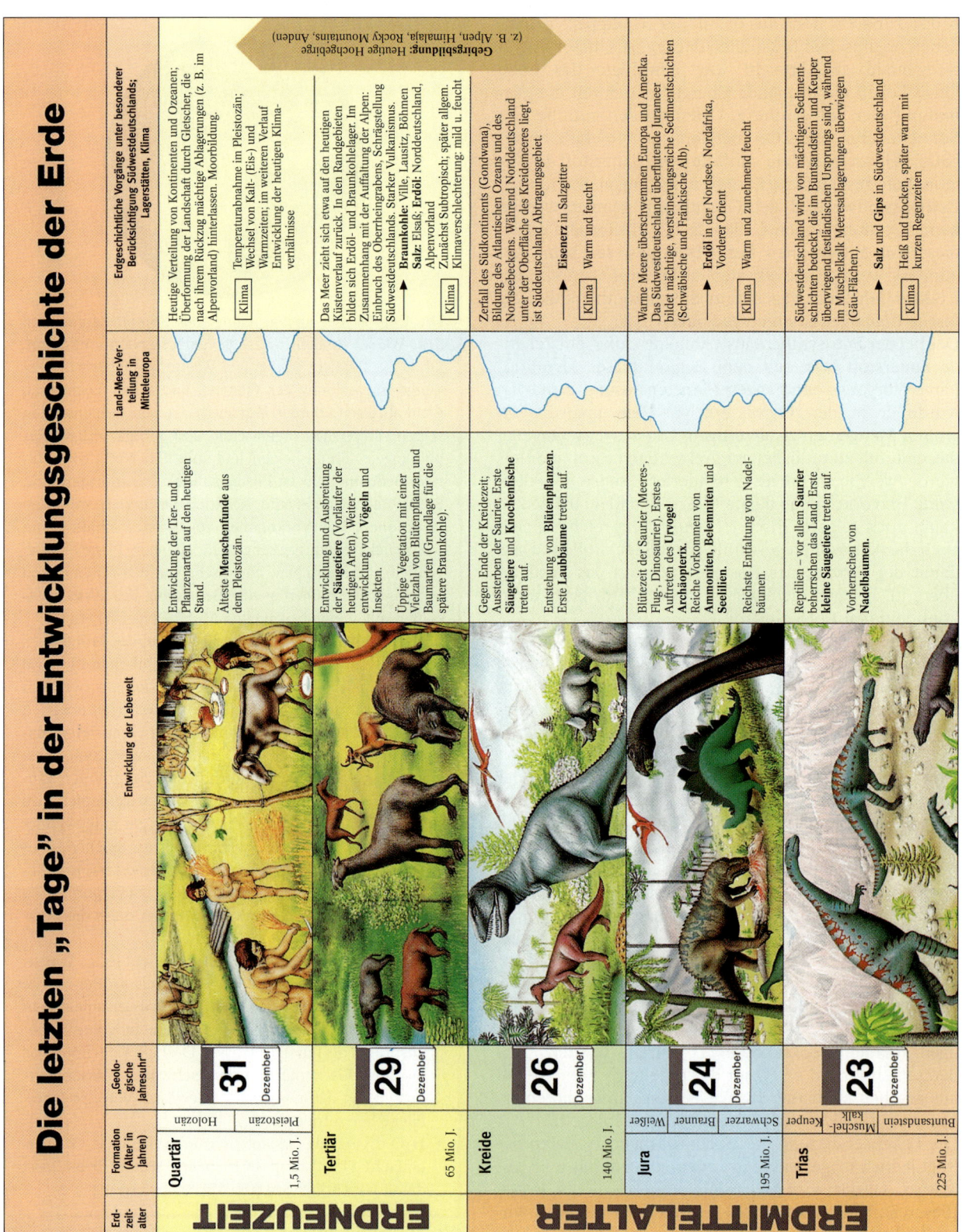

DIE ENTWICKLUNGSGESCHICHTE DER ERDE

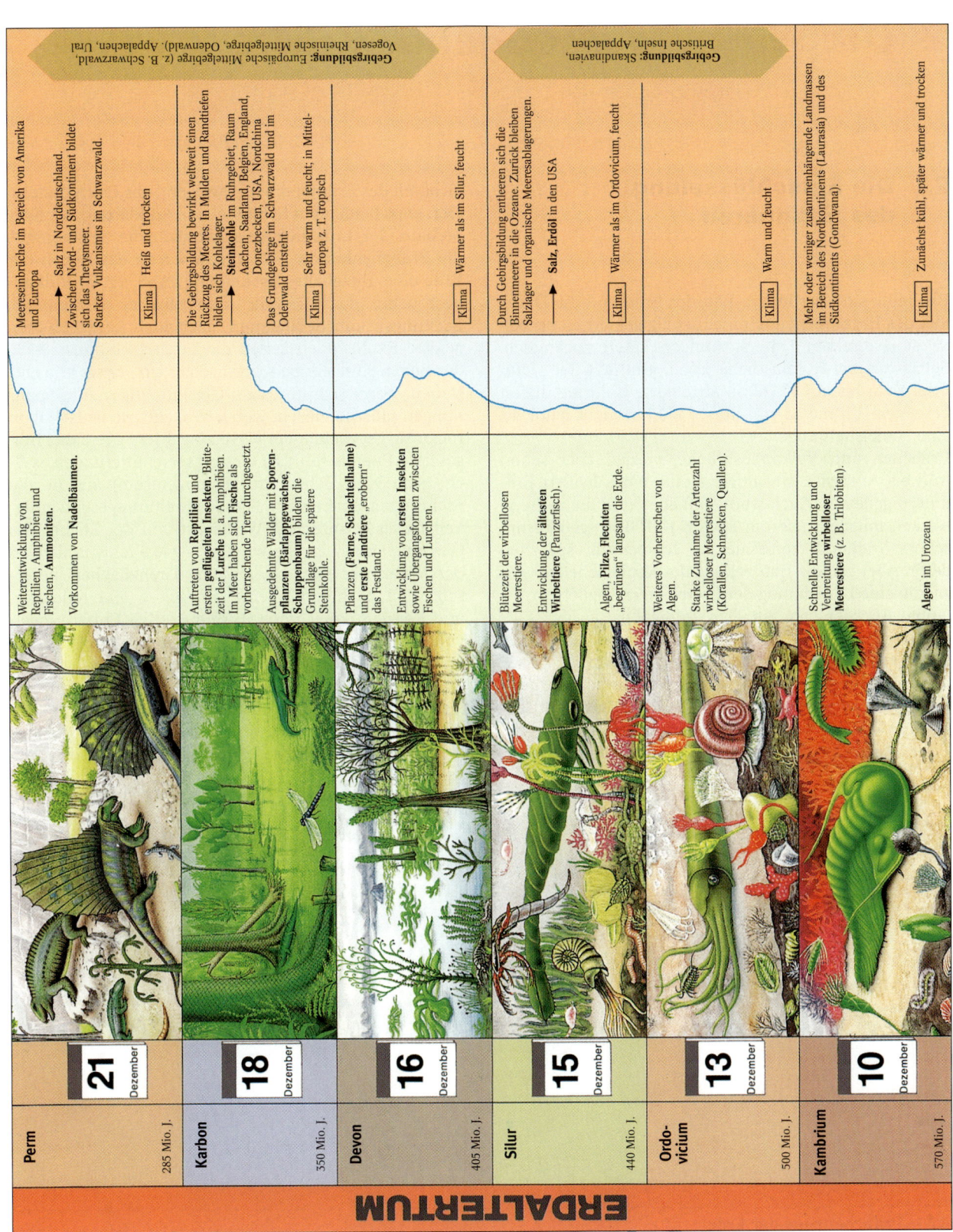

ERDALTERTUM

Perm — 21. Dezember — 285 Mio. J.

Meereseinbrüche im Bereich von Amerika und Europa.
→ Salz in Norddeutschland.
Zwischen Nord- und Südkontinent bildet sich das Thetysmeer.
Starker Vulkanismus im Schwarzwald.

Klima: Heiß und trocken

Weiterentwicklung von Reptilien, Amphibien und Fischen, **Ammoniten**.
Vorkommen von **Nadelbäumen**.

Karbon — 18. Dezember — 350 Mio. J.

Gebirgsbildung: Europäische Mittelgebirge (z. B. Schwarzwald, Vogesen, Rheinische Mittelgebirge, Odenwald), Appalachen, Ural

Die Gebirgsbildung bewirkt weltweit einen Rückzug des Meeres. In Mulden und Randtiefen bilden sich Kohlelager.
→ **Steinkohle** im Ruhrgebiet, Raum Aachen, Saarland, Belgien, England, Donezbecken, USA, Nordchina
Das Grundgebirge im Schwarzwald und im Odenwald entsteht.

Klima: Sehr warm und feucht; in Mitteleuropa z. T. tropisch

Auftreten von **Reptilien** und ersten **geflügelten Insekten**. Blütezeit der **Lurche** u. a. Amphibien. Im Meer haben sich **Fische** als vorherrschende Tiere durchgesetzt.
Ausgedehnte Wälder mit **Sporenpflanzen (Bärlappgewächse, Schuppenbaum)** bilden die Grundlage für die spätere Steinkohle.

Devon — 16. Dezember — 405 Mio. J.

Pflanzen **(Farne, Schachtelhalme)** und **erste Landtiere** „erobern" das Festland.
Entwicklung von **ersten Insekten** sowie Übergangsformen zwischen Fischen und Lurchen.

Klima: Wärmer als im Silur, feucht

Silur — 15. Dezember — 440 Mio. J.

Gebirgsbildung: Skandinavien, Britische Inseln, Appalachen

Durch Gebirgsbildung entleeren sich die Binnenmeere in die Ozeane. Zurück bleiben Salzlager und organische Meeresablagerungen.
→ **Salz, Erdöl** in den USA

Klima: Wärmer als im Ordovicium, feucht

Blütezeit der wirbellosen Meerestiere.
Entwicklung der ältesten **Wirbeltiere (Panzerfisch)**.
Algen, Pilze, Flechten „begrünen" langsam die Erde.

Ordovicium — 13. Dezember — 500 Mio. J.

Klima: Warm und feucht

Weiteres Vorherrschen von Algen.
Starke Zunahme der Artenzahl wirbelloser Meerestiere (Korallen, Schnecken, Quallen).

Kambrium — 10. Dezember — 570 Mio. J.

Mehr oder weniger zusammenhängende Landmassen im Bereich des Nordkontinents (Laurasia) und des Südkontinents (Gondwana).

Klima: Zunächst kühl, später wärmer und trocken

Schnelle Entwicklung und Verbreitung **wirbelloser Meerestiere** (z. B. Trilobiten).

Algen im Urozean

2 Die Wirkung endogener Kräfte

2.1 Die Entschlüsselung des Erdinneren

Bis heute sind der innere Bau der Erde und die Dynamik des Erdkörpers noch nicht völlig geklärt, denn beide sind direkten Untersuchungen kaum zugänglich. Selbst das tiefste künstliche Loch, eine auf der Halbinsel Kola bis auf 12260 m abgeteufte Bohrung, liefert bei einem Erdradius von über 6300 km nicht mehr als eine Nadelstichprobe.

Erdbeben und Vulkanausbrüche wurden aber schon früh als Ausdruck gewaltiger Kräfte eines heißen Erdinnern gedeutet. Auch warme Quellen und die in Bergwerken mit der Tiefe um etwa 3 K/100 m (geothermischer Gradient) zunehmende Temperatur sprachen dafür. Aber erst die Entdeckung der Keplerschen Gesetze, die eine Berechnung der Erdmasse ermöglichten, erlaubte Rückschlüsse auf den stofflichen Bau des Erdinneren: Da die Gesamterde eine mittlere Dichte von 5,5 g/cm^3, Oberflächengestein aber nur von 2,7 g/cm^3 besitzt, müssen in der Tiefe schwerere Gesteine vorherrschen. Weil die meisten der auf die Erde fallenden Meteoriten – Reste der Bildung des Sonnensystems – viel Eisen enthalten, lag der Schluss nahe, dass auch ein Großteil des Erdinneren überwiegend aus Eisen besteht. Den entscheidenden Schlüssel zur Aufklärung des Körperbaus der Erde lieferte schließlich die Seismologie, die Erdbebenkunde. Global gesehen ist das Beben der Erde eine alltägliche Erscheinung (Abb. 12.1): Vulkanausbrüche, der Einsturz unterirdischer Hohlräume, Sackungen von Sedimenten, aber auch künstlich ausgelöste Explosionen lassen die Erde erschüttern. 90 % der Beben sind jedoch tektonischen Ursprungs. Sie entstehen, wenn sich in festem Gestein aufgestaute Spannungen plötzlich lösen, wobei benachbarte Erdschollen ruckartig gegeneinander versetzt werden. Die dabei freigesetzte Energie führt zu Gesteinserschütterungen, welche sich vom Bebenherd (Hypozentrum) aus in alle Richtungen ausbreiten. Die Ausbreitungsgeschwindigkeit dieser seismischen Wellen ist von der Dichte des Gesteins abhängig. Sie werden – wie Lichtstrahlen an der Wasseroberfläche – an den Grenzflächen unterschiedlich dichter Gesteine gebrochen und reflektiert und können daher noch in sehr großen Entfernungen vom Herd gemessen werden.

Heute registrieren etwa 10 000 Messstationen mithilfe von Seismometern die Erderschütterungen und zeichnen sie kontinuierlich als Seismogramme auf. Deren Auswertung liefert exakte Angaben über die Lage des Herdes, die Richtung der Erdverschiebungen sowie die

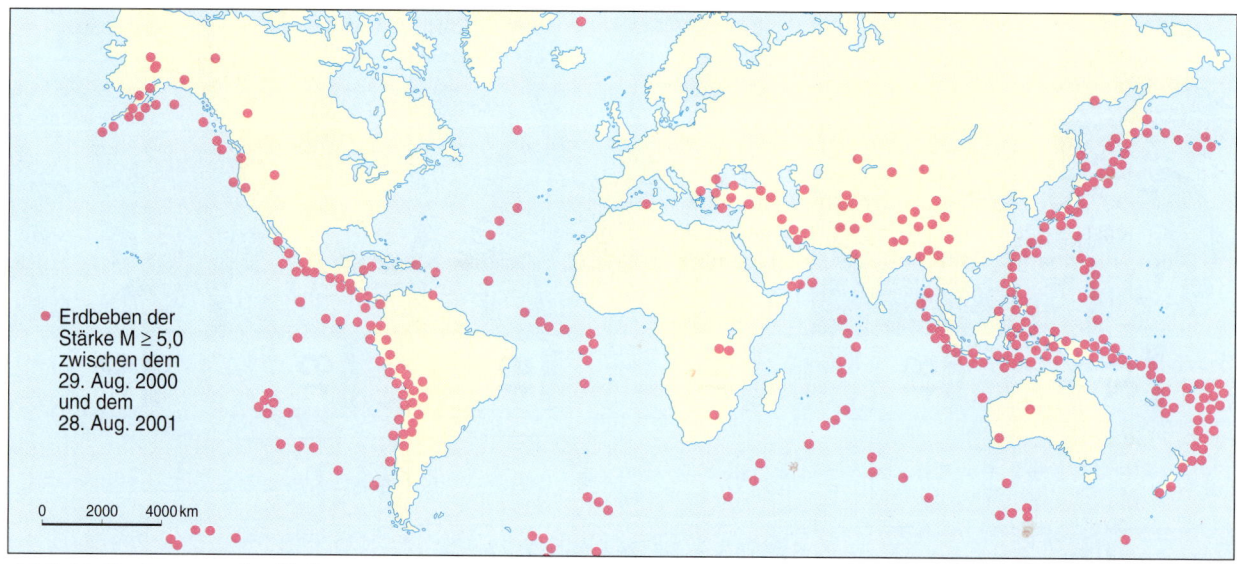

12.1 Erdbebenzone der Erde

dabei freigesetzte Energie. Die Stärke der Beben wird in zwei Skalen mit unterschiedlichen Maßeinheiten angegeben: Die Intensitäts-(Mercalli-)Skala beschreibt die an der Erdoberfläche sichtbaren Zerstörungen und subjektiven Wahrnehmungen. Die Magnituden-(Richter-Skala) gibt dagegen die aus den Seismogrammen ermittelte, im Bebenherd freigesetzte Energie an. Sie ist logarithmisch gegliedert und nach oben prinzipiell unbegrenzt. Eine Erhöhung auf dieser Skala um den Wert 1 bedeutet jeweils eine Verdreißigfachung der freigesetzten Energie.

Innerhalb des Erdkörpers verteilt sich die Energie der seismischen Wellen in alle drei Raumrichtungen. Wenn sie an die Erdoberfläche kommen, breiten sie sich jedoch nur noch in zwei Dimensionen aus. Dies verstärkt die Erschütterungen. Bei Erdbebenkatastrophen sind daher die Oberflächenwellen (Love-Wellen) die eigentlichen zerstörerischen Kräfte.

Für die Untersuchung der Struktur des Erdinnern sind hingegen die Raumwellen, die Primär-Wellen (P-) und die etwas langsameren Sekundär-Wellen (S-) von Bedeutung. Beide werden entsprechend der Brechungsgesetze beim Übergang in ein weniger dichtes Medium zum „Lot hin", beim Eintritt in ein dichteres Medium dagegen „vom Lot weg" gebrochen. Da die Gesteinsdichte mit der Tiefe zunimmt, werden die Bahnen beider Wellentypen innerhalb des Erdkörpers gekrümmt. Daraus ergibt sich eine Schattenzone, in der die Raumwellen nicht auftreten – ein Hinweis auf die Existenz und die Größe des Erdkerns. P-Wellen können den Kern auf direktem Weg durchqueren. Bei S-Wellen, die Flüssigkeiten nicht durchlaufen können, wurde dies nie registriert. Daher muss zumindest der äußere Teil des Kerns flüssig sein (Abb. 13.1–3).

Die „Durchleuchtung" der Erde ergab außerdem, dass sowohl die P- als auch die S-Wellen in bestimmten Tiefen abrupte Geschwindigkeitsänderungen aufweisen (Unstetigkeits- oder Diskontinuitätszonen). Dort muss jeweils ein rascher Wechsel des Materials oder des Phasenzustands (fest/flüssig) erfolgen. Diese Messergebnisse führten zur Vorstellung vom Schalenbau der Erde mit einer zunächst groben Gliederung in Kruste, Mantel und Kern, die später durch weitere Untersuchungen noch verfeinert wurde.

Die bereits 1909 nach ihrem Entdecker Mohorovicic-Diskontinuität (kurz Moho) benannte Grenzfläche trennt Kruste und Mantel. Die Ozeanische Kruste ist nur etwa 5–6 km mächtig und besteht aus Mg- und Fe-reichen Gesteinen (Basalt, Gabbro) mit einer Dichte von 3,0 g/cm³. Die Kontinentale Kruste ist mit 35–40 km, in Gebirgen bis zu 70 km, wesentlich mächtiger. Sie besitzt mit 2,7 g/cm³ eine geringere Dichte, da in ihren Gesteinen (Granit, Gneis) zusätzlich leichtere Elemente wie Al, K, Na, Ca, Si usw. angereichert sind.

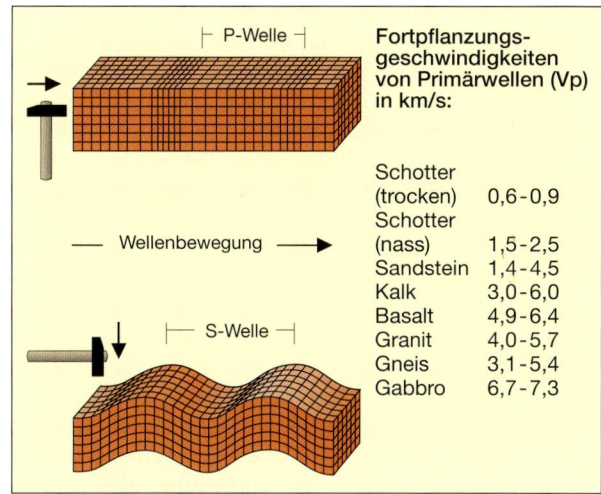

13.1 Erdbebenwellen

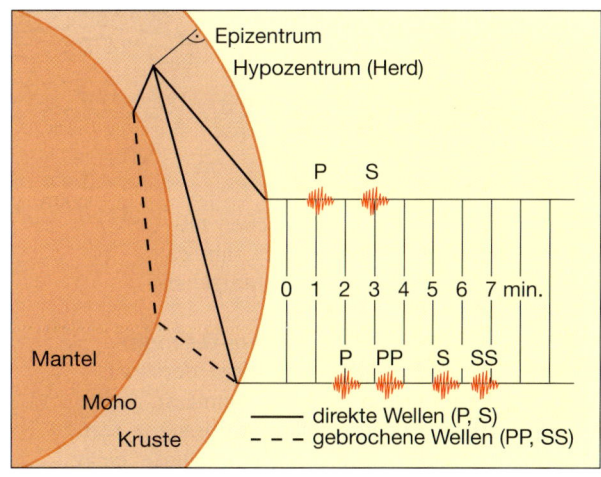

13.2 Erdbebenwellen und Seismogramm

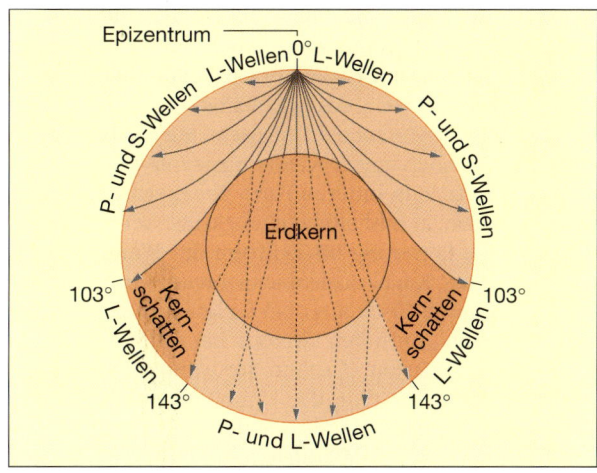

13.3 Erdbebenwellen durchlaufen den Erdkörper

DIE WIRKUNG ENDOGENER KRÄFTE

Erdkruste und Teile des Oberen Mantels werden heute als **Lithosphäre** (griech.: lithos = Stein) zusammengefasst. Sie ist im ozeanischen Bereich etwa 50 km, im kontinentalen etwa 110 km mächtig und bildet als feste Kugelschale die dünne erkaltete Außenhaut des im Inneren noch heißen Erdkörpers. Die in sich starre Lithosphäre schwimmt auf der darunter liegenden zähplastischen „Gleitschicht" der **Asthenosphäre** (griech.: asthenos = weich). Dort ist bis in etwa 400 km Tiefe die Temperatur mit etwa 1300 °C schon ausreichend hoch, der Druck jedoch noch niedrig genug, um besonders im oberen Bereich einige Prozent des Mantelgesteins geschmolzen zu halten.

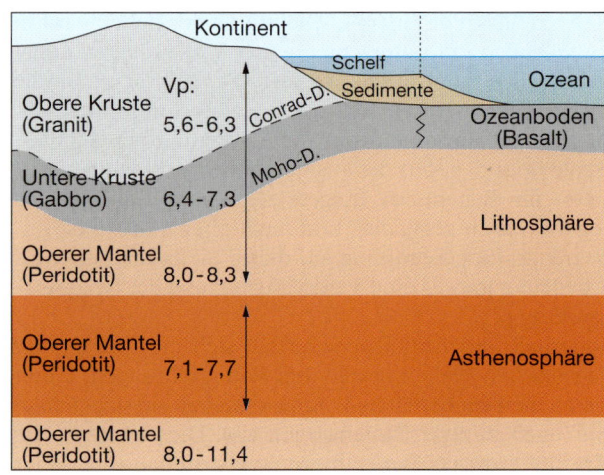

In größeren Tiefen des **oberen Erdmantels** wird das Gestein wegen des steigenden Drucks wieder fester. Dadurch werden – wie Hochdruckexperimente zeigen – die Bausteine im Olivin, dem Hauptmineral des Mantelgesteins Peridotit, in zwei Übergangszonen jeweils zu noch dichteren Kristallstrukturen zusammengepresst.

Im **unteren Erdmantel** wird wegen radioaktiver Zerfallsprozesse und der Hitze vom Erdkern her das Gestein im Verlauf von Hunderten von Millionen Jahren ganz langsam umgewälzt: Riesige, relativ kühle Brocken sinken hierbei in die Tiefe, andere, am ca. 1000 °C heißeren äußeren Kern aufgeheizte, steigen auf.

Die markante Wiechert-Gutenberg-Diskontinuität trennt den Mantel vom Erdkern, der etwa 1/3 der Gesamtmasse der Erde umfasst. Der **äußere Erdkern** dürfte etwa die Konsistenz von sehr dünnflüssigem Honig besitzen. Diese heiße Schmelze aus Eisen, Nickel und vermutlich Schwefel, Sauerstoff oder Silizium wird durch gewaltige Konvektionsströme mit Fließgeschwindigkeiten von mehreren Kilometern pro Jahr intensiv durchmischt. Als elektrisch leitende Flüssigkeit erzeugt sie dabei – einem Dynamo vergleichbar – das Magnetfeld der Erde, dessen Feldrichtung im Verlauf der Erdgeschichte aus bisher ungeklärten Gründen immer wieder umgepolt wurde.

An der Grenze zum **inneren Kern** übersteigt der Druck mit ca. 3,5 Mio. at schließlich einen kritischen Wert: Die metallhaltige Legierung im Zentrum des Planeten wird zu einer festen Kugel zusammengepresst. An sie lagert sich fortwährend Eisen aus dem äußeren flüssigen Kern an. Bei diesem „Anfrieren" werden beim Übergang vom flüssigem zum festen Zustand fortwährend gewaltige Wärmemengen frei, eine der Hauptenergiequellen der „Wärmekraftmaschine" Erde, die den Wärmeüberschuss des Erdinnern durch Wärmeleitung, Konvektion und Strahlung ständig nach außen abgibt.

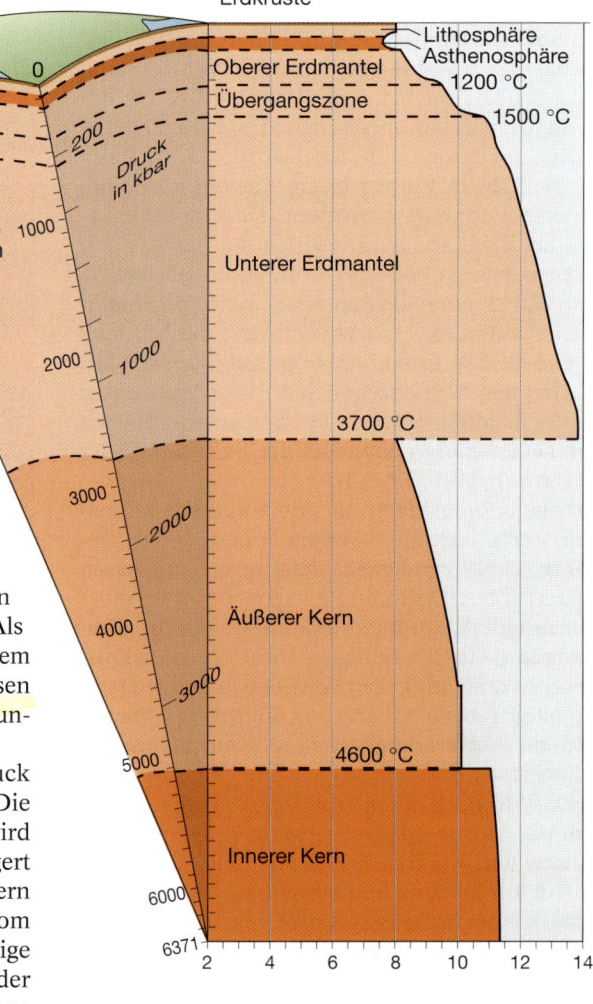

14.1 Ausbreitung von Erdbebenwellen

DIE WIRKUNG ENDOGENER KRÄFTE

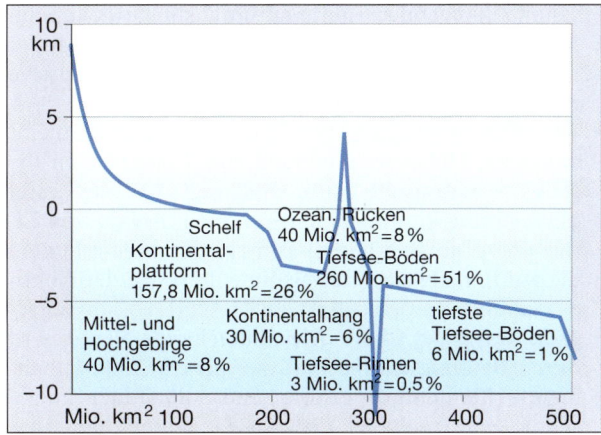

15.1 Hypsographische Kurve

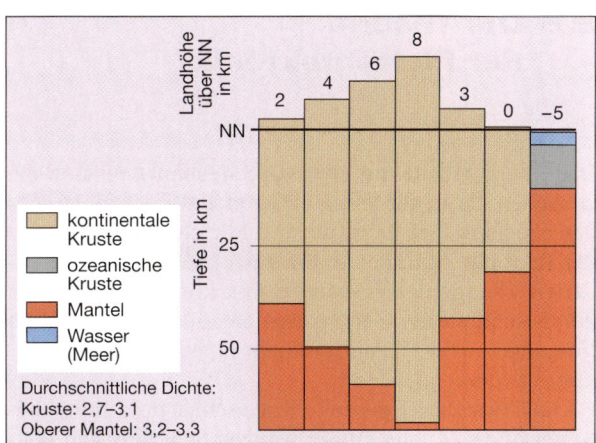

15.2 Das Prinzip der Isostasie

Wie das Innere der Erde lässt sich auch ihre Oberfläche gliedern – nicht in „Tiefenzonen", sondern in „Höhenschichten". Auf den Kontinenten bilden Gebirge, Flachländer und Niederungen augenfällige Strukturen. Aber auch die Ozeanböden besitzen – wie durch Echolotungen seit 1920 bekannt wurde – außerhalb der flachen, geologisch zu den Kontinenten gehörenden Schelfgebiete ein markantes Relief. Es umfasst jenseits der steil abfallenden Kontinentalabhänge neben schmalen tiefen Rinnen ausgedehnte Ebenen in etwa 4 km Tiefe. Diese werden – meist in ihrer Mitte – von einem Rücken überragt, mit 3 km Höhe, 1500 km Breite und 72 000 km Länge das größte Gebirge der Erde. Diese mittelozeanischen Rücken besitzen entlang ihrer Scheitelzone eine etwa 20–50 km breite, bis 4 km tiefe Rissnaht. Die als Rift-Valley bezeichnete Einsenkung ist in unregelmäßigen Abständen durch Querbrüche (Transform-Störungen) horizontal versetzt.

In der hypsographischen Kurve (Abb. 15.1) sind die Reliefunterschiede der festen Erdoberfläche zusammengefasst dargestellt. Die Grundzüge der daraus erkennbaren bemerkenswerten Höhengliederung lassen sich mithilfe der Lehre des Tauchgleichgewichts von Festkörpern in Flüssigkeiten erklären (Abb. 15.2). Das Prinzip der Isostasie – auf den Erdkörper übertragen – besagt, dass das Gesamtgewicht der oberhalb eines Ausgleichsniveaus liegenden Lithosphäre langfristig gesehen konstant bleibt. Anders sind die praktisch überall gleich großen Werte der Erdanziehungskraft (= Gravitation) nicht erklärbar. Weil damit die durchschnittlich 3680 m mächtige Wassersäule der Ozeane ein gleich mächtiges Gesteinspaket an Land kompensieren muss, muss der Meeresboden aus einem wesentlich dichteren Material bestehen. Oder anders ausgedrückt: Ozeanische Kruste liegt deswegen so tief, weil sie so schwer ist; kontinentale Kruste liegt dagegen höher, weil sie leichter, aber auch dicker ist als die ozeanische. Hohe Gebirge besitzen daher eine weit in die Tiefe reichende „Gebirgswurzel".

Wenn das Tauchgleichgewicht der „Krusten- bzw. Lithosphärensäulen" gestört wird, werden isostatische Ausgleichsbewegungen, d. h. Vertikalbewegungen, ausgelöst: Die Ausbildung eines mächtigen Eisschildes während der Eiszeiten hat die Erdkruste Skandinaviens in die Tiefe gedrückt, die durch das Abschmelzen bedingte Entlastung lässt sie seither wieder „aufschwimmen". Diese und ähnliche großräumige Verbiegungen der Kruste ohne wesentliche Gesteinsdeformationen, Erdbeben oder Vulkanismus werden auch als epirogenetische Bewegungen bezeichnet.

Großräumige Vertikalbewegungen können aber auch die Folge vorangegangener horizontaler Bewegungen sein. Eine Verdickung der Kruste erfolgt auch durch den bei Gebirgsbildungen erfolgenden seitlichen Zusammenschub von Gesteinsschichten. Die dabei übereinander gestapelten und in die Tiefe gedrückten leichten Gesteinsschichten beginnen sich dann in der Folgezeit isostatisch zu heben. Dieser Vorgang wird durch die Erosion an der Oberfläche noch verstärkt. Gebirge werden also nicht einfach – wie gemeinhin formuliert – „aufgefaltet". Sie heben sich, weil sie so leicht sind, bis der durch die Erosion verkleinerte Gesteinsstapel wieder im Tauchgleichgewicht ist.

A1 Begründen Sie, weshalb Erdbebenwellen die Erde nicht auf geraden Bahnen durchlaufen.

A2 Erläutern Sie die heute bekannte innere Struktur der Erde.

A3 Weshalb kann die Erde als „Wärmekraftmaschine" bezeichnet werden?

A4 Erläutern Sie das Isostasie-Prinzip.

DIE WIRKUNG ENDOGENER KRÄFTE

2.2 Die Theorie der Plattentektonik

Die innere Architektur sowie der Mechanismus und die Ursachen der in der festen äußeren Erdschale ablaufenden dynamischen Prozesse sind Forschungsgegenstand der Tektonik. Mithilfe der Ende der 1960er Jahre formulierten Theorie der Plattentektonik können erstmals in der Geschichte der Geowissenschaften die tektonischen Vorgänge auf der Erde in einem globalen Rahmen erklärt werden.

Danach besteht die gesamte Kugelschale der Lithosphäre aus einem Mosaik einiger weniger Schollen, den Platten, die auf der darunter liegenden plastischen Asthenosphäre beweglich gelagert sind. Die in sich starren Platten bewegen sich relativ zueinander, sodass die Plattenränder die tektonisch aktiven Zonen der Erde darstellen. Größe, Umriss und Bewegung der Platten spiegeln sich daher in der Verbreitung der Erdbeben- und Vulkanzonen wider (Abb. 12.1, 16.1). Prinzipiell gibt es für die Platten drei Bewegungsrichtungen:

- **Zwei Platten divergieren**, d.h. entfernen sich voneinander. Entlang des Risses steigt laufend Magma auf: Neubildung von Lithosphäre an mittelozeanischen Rücken bzw. entlang kontinentaler Rift-Valleys; Erweiterung bzw. Neuanlage eines Ozeans. Durch Abkühlung verdichtet sich die neu gebildete Lithosphäre und sinkt mit wachsender Entfernung vom Rift langsam tiefer. Jede Neubildung eines Ozeans ist demnach mit dem Auseinanderweichen ursprünglich zusammenhängender Kontinentbruchstücke gekoppelt („Kontinentalwanderung"). Die Ränder auseinander driftender Kontinente sind tektonisch ruhig („Passive Kontinentalränder").

- **Zwei Platten konvergieren**, d.h. bewegen sich aufeinander zu. Dabei wird entlang von Tiefseerinnen die schwere ozeanische Platte in schrägem Winkel unter die leichtere kontinentale geschoben: Abbau von Lithosphäre an Subduktionszonen; der Meeresboden, die auf ihm abgelagerten Sedimente sowie der Kontinentalrand werden zu einem Gebirge zusammengestaucht (z. B. Anden). Die abtauchende Platte wird durch Reibungswärme und die mit der Tiefe zunehmende Temperatur erhitzt und allmählich aufgeschmolzen. In einiger Entfernung „hinter" dem Tiefseegraben dringt daher Material des Meeresbodens zusammen mit eingeschmolzenem Mantelgestein entlang von Schwächezonen wieder auf und bildet Vulkanketten. Erstarren die Schmelzen bereits in der Tiefe, bilden sich Intrusionskörper (Plutone). An Subduktionszonen angrenzende Kontinentalränder sind daher tektonisch sehr unruhig und vielgestaltig („Aktive Kontinentalränder"). Bei der Kollision zweier Kontinente entsteht aus dem zusammengeschobenen Meeresbecken ebenfalls ein Gebirge (z. B. Himalaja). Bei der Kollision zweier ozeanischer Plattenbereiche bilden sich dagegen auf der überfahrenden oberen Platte vulkanische Inselbögen (z. B. Marianen).

- Zwei Platten bewegen sich aneinander vorbei: Weder Bildung noch Abbau von Lithosphäre an Transform-Störungen; kein Vulkanismus, aber häufige Erdbeben entlang der Verschiebungsflächen.

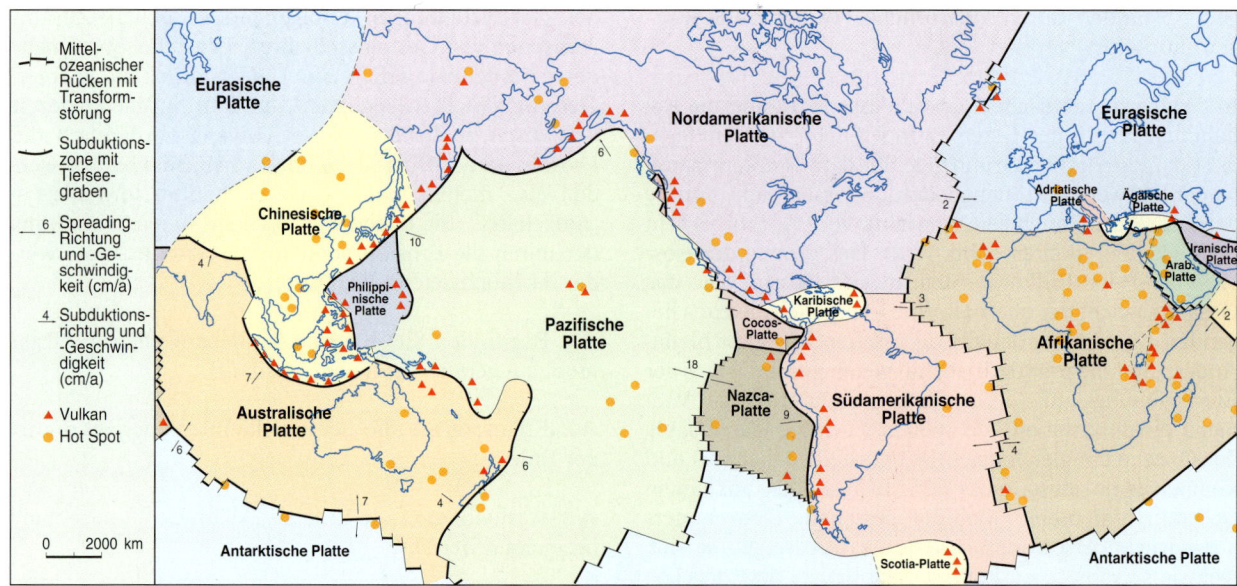

16.1 Das Plattenmosaik der Lithosphäre

DIE WIRKUNG ENDOGENER KRÄFTE

Im Rahmen der Theorie konnte auch für die zahlreichen erloschenen oder noch aktiven Vulkane, die nicht an den Rändern, sondern mitten auf den Platten liegen, eine Erklärung gefunden werden. Dort quillt aus sehr großen Tiefen – vielleicht sogar von der Mantel-Kern-Grenze – heißes Material nach oben. Diese als Manteldiapire („mantle plumes") bezeichneten tropfenförmigen Intrusionskörper bilden innerhalb des Mantels vereinzelte heiße Flecken („hot spots"). Von dort aus kann Magma weiter nach oben steigen und die Lithosphäre durchbrechen (Abb. 17.1). Wenn sich eine Platte über einen solchen stationären, meist sehr lange tätigen Förderkanal hinweg bewegt, verliert dieser nach und nach den Kontakt mit der Ausbruchsöffnung und der mit der Platte wandernde Vulkan erlischt. Bei anhaltendem Vulkanismus bilden sich daher lange Vulkanketten.

Die Ursache der Plattenbewegungen ist letztlich das noch bestehende Wärmeungleichgewicht zwischen dem heißen Kern und der kühleren Außenhaut der Erde. Ob die dadurch ausgelösten Konvektionsströme jedoch den ganzen Mantel umfassen oder ob es mehrere übereinander liegende Konvektionssysteme gibt, ist noch nicht abschließend geklärt (Abb. 17.1).

Unklar ist ebenfalls noch der genaue Antriebsmechanismus der Platten. Möglicherweise schleppen die Konvektionsströme die Platten durch Reibungskopplung nur passiv mit. Vergleichbares könnte auch an den von hot spots ausgehenden seitwärts gerichteten Strömungen geschehen. Denkbar ist aber auch, dass die Platten durch ihre Schwere von den Aufwölbungen der Asthenosphäre an den mittelozeanischen Rücken seitlich abgleiten und zusätzlich durch nachdrängendes Magma auseinander gedrückt werden („ridge push"). Die Platten könnten sich aber auch deswegen bewegen, weil die ältesten, dichtesten und daher schwersten Bereiche ozeanischer Platten in den Subduktionszonen absinken und die restliche Platte gewissermaßen vom Rift weg hinter sich herziehen („slab pull").

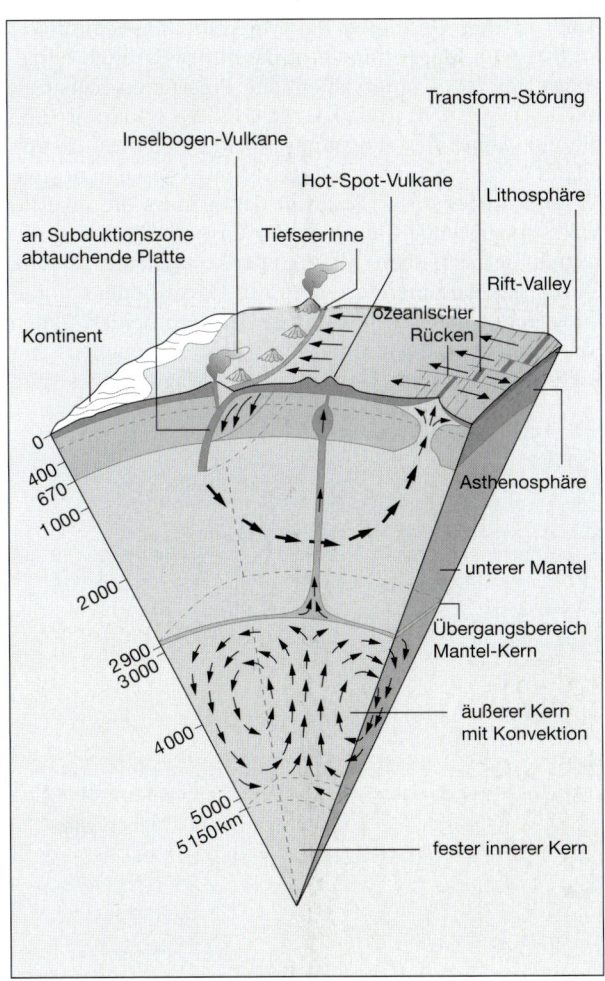

17.1 Die Dynamik der Erde

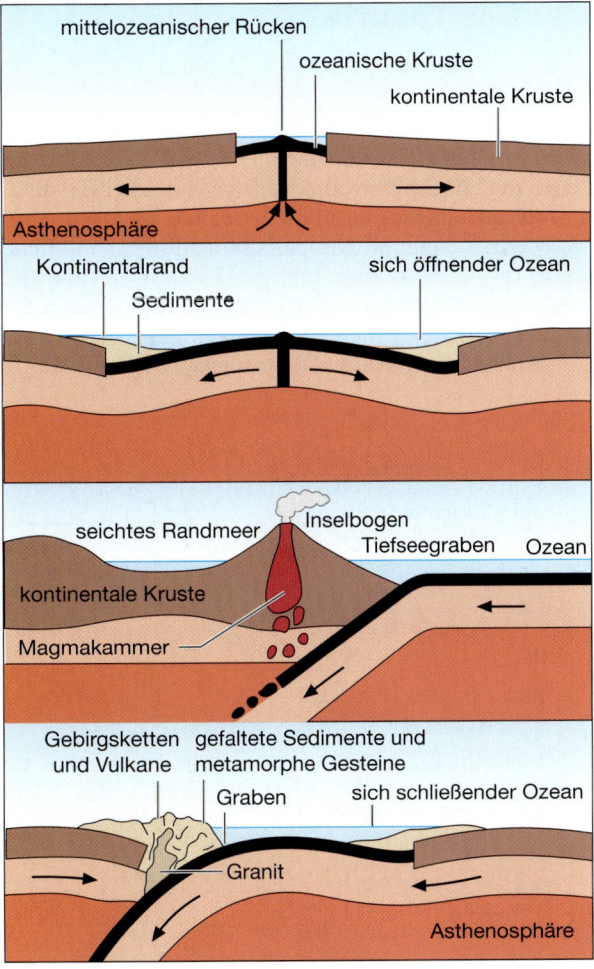

17.2 Plattentektonische Prozesse

DIE WIRKUNG ENDOGENER KRÄFTE

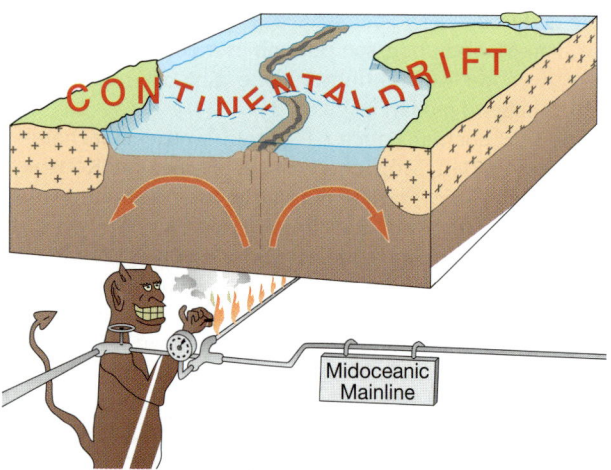

18.1 „seafloor-spreading"

2.3 Belege für die Richtigkeit der Theorie

Alle als Grabenbruch bezeichneten Risse in der Erdkruste sind tektonisch bedingte Dehnungsstrukturen, an denen die Lithosphäre durch aufsteigendes heißes, dichtes Material aufgewölbt und auseinander gezogen wird. Sie besitzen daher im Normalfall überdurchschnittliche Werte des Wärmeflusses und der Erdschwere und die Analyse der Gesteinsverschiebungen in den Herden der ständig vorkommenden Flachbeben zeigt, dass hier Lithosphäre durch Auseinanderweichen bricht.

1. Diese auch entlang der Rift-Valleys an den ozeanischen Rücken registrierten Werte (Abb. 18.2) führten zu Beginn der 1960er Jahre zur Hypothese des „seafloor-spreading", des Spreizens der Ozeanböden. Die 1960 von H. HESS noch vorsichtig als „Geopoesie" formulierte Vorstellung, dass an den Rücken fortwährend neuer Ozeanboden produziert wird, konnte durch zahlreiche weitere Untersuchungen bestätigt werden.

2. Man wusste schon lange, dass die in abkühlender Lava auskristallisierenden Minerale sich wegen ihres Eisengehalts dem örtlichen Verlauf der Feldlinien des irdischen Magnetfeldes entsprechend ausrichten. Bekannt war auch, dass das Magnetfeld in der Vergangenheit häufig umgepolt worden ist, da verschieden alte Lavaschichten von Vulkanen unterschiedliche Magnetisierungsrichtungen anzeigten. Aus den Perioden normaler bzw. umgekehrter Polarisierung ließ sich daher ein so genannter paläomagnetischer Kalender für kontinentale Lavaschichten erstellen.

Auch in den Gesteinen des Meeresbodens konnten – mithilfe von Magnetometern, die hinter Schiffen hergezogen wurden – unterschiedliche Polaritäten registriert werden. F. J. VINE und D. H. MATHEWS erklärten 1963 die zur Achse des Reykjanes Rücken südwestlich von Island völlig symmetrisch angeordneten Streifen normaler und umgekehrter Polarität damit, dass die im Rift-Valley austretende Lava beim Erstarren in Richtung des gerade herrschenden Magnetfeldes magnetisiert wird. Durch das Auseinanderreißen des Ozeanbodens in der Längsachse des Rifts entstehen dann zu beiden Seiten Streifen von Ozeanböden mit gleicher magnetischer Richtung. Bei einer Umpolung des Magnetfeldes wird

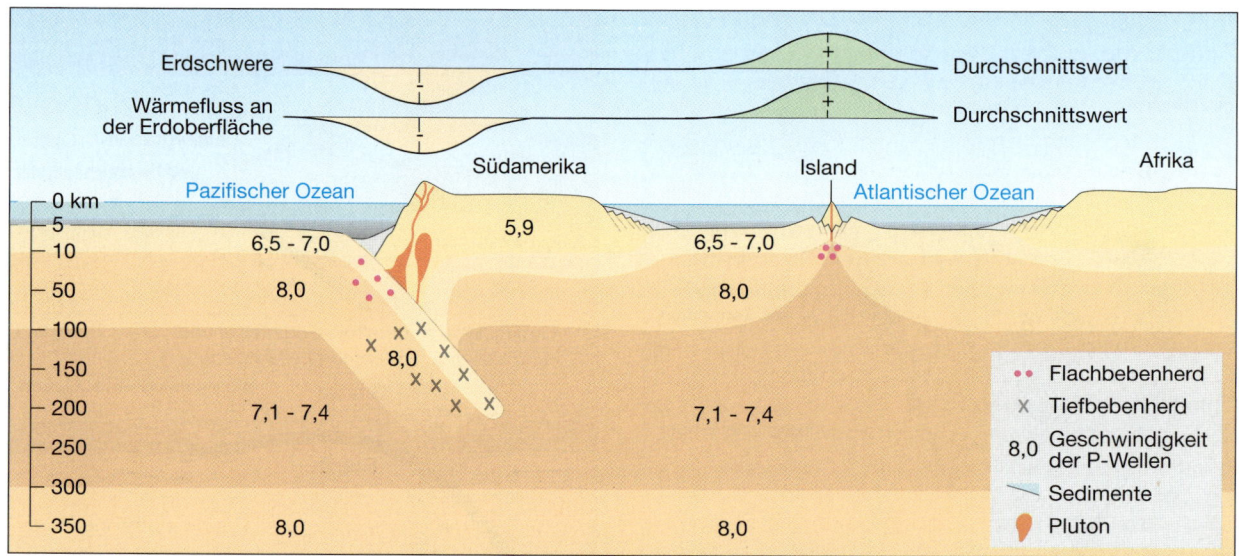

18.2 Zusammenschau topographischer und geophysikalischer Messergebnisse

die fortwährend ausfließende Lava in der neuen Feldrichtung polarisiert. Die magnetischen Streifenmuster gleichen also einem Magnetband, das kontinuierlich die Geschichte des Spreizens der Ozeanböden dokumentiert. Durch einen Vergleich dieser Muster mit dem auf den Kontinenten entwickelten paläomagnetischen Kalender lässt sich das Alter jedes beliebigen Teils des Ozeanbodens bestimmen. Alter und Entfernung zum Rift ergeben die Geschwindigkeit, mit der sich der Ozeanboden vom Rift wegbewegt.

3. Die Sedimentschicht aus Kalk- und Kieselsäureskeletten abgestorbener Einzeller, die dauernd auf den Meeresboden herabrieseln, wird mit zunehmender Entfernung vom Rift mächtiger.

4. Die Altersbestimmung von Bohrkernen, die das Forschungsschiff „Glomar Challenger" seit 1968 aus über 4 km Tiefe gewann, ergab, dass sowohl die Sedimente als auch die Basalte des Meeresbodens um so älter waren, je weiter entfernt vom Rift die Bohrstelle lag (Abb. 19.2).

5. Eine fortwährende Neuproduktion von Ozeanboden müsste jedoch zu einer ständigen Vergrößerung der Ozeane und damit des Erdballs führen, wenn den Aufbauprozessen nicht Abbauprozesse gegenüberstünden. BENIOFF und WADADI identifizierten aufgrund seismologischer Daten sowie von Erdschwere- und Erdwärmemessungen solche Vorgänge in den später als Subduktionszonen bezeichneten Bereichen (Abb. 18.2). Dort bleibt die relativ kalte ozeanische Platte, die ihre geringe Temperatur während des Abtauchvorgangs lange beibehält, bis in große Tiefen bruchfähig. Die Abtauchgeschwindigkeit der Plattenfront hat sich inzwischen insgesamt als gleich groß wie die Geschwindigkeit des am mittelozeanischen Rücken entstehenden Plattenteils erwiesen.

Die Kombination der zunächst rein hypothetischen Ansätze von seafloor-spreading und Subduktion führte schließlich zur Formulierung der Theorie der Plattentektonik.

Mithilfe der Magnetstreifen am Meeresboden, der Bohrkerne sowie dem mit der Entfernung von einem hot spot wachsenden Alter von Vulkanen lässt sich die Geschwindigkeit der Platten errechnen. 1984 wurde sie mithilfe von Satelliten erstmals direkt gemessen. Im Durchschnitt bewegen sich die Platten mit etwa 1–10 cm/Jahr etwa so schnell wie Fingernägel wachsen. Dies erscheint wenig, ergibt aber in der geologisch gesehen kurzen Zeitspanne von 10 Mio. Jahren bereits eine Entfernung von 100 bis 1000 km.

6. Die auffallend gute Passform z. B. der südatlantischen Küstenlinien sowie die Übereinstimmung geologischer Strukturen und fossiler Tier- und Pflanzenarten beiderseits des Atlantiks finden durch die Plattentektonik ebenfalls eine plausible Erklärung. Bereits 1912 hatte der deutsche Meteorologe und Polarforscher

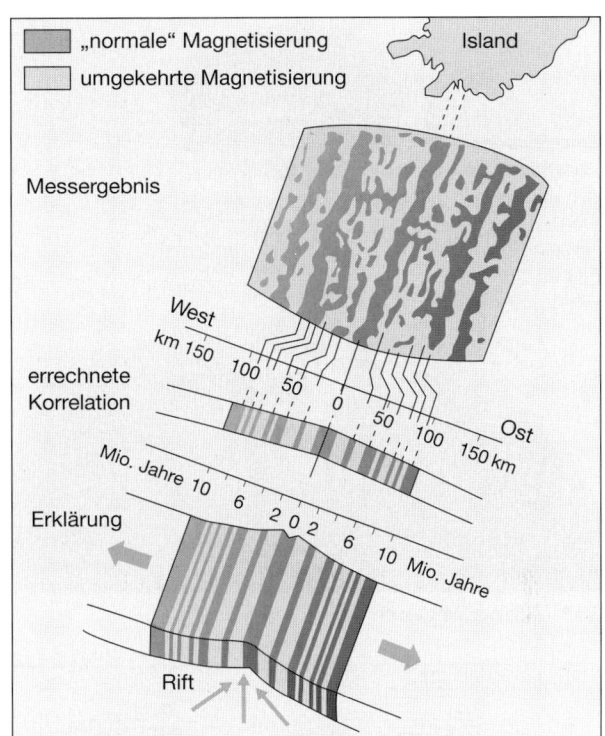

19.1 „Magnetbänder" am Meeresboden

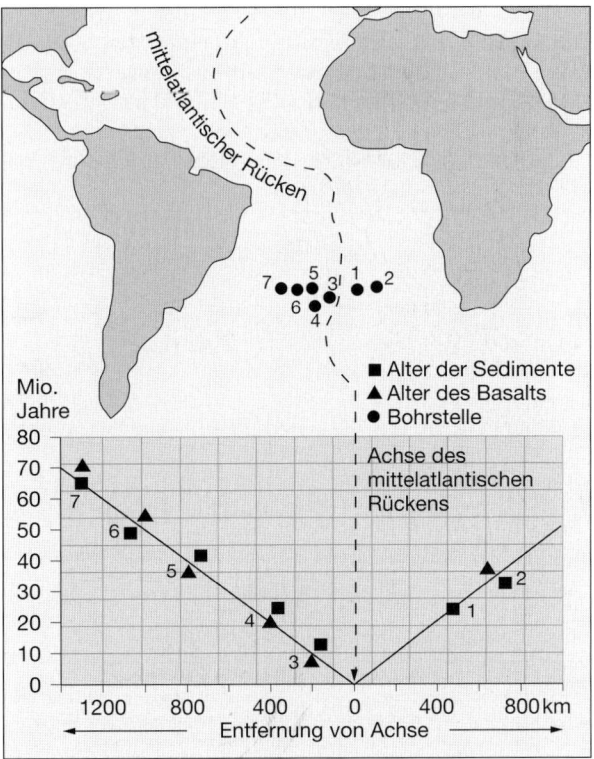

19.2 Tiefseebohrungen der „Glomar Challenger"

DIE WIRKUNG ENDOGENER KRÄFTE

Alfred Wegener, 1929:
„Nur durch Zusammenfassung aller Geowissenschaften dürfen wir hoffen, die Wahrheit zu ermitteln."

20.1 Alfred Wegener

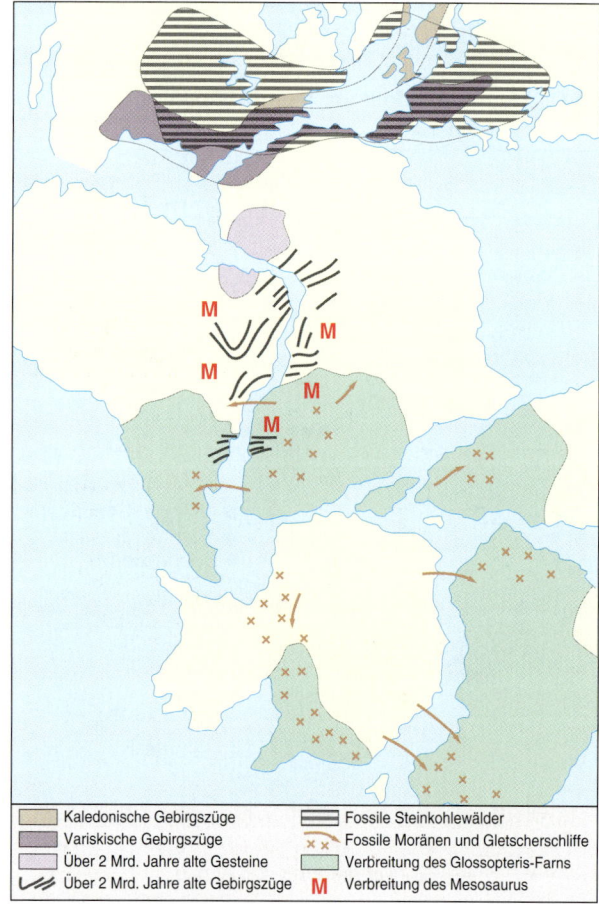

Legende:
- Kaledonische Gebirgszüge
- Variskische Gebirgszüge
- Über 2 Mrd. Jahre alte Gesteine
- Über 2 Mrd. Jahre alte Gebirgszüge
- Fossile Steinkohlewälder
- Fossile Moränen und Gletscherschliffe
- Verbreitung des Glossopteris-Farns
- M Verbreitung des Mesosaurus

20.2 Die Indizien Wegeners

A. WEGENER (1880–1930) aus diesen Indizien geschlossen, dass die heutigen Kontinente früher einmal einen großen Urkontinent (Pangäa) gebildet haben könnten, der dann in auseinander driftende Bruchstücke zerbrach. Diese Kontinentalverschiebungs-Theorie, nach der „Kontinente wie Schiffe den Ozeanboden durchpflügen" sollten, wurde von der Fachwelt jedoch überwiegend abgelehnt, weil solch großräumige Horizontalbewegungen als nicht möglich erachtet wurden. Hinzu kam, dass Wegener als „Fachfremder" an einem Grundpfeiler der gängigen Lehrmeinung rüttelte, v. a. aber, weil er weder Kräfte noch Mechanismen vorschlagen und nachweisen konnte, die geeignet gewesen wären, ganze Kontinente zu verschieben.

Erst Jahrzehnte nach seinem Tod hat Wegener im Rahmen der Plattentektonik eine gewisse Anerkennung gefunden. Seine Vorstellung von isoliert wandernden Kontinenten hat sich aber als falsch erwiesen. Ohne die schon von Wegener geforderte Zusammenschau der Messdaten sehr verschiedener Fachrichtungen hätte die Theorie der Plattentektonik aber kaum erstellt werden können.

A1 Beschreiben Sie die grundlegenden Aussagen der Theorie der Plattentektonik (Abb. 16.1, 17.2).

A2 Vergleichen Sie die Größe der einzelnen Platten und ihren Aufbau aus ozeanischer und/oder kontinentaler Kruste (Abb. 16.1).

A3 Beschreiben Sie anhand von Beispielen die Bewegungsrichtungen einzelner Platten sowie die jeweiligen Vorgänge an den Plattenrändern (Abb. 12.1, 6.1).

A4 Welche Messungen unterstützten die Hypothese des „seafloor-spreading" Ihrer Meinung nach am Besten?

A5 Berechnen Sie die Geschwindigkeit, mit der sich der Atlantische Ozean vergrößert (Abb. 19.1, 19.2).

A6 Beschreiben Sie die in Abb. 17.1 dargestellten Vorgänge in ihrer Reihenfolge. Wo auf der Erde laufen vergleichbare Prozesse ab?

A7 Kontinentale Gesteine sind bis zu 4 Mrd. Jahre alt. Gesteine der heutigen Ozeanböden sind maximal nur 160–190 Mio. Jahre alt. Weshalb?

A8 Ozeane wachsen durch seafloor-spreading. Wodurch wachsen Kontinente?

A9 Charakterisieren Sie geologische Strukturen und tektonische Prozesse der Regionalbeispiele (S. 21–23).

GEO-EXKURS

Regionalbeispiele

Island ist der einzige über den Meeresspiegel hinaus ragende Teil des Mittelatlantischen Rückens. Die hier außergewöhnlich hohe Magma- und Lavaproduktion ist auf einen Manteldiapir zurückzuführen, der die Untergrenze der Lithosphäre vor 60 Mio. Jahren erreichte und seit etwa 40 Mio. Jahren zu einem Teil der Mittelatlantischen Spreizungszone geworden ist. Wegen dieses „hot spots" ist die am nördlichen Polarkreis gelegene „Insel aus Feuer und Eis" ganz vulkanischen Ursprungs. Das die Insel durchziehende Rift-Valley zeigt Flachbeben, aktiven Vulkanismus und starke Dehnung (2 cm/Jahr). Es besteht im Süden aus zwei, im Norden aus einer Dehnungszone und ist am Ende jeweils durch W-E-streichende Transform-Störungen mit dem ozeanischen Rift verbunden.

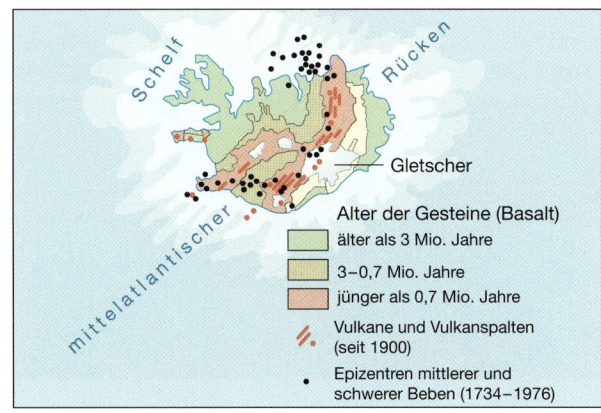

21.1 Geologie von Island

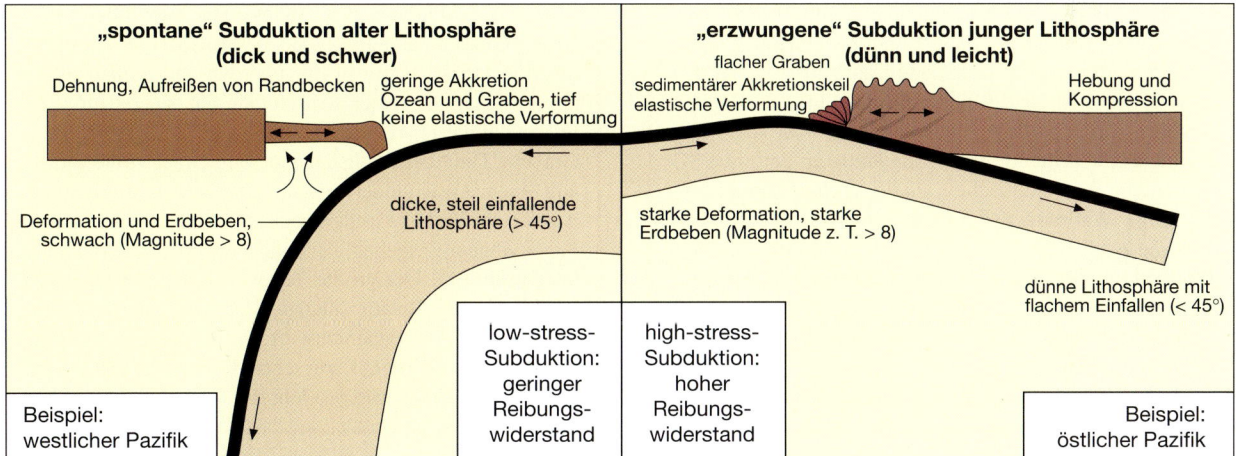

21.2 Architektur und Dynamik von Subduktionszonen

Die Jordan-Störungszone ist eine große Transform-Störung, die eine divergente Plattengrenze im Roten Meer mit einer konvergenten am Taurus-Gebirge verbindet. An einigen Stellen springt die Störung abrupt nach Westen vor. Dort wird durch die Horizontalbewegung die Kruste gedehnt und verdünnt und sinkt ab. Der Golf von Akaba, das Tote Meer (die mit 400 m tiefste Stelle des Festlands) und der See Genezareth sind solche Dehnungsstrukturen (pull-apart bassins). Durch die Nordbewegung Afrikas und Arabiens gegen die eurasische Platte gerät die kleine türkische Platte unter beidseitigen Druck und wird wie ein Keil nach Westen gequetscht (Fluchtscholle). Der Versatz und die Magnituden nehmen entlang der nordanatolischen Verschiebung nach Westen hin zu.

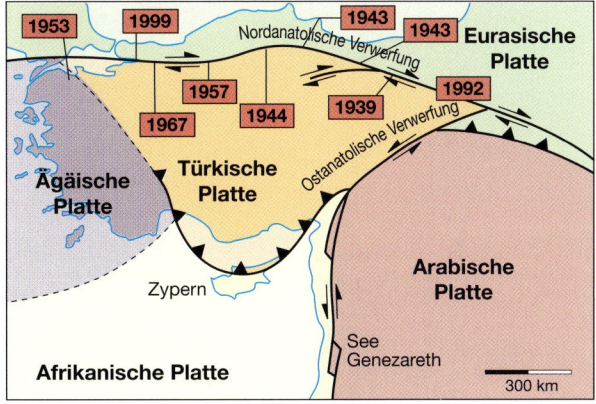

Zahlen = Daten großer Erdbeben

21.3 Tektonik des östlichen Mittelmeerraumes

GEO-EXKURS

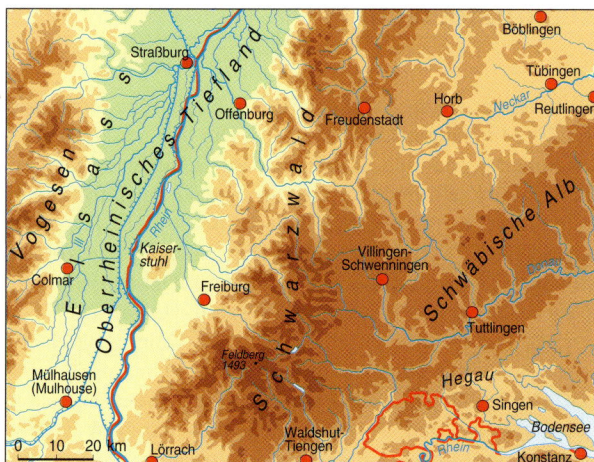

Kein Staat der USA ist in ähnlichem Maße von Erdbeben bedroht wie Kalifornien. Ganze Städte, Kanäle und Staudämme wurden auf bebenträchtigem Grund gebaut. Von den zahlreichen, das ganze Land durchziehenden Schwächezonen ist die San-Andreas-Linie die bedeutendste. Entlang dieser Verschiebungslinie schrammt die nach NW driftende Pazifische Platte an der nach SO driftenden Amerikanischen Platte vorbei (Transform-Störung). Während der letzten 140 Mio. Jahre haben sich die beiden Platten um 560 km gegeneinander verschoben. Die Pazifische Platte wird dabei von den San-Bernardino-Bergen und der Sierra Nevada nach Westen abgelenkt. Ein kompliziertes, völlig instabiles Schollenmosaik im Hinterland von Los Angeles ist die Folge. Erdbeben in Kalifornien sind vorprogrammiert.

Die Entstehung des Oberrheingrabens begann vor etwa 150 Mio. Jahren mit einer langsamen Aufwölbung der Kruste durch einen aufsteigenden Manteldiapir. Vor etwa 50 Mio. Jahren setzte in der überdehnten Scheitelzone ein Absinken einzelner Krustenteile ein, zuerst im südlichen, dann verstärkt auch im nördlichen Teil des heutigen Grabens. Die Absenkung der zentralen Grabenzone wurde von einem Auseinanderweichen (etwa 4,8 km) und einem Anstieg der beiden Flanken begleitet. Grabensenkung und Flankenhebung ergeben bis heute eine Vertikalverstellung bis zu 5000 m. Der größte Teil wurde durch Sedimente wieder verfüllt. Relativ häufige Erdbeben am Oberrhein zeigten, dass die Grabenentwicklung noch nicht zu Ende ist. Die Höhendifferenz zwischen Graben und Flanken nimmt um etwa 0,5 mm pro Jahr zu.

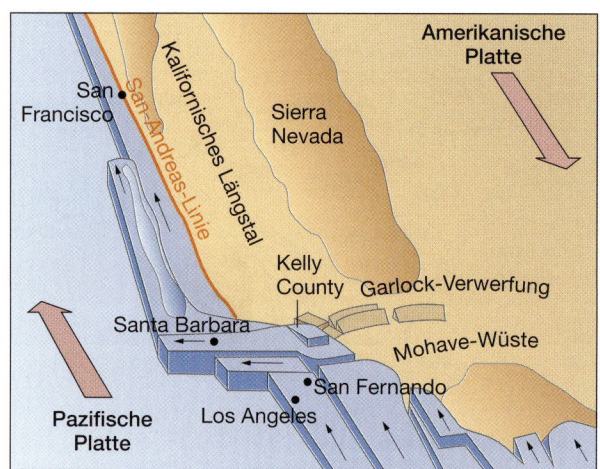

22.1 Anatomie einer Erdbebenzone/Kalifornien

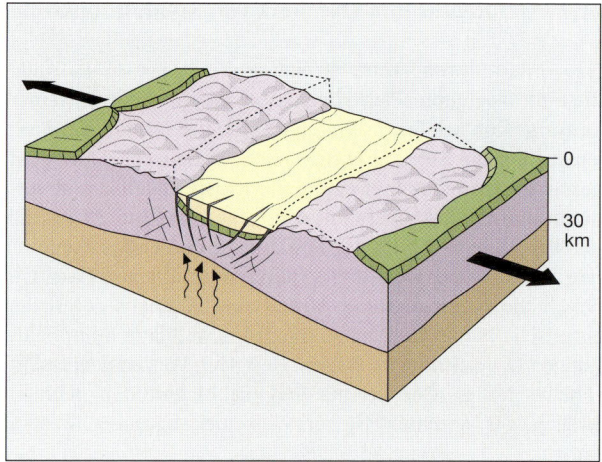

22.2 Geologie einer Nahtstelle/Oberrheingraben

GEO-EXKURS

Die höchsten Berge der Erde sind – vom Meeresboden aus gerechnet – die noch aktiven Vulkane Mauna Loa und Kilauea auf Hawaii. Dort driftet die Pazifische Platte über einen seit Jahrmillionen ortsfesten Magmaschlot des Erdmantels, einem „hot spot", der wie ein Schweißbrenner die Platte durchlöchert und auf dem Ozeanboden riesige Basaltkegel auftürmt. Da der Ozeanboden mit wachsender Entfernung vom ostpazifischen Rücken immer mehr erkaltet, dadurch dichter wird und langsam absinkt, versinken auch die am „hot spot" gebildeten Vulkaninseln wieder nach und nach im Meer. Aus der Länge der Inselketten und dem Alter der Basalte errechnet sich eine Driftgeschwindigkeit der Platte von 18–10 cm/Jahr; das Abknicken der Inselketten deutet auf eine Änderung der Driftrichtung vor etwa 40 Mio. Jahren hin.

In der Afar-Senke trifft der kontinentale ostafrikanische Grabenbruch mit dem ozeanischen Rift-Valley des Roten Meeres und des Golfs von Aden zusammen. Die Ursache hierfür ist ein Mantelkissen in der Tiefe. Die dadurch erfolgte Überdehnung der Lithosphäre führte in der Scheitelzone der Aufwölbung zur Bildung eines riesigen dreiarmigen Bruchsystems, von dessen Zentralpunkt heute drei Platten auseinander driften. Durch das an den zahlreichen Spalten aufdringende Magma bildet sich neue, schwere ozeanische Lithosphäre. Dieser zunächst untermeerisch ablaufende Prozess kann heute wegen einer vor etwa 10 000 Jahren erfolgten Hebung des gesamten Gebietes direkt an der Erdoberfläche studiert werden. Die Afar-Senke ist also der vorübergehend trockengefallene Grund eines jungen Ozeans.

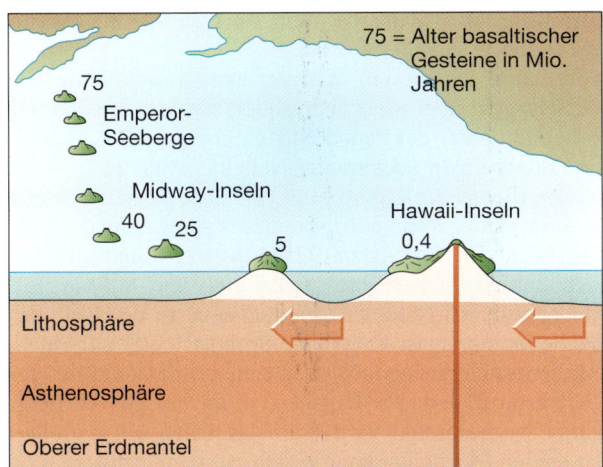

23.1 Lebenslauf einer Vulkaninsel/Hawaii

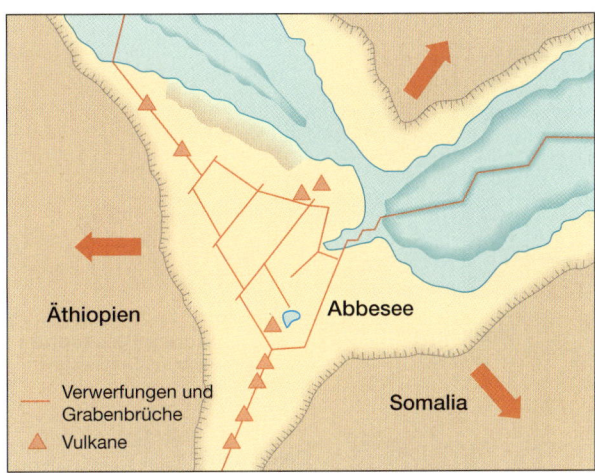

23.2 Entstehung eines Ozeans/Afar-Region

23

2.4 Plattentektonik und Vulkanismus

24.1 Mt. St. Helens

Vulkanausbrüche ereignen sich immer dann, wenn in aufsteigendem Magma der Druck der sich darin ausdehnenden Gase größer wird als der Gegendruck des noch darüber liegenden Gesteins und dieses wegsprengt. Wie beim ungeschickten Öffnen einer Sektflasche reißen die dann austretenden Gase das glutflüssige Material mit aus dem Schlot. Die jeweilige Art der Eruption, der entstehenden Vulkanbauten und der vulkanischen Förderprodukte wird dabei entscheidend vom Chemismus des Magmas bestimmt (> S. 25).

Die aus großer Tiefe stammenden basischen, dünnflüssigen Magmen bilden großflächige Lavadecken, wenn sie entlang von Spalten austreten (Vulkanismus der Rift-Zonen) oder riesige, uhrglasförmig gewölbte Schildvulkane, wenn nur ein Schlot tätig ist (Hot-spot-Vulkane). Dagegen führen die bei Plattensubduktionen gebildeten sauren und dickflüssigen Magmen – meist nach längeren Ruhephasen – zu spektakulären Explosionen, bei denen ganze Berggipfel weggesprengt und pulverisiert werden. In der sich bildenden Eruptionssäule werden Fetzen geschmolzenen Gesteins kilometerhoch geschleudert und fallen als große Bomben, kleinere Lapilli oder Asche zurück, die dann wie ein Leichentuch riesige Gebiete bedeckt. Diese Lockermaterialien können jedoch auch als heiße Glutwolken oder nach ihrem Abkühlen bei einsetzendem Regen als Schlammlawinen (Lahar) hangabwärts rasend alles platt walzen. Zu Tuff verfestigt bilden die Lockermaterialien zusammen mit nachträglich ausfließenden Lavaströmen in abwechselnder Lagerung die hoch und steil aufragenden, kegelförmigen Schichtvulkane (Abb. 24.1 und 24.2), weithin erkennbar als „Killervulkane".

Sehr saure Laven sind mitunter extrem dickflüssig. Sie fließen nicht über die Kraterränder, sondern quellen wie zähe Zahnpasta aus dem Schlot empor und bilden Quell- und Staukuppen oder spitze „Nadeln" (Abb. 24.2).

Neben diesen „Vulkanbergen" gibt es auch „vulkanische Hohlformen". Wenn aufsteigendes Magma nahe der Erdoberfläche in Kontakt mit Grundwasser kommt, bilden sich heftige Wasserdampfexplosionen, die Magma und Nebengestein in Stücke zerreißen und an der Erdoberfläche kleine, meist kreisrunde Sprengtrichter mit einem Aschenrand erzeugen (Maare). Eine Caldera, ein riesiger „Kraterrand" entsteht dagegen, wenn ein ganzer Berggipfel weggesprengt wird oder das Dach einer großen entleerten Magmakammer in sich zusammenstürzt.

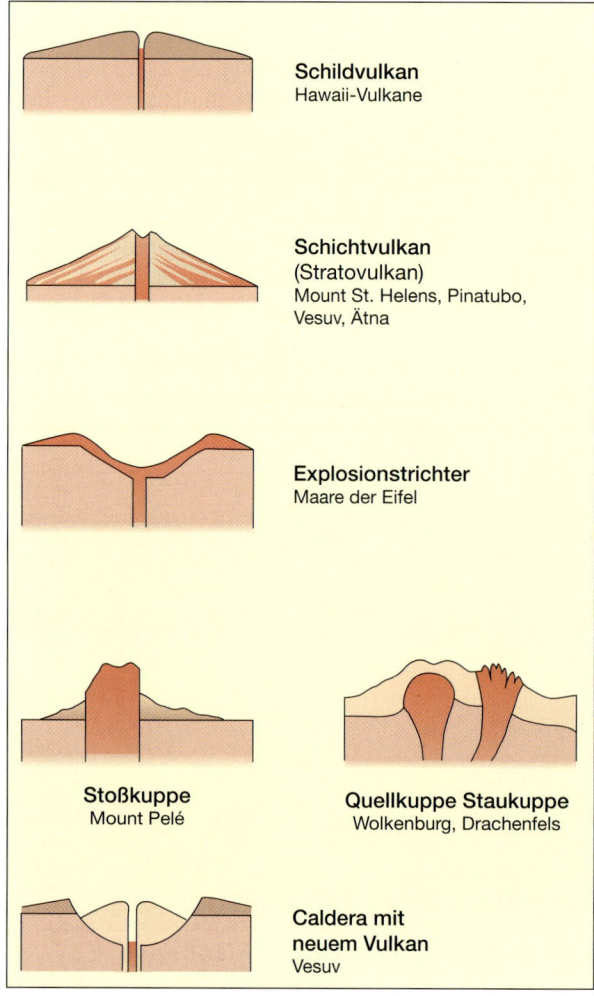

24.2 Vulkantypen (vereinfacht)

A1 Beschreiben Sie die verschiedenen Vulkantypen und erklären Sie deren Entstehung und Verbreitung.

DIE WIRKUNG ENDOGENER KRÄFTE

Alle vulkanischen Erscheinungen haben ihren Ursprung in der unteren Kruste oder im Erdmantel. Dort ist das Gestein jedoch trotz der hohen Temperaturen (900–1500 °C) wegen des starken Drucks fest. Es kann aber durch weitere Wärmezufuhr, durch Druckabnahme oder durch Aufnahme von Stoffen wie H_2O, CO_2, wodurch der Schmelzpunkt erniedrigt wird, teilweise oder ganz verflüssigt werden.

Das so entstehende Magma steigt wegen seiner geringeren Dichte entlang von Schwächezonen der Lithosphäre auf. Seine Beweglichkeit wird entscheidend durch seine chemische Zusammensetzung bestimmt. Die Hauptbestandteile des Mantels und der Kruste, Sauerstoff und Silizium, bilden auch das Grundgerüst des Magmas. Sie sind durch starke Atombindungen verbunden. Werden jedoch noch andere Elemente, z.B. Metalle wie Mg, Fe, Mn, K, Na, zusätzlich in das Grundgerüst aufgenommen, wird dessen Zusammenhalt insgesamt geringer, denn diese Stoffe werden nur über schwächere Ionenbindungen eingebaut.

$$\begin{array}{c} O \\ | \\ O-Si-O \\ | \\ O \end{array} \triangleright \ Mg \ \triangleleft \begin{array}{c} O \\ | \\ O-Si-O \\ | \\ O \end{array}$$

— Atombindung $\triangleright$ Ionenbindung

Je größer der Anteil der Metalle ist, desto dünnflüssiger ist die Schmelze. Die wegen ihres Metallanteils dunkel gefärbten und SiO_2-armen, so genannten basischen Schmelzen können deshalb die in ihnen gelösten Gase und das Wasser beim Aufstieg und der dabei erfolgenden Druckerniedrigung schlecht in Lösung halten: Sie entgasen leicht und fließen daher an der Oberfläche als relativ dünnflüssige Laven ohne gewaltige Ausbrüche rasch und gleichmäßig aus den Schloten oder Spalten (effusiver Vulkanismus).

Die Schmelze kann auch irgendwo zwischen Magmabildungsort und Oberfläche stecken bleiben, abkühlen und langsam erstarren. Dabei entsteht das grobkristalline Tiefengestein (Plutonit) Gabbro. Dieses entspricht chemisch dem an der Oberfläche gebildeten Ergussgestein (Vulkanit) Basalt, der jedoch die ursprünglich enthaltenen Gase verloren hat und bei dessen rascher Erstarrung sich keine deutlich erkennbaren Kristallstrukturen bilden konnten.

Im Gegensatz zu Basaltmagmen können Magmen, die aus abgetauchter Ozeankruste oder unterer Kontinentalkruste entstehen, normalerweise nicht direkt und rasch an die Erdoberfläche steigen. Sie sammeln sich zunächst in unterschiedlichen Tiefen, schmelzen das umgebende Gestein mit ein, steigen weiter, kühlen ab und kristallisieren teilweise zu Tiefengesteinen wie Diorit und Granit aus. In die Gitterstruktur der dabei entstehenden Minerale werden bevorzugt Metallionen eingebaut, sodass in der übrig bleibenden, weiter aufsteigenden Restschmelze der relative Anteil des SiO_2 immer größer wird. Diese wird dadurch zunehmend zähflüssiger. Sie hält deshalb Wasser und Gase (CO_2, SO_2, F, Cl) lange in Lösung, entgast dann aber plötzlich und mit heftigen Eruptionen (explosiver Vulkanismus). Wenn sich der Gasgehalt erheblich verringert hat, kann dem Auswurf von Lockermaterial ein Ausfluss dickflüssiger Laven folgen (explosiv-effusiver Vulkanismus). Diese erstarren zu den so genannten sauren, also SiO_2-reichen Ergussgesteinen Andesit und Rhyolith, die wegen ihres geringeren Metallgehalts heller sind als Basalt.

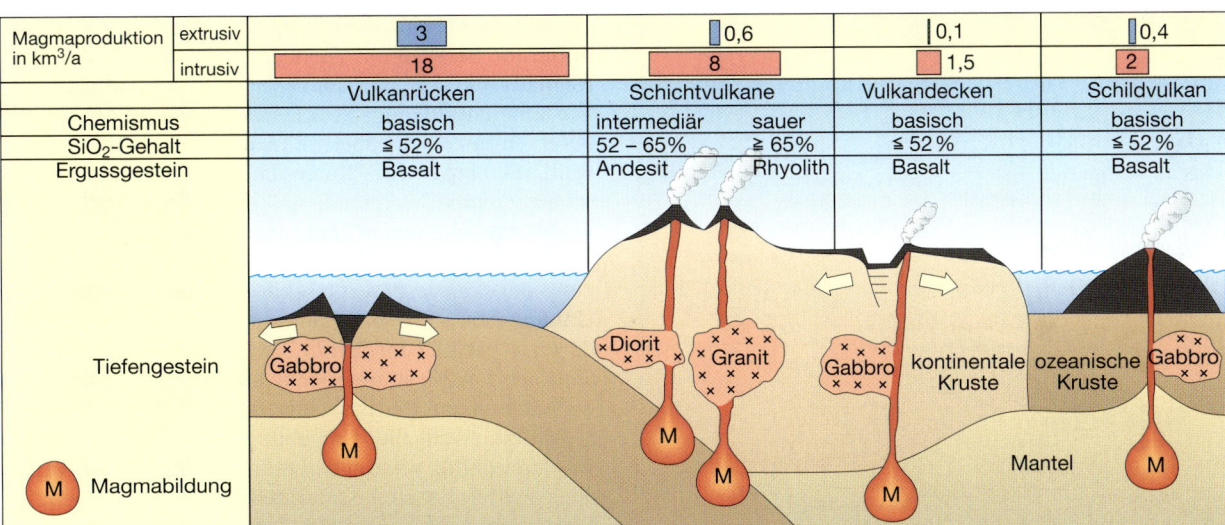

25.1 Vulkanismus und Plattentektonik (vereinfacht)

2.5 Vulkanismus und Erdbeben in Deutschland

Glücklicherweise muss heute in Deutschland niemand mehr den Ausbruch eines Vulkans mit seinen verheerenden Folgen fürchten. Selbst in der Eifel, dem jüngsten Vulkangebiet, erinnern nur noch Thermal- und Mineralquellen an ehemalige vulkanische Aktivitäten. Siedlungsfunde in Aschelagen des Neuwieder Beckens am Mittelrhein zeigen jedoch, dass die am Ende der letzten Eiszeit dort lebenden Steinzeitmenschen die von donnernden Explosionen begleiteten Ausbrüche der nahen Eifelmaare miterlebt haben. Noch 16 km von ihrer Auswurfstelle entfernt erreichte die bimsreiche Asche der

26.2 Eifelmaar

Laacher See-Eruption eine Mächtigkeit von einen halben Meter. Die Aschen der etwa 40 km hohen Eruptionssäule wurden aber auch bis in den Schwarzwald und an die Ostsee verweht und bilden so für ganz Mitteleuropa eine wichtige Zeitmarke für die Zeit um 9080 v. Chr. Der nachlassende Gasdruck ließ die Eruptionssäule jedoch bald in sich zusammenstürzen und mehrere Hundert Grad heiße Glutwolken durchfegten das Nette- und das Brohltal. Ihre Ablagerungen bilden den heute als Baustein begehrten Trass. Zuletzt ausfließende Lava entleerte die Magmakammer schließlich so weit, dass es zur Bildung einer – heute wassergefüllten – Caldera kam.

Alle Maare sowie die zahlreichen Schlackenkegel der Eifel liegen entlang NW-SO streichender Bruchzonen, die den Aufstieg von Magma ermöglichten. Geriet dieses in Kontakt mit Grundwasser, entstanden Maare. Ohne Wasserzufuhr bildeten sich kurzfristig explosiv fördernde Schlote mit Auswurf von Lockermaterialien (Schlackenkegel) oder auch einige Schichtvulkane.

Die anderen Vulkangebiete Deutschlands (Rhön, Vogelsberg, Hegau, Schwäbische Alb, Kaiserstuhl, Westerwald, Siebengebirge, Katzenbuckel sowie die sächsischen Vulkane) waren alle im Tertiär aktiv. Im mittleren Erzgebirge überragen heute noch Pöhlberg, Scheibenberg und Bärenstein die Hochflächen. Ihre Basaltkuppen bedecken tertiäre Flusskiese, die den Gneisen des Untergrunds aufliegen. Entlang von Spalten ausfließende Lava hat hier im Tertiär also die zuvor von Flüssen abgelagerten Kiese überdeckt und nach Erstarrung zu widerständigen Basaltdecken diese so vor Abtragung geschützt. Weil die Umgebung schneller abgetragen werden konnte, überragen heute die einstmals in Tälern abgelagerten Basaltmassen ihre tiefergelegte Umgebung: Eine solche Veränderung der Reliefverhältnisse bezeichnet man als „Reliefumkehr".

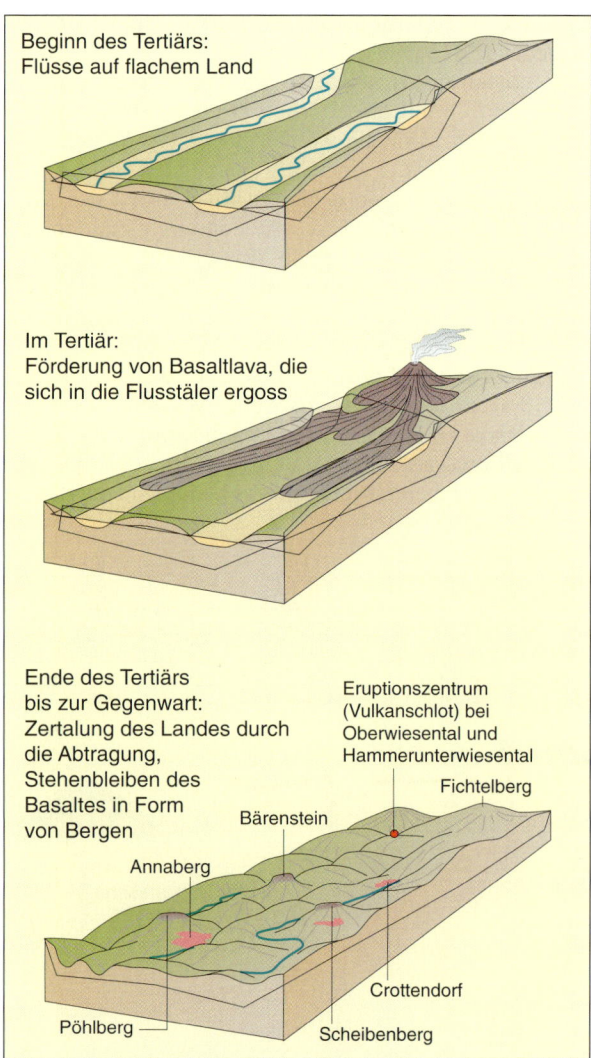

26.1 Entstehung von Basalthärtlingen

DIE WIRKUNG ENDOGENER KRÄFTE

„Man sol wissen, daz dise stat von dem ertpidem zerstört und zerbrochen wart, und beleib enheim kilche, turne, noch steinin hus weder in der stat noch in den vorstetten ganz, und wurdent gross eclich zerstoeret."

So beschreibt die Chronik der Stadt Basel die Folgen des in seinen Auswirkungen bedeutendsten Erdbebens, das in den letzten tausend Jahren nördlich der Alpen aufgetreten ist. Am 18. Oktober 1356 wurden dabei innerhalb der Stadtmauern sämtliche Gebäude beschädigt oder zerstört. Die in den Fachwerkhäusern entstandenen Brände wüteten eine Woche lang und verwüsteten die Stadt vollends. Mehr als 300 Menschen wurden durch einstürzende Häuser und Mauern erschlagen. Aus den Beschreibungen der die ganze Nordschweiz und den südlichen Oberrhein erfassenden Erschütterungen lässt sich heute eine Stärke (Magnitude) von 6 auf der Richter-Skala errechnen.

Das Beben, das in der Nacht vom 12. auf den 13. April 1992 den Niederrhein mit dem Epizentrum nahe der niederländischen Stadt Roermond erschütterte, erreichte sogar die Stärke 5,8. Es gab einen Toten und einen Gesamtschaden von über 300 Mio. DM. Ausgelöst wurde es in etwa 18 km Tiefe durch ein ruckartiges Absacken einer Erdscholle um 18 cm.

So erschreckend für die Menschen der beiden Regionen diese Ereignisse auch waren, für die Geowissenschaftler sind sie nicht überraschend: Seit langem schon ist bekannt, dass sich die meisten Beben in Mitteleuropa entlang einer großen Störungszone ereignen. Diese erstreckt sich vom Rhônetal ausgehend über den Oberrheingraben und die Niederrheinische Bucht bis weit in die Grabensysteme der Nordsee hinein. Ein sehr aktiver Seitenast dieser Störung zweigt nach Belgien ab, ein weiterer findet sich in der Fortsetzung des Oberrheingrabens in der Hessischen Senke. Die Entstehung dieses Grabensystems wird mit dem seit Beginn der Alpenbildung von Süden und Südosten auf Europa ausgeübten Druck in Verbindung gebracht. Er bewirkt neben vertikalen Verstellungen von Erdschollen auch horizontale Verschiebungen (Abb. 27.1 und 2). Dadurch verschiebt sich die Ostseite des Oberrheingrabens gegenüber der Westseite nach Nordosten. Solche Scherbewegungen können auch abseits großer Störungszonen zu Beben führen. Die – allerdings wenig schadenträchtigen – gelegentlichen Beben im Vogtland dürften so entstanden sein. Auch die unruhigste Zone Deutschlands, der nur schmale Hohenzollerngraben am Rand der Schwäbischen Alb bei Albstadt, liegt abseits der europäischen Großnaht. Dort sind allein in diesem Jahrhundert vier Beben mit Stärke 5 oder mehr registriert worden.

Im Norddeutschen Tiefland gibt es dagegen praktisch keine Erdbebengefährdung, weil im Untergrund eine aktive Störungszone fehlt.

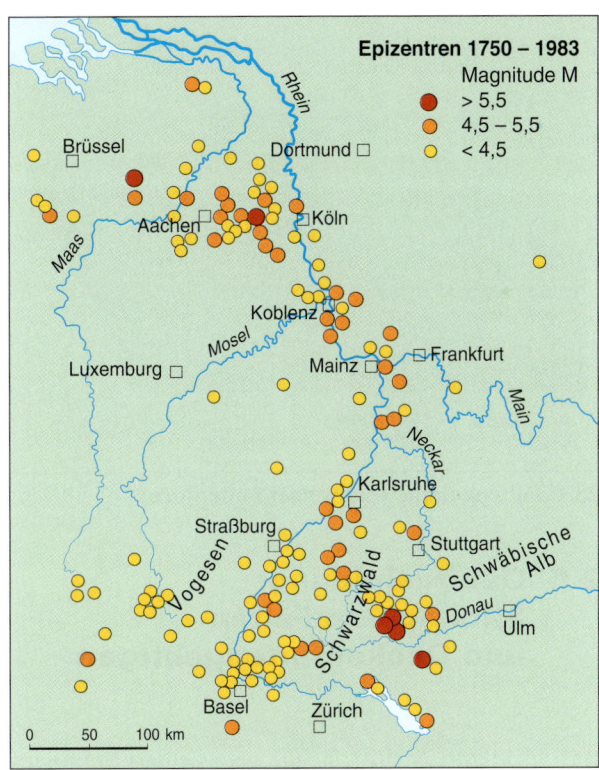

27.1 Epizentren Mitteleuropas 1750–1983

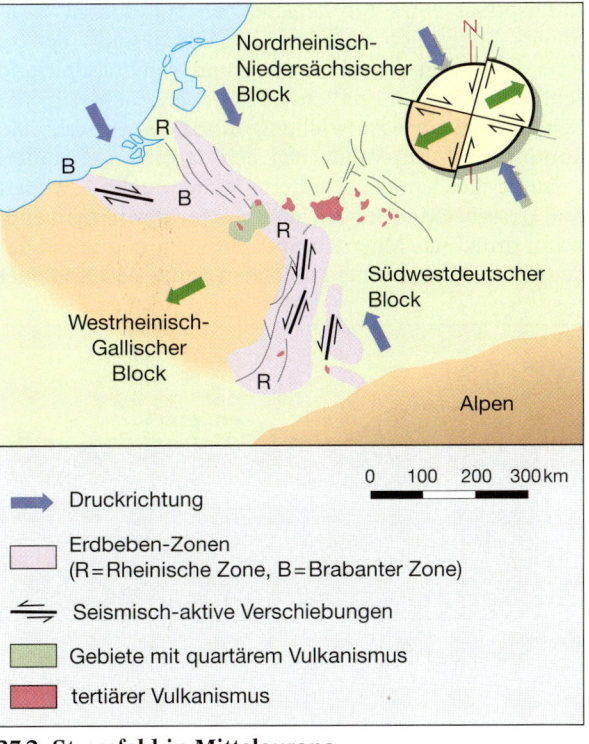

27.2 Stressfeld in Mitteleuropa

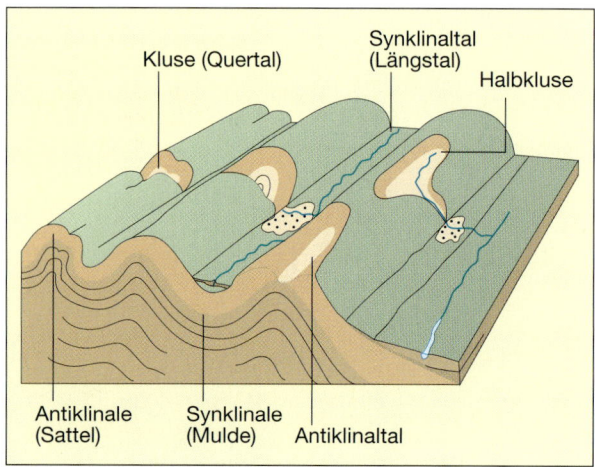

28.1 Faltengebirge (Schweizer Faltenjura)

28.3 **Gefaltete Sedimente**

2.6 Gebirgsbildung: Bildung von Falten- und Deckenfaltengebirgen

Das wichtigste „Ventil" für die vom heißen Erdinnern nach außen drängende Wärmeenergie ist der Vulkanismus der mittelozeanischen Rücken. Unter der dickeren Lithosphäre eines für längere Zeit stationären Kontinents bildet sich dagegen ein „Wärmestau", der zu ihrer teilweisen Aufschmelzung und Aufwölbung und schließlich zum Aufreißen von Grabenbrüchen in der Scheitelzone der Aufwölbung führt: Es entsteht ein kontinentales Rift-Valley, das sich durch Auseinanderweichen der Grabenschultern immer mehr erweitert und dessen Grund dabei immer mehr absinkt. Irgendwann dringt das Meer ein und zwischen den auseinander gerissenen Kontinentalblöcken öffnet sich ein neuer Ozean, an dessen Rändern das von den Kontinenten abgetragene Erosionsmaterial abgelagert wird. Mächtige Sedimentschichten aus Geröll, Sand, Ton und Kalk entstehen – Baumaterial für ein zukünftiges Gebirge.

Bei einer späteren Einengung des Ozeans werden diese Schichten zusammen mit „Splittern" ozeanischer Kruste entlang der Subduktionszone teilweise von der subduzierten Platte abgeschabt. Die als Ophiolithe bezeichneten Splitter besitzen eine charakteristische Dreier-Struktur: Sie enthalten am ozeanischen Rift untermeerisch ausgetretene und beim Kontakt mit Meerwasser schockartig zu abgerundeten Formen erstarrte so genannte Kissenlava („pillow lava"). Darunter befinden sich erstarrte Basaltsäulen („sheeted dikes"), darüber Tiefseesedimente. Im Idealfall lässt sich dieser Dreier-Komplex wieder in den Gebirgen identifizieren.

Zusammen mit den am Rand des Ozeanbeckens abgelagerten Sedimenten werden die Ophiolithe bei Subduk-

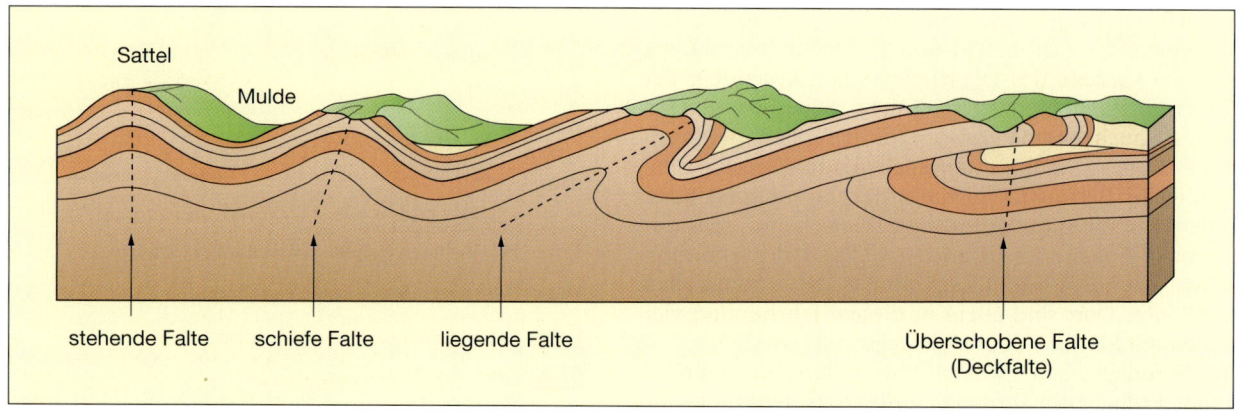

28.2 **Falten- und Deckenbildung**

tionen durch anhaltenden Druck verfestigt, intensiv gefaltet, gekippt, zerbrochen, übereinander gestapelt und dem Kontinentalrand angeschweißt, bei starkem seitlichen Druck sogar auf ihn aufgeschoben. Dabei können selbst mächtige gefaltete Sedimentpakete an ihrer Faltenbasis abreißen und als so genannte Decken Hunderte von Kilometern über jüngere Schichten hinweg verfrachtet werden (Abb. 28.2).

Auch Terranes, „exotische Blöcke" aus Inselbögen, einzelnen Vulkaninseln oder Bruchstücken kontinentaler Lithosphäre, die das Förderband des Meeresbodens auf Kollisionskurs gegen den Kontinent führt, werden in die Gebirgsbildung (= Orogenese) mit einbezogen.

In der Tiefe des so entstehenden chaotischen „Scherbenhaufens" kommt es wegen des zunehmenden Drucks und steigender Temperaturen schließlich auch zur Gesteinsaufschmelzung und -neubildung. Magma dringt nach oben und bildet Plutone und Vulkane.

Durch den Zusammenschub der Kruste wird der gesamte Gesteinskomplex insgesamt nur wenig angehoben. Die horizontale Stauchung (bei den Alpen bis zu 500 km) ergibt jedoch zugleich auch eine gewaltige Krustenverdickung. Dadurch wird viel leichtes Material tief in den Mantel gedrückt, das wegen des Auftriebs dann langsam „aufschwimmt": Mit einer Zeitverzögerung von einigen Millionen Jahren beginnt sich der deformierte Gesteinshaufen zu heben (die Alpen derzeit immer noch mit 0,5–1 mm/Jahr) und ein „richtiges" Gebirge entsteht, dessen Bergketten sich zunehmend über ihre Umgebung erheben. Zum Ausgleich muss in der Tiefe Material von den Seiten nachfließen, sodass der Aufstieg des Gebirges vom Absinken seiner Randbereiche begleitet wird. In diesen Vorlandsenken werden aus dem Erosionsschutt des Gebirges neue Sedimente gebildet, so genannte Molasse. Sie kann beim Fortdauern der gebirgsbildenden Vorgänge auch noch mit in diese einbezogen werden.

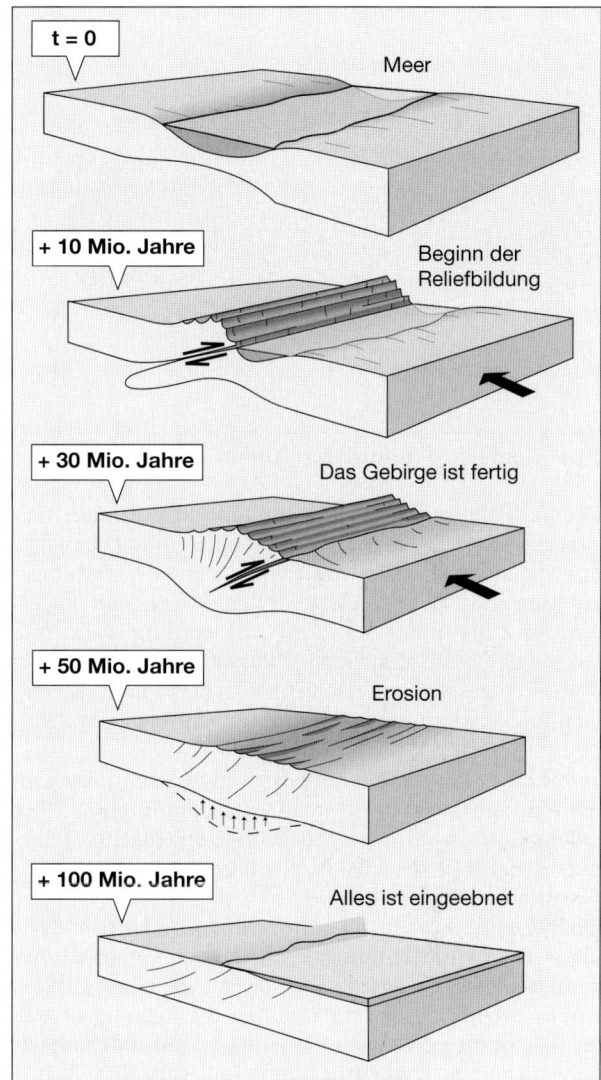

29.2 Gebirgsbildung (schematisch)

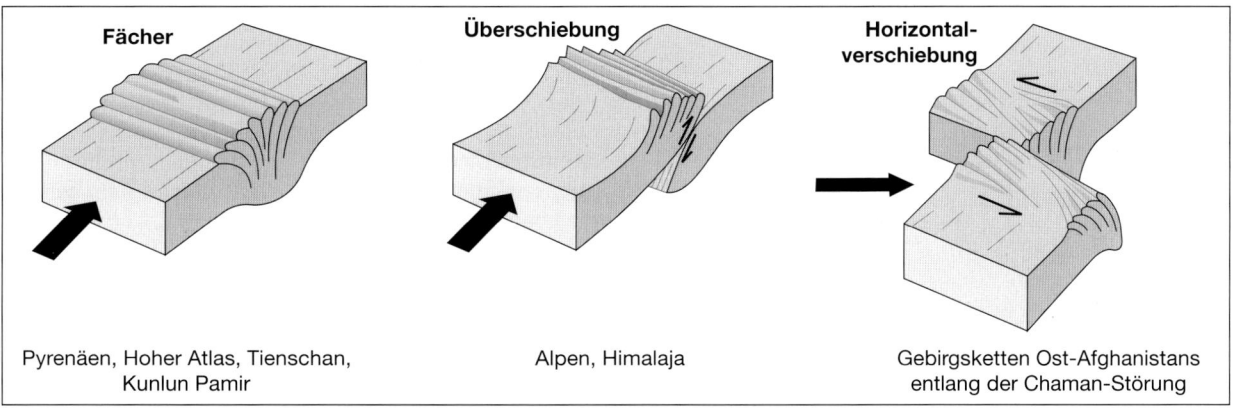

29.1 Architektonische Grundbaupläne von Gebirgen

DIE WIRKUNG ENDOGENER KRÄFTE

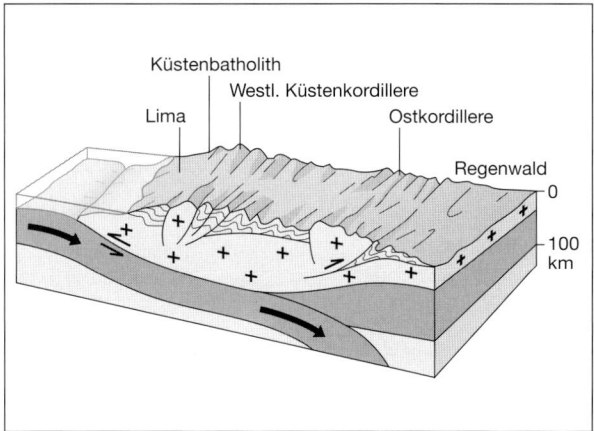

30.1 Geologie der mittleren Anden

Da die Gebirgswurzel meist im zentralen Teil am tiefsten reicht, ist der isostatisch bedingte Hebungsprozess dort am stärksten. Dies führt dazu, dass vom Hebungszentrum aus mächtige Gesteinschichten seitlich abgleiten: Im Zuge dieser seitlichen Ausdehnung (= laterale Extension) quillt der Gebirgskörper von der Subduktionszone aus gesehen nach vorne, rechts und links auseinander – wie ein in der Mitte angehobener Wackelpudding. Durch die mit diesem „tektonischen Kollaps" verbundene Krustendehnung wird in den zentralen Gebirgsregionen – verstärkt noch durch die Erosion – der tiefere Untergrund in so genannten geologischen Fenstern meist am schnellsten sichtbar (z. B. im Tauern-Fenster der Ostalpen).

Die küstenparallelen Tiefseetröge und Vulkanreihen zeigen, dass die relativ einheitlich gebauten Gebirgsketten der Pazifikküste Amerikas das Ergebnis einer *Ozean-Kontinent-Kollision* sind (andiner Typ). Unterschiede im Baustil dieses Gebirgstyps sind i. W. auf unterschiedliche Abtauchwinkel zurückzuführen (Abb. 30.1, 2).

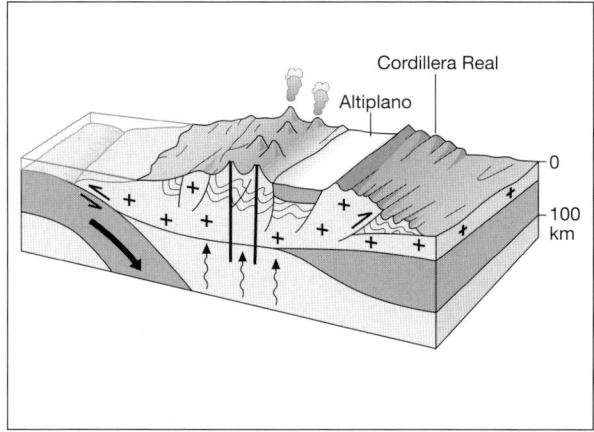

30.2 Geologie der südlichen Anden

Kompliziertere Gebirgsbauten (alpiner Typ) entstehen bei *Kontinent-Kontinent-Kollisionen*, bei denen dazwischen liegende Meeresbecken geschlossen werden. Im Fall des alpidischen Gebirgsgürtels, dessen Deckenfaltengebirge sich von Gibraltar bis China erstrecken, handelt es sich um den ehemaligen Tethys-Ozean („Urmittelmeer"). Der Alpenbogen ist hierbei der komplexeste Abschnitt, weil bei seiner Bildung neben Teilen Europas und Afrikas noch mehrere Mikrokontinente mit dazwischen liegenden Tiefseebecken und Flachmeeren „verarbeitet" wurden (S. 32/33).

Kommt es bei der Ozeaneinengung schließlich ganz zum Zusammenstoß zweier Kontinente, trifft Lithosphäre gleicher Dichte aufeinander. Da die Subduktion leichter kontinentaler Lithosphäre erschwert ist, reißt bei anhaltendem Druck die Subduktionszone bald ab und bildet sich im Vorland neu. Das an den festen Tibet-Block angeschweißte Himalajagebirge besteht daher v. a. aus tektonisch mehrfach übereinander gestapelten Teilen des ehemaligen Nordteils von Indien. Wegen des starken Auftriebs dieses mächtigen Krustenpakets entstand ein besonders hohes Gebirge (Abb. 31.2): Der Himalaja ist also deswegen so hoch, weil er bis zu 70 km tief im Untergrund wurzelt. Die durch die Kollision Indiens ausgelöste gewaltige Kompression hat zu Verformungen noch weit in Innerasien geführt, zur Entstehung des Tien-Shan sowie der Höhen des Altai und der inneren Mongolei. Zugleich führte der Druck aber auch zu v. a. nach Osten gerichteter starker lateraler Extension entlang großer Verschiebungslinien (Abb. 31.2).
Insgesamt ist Indien in S-N-Richtung bisher um etwa 2000 km verkürzt worden und wird – bei etwas geringer werdender Subduktionsgeschwindigkeit – in etwa 30 Mio. Jahren ganz verschwunden sein.

Bei *Ozean-Ozean-Kollisionen* entstehen Gebirge, die auf Inselketten mitten im Ozean liegen (Inselbogentyp). Ihre meist noch aktiven Vulkanberge bestehen überwiegend aus übereinander geschichteten Basalt- und Tufflagen.
Strukturell ebenfalls einfach gebaut sind die durch nur oberflächlich wirksame Krustenverkürzungen oder Scherung (Abb. 29.1) entstandenen Intraplattengebirge. Beim Schweizer Faltenjura spiegelt sich z. B. die tektonische Deformation der ursprünglich horizontal lagernden Sedimentschichten direkt in den Oberflächenformen wider – ein echtes Faltengebirge (Abb. 28.1).

Bei allen Gebirgen liefern die endogen Prozesse (Vulkanismus, Plutonismus, tektonische Deformationen) und die verschiedenen Gesteine jedoch immer nur das Rohmaterial, aus dem durch exogene Einwirkungen (Verwitterung, Abtragung) das jeweilige Relief in seiner heutigen Form herausmodelliert wird.

DIE WIRKUNG ENDOGENER KRÄFTE

31.1 Himalaja (Nepal)

A1 Erläutern Sie folgende Begriffe: Falten, Decken, Ophiolithe, Terrane, Gebirgswurzel, isostatischer Aufstieg, Molasse, geologisches Fenster, laterale Extension (Abb. 28.2, Text).

A2 Charakterisieren Sie die einzelnen Etappen im „Lebenslauf eines Gebirges" (Text, Abb. 29.2).

A3 Unterscheiden Sie die in Abb. 29.1 dargestellten Baupläne von Gebirgen.

A4 Vergleichen Sie nach Bau, Entstehung und Verbreitung und Merkmalen die Gebirge des alpinen, des andinen und des Inselbogen-Typs (S. 30/31).

A5 Begründen Sie, weshalb gerade der Himalaja zum höchsten Gebirge der Erde geworden ist.

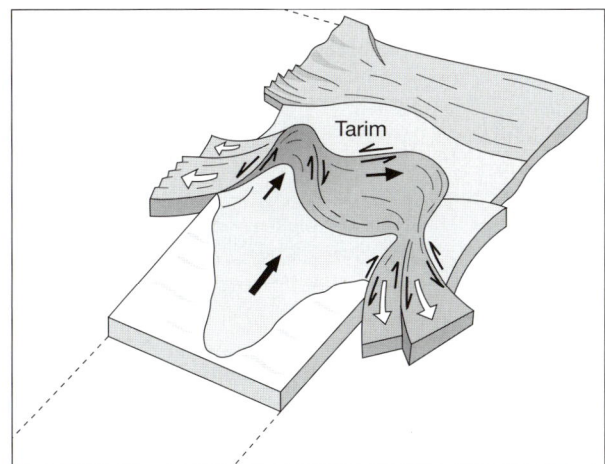

31.2 Indien rammt Asien

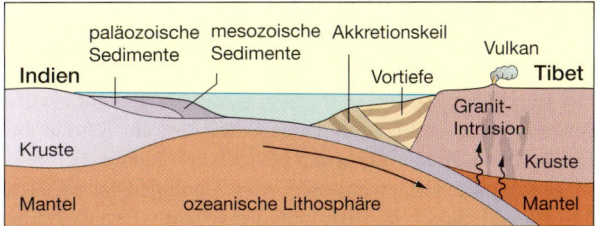

1. Nach dem Zerfall Gondwanas driftet die Indische Platte mit etwa 10 cm/J. nach Norden und verengt dabei den Tethys-Ozean. Vor 60 Mio. Jahren beginnt die Subduktion ihres ozeanischen Bereichs unter Südtibet, Vulkane und Plutone entstehen. Sedimente und Teile ozeanischer Kruste werden von der subduzierten Platte abgeschabt und keilförmig aufgehäuft. Zwischen Kontinent und Akkretionskeil lagert sich in der Vorsenke Erosionsmaterial vom Festland ab.

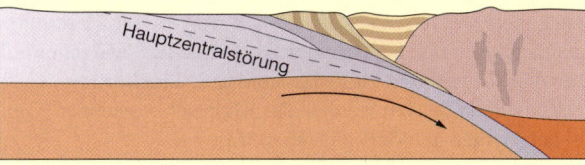

2. Vor 55–40 Mio. Jahren kollidieren die beiden Landmassen. Bei der Subduktion des leichten Indischen Subkontinents reißt quer durch die Platte die Hauptzentralstörung auf.

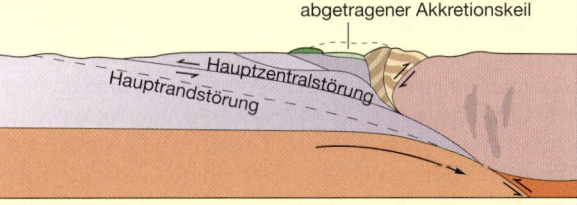

3. Unterhalb der Hauptzentralstörung liegende Bereiche Indiens werden subduziert; oberhalb der Hauptzentralstörung liegende paläo- und mesozoische Sedimente werden gestaucht, abgeschabt und auf den heranrückenden Subkontinent überschoben. Die Gesteine des Akkretionskeils und der Vortiefe werden dagegen nach Norden auf Tibet aufgeschoben.

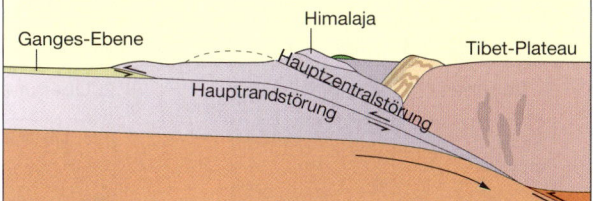

4. Vor 20–10 Mio. Jahren wird die Hauptzentralstörung inaktiv, eine neue Bruchfläche, die Hauptrandstörung entsteht. An ihr entlang wird Indien mit reduzierter Geschwindigkeit (ca. 5 cm/Jahr) weiter subduziert. Dabei ist bereits eine zweite Krustenscheibe abgeschert und auf den Subkontinent aufgeschoben worden, wodurch die erste angehoben wurde. Diese beiden Krustenteile bilden heute den Kern des Himalajas.

31.3 Gebirgsbildung: Himalaja

Entstehung der Alpen

Der sich über 1200 km erstreckende Alpenbogen gilt als der geologisch am besten untersuchte Teil des im Tertiär am Rand des damaligen Europas entstandenen alpidischen Faltengebirgsgürtels. Generationen von Geologen haben sich um die Aufklärung der Struktur des scheinbar chaotischen „Scherbenhaufens" und seiner geologischen Entwicklung bemüht.

Ein entscheidender Fortschritt war die Deckentheorie (M. BERTRAND, 1884), bei der die markanten und leicht erkennbaren Faltungen der Schichten nur eine untergeordnete Rolle spielen. Nach ihr können selbst mächtige Gesteinsserien unterschiedlichster Zusammensetzung als tektonische Einheiten bei starkem seitlichen Druck schuppenartig übereinander geschoben werden, sich dabei auch von ihrem Herkunftsgebiet ablösen und als „schwimmende Decken" wurzellos auf fremdem Untergrund zu liegen kommen. Erosionsreste einst ausgedehnter Decken werden als „Klippen" bezeichnet (Gipfel der Mythen am Vierwaldstätter See).

Rund 100 Jahre nach Aufklärung der Deckenfalten-Struktur konnte durch die Theorie der Plattentektonik die zeitlich und räumlich komplexe Entstehung der Alpen noch besser als ein Wechselspiel von Aufreißen und Schließen von Ozeanen rekonstruiert werden. Seit Beginn des Erdmittelalters bildeten die Schelfbereiche des Tethysmeers flache und ausgedehnte Sedimentationsräume. Als sich zu Beginn des Juras der Nordatlantik zwischen Nordamerika und Nordwestafrika zu öffnen begann, Eurasien, Grönland und Nordamerika aber noch zusammenhingen, verschob sich der afrikanische Kontinent relativ zu Europa nach Osten. Im Gebiet des heutigen Mittelmeers entstand dabei eine breite Störungszone, in der im Jura und in der Kreide schmale Ozeanbecken aufrissen (Südpenninischer und Nordpenninischer Ozean), zwischen denen kleinere, z.T. vom Meer überflutete Schollen kontinentaler Kruste lagen (Mittelpenninikum, Adriatischer Sporn, Abb. 32.1). Während der Kreide trennte sich Europa von Nordamerika und durch die Öffnung des Südatlantiks drehte sich Afrika langsam um eine Achse etwa im heutigen Marokko entgegen dem Uhrzeigersinn auf Europa zu. Die Zone der kleinen Ozeanbecken und Kontinentalschollen wurde dadurch in die Zange genommen und eingeengt. Teile der während des Erdmittelalters entstandenen Sedimente – Gerölle, Sand-, Ton- und Kalkschichten, Korallenbänke sowie submarine Laven –, wurden dabei subduziert oder gefaltet und als Decken übereinander geschoben. Im mittleren Tertiär stieß dieser Deckenstapel und seine Unterlage mit dem Südrand des europäischen Kontinents zusammen. Die Kruste Afrikas bohrte sich keilförmig zwischen die Ober- und Unterkruste Europas und die mitgeführten Decken (v. a. die überwiegend kalkigen ostalpinen Decken) wurden viele Kilometer auf dem Kontinentalrand nach Norden verschoben. Die darunter liegenden Schichten, die penninischen und helvetischen Decken wurden dadurch in die Tiefe gepresst, aufgeheizt und metamorphisiert. Aufgeschmolzene Teile der noch tiefer gepressten Kontinentalkruste Europas drangen dagegen in die darüber liegenden ostalpinen Decken ein und bildeten riesige Granitmassive. Gleichzeitig begann der isostatische Aufstieg des Gebirgskörpers (noch heute bis zu 1 mm/Jahr) und der durch die Erosion anfallende Abtragungsschutt lagerte sich nördlich und südlich der Alpen in den dadurch schwerer werdenden und langsam absinkenden Vorländern als Molasse ab. Das südliche Vorland, die Poebene, wurde randlich sogar noch vom Apennin überfahren, sodass der gesamte Alpensüdrand nach Süden abknickte.

Die in Etappen erfolgende Hebung (in den Westalpen möglicherweise mehr als 20 km!) und die eher flächenhaft wirkende Erosion während des Tertiärs schufen bis vor etwa 5 Mio. Jahren nur eine hügelige Mittelgebirgslandschaft. Erst die weitere Hebung, die im Pleistozän einsetzende starke Frostverwitterung, besonders aber die Arbeit der Gletscher während der Kaltzeiten, die die Berge steiler, die Pässe flacher und die Täler breiter machte, sowie die bis heute anhaltende Erosion durch Bäche und Flüsse schufen das typische Bild eines „alpinen Hochgebirges".

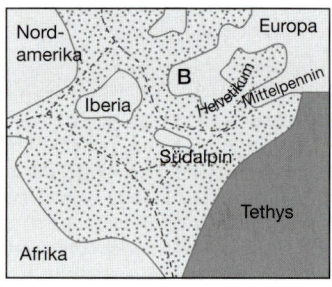 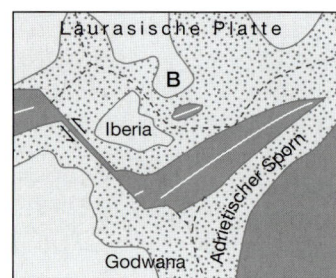 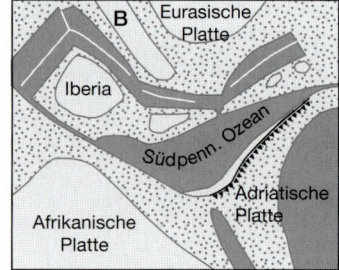

32.1 Alpenbildung in der Aufsicht

GEO-EXKURS

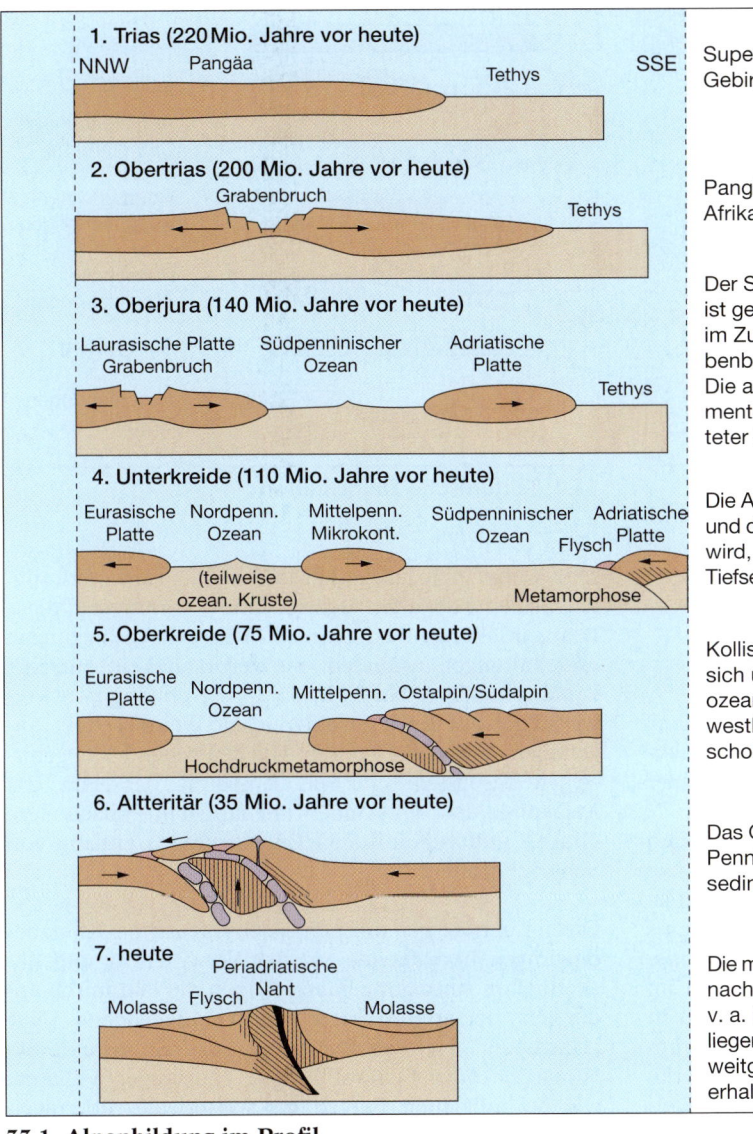

1. Trias (220 Mio. Jahre vor heute)	Superkontinent Pangäa; Gebirge bilden die Schweißnähte
2. Obertrias (200 Mio. Jahre vor heute)	Pangäa zerbricht; Afrika beginnt sich abzutrennen
3. Oberjura (140 Mio. Jahre vor heute)	Der Südpenninische Ozean, eine Bucht der Tethys, ist geöffnet; in der Laurasischen Platte beginnt sich im Zuge der Öffnung des Atlantiks mit einem Grabenbruch der Nordpenninische Ozean zu bilden. Die adriatische Platte mit den auflagernden Sedimenten (Ost- und Südalpin) ist ein nach NE gerichteter Sporn Afrikas.
4. Unterkreide (110 Mio. Jahre vor heute)	Die Adriatische Platte hat sich von Afrika abgetrennt und driftet nach Norden. Der Südpenninische Ozean wird, nach Süden einfallend, subduziert. In die Tiefseerinne schütten Trübeströme Flyschsedimente.
5. Oberkreide (75 Mio. Jahre vor heute)	Kollision der Platten; die Adriatische Platte schiebt sich über das Mittelpennin, dazwischen wird die ozeanische Kruste eingequetscht und z.T. in nordwestlicher Richtung mit über das Mittelpennin geschoben.
6. Alttertiär (35 Mio. Jahre vor heute)	Das Ostalpin schiebt sich mehr als 100 km über das Penninikum und über das Helvetikum, die Schelfsedimente Ureuropas.
7. heute	Die metamorphen Gesteine des Penninikums werden nach oben gepresst und erreichen durch Erosion, v. a. in den Westalpen, die Oberfläche. Die darüber liegenden ostalpinen Decken sind in den Westalpen weitgehend abgetragen, in den Ostalpen aber erhalten.

33.1 Alpenbildung im Profil

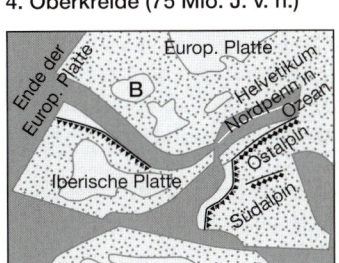

4. Oberkreide (75 Mio. J. v. h.)

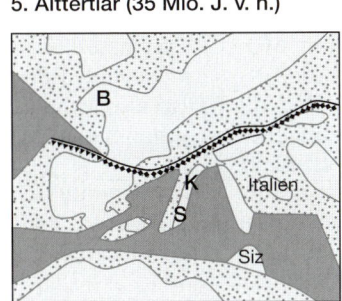

5. Alttertiär (35 Mio. J. v. h.)

- Festland
- Schelf
- Tiefsee mit ozeanischer Kruste
- ----- Bruchlinien Pangäas
- Transform-Störung
- – · – Mittelozeanischer Rücken
- ▲▲▲▲ Subduktionszone mit Tiefseerinne
- ▪▪▪▪ Überschiebung

B Bretagne
S Sardinien
K Korsika

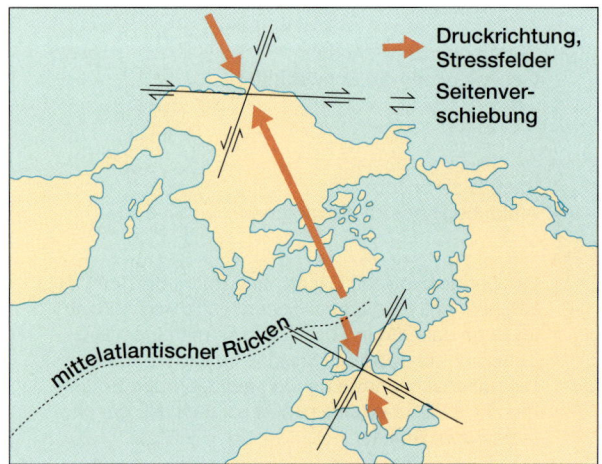

34.1 Stressfelder Nordamerikas und Europas

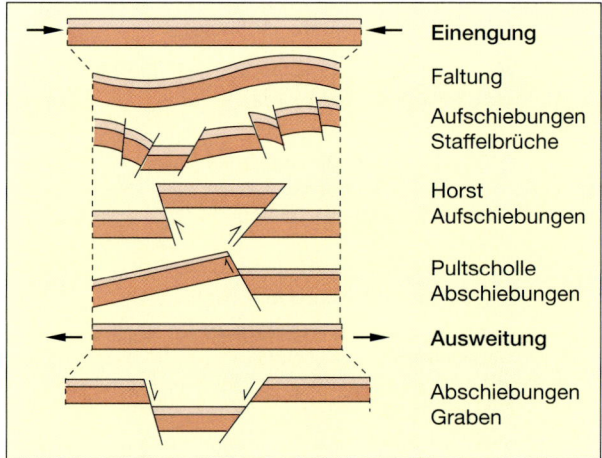

34.2 Tektonische Deformation

2.7 Bildung von Bruchschollengebirgen

Ozeane sind vergängliche Gebilde. Sie „verschwinden" bei Subduktionsvorgängen. Kontinente dagegen wachsen an ihren Rändern durch „Anschweißen" immer neuer Gebirgsketten.

Auch an den bereits seit der Erdurzeit existierenden Kern Europas, den Baltischen Schild und die Russische Tafel, sind im Laufe der Erdgeschichte mehrfach Gebirge angebaut worden: Während des frühen Erdaltertums entstand das Kaledonische Gebirge. Sein Erosionsschutt lieferte teilweise das Baumaterial für die v.a. im Karbon einsetzende variskische Faltungsphase. Auch deren Berge waren bis zum Ende des Perms bis zum Meeresniveau abgetragen. Nur die tiefsten Stockwerke dieser ehemaligen Hochgebirge, die aber die geologischen Strukturen von Deckenfaltengebirgen noch erkennen lassen, blieben erhalten. Sie bilden den Untergrund, das „Grundgebirge" Mitteleuropas, das während des Erdmittelalters mehrfach vom Meer überflutet und dabei mit mächtigen Ablagerungen aus Sand, Ton, Mergeln und Kalk, dem „Deckgebirge", bedeckt wurde.

Die jüngsten Teile des kontinentalen Europa sind die bei der alpidischen Faltung im Tertiär entstandenen heutigen Hochgebirge (Alpen, Karpaten, Pyrenäen). Durch den bei ihrer Bildung v.a. aus Süden und Südosten wirkenden Druck sowie den seit der Öffnung des Atlantiks aus Nordwesten anhaltenden Druck geriet Mitteleuropa immer mehr in die Zange (Abb. 34.1). An einigen Stellen, z.B. im Bereich des Oberrhein- und Elbtalgrabens, wurde der Stress auf Grund- und Deckgebirge durch aufsteigendes Magma noch verstärkt. Die sehr kompliziert gelagerten und bereits stark verfestigten Gesteine der alten Gebirgsrümpfe konnten auf diese Beanspruchungen jedoch nicht mehr mit Verbiegungen und Faltungen reagieren. Sie zerbrachen in einzelne Bruchschollen (Abb. 34.2, 35.2), die entlang von Verwerfungen auf die unterschiedlichste Weise verstellt, angehoben, abgesenkt wurden. Die deutschen Mittelgebirge wie das Rheinische Schiefergebirge, der Harz, das Erzgebirge usw. entstanden mit Horsten, Pultschollen, Gräben und vulkanischen Erscheinungen entlang von Schwächezonen.

Die im Tertiär bei warmen wechselfeuchten Klimabedingungen herrschende Art der Verwitterung und flächenhaften Abtragung haben jedoch die tektonisch bedingten Reliefunterschiede rasch ausgeglichen. Nur „Härtlinge" wie der Quarzitzug des Soonwalds im Hunsrück oder Schlotfüllungen ehemaliger Vulkane, wie bei einzelnen Bergen im Westerwald, überragen heute noch die um mehrere Hundert Meter angehobenen Rumpfflächen. Diese wurden besonders während des Pleistozäns von den sich damals rasch eintiefenden Flüssen mehr oder weniger stark zerschnitten.

Das äußerlich von den jungen Hochgebirgen völlig abweichende Bild der geologisch viel älteren Mittelgebirge ist also darauf zurückzuführen, dass diese letztlich schon mehr „mitgemacht" haben.

A1 Ermitteln Sie Alter und Verbreitung der in der kaledonischen, variskischen und alpidischen Faltung entstandenen Gebirge (Atlas, Text).

A2 Beschreiben Sie in Grundzügen die geologische Geschichte der Mittelgebirge am Beispiel des Rheinischen Schiefergebirges (Abb. 35.2).

DIE WIRKUNG ENDOGENER KRÄFTE

35.1 Das Neuwieder Becken

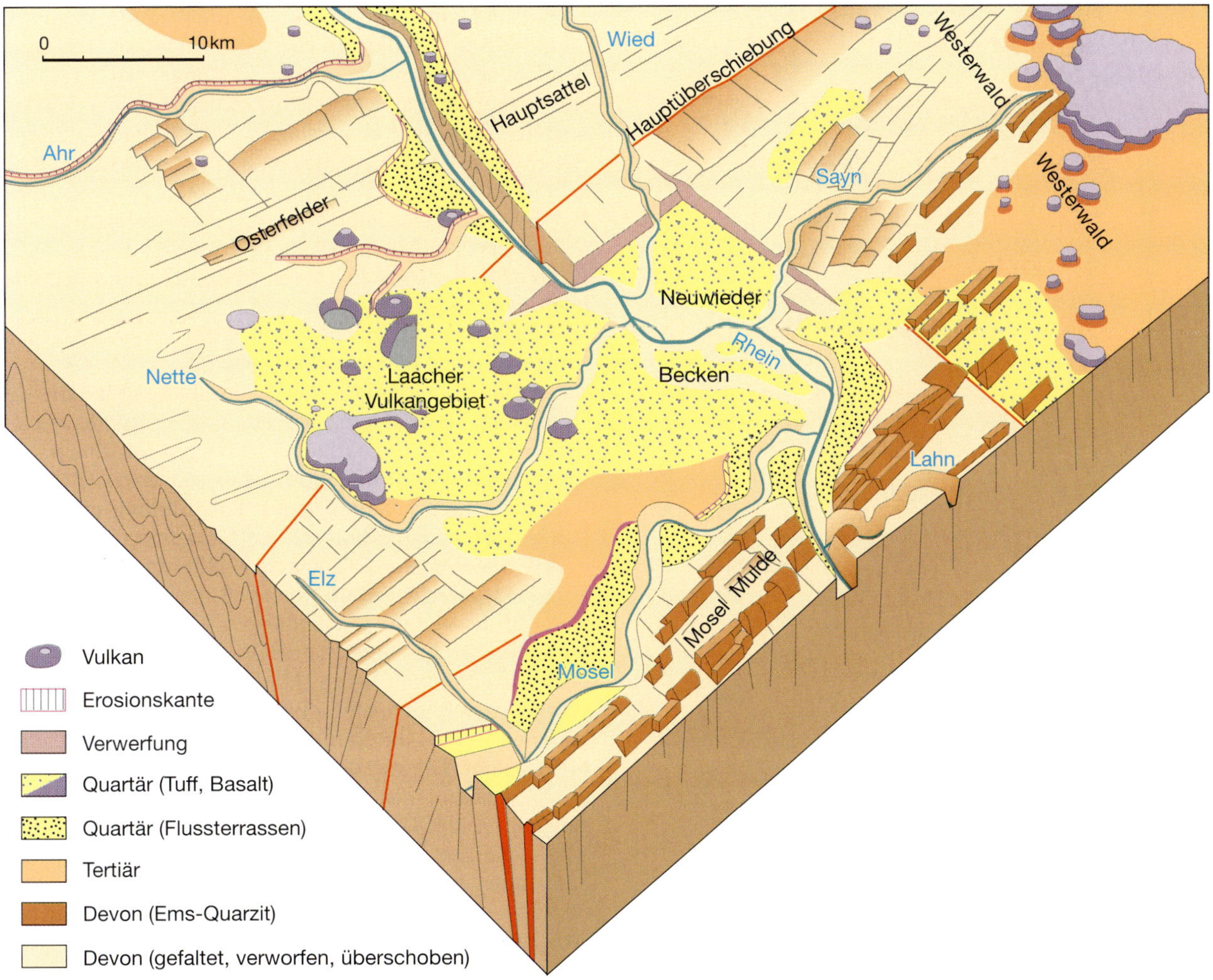

- Vulkan
- Erosionskante
- Verwerfung
- Quartär (Tuff, Basalt)
- Quartär (Flussterrassen)
- Tertiär
- Devon (Ems-Quarzit)
- Devon (gefaltet, verworfen, überschoben)

35.2 Geologische Struktur eines Mittelgebirges: Das Rheinische Schiefergebirge (vereinfacht)

2.8 Rekonstruktion eines globalen Puzzles

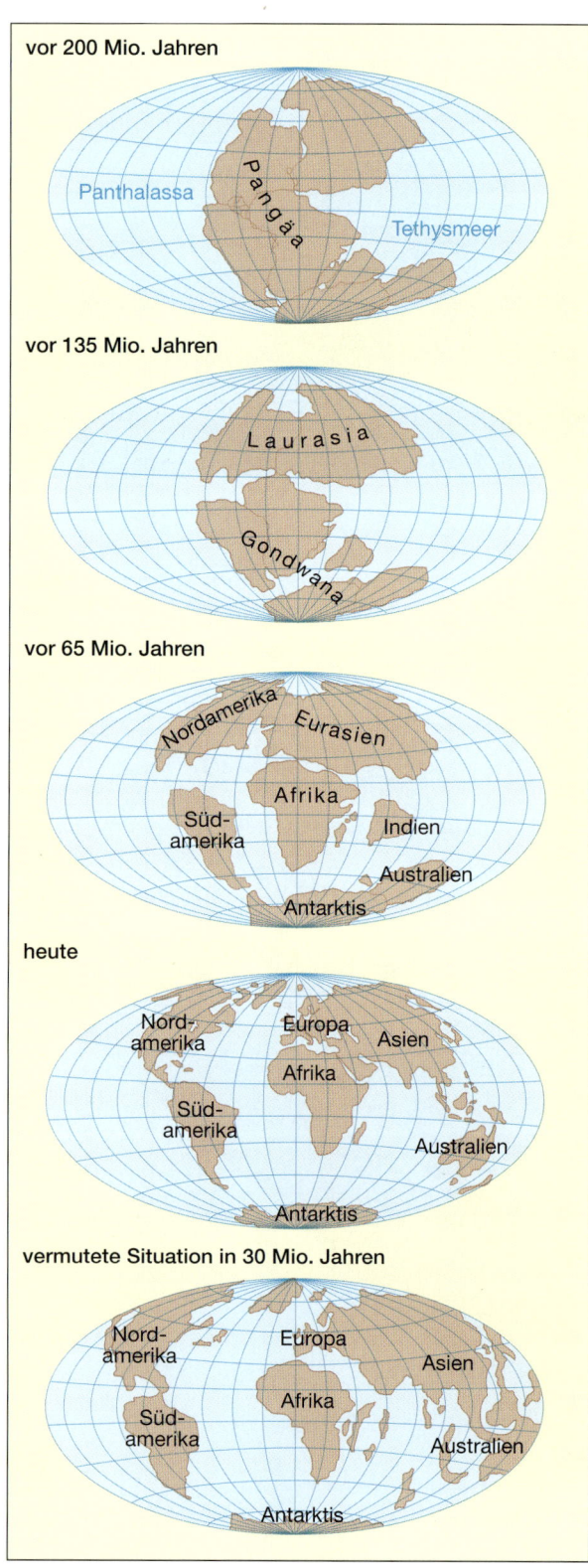

36.1 Das Wandern der Kontinente

Mithilfe der „magnetisierten Streifen" am Meeresgrund lässt sich die Geschichte der modernen Kontinent-Ozean-Konstellation zurückverfolgen bis zu dem schon von Wegener angenommenen „Urkontinent" Pangäa. Dieser war von einem riesigen „Urozean" (Panthalassa) umgeben und zerbrach vor etwa 200 Mio. Jahren.

Eine noch weiter in die Vergangenheit zurückreichende Rekonstruktion ist durch die Erforschung der Ozeane allerdings nicht möglich. Sie kann jedoch mithilfe der Erforschung der Kontinente erfolgen. Da diese aus leichtem Material bestehen, werden sie nicht/kaum subduziert, zeigen aber in ihren Gebirgszügen die Schweißnähte früherer Ozean-Kontinent- oder Kontinent-Kontinent-Kollisionen. Im Idealfall lassen sich solche großräumigen Nahtstellen (Suturen) auf den Meter genau identifizieren. An die ältesten, tektonisch stabilen Kernbereiche der Kontinente, die so genannten Kratone, sind dabei im Laufe der Erdgeschichte immer wieder jüngere Gebirgsgürtel angelagert worden. Aufgrund der Art und des Alters der dabei verarbeiteten Gesteine lässt sich jeweils die Geschichte der einstmals zwischen diesen Blöcken gelegenen Ozeane rekonstruieren. Auch die unterschiedlichen Magnetisierungsrichtungen von Festlandgesteinen werden zur Rekonstruktion ehemaliger Plattenbewegungen genutzt.

In Europa zeugen so z.B. die in ihrer äußeren Gestalt (Morphologie) sehr vielfältig erscheinenden tektonischen Baueinheiten von der wechselhaften Geschichte eines heute aus mehreren älteren und jüngeren Krustenblöcken mosaikartig zusammengesetzten Kontinents.

Zusammenfassend lässt sich daher seit etwa 2,7 Mrd. Jahren ein mehrfacher Wechsel von Bildung und Zerbrechen von „Superkontinenten" rekonstruieren (Superkontinent-Zyklus). Danach existierten bereits vor Pangäa mindestens fünf weitere Superkontinente. Sie waren in jeweils unterschiedlichen Kombinationen zusammengesetzt aus Bruchstücken, die heute z.T. mitten in den Kontinenten liegen. Alle jemals dazwischen gelegenen Ozeanböden sind – bis auf ihre in Gebirgen enthaltenen Reste – durch Subduktion verschwunden.

Mithilfe der Theorie der Plattentektonik lässt sich jedoch nicht nur das Kontinent-Ozean-Puzzle der Vergangenheit, der Gegenwart und der – geologisch gesehen – näheren Zukunft sowie der damit zusammenhängenden tektonischen Erscheinungen ermitteln und erklären. Sie ist weit darüber hinaus zu einem unverzichtbaren Hilfsmittel für die Erforschung von Lagerstätten, der Klimageschichte und der Evolution und der Verbreitung der Lebewesen unseres Planeten geworden.

DIE WIRKUNG ENDOGENER KRÄFTE

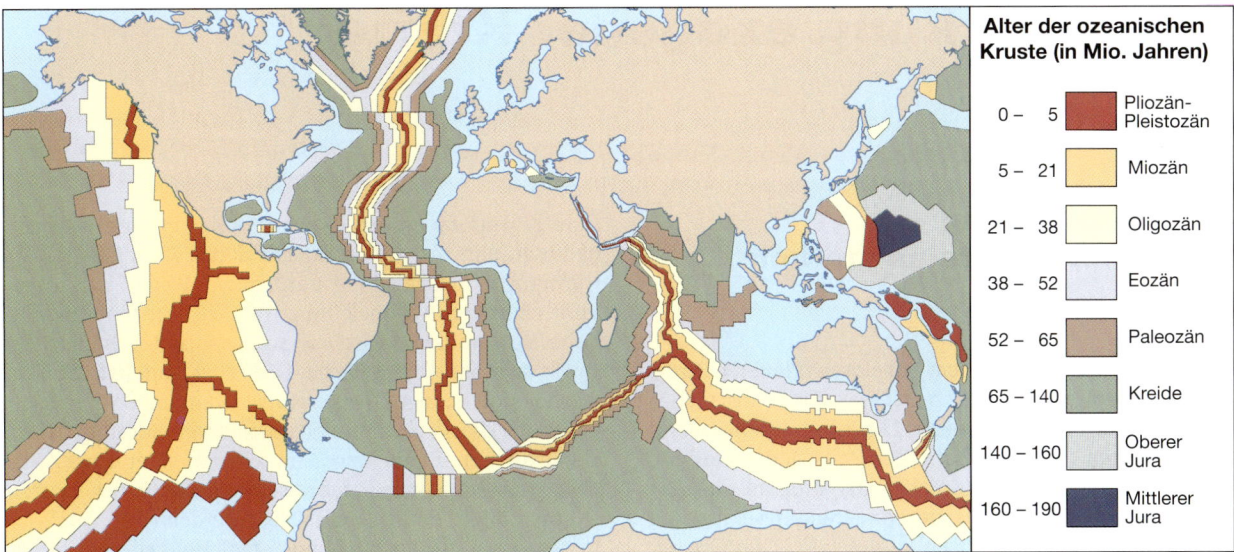

37.1 Erdgeschichtliche Entwicklung der Ozeanböden

A1 Vergleichen Sie das Alter und die Entwicklung der gegenwärtigen Ozeane (Abb. 37.1.)

A2 Beschreiben Sie die tektonische Entwicklung Europas (Abb. 37.2).

A3 Erläutern Sie die Veränderungen des globalen Kontinent-Ozean-Puzzles seit dem Zerbrechen von Pangäa.

A4 Begründen Sie, weshalb auch Aussagen über Kontinent-Ozean-Konstellationen vor Pangäa möglich sind.

A5 Begründen Sie, weshalb sogar Aussagen über zukünftige Konstellationen möglich sind.

A6 Beschreiben sie die zukünftig mögliche Verteilung von Ozeanen und Kontinenten (Abb. 36.1).

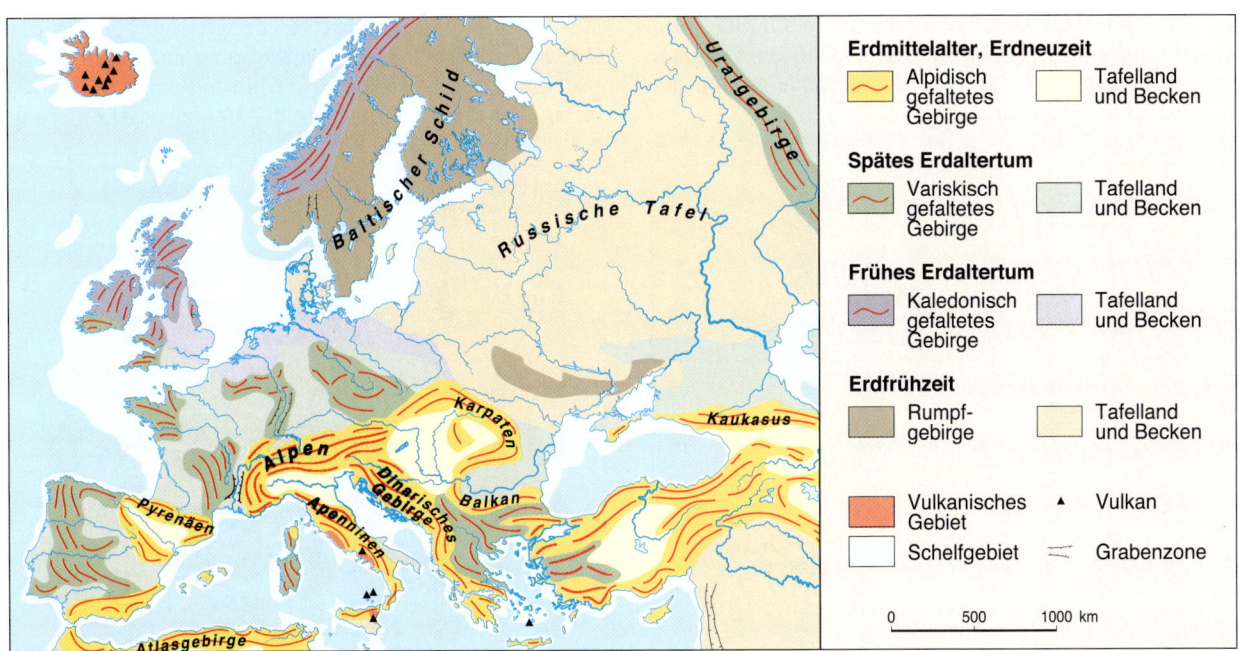

37.2 Erdgeschichtliche Entwicklung Europas

3 Die Wirkung exogener Kräfte

3.1 Verwitterung: Wenn die Steine sterben

Nichts ist beständig auf dem ruhelosen Planeten Erde. Selbst die vom „ewigen Eis" bedeckten Gipfel der Gebirge haben nur eine begrenzte Lebenserwartung, denn auch an ihnen „nagt der Zahn der Zeit". Jedes Gestein, das durch endogene Kräfte nahe oder ganz an die Erdoberfläche gebracht wird, ist dort anderen physikalischen und chemischen Bedingungen ausgesetzt als am Ort seiner Entstehung. Unter dem Einfluss exogener Faktoren wird das Gestein verändert, es verwittert. Die Art und die Intensität der Verwitterung wird dabei wesentlich gesteuert von der mineralogischen Zusammensetzung des Gesteins sowie von den Angriffsmöglichkeiten, der Wirkungsweise und der Einwirkungsdauer der exogenen Faktoren.

Die physikalische Verwitterung beginnt bereits nahe der Oberfläche, wenn das Gestein durch Abtragung des darüber liegenden Materials allmählich aufgedeckt wird und dabei eine Druckentlastung erfährt. Spalten und Klüfte reißen auf und an der Oberfläche kommt es – besonders bei homogenen massigen Gesteinen wie Granit – zur Abspaltung ganzer „Schalen", zum Ablösen kleinerer (Abschuppung, Abb. 39.1) und Abbröckeln kleinster Bruchstücke (Vergrusung).

Eine Zerrüttung innerhalb des Gesteins entsteht dagegen dadurch, dass sich seine verschiedenen Minerale bei Erwärmung unterschiedlich ausdehnen. Wegen der insgesamt schlechten Wärmeleitung von Stein entstehen so z.B. hohe Spannungen zwischen Sonnen- und Schattenseite sowie zwischen Oberfläche und dem Inneren. Starke, rasche und häufige Temperaturschwankungen begünstigen daher die so genannte Temperaturverwitterung. Unter den extremen Bedingungen in Wüsten oder tropischen Hochgebirgen können dabei selbst große Blöcke durch „Kernsprünge" mittendurch geteilt werden (Abb. 39.2).

In Gebieten mit ausreichender Feuchtigkeit und häufigem Frostwechsel ist dagegen die Frostsprengung besonders wirksam. Da Wasser bei + 4 °C seine größte Dichte hat, dehnt es sich beim weiteren Abkühlen aus. Durch die beim Gefrieren erfolgende Volumenvergrößerung um 9 % entsteht in wassergefüllten Spalten ein Druck von bis zu 2200 kp/cm^2. Dies übersteigt die Belastungsfähigkeit der meisten Gesteine (ca. 250 kp/cm^2) und zersprengt sie daher. Ähnliches geschieht in trockenen und wechselfeuchten Gebieten bei der Salzsprengung, wenn die im Gesteinswasser enthaltenen Salze durch Verdunstung des Wassers auskristallisieren. Die dabei erfolgende Volumenzunahme erzeugt einen Sprengdruck von bis zu 300 kp/cm^2. Wassermoleküle können aber auch in das Gitter von Kristallen eingebaut werden und deren kräftiges Aufquellen bewirken. Die Umwandlung von Anhydrit zu Gips führt so z.B. zu einer Volumenvergrößerung

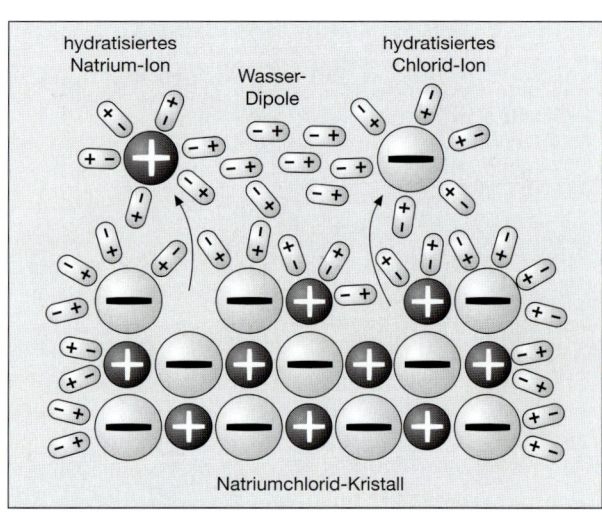

38.1 Frost- und Salzsprengung

38.2 Lösungsverwitterung

DIE WIRKUNG EXOGENER KRÄFTE

um 60 %. Diese Hydratationsverwitterung begünstigt wie alle anderen Prozesse der physikalischen Verwitterung durch Zertrümmerung und Oberflächenvergrößerung des Gesteins dessen weitergehende Zersetzung bei der chemischen Verwitterung.

Die chemische Verwitterung umfasst neben Oxidationsprozessen alle Reaktionen zwischen dem Gestein und wässrigen Lösungen, bei denen die Mineralien endgültig zerstört und in ihre Bausteine zerlegt werden.
Wegen ihres Dipolcharakters lagern sich Wassermoleküle an die Grenzflächen-Ionen von Kristallen an, zwängen sich auch zwischen sie und lockern so deren Zusammenhalt. Letztlich reißt das Gitter auf und der Vorgang wiederholt sich. Die dabei frei werdenden Ionen driften – umgeben von einer Hydrathülle – in das umgebende Wasser ab. Diese Lösungsverwitterung tritt aber selbst in feuchten Gebieten nur bei leicht löslichen Gesteinen wie Steinsalz, Anhydrit oder Gips auf (Abb. 38.2).
Die weit verbreiteten Kalkgesteine (Kalk $CaCO_3$) sind in reinem Wasser dagegen kaum löslich. Wird das Wasser jedoch mit CO_2 aus der Luft oder aus der Atmung von Bodenlebewesen angereichert, bildet sich Kohlensäure, eine schwache Säure. Durch diese Erhöhung der Konzentration von H^+-Ionen im Wasser kann Kalkgestein in leichter lösliches Kalziumhydrogencarbonat umgewandelt und so in Lösung abtransportiert werden. Diese „Kohlensäureverwitterung" ist wie die reine Lösungsverwitterung aber ein umkehrbarer Vorgang (Abb. 39.1): Wenn sich z.B. die Temperatur oder der Druck der Lösung ändern, können die darin gelösten Bestandteile wieder ausgefällt werden. Die irgendwo erfolgende chemische Zersetzung kalkhaltiger Gesteine ist daher mit einem anderswo erfolgenden Aufbau von gleichartigen Mineralen und Gesteinen gekoppelt.

39.2 Abschuppung

39.3 Temperaturverwitterung („Kernsprung")

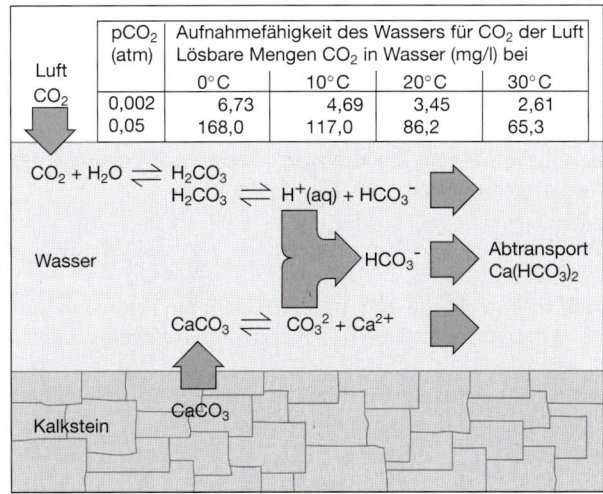

39.1 Kohlensäureverwitterung

39.4 Frostverwitterung

DIE WIRKUNG EXOGENER KRÄFTE

40.1 Chemische Verwitterung

Auch die chemische Verwitterung der am weitesten verbreiteten Gesteine, der Silikatgesteine, erfolgt durch einen Säureangriff (Hydrolyse). Hierbei werden die Alkali- und Erdalkali-Ionen (K, Na, Ca, Mg) und selbst das schwer lockerbare Mineral Quarz (SiO_2) im Kristallgitter nach und nach vollständig durch H^+-Ionen aus der Bodenlösung ersetzt. Im Gegensatz zur reinen Lösungsverwitterung ist die Hydrolyse jedoch kein reversibler Vorgang. Ihre Intensität steigt mit zunehmender Temperatur und Feuchtigkeit sowie einem höheren Säuregehalt (pH-Wert) des Wassers. In den inneren Tropen ist daher wegen der hohen Niederschläge und Temperaturen sowie der hohen biologischen Aktivität im Boden diese Form der chemischen Verwitterung etwa um den Faktor 1000 intensiver als z. B. in den mittleren Breiten. Nicht im Sickerwasser abtransportierte Verwitterungsrückstände der Hydrolyse können sich wieder zu neuen, jedoch ganz andersartig zusammengesetzten Mineralen, den so genannten Tonmineralen, verbinden. Die tonigen („schmierigen") Bestandteile eines Bodens entstehen also immer erst im Zuge der Hydrolyse von Gesteinen.

Bei der allgegenwärtigen Oxidationsverwitterung lagert sich Sauerstoff z. B. an Eisen-, Mangan- und Schwefel-Ionen an und lockert auf diese Weise das Kristallgitter. Auch dieser Vorgang findet in der Natur immer nur in Gegenwart von Wasser statt. Das „Rosten" des Gesteins ist leicht an seiner Farbänderung erkennbar: Die Braunfärbung entsteht durch die Bildung von Goethit (FeOOH), die in sehr warmen Klimaten auftretende Rotfärbung durch Hämatit (Fe_2O_3). Alle „verrosteten" Teile lösen sich leicht aus ihrem ursprünglichen Verband.

Die so genannte biogene Verwitterung umfasst sowohl physikalische als auch chemische Prozesse: Einerseits wird durch Wurzelsprengung beim Dickenwachstum von Pflanzenwurzeln das Gestein gelockert. Andererseits erhöht sich die Konzentration von CO_2 im Boden um das 10–40fache gegenüber der Atmosphäre durch die Ausscheidung dieses Gases bei der Atmung von Bodenlebewesen. Dadurch wird die Hydrolyse erheblich gesteigert.

Die indirekt von allen atmenden Bodenlebewesen ausgehende Säureproduktion wird durch Pflanzenwurzeln noch direkt verstärkt. Sie nehmen durch die Zellmembranen ihrer Wurzelzellen Nährstoffe, wie z. B. K^+ oder Na^+ auf und geben dafür – um das elektrische Ladungsgleichgewicht zu erhalten – die in ihrem wässrigen Zellplasma überall verfügbaren H^+-Ionen nach außen in die Bodenlösung ab. Selbst nach ihrem Tod verstärken Pflanzen durch die bei der Zersetzung organischer Substanz entstehenden Huminsäuren noch die Verwitterung.

Seit es Lebewesen auf dem Planeten gibt, haben sich die Verwitterungsprozesse auf der Erde daher insgesamt beschleunigt. Bei Basaltgesteinen z. B. erfolgt die Verwitterung zusammen mit Lebewesen etwa 1000-mal schneller als im sterilen Zustand.

A1 Beschreiben Sie die verschiedenen Vorgänge der Verwitterung (Text und Abbildungen).

A2 Welche Bedeutung hat der Eispropf in Abb. 38.1?

A3 Erläutern Sie die unterschiedliche Intensität der Verwitterungsprozesse in verschiedenen Klimaten.

A4 Unter welchen Bedingungen gilt der Spruch „Steter Tropfen höhlt den Stein"?

A5 Inwiefern beschleunigen Lebewesen die Verwitterungsprozesse?

3.2 Massenselbstbewegungen

Bergstürze, Lawinenabgänge oder Schlammströme sind Formen der so genannten Massenselbstbewegung mit sehr hoher Geschwindigkeit und oft katastrophalen Auswirkungen. Aber auch die nur im Ergebnis nach langer Zeit festzustellenden, nur wenige mm/a betragenden Bewegungen des Bodenfließens zählen zu diesem Phänomen der denudativen, d.h. meist flächenhaft wirkenden Abtragung und Umformung der Landoberfläche (Abb. 41.1 und 41.2). Alle Arten der Massenselbstbewegung haben aber eines gemeinsam: Sie unterliegen dem Einfluss der Schwerkraft, d.h. sie bewegen sich ohne ein Transportmittel, wie z.B. fließendes Wasser, Eis oder Wind.

Die Grundvoraussetzung für Massenselbstbewegungen ist daher eine gewisse Hangneigung. Für eine Masse (z.B. Felsbrocken), die auf einem Hang aufliegt, stellt die zum Erdmittelpunkt gerichtete Schwerkraft eine Resultante in einem Vektorenparallelogramm aus der hangabwärts, parallel zur Hangoberfläche, wirkenden Schubspannung und der rechtwinklig zur Oberfläche nach unten gerichteten Druckspannung dar. Die jeweils auf die Masse wirkenden Kräfte sind eine Funktion der Hangneigung bzw. des Auflagerungsdrucks der Masse.

Neben der Hangneigung spielt auch die Beschaffenheit des Hangmaterials eine wichtige Rolle, vor allem die innere Bindung (Kohäsion) zwischen den Gesteinskomponenten. Kohäsionsarme Lockersedimente (wie trockener Sand) leisten einen geringen Bewegungswiderstand, der lediglich von der inneren Reibung des Materials abhängt, deren Größe wiederum von der Kornform (z.B. eckig oder rund) bestimmt wird. Bei Material mit großer Kohäsion und damit großer Hangstabilität (z.B. Fels) muss erst eine gewisse Instabilität geschaffen werden, damit es in Bewegung geraten kann. Die Lockerung des Gesteinsverbandes insgesamt bzw. die Verringerung der Kohäsion zwischen den Gesteinskomponenten ist das Ergebnis v.a. der physikalischen, aber auch der chemischen Verwitterung.

Der Wassergehalt des Materials stellt einen dritten entscheidenden Faktor bzgl. der Neigung zur Massenselbstbewegung dar: Im Sandkasten lassen sich mit feuchtem Sand steilere Hänge formen als mit trockenem. Enthalten die Poren im Sand außer Wasser auch noch Luft, bildet sich aufgrund der vielen kleinen Oberflächen und ihrer Oberflächenspannung eine Art Sog, der die Sandteilchen stärker aneinander bindet. Ist das Substrat allerdings mit Wasser gesättigt, entsteht ein positiver Porenwasserdruck, der die Teilchen auseinander drückt – aus wassergesättigtem Sand lassen sich keine Sandburgen bauen!

Dadurch, dass das Bodenwasser z.B. Lockermassen instabil macht, wird es oft zum Auslöser von Massenselbstbewegungen oder dient als Gleitfläche, z.B. an der Grenzfläche zwischen Wasser durchlässigem Gestein wie Kalk und Wasser stauendem Gestein wie Ton.

Viele Massenselbstbewegungen haben natürliche Ursachen, manche werden jedoch begünstigt durch Eingriffe des Menschen, z.B. durch Instabilisierung von Hängen durch Entwaldung, Anschneiden von natürlichen Böschungen durch Verkehrswege oder Zerstörung der ursprünglichen Sedimentstruktur wie beim Verdichten des Lösses bei der Neuterrassierung von Rebflächen.

Name (plural)	Definition	Vorkommen (vorw.) Geschw.
Mure (Muren)	Schuttlawine, -strom; starke Durchnässung des Lockermaterials durch Starkregen oder Schmelzwasser	Hochgebirge *bis 70 km/h*
Lahar (Lahare)	vulkanischer Schlammstrom; Wasser gesättigte Aschemassen	vulkanisches Hochgebirge *bis 200 km/h*
Bergsturz, -rutsch	Abriss und Absturz bzw. Abrutschen großer Teile übersteilter Hänge	Hochgebirge *bis Fallgeschwindigkeit*
Lawine	abgehende Schnee- oder Eismassen	Hochgebirge *bis 300 km/h*
Bodenfließen = Solifluktion	Fließ- oder Kriechbewegung des Oberbodens in feuchten Klimaten	Periglazial- u. Frostwechselgebiete; *1–10 mm/a*

41.1 Formen der Massenselbstbewegung

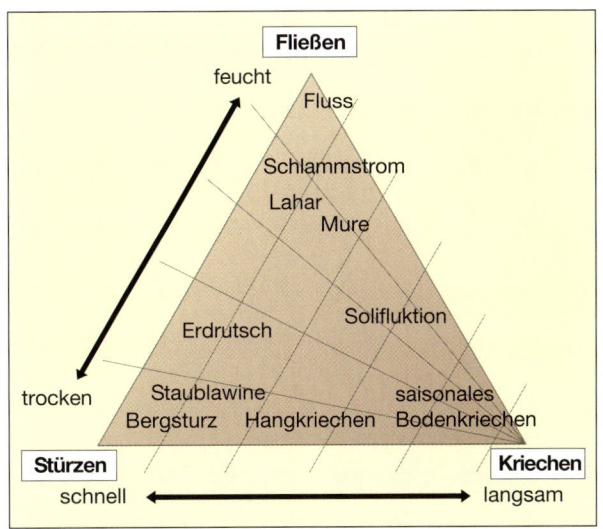

41.2 Klassifizierung von Massenselbstbewegungsprozessen

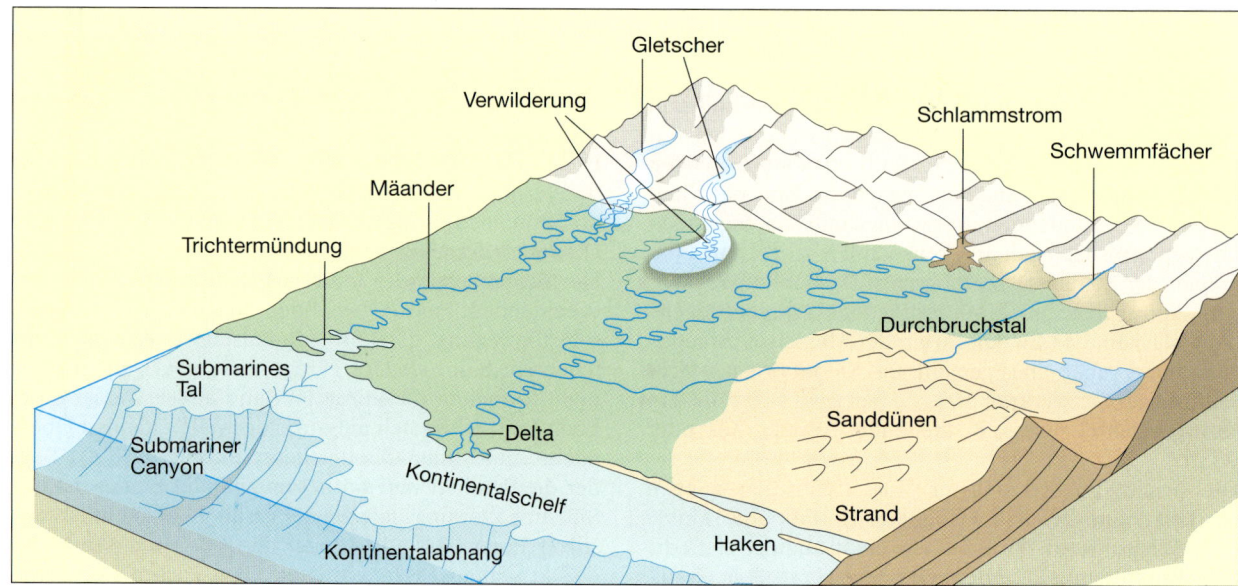

42.1 Oberflächenformen

3.3 Formenbildung durch fließendes Wasser

Die Schwerkraft ist schuld daran, dass letztlich „alles den Bach runtergeht". In welchem Umfang und wie schnell dies geschieht, hängt aber wesentlich ab von der Art der Wasserführung, von den Verwitterungsbedingungen, der Widerstandskraft des Gesteins, von den zu überwindenden Höhenunterschieden sowie von der Bodenbedeckung im Einzugsgebiet des Flusses. Fließendes Wasser nimmt das bei der Verwitterung aufbereitete Material auf und transportiert es als Geröll, Schweb- und Lösungsfracht ab; es bearbeitet mit dem Geröll den Untergrund und die Seiten, zerkleinert und rundet dabei das Material und lagert es bei nachlassender Transportkraft ab (Abb. 43.1). Bäche, Flüsse und Ströme sind daher nicht nur die Entwässerungsadern des Festlandes. Sie tragen durch Abtragung (Erosion), Transport und Ablagerung (Sedimentation) entscheidend zur exogenen Formung einer Landschaft bei. Im Zusammenspiel von linienhaft wirkender Tiefenerosion, der Seitenerosion und der eher flächenhaft wirkenden Hangabtragung (Denudation) entstehen dabei sehr unterschiedliche Tal- und Oberflächenformen.

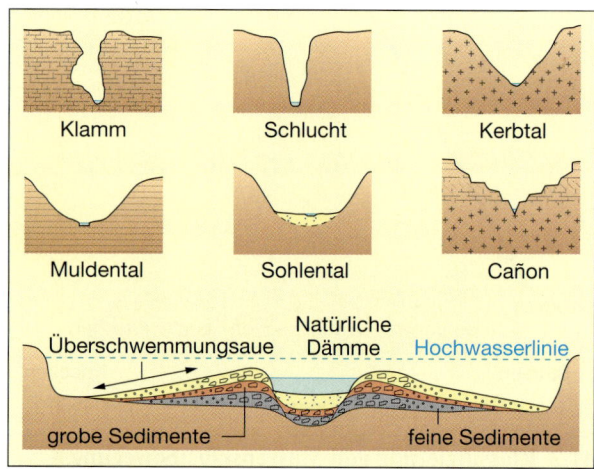

42.2 Talformen

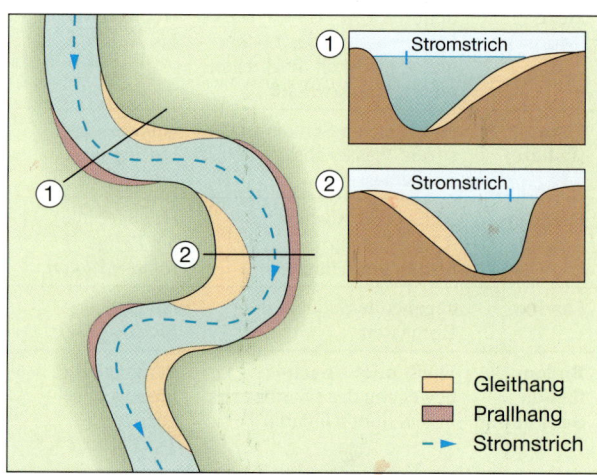

42.3 Schlingen- und Mäanderbildung

DIE WIRKUNG EXOGENER KRÄFTE

Im Oberlauf der Flüsse sind die Reliefunterschiede meist sehr groß. Trotz der noch geringen Wasserführung besitzen die Bäche und Flüsse wegen ihrer hohen Fließgeschwindigkeit und den zahlreich mitgeführten „Erosionswaffen" (Geröll) eine sehr starke Tiefenerosion. Es entstehen tief eingeschnittene, enge Täler, deren Sohlen ganz vom tosenden Wasser eingenommen werden, mit steilen oder sogar überhängenden Wänden (Schlucht bzw. Klamm, Abb. 42.2). Die häufigen Stromschnellen und Wasserfälle beseitigt der Fluss dabei allmählich durch rückschreitende Erosion (flussaufwärts erfolgende Tieferlegung der Sohle).

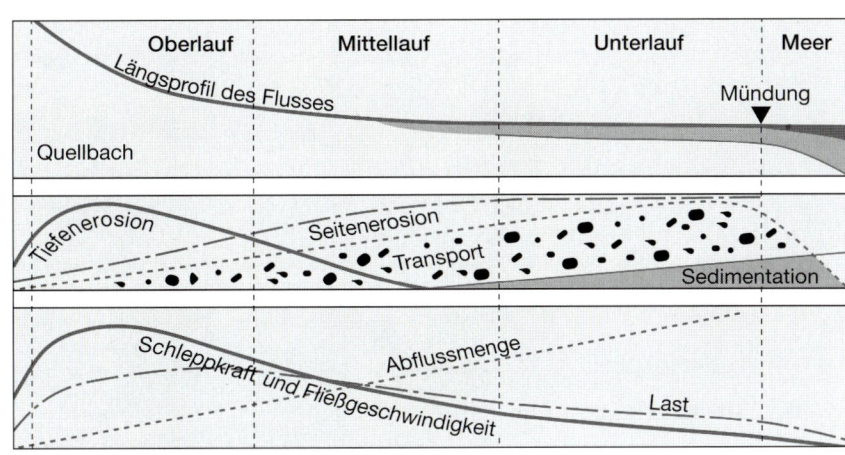

43.1 Längsprofil eines Flusses

Wenn Tiefenerosion und Hangabtragung im Gleichgewicht stehen, bilden sich Kerbtäler mit V-förmigem Querschnitt. Beim Durchsägen verschieden widerständiger Schichten entstehen dagegen Canyons mit gestuftem Hangprofil.

Im Mittellauf wird die Abtragung der Hänge dann meist stärker als die Eintiefung der Talsohle und es entstehen flache Muldentäler. Bei sehr geringem Gefälle lagert der Fluss an der Sohle fast nur noch ab und pendelt auf seinen Ablagerungen hin und her. Dabei können die Ufer unterschnitten und das Tal verbreitert werden. Solche Kastentäler mit breiten, ebenen Sohlen und scharfem Hangknick bilden sich jedoch auch bei der Aufschotterung von Kerb- oder Muldentälern.

Starke seitliche Auslenkungen des Stromstrichs – der Linie der stärksten Strömung – führen zur Schlingen- und Mäanderbildung. Der Fluss erodiert dabei am Außenbogen (Prallhang) und lagert am Innenbogen wegen der geringeren Fließgeschwindigkeit ab (Gleithang). Durch die asymmetrisch wirkende Seitenerosion werden auch die Hälse der Schlingen verschmälert, bis sie schließlich durchbrochen werden. Wegen der Verkürzung der Laufstrecke tieft sich der Fluss an der Durchbruchstelle rasch ein (Abb. 43.2). Die frühere Schlinge bleibt als Altwasser zurück und verlandet schließlich.

Im Unterlauf kommt es häufig zu Überschwemmungen, wobei die mitgeführte Fracht bevorzugt auf der Sohle und in Ufernähe abgelagert wird. Es entstehen natürliche Dämme, die den Fluss „einmauern" und ihn so allmählich über die Umgebung hinausheben (Dammuferfluss, Abb. 42.2).

Beim Einmünden des Flusses in einen See oder ins Meer kommt es wegen der plötzlichen Verringerung der Fließgeschwindigkeit zu einer abrupten Abnahme der Transportkraft. Es bildet sich ein Schwemmkegel, auf dem sich der Fluss zunehmend verästelt und den er als Delta immer mehr ins Meer vorschiebt, sofern die Ablagerungen nicht sofort durch starke Gezeiten oder küstenparallele Strömungen weiter verfrachtet werden.

Bei einer Tieferlegung des Vorfluters (= tiefstgelegenes Gewässer des Einzugsgebiets), bei einer tektonischen Hebung der durchflossenen Region, meist aber bei stark wechselnder Wasserführung bilden sich Flussterrassen. Hierbei gräbt sich der Fluss in seine zuvor abgelagerten

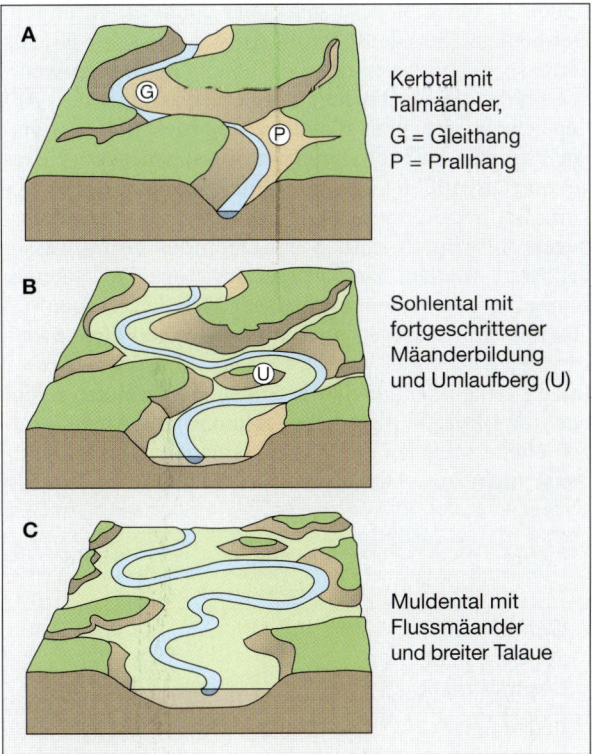

43.2 Mäander

DIE WIRKUNG EXOGENER KRÄFTE

44.1 Die bedeutendsten Flusseinzugsgebiete und ihre Mündungsdeltas

Kiese und Sande ein. Manchmal sind an den Talhängen sogar mehrere übereinander gelegene „Terrassengenerationen" ausgebildet. Aufgrund der Rundung, der Schichtung und der Größensortierung des Materials sowie der sanften Neigung dieser Verebnungen in Fließrichtung ist ihre Herkunft als fluviatile Akkumulationen (= Flussablagerungen) aber leicht zu erkennen. Der heutige Fluss fließt dann – eingetieft in seine jüngste Terrasse, die Niederterrasse – in einem mehr oder weniger breiten Überschwemmungsbett, der Flussaue. Auf den jeweils aktuellen Flusswasserspiegel, den regionalen Vorfluter, ist auch der Grundwasserspiegel der Umgebung ausgerichtet. Beide beeinflussen einander erheblich. Bei Trockenheit kann das Absinken des Flusspegels z. B. durch seitlich einsickerndes Grundwasser verzögert werden. Hochwasser im Zuge der Schneeschmelze oder nach ausgiebigen Niederschlägen im Oberlauf füllt dagegen auch die flussnahen Grundwasservorräte im Mittel- oder Unterlauf wieder auf.

In zeitweilig oder ganzjährig trockenen Gebieten reicht nach den zwar heftigen, aber seltenen und kleinräumigen Niederschlägen die Wassermenge des Flusses dafür meist nicht aus. Die Erosionsleistung und Schuttführung in den Wadis der Wüsten oder in den Wildbächen (ital. Torrente) der Mittelmeerländer ist aber wegen der plötzlich auftretenden hohen Wassermenge enorm. Häufig erreichen Flüsse der Trockengebiete gar nicht das Meer, weil sie schon vorher versickern und verdunsten. In abflusslosen Senken bilden sich dadurch ausgedehnte Salztonebenen und verkrustete Salzseen.

Flüsse, die in Trockengebiete hinein fließen, sie eventuell sogar durchqueren, heißen Fremdlingsflüsse. Ihre Ursprungsregion besitzt entweder ganzjährig ausreichende Niederschläge oder – bei wechselfeuchten Bedingungen – ein hohes Retentionspotenzial (= Speicher). Die Hochgebirge z. B. der Subtropen bieten mit ihren Schnee- und Eismassen und ihren wasserdurchtränkten Schuttdecken hierfür ideale Voraussetzungen. Aber auch Seen und Sümpfe können Wasser vorübergehend speichern und dann kontinuierlich abgeben.

Die Flusssysteme der wechselfeuchten Tropen besitzen eine von anderen Klimaregionen völlig abweichende Gestaltung und Morphologie. Durch hohe Feuchtigkeit und Temperaturen dominiert in der Regenzeit die chemische Verwitterung. Die Zersatzone des Gesteins liegt dabei oft viele Meter tief und hinterlässt nur ton-

	Westalpenflüsse	Rhein	Schwedische Flüsse	Flüsse wechselfeuchter Randtropen	Gesamterde
Geröllfracht	0,1	0,006	> 0,003	0,02	0,005
Schwebfracht	0,3	0,01		0,1	0,045
Lösungsfracht	0,1	0,022	> 0,009	0,28	0,01
Insgesamt	0,5	0,04	0,012	0,4	0,06

44.2 Abtragungsbeträge in mm/Jahr (Oberfläche des Flusseinzugsgebietes)

DIE WIRKUNG EXOGENER KRÄFTE

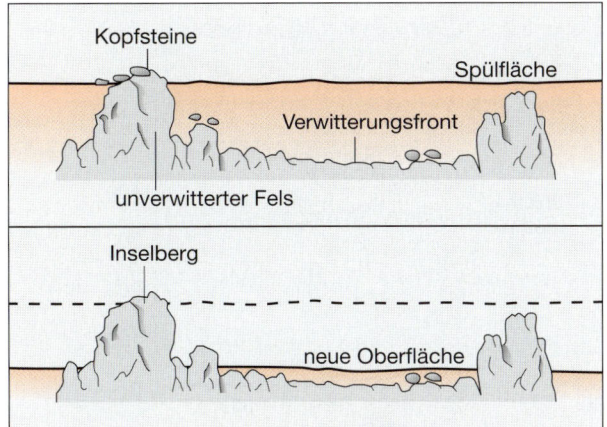

45.1 Flächenbildung und Inselberge

45.3 Tropisches Flachmuldental

reichen Feinboden. Seine Oberfläche wird gegen Ende der Trockenzeit durch die verdorrten Gräser immer weniger vor der intensiven Sonnenstrahlung geschützt und verhärtet zunehmend. Die ersten Platzregen der Regenzeit können deshalb nur oberflächlich abfließen. Als so genannte Schichtfluten spülen die anwachsenden Wassermassen auf breiter Front oberflächlich alles Lockermaterial ab. Trotz vergleichsweise starkem Gefälle und zeitweise hoher Wasserführung ist die Tiefenerosion dieser „Flüsse" relativ gering, da ihre Fließgeschwindigkeit durch die hohe Schlammfracht gebremst wird und sie keine größeren Steine als Erosionswaffen besitzen. Gefällsknicke, wie z. B. Wasserfälle bleiben daher auch lange Zeit erhalten. Im Gegensatz zu anderen Klimazonen, in denen die linienhafte Erosion der Flüsse dominiert, führt die Flächenspülung in den wechselfeuchten Tropen also zur Tieferlegung der gesamten Landfläche. Nur einzelne aus härterem Gestein aufgebaute „Inselberge" überragen die breit gespannten Flachmuldentäler.

A1 Unterscheiden Sie Tal- und Flussmäander und erklären Sie jeweils die Entstehung (Abb. 42.3, 43.2).

A2 Charakterisieren Sie die verschiedenen Vorgänge entlang des Idealprofils eines Flusses (Abb. 43.1).

A3 Stellen Sie zeichnerisch dar, welche Auswirkungen Meeresspiegelsenkungen, -hebungen, Hebung des Quellgebiets bzw. Einbruch eines Grabens auf die Gefällskurve eines Flusses haben.

A4 Ordnen Sie die Talformen den entsprechenden Flussabschnitten zu und erklären Sie ihre Entstehung.

A5 Erklären Sie, mit welchen Kriterien Flussablagerungen von Wind- oder Gletscherablagerungen unterschieden werden können (Text).

A6 Vergleichen Sie die Talbildung der Außertropen und die Flächenbildung der wechselfeuchten Tropen.

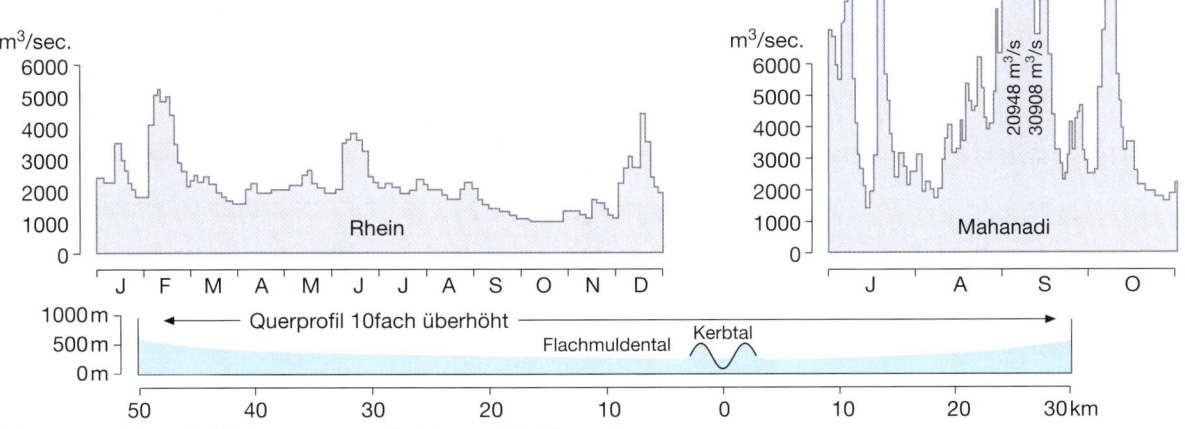

45.2 Querprofil und Abflussgang von Rhein und Mahanadi

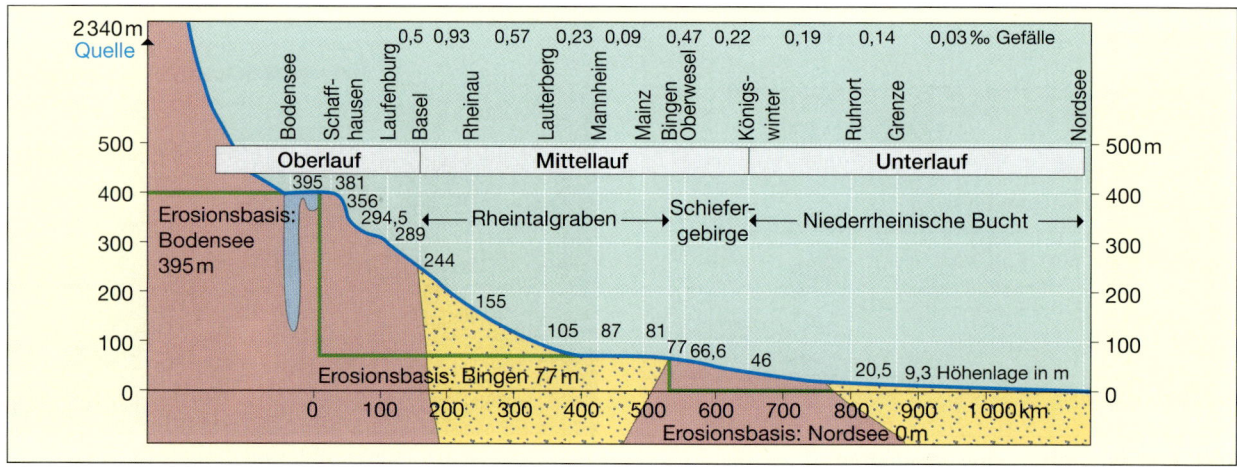

46.1 Längsprofil des Rheins

Die Gesichter des Rheins

Kein anderer Strom in Europa hat so viele Gesichter wie der Rhein. Dies liegt daran, dass er auf seinem Lauf von den Alpen zur Nordsee geologisch und tektonisch unterschiedlich geformte Gebiete Mitteleuropas durchfließt und dabei die verschiedensten Talformen ausgebildet hat.

Vor 15 Mio. Jahren lag das Quellgebiet des Rheins noch am Kaiserstuhl. Seitdem hat der Fluss sein Einzugsgebiet auf Kosten der Donau und des Doubs immer weiter Richtung Alpen ausgedehnt. Dadurch wurde auch die europäische Hauptwasserscheide, die wichtigste Trennlinie der verschiedenen Flusssysteme, verlagert. Heute hat der Rhein zwei Quellflüsse. Der Vorderrhein entspringt in 2340 m Höhe dem Tomasee und stürzt als Wildbach in einem Kerbtal auf nur 40 km Laufstrecke bereits 1600 m in die Tiefe. Bei Flims erreicht er die Schuttmassen eines gewaltigen Bergsturzes, die ihn am Ende der letzten Eiszeit zu einem 600 m tiefen See aufstauten. Als dieser überlief, konnte der Vorderrhein durch rückschreitende Erosion eine tiefe Schlucht in die Trümmermassen sägen. Der Hinterrhein entspringt als Gletscherbach in 2400 m am Rheinwaldhorn, donnert durch die Rofflaschlucht und durchtobt dann zwischen Schieferwänden die teilweise nur 3–5 m breite, aber 500 m tiefe Via Mala-Schlucht. Bei Reichenau vereinigen sich Vorder- und Hinterrhein zum Alpenrhein. Dieser erreicht am Bodensee seine Erosionsbasis (das Niveau, bis zu dem seine Erosion wirken kann).

Der Bodensee entstand, als eine durch die Gletscherzunge des eiszeitlichen Rheingletschers geschaffene Vertiefung nach Abschmelzen des Gletschers allmählich mit Wasser aufgefüllt wurde. Wegen des Wasserspiegelanstiegs im See musste auch der Alpenrhein sein Mündungsdelta und seinen Unterlauf ständig erhöhen und die Talsohle des vom Rheingletscher ge-

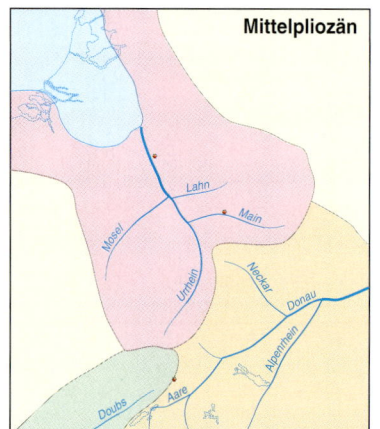 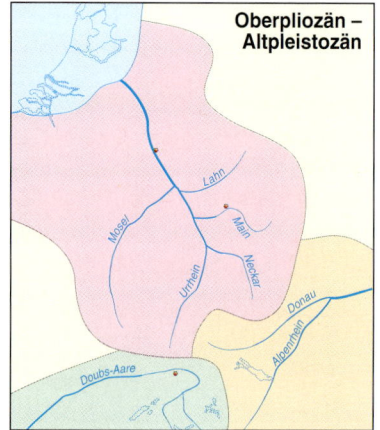 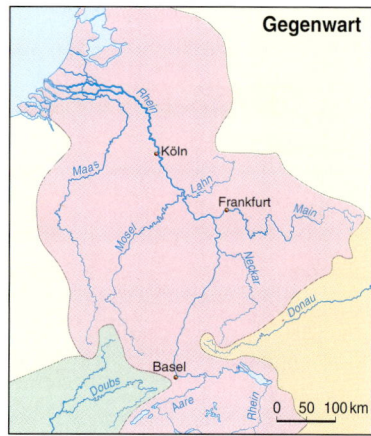

46.2 Entwicklung des Einzugsgebietes des Rheins

GEO-EXKURS

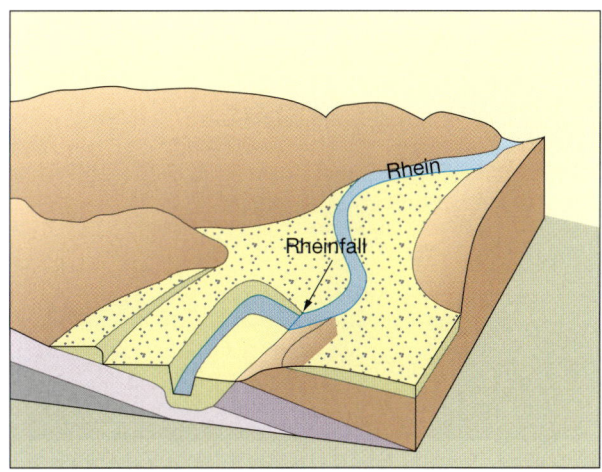

47.1 Rheinfall

schaffenen Trogtals kräftig aufschottern. Dadurch verringerte sich sein Gefälle flussaufwärts und der Alpenrhein pendelte in dem so entstandenen Kastental auf seinen Ablagerungen hin und her. Wegen der häufigen Überschwemmungen ist dieser Flussabschnitt heute durch Dämme reguliert. 2–3 Mio. m³ Geröll, Sand und Kies pro Jahr schüttet der Alpenrhein in den Bodensee. Dessen Oberflächenwasser ist 6–8 °C wärmer als das Flusswasser, sodass dieses am „Rheinbrech" in einem „Unterwasser-Wasserfall" bis in gleich kalte Tiefen hinabstürzt. In 5–30 m Tiefe durchquert das Rheinwasser dann den See und verlässt ihn als Hochrhein bei Stein.

Zahlreiche Stromschnellen („Laufen") und Wasserfälle kennzeichnen diesen gefällereichsten Stromabschnitt Deutschlands bis zum Rheinknie bei Basel. Die im Bodensee „verlorenen" Erosionswaffen ersetzt der Fluss rasch, denn er räumt die mächtigen Schmelzwasserablagerungen und Moränen aus, die während der Eiszeit sein altes, in die Jurakalke eingetieftes Tal begraben haben. Bei Schaffhausen traf er dabei von der Seite kommend auf sein altes Bett. Im Gegensatz zu den widerständigen Kalken war dessen lockere Füllung jedoch leicht erodierbar. Auf 150 m Breite stürzen die Wassermassen des Flusses heute über das alte Steilufer am Rheinfall 25 m in die Tiefe (Abb. 47.1). Die Fallkante wird nur sehr langsam abgetragen. Unterhalb des Wasserfalls hat es der Hochrhein auf der Strecke bis Waldshut wegen seiner hohen Erosionsleistung geschafft, nach dem Abräumen der Eiszeitablagerungen auch den darunter liegenden, quer zum Fluss verlaufenden Kalkriegel des Schweizer Tafeljuras zu zersägen. Das dabei entstandene, von steilwandigen Kalkflanken begleitete Kerbtal wird als epigenetisches Durchbruchstal bezeichnet. Mit der starken Tiefenerosion wurde auch die Erosionsbasis der Rheinzuflüsse aus dem Schweizer Jura und dem Schwarzwald in die Tiefe verlagert. Dies hat die „Anzapfung" der Donau durch den Rheinzufluss Wutach erheblich begünstigt (Abb. 47.2).

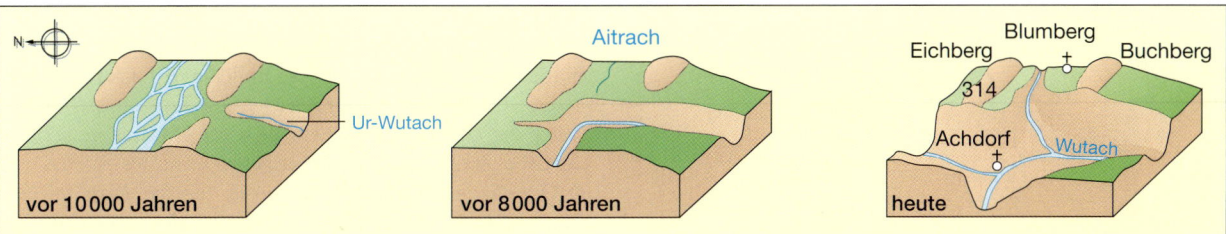

Während der letzten Eiszeit entsprang am Feldberg im Schwarzwald ein Quellfluss der Donau, die Feldbergdonau. Durch Ablagern von Geröll erhöhte sie ihr Flussbett um ca. 25 m. Bei starkem Hochwasser konnte daher Donauwasser über die flache Wasserscheide am Buchberg ins benachbarte Einzugsgebiet des Rheins überfließen. Weil das Gefälle der Feldbergdonau sehr viel geringer war als das Gefälle des zum Rhein fließenden Donauüberlaufs, schnitt dieser sich rasch tiefer und zog dabei das gesamte Wasser der Feldbergdonau an sich: Der Oberlauf der Feldbergdonau war "angezapft". Ihr ehemaliger Talboden fiel trocken und endet als "geköpftes Tal" westlich Blumberg heute fast 200 m oberhalb der Wutach. Diese hat durch rückschreitende Erosion in nur 11 000 Jahren mehr als 2 km³ Gestein ausgeräumt, eine weltweit einmalige Erosionsleistung.

47.2 Flussanzapfung

GEO-EXKURS

48.1 Oberrhein b. Istein (1825), Blick nach Süden

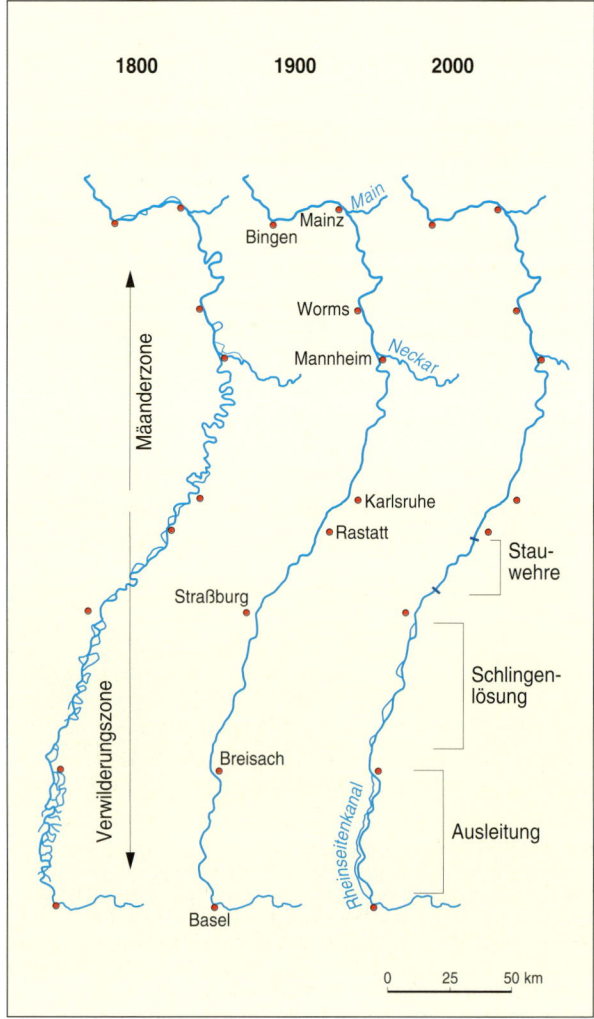

48.2 Laufveränderungen am Oberrhein

Zwischen Basel und dem Binger Loch durchfließt der Rhein die markanteste tektonische Störungszone Mitteleuropas, den 300 km langen und bis zu 40 km breiten Oberrheingraben. In der seit dem Tertiär langsam absinkenden Grabenzone hat der Rhein zusammen mit seinen Nebenflüssen bis zum Ende der letzten Eiszeit eine riesige, flach geneigte Aufschüttungsebene geschaffen. Dort, wo die Transportkraft des Hauptflusses zu gering war, um die Schottermassen der Zuflüsse aufzunehmen, wurde sein Lauf durch deren Schwemmfächer zur Seite gedrängt. Hauptstrom und Nebenflüsse fließen daher oft weite Strecken nebeneinander her („verschleppte Mündungen").

Gegen Ende der Eiszeit wurde die Erosionskraft des Rheins durch die Schmelzwasser und den Zugewinn der Aare (Abb. 46.2) erhöht. Auf 3–4 km Breite räumte der Fluss seine früheren Ablagerungen mehrere Meter tief aus. Es entstand die Niederterrasse und die darin eingesenkte, bei frühsommerlichen Hochwässern regelmäßig überflutete Talaue. In Zeiten geringerer Wasserführung gabelte der Fluss dagegen in zahlreiche Arme mit dazwischenliegenden, häufig umgelagerten Sand- und Kiesbänken auf („Verwilderungszone", Abb. 48.2). Der Hauptstrom verlagerte dabei oft seinen Lauf. So lag z. B. das heute östlich des Stroms gelegene Breisach noch während der Römerzeit westlich des Flusses. Wegen der gefährlichen Unterschneidungen der Niederterrassenkante, zur Gewinnung von Acker- und Siedlungsflächen, zur Verbesserung der Schifffahrtsmöglichkeiten und zur Energiegewinnung wurde dieser Flussabschnitt seit Ende des letzten Jahrhunderts durch Baumaßnahmen stark verändert (Abb. 48.2). Die dadurch bedingten Laufverkürzungen haben zu erheblichen Erosionen der Rheinsohle, zu Grundwasserabsenkungen, zu Veränderungen der Tier- und Pflanzenwelt und zu einem immer rascheren Ablaufen der Hochwasserwelle bei der Schneeschmelze und nach Starkregen geführt. Weitere Maßnahmen sind daher nötig, um den Rheinlauf wieder naturnäher zu gestalten.

Ab Karlsruhe wird das Gefälle geringer und der Rhein beginnt wie viele andere Tieflandflüsse zu mäandrieren. Auch hier wurde der Fluss begradigt.

Am Binger Loch erreicht der Rhein das Rheinische Schiefergebirge und fließt – entgegen der üblichen Erfahrung – in das Gebirge hinein. Bereits vor der Hebung des Gebirges durchquerte der Urrhein auf seinem Weg zur Nordsee dieses Gebiet (Abb. 46.2). Als das Gebirge gegen Ende des Tertiärs und im Quartär langsam gehoben wurde, hat der Fluss mit der Hebung Schritt gehalten und sich in den alten aufsteigenden Gebirgsrumpf tiefergesägt. Dabei entstand das enge und steilwandige Mittelrheintal (antezedentes Durchbruchstal). Den Beweis für diesen Vorgang liefern alte Flussterrassen, die von 120 m bei Mainz – entgegen der Fließrichtung – bis zur Loreley auf 205 m ansteigen und bis Bonn wieder auf das heutige Flussniveau absinken. Die zahlreichen Stromschnellen und Felsenriffe im Strombett zeigen dagegen, dass der Fluss heute in diesem Abschnitt immer noch Schwerstarbeit leistet.

GEO-EXKURS

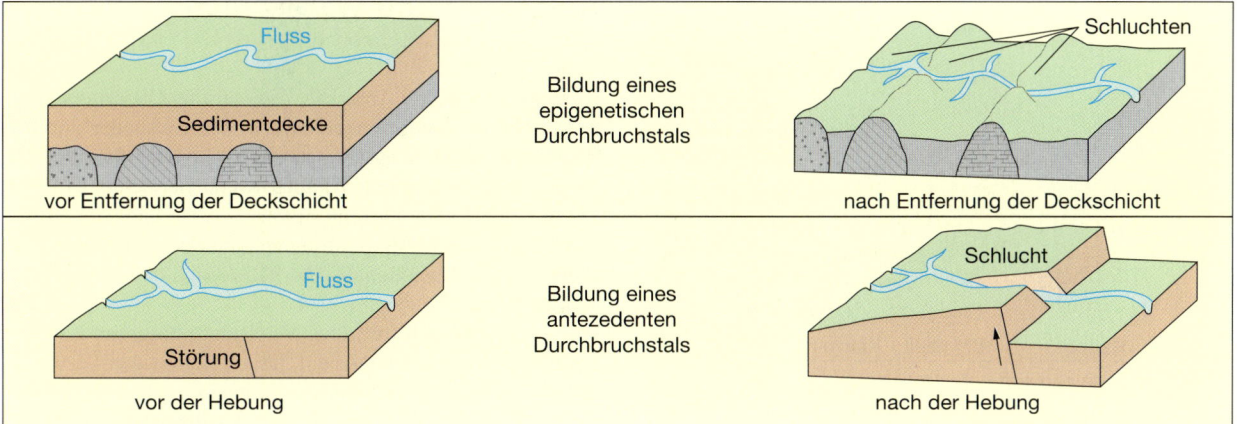

49.1 Antezedenz und Epigenese

Ab Koblenz ändert sich die Wasserführung des Rheins grundlegend, denn die Mosel führt ihm zu den durchschnittlich 1500 m^3/s bei Mittelwasser weitere 500 m^3/s zu, die allerdings im Winter bis auf das 20fache ansteigen können. Die Hochwasserspitze des Rheins verschiebt sich daher vom Sommer in den Winter, sodass der ab Bonn in das Flachland eintretende Niederrhein Wasserspiegelschwankungen bis zu 10 m und mehr besitzt. Er überschwemmt daher regelmäßig nicht nur die Flussaue, die er in der Nacheiszeit in den gemeinsam mit der Maas aufgebauten Schwemmfächer eingetieft hat, sondern häufig auch noch weite Teile der 4–6 m höher gelegenen Niederterrasse.

Kurz nach der deutsch-niederländischen Grenze teilt sich der Niederrhein in die zwei Arme Waal und Lek, die im Rheindelta noch weiter auffächern.

49.3 Flussdelta

49.2 Am Mittelrhein

49.4 Am Niederrhein

GEO-EXKURS

Kaltzeiten und Warmzeiten

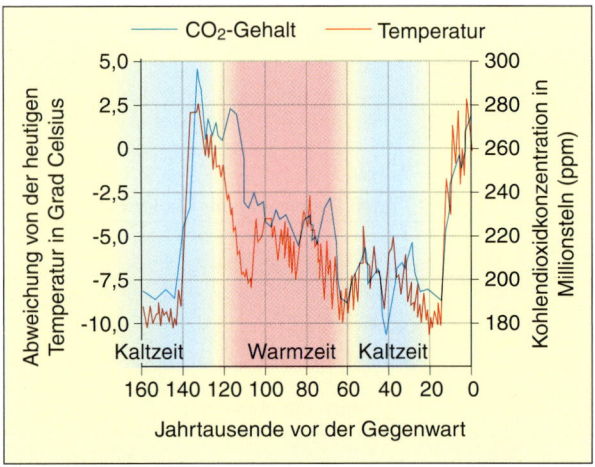

50.1 CO_2-Gehalt u. Temperaturen seit 160 000 Jahren

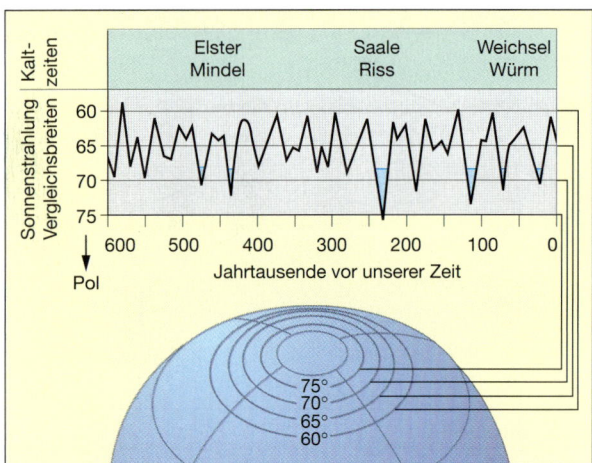

50.2 Strahlungskurve nach Milankovic

50.3 Vom Schneekristall zum Gletschereis

Kohlenflöze in der Antarktis oder uralte Gletscherspuren z. B. in der Sahara bezeugen, dass in heute eisbedeckten Regionen einst ein feucht-warmes und in Gebieten der heutigen Tropen früher einmal ein kaltes Klima herrschte. Wie die Theorie der Plattentektonik beweist, ist die Lage der Kontinente (in geologischen Zeiträumen gemessen) lediglich eine Momentaufnahme. Genauso verhält es sich mit dem Klima.

Wenn man von den frühesten Vereisungsphasen im Kambrium bzw. Karbon/Perm absieht, lassen sich in den letzten 1–1,5 Mio. Jahren mindestens vier Kaltzeiten (Glaziale, Eiszeiten) nachweisen, in denen z. B. in den gemäßigten Breiten der Nordhalbkugel die Jahresmitteltemperaturen ca. 10–15 °C unter den gegenwärtigen Werten lagen. Zwischen den Kaltzeiten gab es Warmzeiten (Interglaziale) mit zum Teil höheren Temperaturen als heute. Der jüngste Zyklus von Kalt- und Warmzeiten ereignete sich im Quartär. Will man die unvorstellbar langen geologischen Zeiträume in für uns nachvollziehbare Größen umsetzen und nimmt man als Vergleichszeitraum für die Zeit seit Entstehung des Sonnensystems bis heute ein Kalenderjahr, ergibt sich folgendes Bild (Abb. 8.1). Das Quartär begann am 31. Dezember. Die letzte Eiszeit dauerte etwa von 23.45–23.59 Uhr an diesem Tag. Die ca. 10 000 Jahre der Jetztzeit (Holozän) umfassen lediglich die letzte Minute im geologischen Kalenderjahr.

Als Verursacher der Klimaschwankungen und des Wechsels von Kalt- und Warmzeiten kommen verschiedene Faktoren in Frage, die den Wärmehaushalt der Erde beeinflussen (Abb. 51.2). Die Form der Erdumlaufbahn um die Sonne (Exzentrizität) verändert sich im Rhythmus von ca. 92 000 Jahren zwischen einer Kreis- und einer Ellipsenform. Der Neigungswinkel der Rotationsachse der Erde (Schiefe der Ekliptik), der heute bei 23°27' liegt, schwankt mit einer Periode von 41 000 Jahren zwischen 24°36' und 21°58'. Hinzu kommt, dass die Rotationsachse eine Kreiselbewegung (Präzession) durchführt, wobei ein Umlauf 22 000 Jahre dauert. Die durch diese Faktoren verursachten veränderten Strahlungsbedingungen wurden von M. MILANKOVIC (1879–1958) am Beispiel verschiedener Breitengrade über einen langen Zeitraum errechnet. Das Ergebnis war eine Strahlungskurve, die eine deutliche Übereinstimmung mit dem Zyklus der Kalt-und Warmzeiten aufweist (Abb. 50.2).

Durch die Analyse eines 400 000 Jahre „langen" Bohrkerns vom Grund des antarktischen Ross-Meeres konnte im Jahr 2001 die letzte Beweislücke bezüglich dieser Theorie geschlossen werden. Es gelang der Nachweis der zyklischen Schwankungen der Erdbahnparameter aufgrund der in der Sedimentprobe enthaltenen vulkanischen Aschen bekannter Ausbrüche, durch zeitlich genau einzuordnende Mikrofossilien sowie durch die Einordnung in den in bestimmten Mi-

GEO-EXKURS

neralien konservierten magnetischen Kalender (Polumkehrung).
Auch die Abnahme des CO_2-Gehalts der Atmosphäre könnte durch die damit verbundene Verminderung des natürlichen Treibhauseffekts zu einer Klimaverschlechterung beigetragen haben. Waren erst einmal weite Gebiete von Eis bedeckt, führte dies zu einer weiteren globalen Temperaturabsenkung und damit zu einem Absinken der Schneegrenzen, da die Sonnenstrahlen auf hellen Flächen verstärkt reflektiert werden (Albedo).
In den Kaltzeiten lag die klimatische Schneegrenze, das heißt die Linie, oberhalb derer im langjährigen Mittel mehr Schnee fällt als durch Abschmelzen verloren geht, um 1200–1500 m tiefer als heute. Dies hatte zur Folge, dass sich auch in heute eisfreien Gebieten mächtige Eisdecken bildeten. Dieses Inlandeis, das das vorhandene Relief vollständig einhüllt, findet sich heute noch in der Antarktis und in Grönland. Ein weiterer Haupttyp der Vergletscherung ist die Talvergletscherung der Hochgebirge wie z. B. der Alpen. Die Talgletscher ordnen sich dem Relief unter und fließen in vorhandenen Flusstälern. Große Mengen Neuschnee sind erforderlich zur Bildung von dicken Eisschichten, die ab einer bestimmten Mächtigkeit als Gletscher plastisch zu fließen beginnen. Während der maximalen Vereisung waren mit ca. 50 Mio. km² etwa 30 % der Festlandsfläche der Erde von Eis bedeckt, heute sind es etwa 10 %. Nimmt man die eisfreien, von Dauerfrost geprägten Gebiete hinzu, steht heute 1/4 der Landfläche unter dem Einfluss von Kälte und Eis.

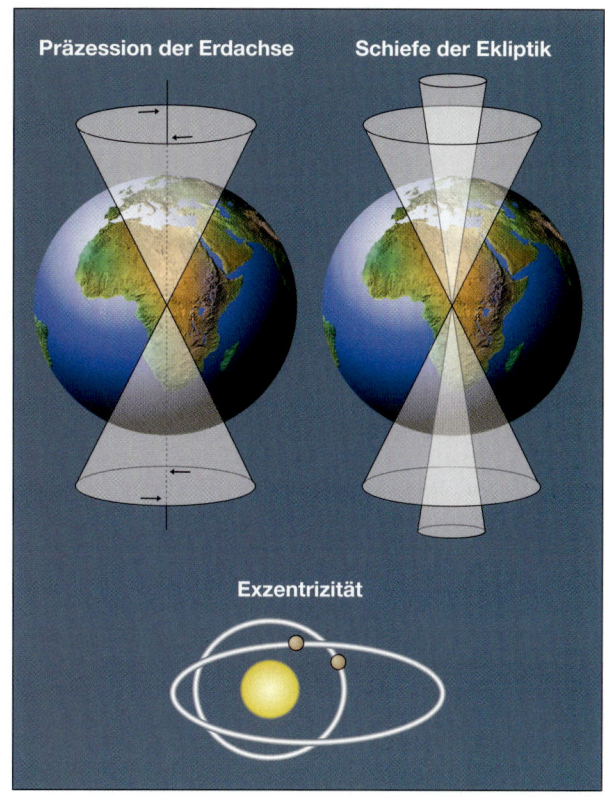

51.2 Astronomische Einflüsse auf das Klima

Zeitskala		Erdgeschichtliche Gliederung			Durchschnitts-temperatur °C	Vegetation	Kultur und Mensch
2	Q H		Subatlantikum		0 bis +10	Fichtenzeit Buchenzeit	**Historische Zeit** Germanen
1	O						**Eisenzeit** Römer
0	L						Kelten
1	O		Subboreal			Eichen- und Buchenzeit	**Bronzezeit**
2	U Z						Bandkeramiker
3	Ä		Atlantikum		+12 bis +13	Eichenmischwaldzeit	**Jungsteinzeit**
4	N						
5	A		Boreal			Haselzeit	**Mittelsteinzeit**
6							
7							
8			Präboreal		+3 bis +2	Kieferzeit Birkenzeit	
9							
10	R						
70	P		Würm-Kaltzeit	Weichsel-Kaltzeit	–2 bis –6	Tundra	**Altsteinzeit**
130	L	Alpen und Alpenvorland	Riß-Würm-Interglazial	Eem-Warmzeit	+4 bis +11		
270	T E I		Riß-Kaltzeit	Saale-Kaltzeit	–1 bis –6	**Kaltzeiten:** Tundra im eis- freien Gebiet	Neandertaler
330	S T		Mindel-Riß-Interglazial	Holstein-Warmzeit	+6 bis +13		Steinheimer
440	O Ä		Mindel-Kaltzeit	Elster-Kaltzeit	–3 bis –6		
750	Z Ä		Günz-Mindel-Interglazial	Cromer-Warmzeit	+3 bis +13	**Warmzeiten:** artenreichere Flora als heute	Heidelberger
950	R N		Günz-Kaltzeit	Menap-Kaltzeit	–2 bis +2		
1500			ältere Kalt- und Warmzeiten				

51.1 Pleistozän und Holozän: Klima, Vegetation, Kulturstufen

3.4 Formenbildung durch Eis

Tal- und Vorlandvergletscherung

Rund 4000 Jahre war der bronzezeitliche Gletschermann Ötzi im Eis des Similaungletschers eingeschlossen, ehe er 1991 an der Eisoberfläche entdeckt wurde. Der archäologische Jahrhundertfund wurde nur möglich, weil die Alpengletscher seit etwa hundert Jahren immer mehr abschmelzen. Durch das Abschmelzen seit dem Ende der sog. Kleinen Eiszeit (ca. 16.–Mitte 19. Jh) wurden vom Gletscher geschaffene Kleinformen freigelegt und können in unversehrtem Zustand beobachtet werden.
Die Talgletscher benutzen ehemalige Flusstäler als Leitlinien. Sie übertiefen und verbreitern diese Täler, es entsteht ein Trogtal mit U-förmigem Querschnitt. Durch physikalische Verwitterung an den eisfreien Hängen wird Gesteinsmaterial gelockert und fällt auf den Gletscher. Die Schuttakkumulation am Rand des Gletschers nennt man Seitenmoräne. Ufermoränen, das sind alte, fossile Seitenmoränen, zeugen oft hoch oberhalb des heutigen Gletschers von einem früheren Eisrand. Fließen zwei Gletscher zusammen, bilden die zusammentreffenden Seitenmoränen eine Mittelmoräne. Die Endmoränen werden an der Gletscherstirn abgelagert. Vielmals sind die Gletscher so stark mit Schutt durchsetzt, dass sie eine dunkle Farbe haben. Dieses Material bildet zusammen mit dem Lockermaterial an der Gletschersohle die Grundmoräne.

Die Wiege der Talgletscher ist das Kar, eine Hangmulde oberhalb der klimatischen Schneegrenze (= der höchsten Lage der Schneegrenze im Mittel vieler Jahre). Steigt die Schneegrenze an, entsteht ein neues Kar hangaufwärts und bildet zusammen mit älteren Karen eine Kartreppe. Während der Kaltzeiten sank die Schneegrenze in unseren Breiten um ca. 1200–1500 m. Durch andauernde Schneeakkumulation bildete sich Eis und die entstandenen Gletscher plombierten die ehemaligen Flusstäler. Zum Teil überdeckten sie auch niederere Teile der Bergkämme und schliffen sie ab. Auf diese Weise entstanden einige Passübergänge über die Alpen (Transfluenzpässe, lat.: transfluere = überfließen), wie z.B. der Simplonpass. Frühere Gletscherhöchststände sind an der Schliffgrenze zu erkennen. Bis zu dieser Linie reichten die Gletscher, die das Felsmaterial schrammten und polier-

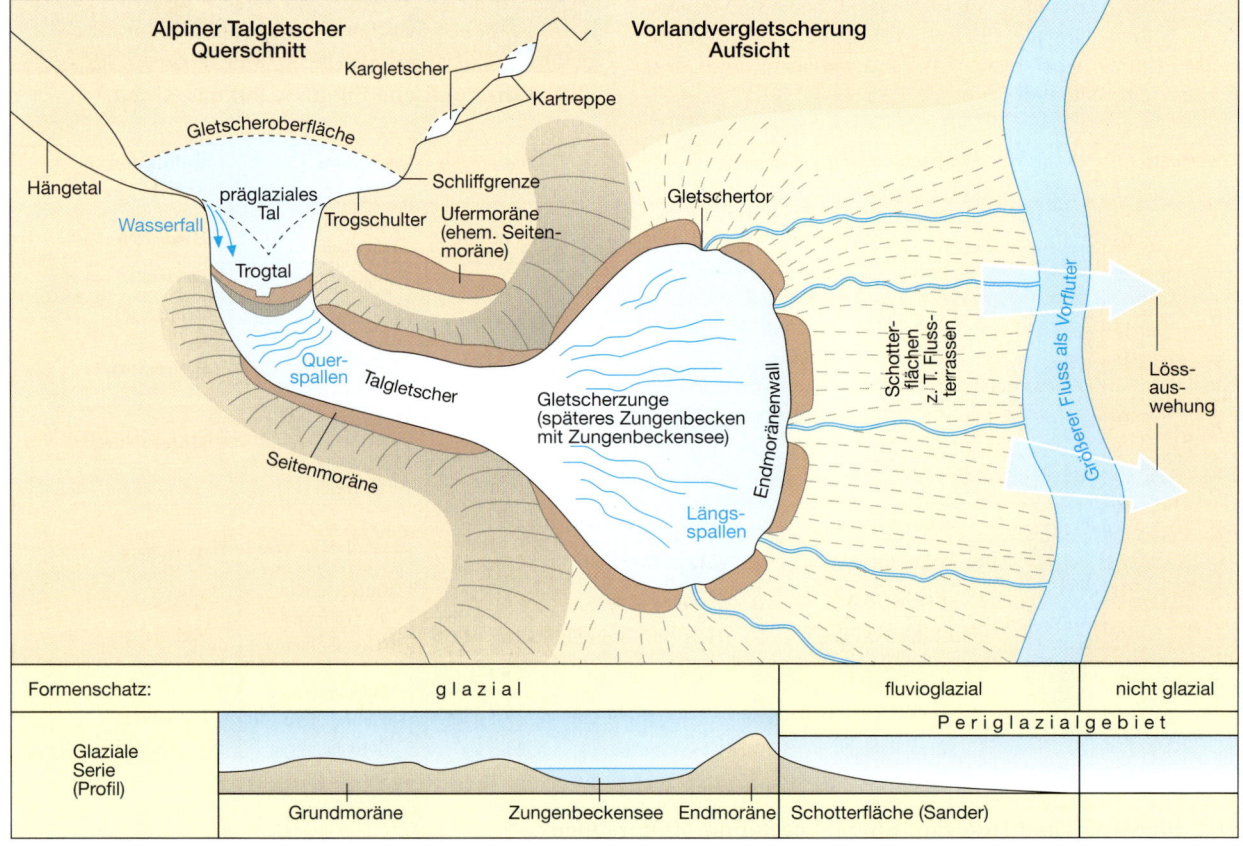

52.1 Tal- und Vorlandvergletscherung

ten. Der Hangbereich oberhalb der Schliffgrenze weist dagegen scharfkantige Formen auf, die von der physikalischen Verwitterung geschaffen wurden. Unterhalb der Schliffgrenze schuf der Gletscher auch Verebnungen, die Trogschultern. Diese flachen Bereiche dienten früher den Bauern als Almen, heute liegen auf diesen Sonnenterrassen oft bekannte Ferienorte.

Häufig münden kleinere Seitengletscher in einen Hauptgletscher. Nach Abschmelzen beider Eismassen liegen die Talsohlen aufgrund der unterschiedlichen Eismächtigkeit und Schürfleistung in verschiedenen Niveaus – die Seitentäler wurden zu Hängetälern und die in ihnen fließenden Bäche müssen den Niveauunterschied zum Haupttal durch Wasserfälle überwinden oder bilden später durch rückschreitende Erosion tief eingeschnittene, steilwandige Täler.

Das Eis im oberen Bereich eines Gletschers wird bei der Gletscherbewegung als starrer Festkörper passiv mitgeschleppt. Gletscherspalten als Bruchflächen entstehen v.a. an Gefällsknicken, im Randbereich durch erhöhten Reibungswiderstand des anstehenden Felses (Querspalten) oder bei Vergrößerung des Gletscherquerschnitts (Längsspalten).

In den Kaltzeiten quollen die Talgletscher aus den Gebirgstälern in das Vorland und vereinigten sich zu breiten Gletscherloben (Vorlandvergletscherung), deren Endmoränen noch heute als bogenförmige Moränengirlanden erkennbar sind. Dort, wo Gletscherzungen das Lockermaterial im Vorland wannenförmig ausschürften, entstanden später Zungenbeckenseen, wie z.B. die Seen im Alpenvorland.

Anders als bei der nordischen Inlandvereisung konnten die Schmelzwasser der Alpengletscher auf ihrem Weg zum Vorfluter (z.B. Donau) der präglazialen Abdachung folgen. Sie lagerten jenseits der Endmoränen Schotterfächer ab, die aufgrund der kürzeren Transportwege meist grobkörnigere Materialien enthalten als die norddeutschen Sander.

Da in unseren Breiten die Jahresmitteltemperaturen während der Kaltzeiten viel tiefer lagen als heute, wurden auch die nicht von Eis bedeckten Räume (Periglazialgebiet) durch das kalte Klima geprägt. Dieses Periglazialgebiet umfasste das ganze eisfreie Europa nördlich der Pyrenäen. Der Boden war dauernd tief gefroren (Permafrostboden) und taute nur während der kurzen Sommer oberflächlich auf. Der wassergetränkte Oberboden war sehr mobil und floss auch bei geringer Hangneigung hangabwärts (Solifluktion, S. 41).

Im gesamten Periglazialgebiet gab es keine Waldlandschaften, sondern lediglich Tundrenvegetation. Die prähistorischen Menschen mussten sich mit diesen Umweltbedingungen auseinander setzen. Erst die postglaziale Klimaerwärmung ermöglichte die schrittweise

53.1 Gletscher

Rückkehr einer anspruchsvolleren Flora, die jedoch heute, aufgrund der Gebirgsbarriere der Alpen, artenärmer ist als vor den Kaltzeiten.

Durch die Untersuchung von Seesedimenten (Bändertone) und durch Pollenanalyse in vermoorten ehemaligen Seen im Glazialbereich gelang es, eine Zeitskala für das Holozän zu entwickeln. Sedimente in kaltzeitlich entstandenen Seen weisen eine typische Bänderung aus hellen und dunklen Schichten auf. Eine solche Doppelschicht wird als Warve bezeichnet. Eine Warve umfasst die Sedimentationsrate eines Jahres, ihre Mächtigkeit schwankt zwischen einigen mm und cm. Die von Schmelzwassern abgelagerte Sommerschicht ist hell und grobkörniger (Sand), die dunkle, feinkörnige Winterschicht (Ton) besteht aus der Ablagerung feiner Schwebstoffe. Die Analyse des Mengenanteils bestimmter Pollen lässt Rückschlüsse auf die Zusammensetzung der Flora und damit auf die jeweils herrschenden Klimaverhältnisse zu.

53.2 Gletscherschrammen

DIE WIRKUNG EXOGENER KRÄFTE

54.1 Abtragungsgebiet

54.2 Ablagerungsgebiet

Inlandvereisung

Wie von Geisterhand scheinbar willkürlich verstreut, liegen im Norddeutschen Tiefland vielerorts große Felsbrocken, die wie Fremdlinge in dieser Landschaft wirken, da Gesteine dieser Mineralzusammensetzung in einem weiten Umkreis als anstehender Fels nicht zu finden sind. Als man herausfand, dass diese Findlinge aus Skandinavien stammen, glaubten die Gelehrten lange Zeit, dass nur sintflutartige Überschwemmungen in der Lage gewesen sein konnten, so große Felsblöcke über Hunderte von Kilometern zu bewegen.

Heute wissen wir, dass sich während der Kaltzeiten v. a. auf der Nordhalbkugel große Inlandeismassen bildeten, die in Europa z.B. ganz Skandinavien unter einem 2,5–3 km dicken Eispanzer begruben. Vom Kernbereich in Skandinavien aus flossen die Gletscher radial nach außen und überdeckten z.B. das ganze Norddeutsche Tiefland bis fast an den Mittelgebirgsrand. Bei einer Eismächtigkeit von 3 km beträgt der Druck auf die Unterlage etwa 3000 t/m². Bei hohem Druck entsteht auf der Unterseite des Eises eine Schmierschicht aus Wasser, auf der das Eis gleiten kann (Schlittschuheffekt). Setzt sich eine solche Eismasse in Bewegung, wird der Untergrund stark beansprucht. Im Abtragungsgebiet (z.B. Skandinavien) wird vorhandenes Lockermaterial und auch Festgestein ausgeschürft (Exaration), es werden Felsteile aus dem Gesteinsverband herausgebrochen (Detraktion) und das verbleibende Festmaterial wird geschliffen und geschrammt (Detersion).

Die heutige Landschaft Skandinaviens ist das Ergebnis dieser glazialen Abtragungsarbeit: weite Flächen mit glatt polierten Felsbuckeln (Rundhöcker) und nur wenig Lockermaterial, das sich durch Verwitterung erst seit dem Ende der letzten Eiszeit bilden konnte.

Die riesigen Mengen an aufgenommenem Gesteinsmaterial wurden von den Eismassen über weite Strecken verfrachtet und im Ablagerungsbiet (z.B. Norddeutsches Tiefland) nach Abschmelzen der Gletscher zurückgelassen. Das vom Eis mitgeführte Material nennt man Geschiebe, die glazialen Ablagerungen bezeichnet man als Moränen. Die jeweils weiteste Ausdehnung der Vereisung wird durch Endmoränenwälle markiert, da an der Gletscherfront Lockermaterial abgelagert und teilweise zusammengeschoben wurde. Hinter den Endmoränen wird die Grundmoräne abgelagert. In diesem Bereich finden sich oft viele Hügel aus Moränenmaterial, die wie umgedrehte Löffel aussehen, die Drumlins. Wo Eisblöcke vom Hauptgletscher abgetrennt und z.T. von Sedimenten überlagert werden, entstehen später Toteislöcher (Sölle), die heute oft kleinere Seen in der Moränenlandschaft bilden. Beim Abschmelzen der Eismassen entstehen große Schmelzwasserströme. Sie nehmen feinkörnigeres Moränenmaterial auf und lagern es nach Durchbrechen der Endmoränenwälle in flach geneigten Schwemmfächern, den Sandern, wieder ab. Diese fluvioglazialen Ablagerungen sind geschichtet und nach Korngrößen sortiert, während die glazialen Sedimente (Moränen) völlig ungeordnet alle Korngrößen enthalten.

Da das natürliche Gefälle in Norddeutschland von Süden nach Norden verläuft, die Schmelzwasser des Inlandeises jedoch von Norden kamen, war ihnen der direkte Abfluss ins Meer versperrt. Es bildeten sich viele Kilometer breite Talungen, die Urstromtäler, als Sammelrinnen für die Schmelzwasser und die aus den Mittelgebirgen kommenden Flüsse.

Die typische Abfolge glazialer und fluvioglazialer Formen: Grundmoräne, Endmoräne, Sander, Urstromtal bezeichnet man als glaziale Serie. Im Norddeutschen Tiefland finden sich weitflächig lediglich Formen der beiden letzten Kaltzeiten. Die Saale-Vereisung reichte

DIE WIRKUNG EXOGENER KRÄFTE

weiter nach Süden, ihre Ablagerungen bilden das Altmoränenland; das weichseleiszeitliche Jungmoränenland schließt sich nach Norden an.

Die heutige Form der Ostsee ist ein Produkt der Nacheiszeit (Postglazial, Holozän). Vor ca. 20 000 Jahren waren in der kältesten Phase der letzten Kaltzeit weltweit etwa 70 Mio. km³ Wasser in Eis gebunden. Dies führte zu einer Absenkung des Meeresspiegels um über 100 Meter. Dabei wurden große Teile des Schelfgebiets trockengelegt.

Der gewaltige Druck der Inlandeismassen führte aber auch zu einer Absenkung der darunter liegenden Erdkruste. Nach Abschmelzen des Inlandeises stieg der Meeresspiegel wieder an und die Landmassen konnten sich nach Druckentlastung wieder heben.

A1 Die Strahlungskurve (Abb. 50.2) wurde für den 65. Breitengrad erstellt.
a) In welcher Kaltzeit herrschte das größte Strahlungsdefizit und damit die maximale Vereisung?
b) Auch innerhalb der Kaltzeiten gab es beträchtliche Strahlungsschwankungen. Nennen Sie am Beispiel der letzten Kaltzeit für die höchsten und niedrigsten Strahlungswerte die Breitengrade, in denen heute vergleichbare Bedingungen herrschen.

A2 Zeichnen Sie ein Schema der glazialen Serie. Ordnen Sie den Teilbereichen typische Landformen zu und erklären Sie deren Genese (Abb. 55.1, Text, Lexikon).

A3 An welchen Merkmalen kann man auch in heute eisfreien Gebieten feststellen, wie hoch bzw. wie weit ein Gletscher einmal reichte (Abb. 52.1)?

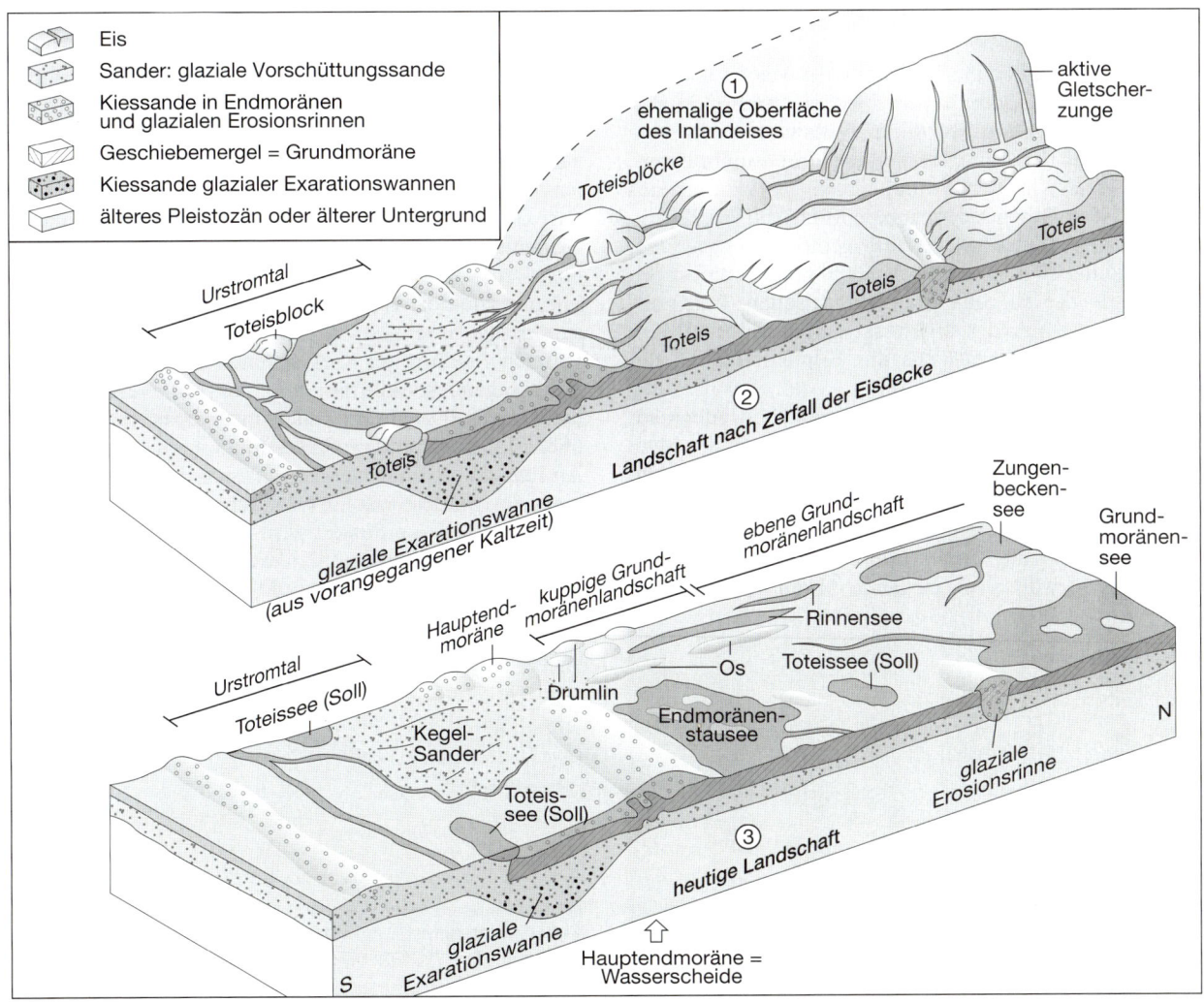

55.1 Entwicklung der kaltzeitlich geformten Landschaft im norddeutschen Tiefland

DIE WIRKUNG EXOGENER KRÄFTE

56.1 Steilküste

56.3 Wattenküste

3.5 Formenbildung an Küsten

Die morphologisch wirksame Arbeit des Meeres vollzieht sich an der Küste, dem unterschiedlich tiefen Grenzbereich zwischen Land und Meer. Meerwärts reicht eine Küste bis zu der Linie, an der die Brandung einsetzt, landeinwärts über den Strand hinaus bis zu eventuell vorhandenen Dünen oder bis zum Kliff (Abb. 56.2).
Die meisten Küstenformen sind geologisch sehr jung. Ihre Bildung begann vor etwa 5000–6000 Jahren nach dem Ende der so genannten Flandrischen Transgression, dem Anstieg des Meeresspiegels um über 100 m aufgrund des Abschmelzens der Eismassen nach der letzten Kaltzeit.
Welche Küstentypen im Einzelnen entstehen, hängt sowohl von der Wellen- und Strömungsdynamik des Meeres als auch von der geologischen und morphologischen Struktur des Festlandes im Küstenbereich ab (Abb. 57.1). Im offenen Meer führen die Wasserteilchen einer Welle eine Kreisbewegung durch, sie bewegen sich nicht mit der Welle vorwärts (vgl. wogende Ähren in einem Getreidefeld). Erst im flachen Wasser, wenn die Wassertiefe geringer ist als eine halbe Wellenlänge, nehmen sie aufgrund der Berührung mit dem Meeresboden eine strandwärts geneigte elliptische Form an und „brechen" schließlich. Da die Wellenenergie in diesen Brechern schlagartig freigesetzt wird, hat die Brandung eine große zerstörerische Wirkung, vor allem an Steilküsten. Wellen können einen Druck von 10 000 kg/m^2, in Stürmen das Dreifache, ausüben. An Kliffwänden bilden sich Brandungshohlkehlen bzw. -höhlen, denn das mit großem Druck in die Gesteinsfugen gepresste Wasser komprimiert die dort vorhandene Luft so stark, dass explosionsartige Sprengungen ausgelöst werden. Durch die Unterschneidung des Kliffs brechen im Lauf der Zeit die überhängenden Teile ein und das Kliff verlagert sich landeinwärts, während sich meerwärts die Schorre (Abrasionsplattform) verbreitert.
An Flachküsten dagegen verteilt sich die Wellenenergie über eine größere Fläche, wodurch die zerstörende Wirkung der Wellen reduziert wird. Die Küstenformung erfolgt hier vor allem durch Akkumulation und Verlagerung von meist feinkörnigem Material (S. 180–183).

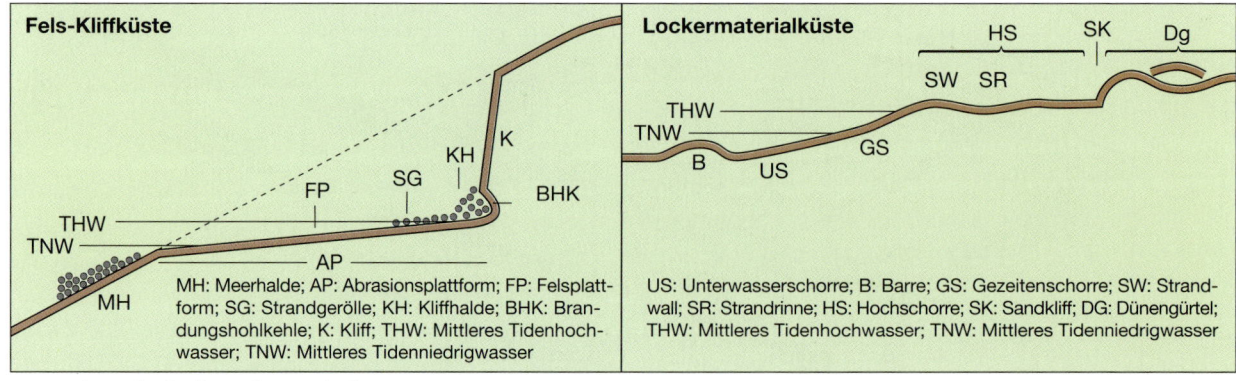

56.2 Litorale Serie (schematisch)

DIE WIRKUNG EXOGENER KRÄFTE

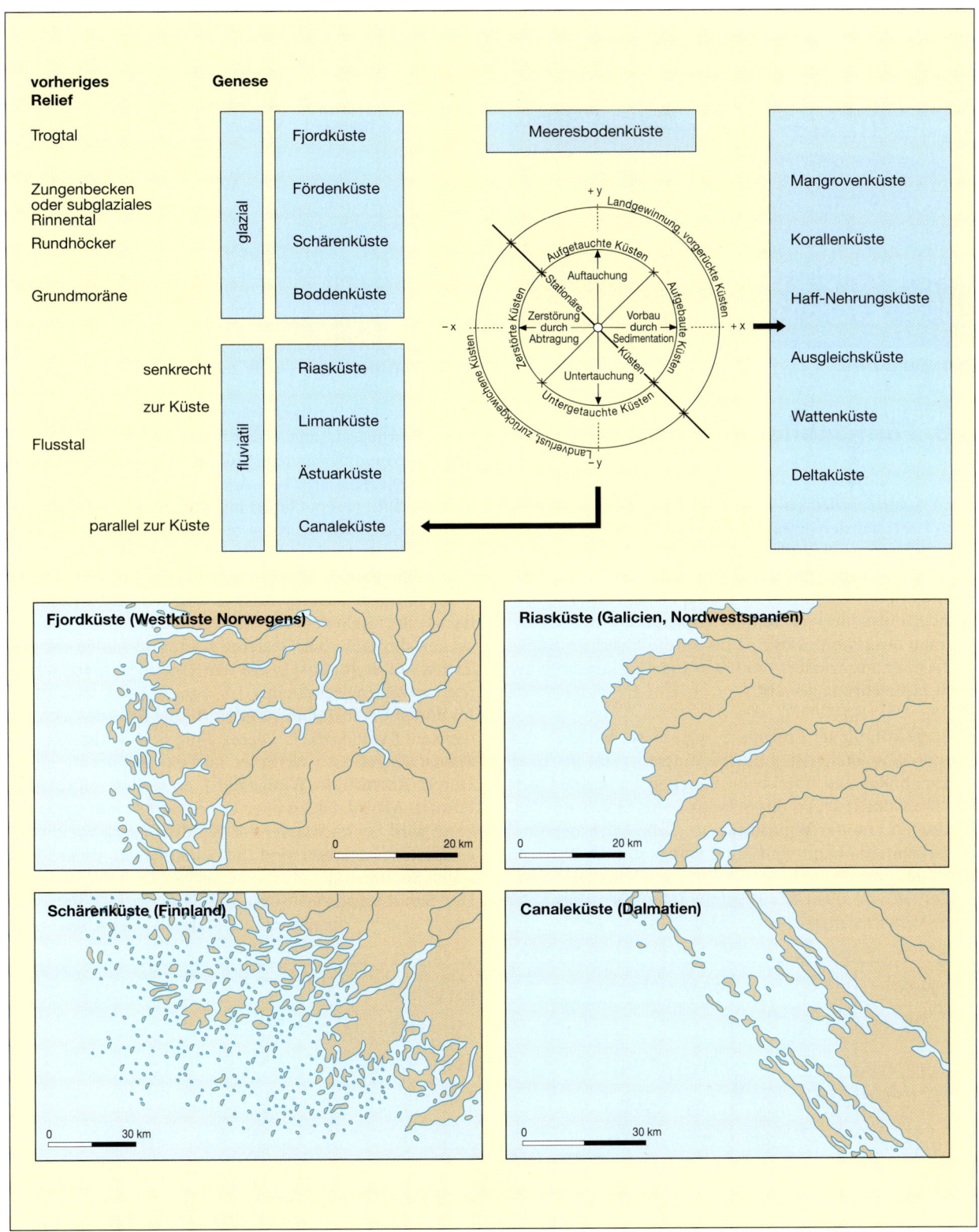

57.1 Küstentypen: Klassifikation und Beispiele (Auswahl)

58.1 Sandwüste

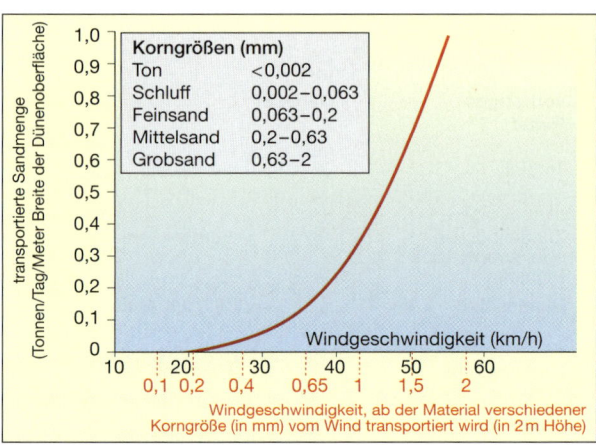

58.3 Transportkraft des Windes

3.6 Formenbildung durch Wind

Beim Ausbruch des Vulkans Pinatubo auf den Philippinen (1991) wurden gewaltige Mengen Asche hoch in die Atmosphäre geschleudert und die kleinsten Partikel kreisten jahrelang um die Erde. Nach einer längeren Dürreperiode wurden 1933 in den Great Plains (USA) Hunderttausende von Tonnen Ackerboden bei Staubstürmen ausgeweht und z. T. bis an die Ostküste transportiert. Immer wieder wird feiner roter Saharastaub bis nach Mitteleuropa geweht.

Außergewöhnliche Ereignisse wie diese belegen die enorme Fähigkeit der Luftströmungen, feste Partikel aufzunehmen und über weite Strecken zu verfrachten. Die Transportleistung des Windes hängt dabei im Wesentlichen von der Windstärke ab. Lediglich trockenes Lockermaterial kann vom Wind aufgenommen werden. Die Gesteinsaufbereitung bis hin zu kleinsten Korngrößen ist vor allem das Ergebnis intensiver physikalischer Verwitterungsprozesse (Abb. 58.3).

Diese Voraussetzungen werden hauptsächlich in den Trockenzonen der Erde erfüllt. Fehlende oder nur spärliche Vegetation erhöhen dabei die Angriffsflächen für den Wind. In einem Gebiet mit Materialien unterschiedlicher Korngröße werden die feinkörnigeren Partikel ausgeweht und – je nach Windstärke und Korngröße – unterschiedlich weit verfrachtet. Als Ergebnis dieser Deflation (Ausblasung, Auswehung) wird die Landoberfläche tiefer gelegt. Nach Auswehung des Feinmaterials sacken die größeren Gesteine nach und bilden mit der Zeit weite Steinpflaster, die den Untergrund vor weiterer Auswehung schützen.

Im bodennahen Teil der Luftströmung befinden sich die meisten Sandpartikel. Dieser Flugsand wirkt wie ein Sandstrahlgebläse, wenn er auf ein Hindernis stößt. Durch Korrasion (Windschliff) entstehen oft bizarre Formen wie Pilzfelsen oder Felsentore. Der ausgewehte Sand wird bei nachlassender Windströmung wieder abgelagert. Sanddünen sind die bekanntesten dieser äolischen Sedimente (Äolus: griechischer Gott des Windes). Der Sandtransport auf der Luvseite einer Düne (Abb. 58.2) erfolgt oberflächennah durch Schieben oder

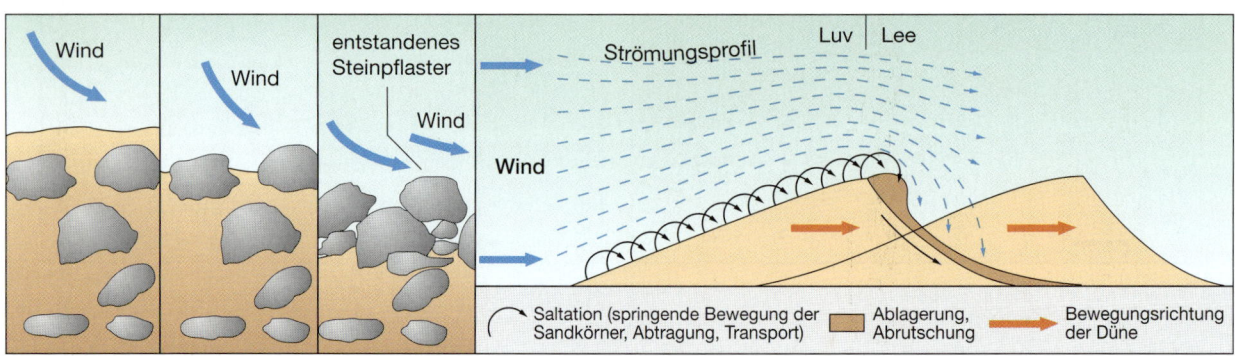

58.2 Die Arbeit des Windes

DIE WIRKUNG EXOGENER KRÄFTE

Springen (Saltation) der Sandkörner. Am Boden aufschlagende Körner üben einen Stoßeffekt auf andere Körner aus, die dann – je nach Korngröße – selbst eine springende Bewegung ausführen oder ein Stück nach vorne geschoben werden (Reptation). Beim Überschreiten des Dünenkammes bildet sich im Lee zunächst eine instabile Sandanhäufung, die ab einem bestimmten Gewicht den ursprünglich steilen Leehang hinabrutscht und am Hangfuß liegen bleibt. Durch ständiges Abtragen auf der Luvseite und Ablagerung auf der Leeseite bewegt sich die Gesamtdüne in Windrichtung weiter.
Auch in Mitteleuropa finden sich Dünen. Die Küstendünen entstehen durch Verwehung der Strandsande; durch Anpflanzung von Strandhafer o. Ä. versucht man, diese Dünen zu fixieren. Dünen im Landesinneren stammen aus dem Glazial, als Feinmaterial aus vegetationslosen fluvioglazialen Schotterfeldern ausgeblasen wurde. Aus dieser Zeit stammen auch die Lössablagerungen. Löss als sehr feinkörniges Material wurde z. B. in Norddeutschland bei vorherrschenden Nordwinden (Kältehoch im Norden) bis an den Rand der Mittelgebirge verweht, wo er an den Gebirgshindernissen abgelagert wurde und am Rand des Gebirges in den Börden äußerst fruchtbare Böden bildet. Die mächtigsten Lössdecken Deutschlands mit z. T. über 30 m Löss bildeten sich im Kaiserstuhl, einer Vulkanlandschaft im Oberrheingraben. Alpines Material wurde vom Rhein verfrachtet und aus den im Winter trocken liegenden Schottern ausgeblasen.

Der Löss Mitteleuropas ist ein gelbliches, staubfeines, vom Wind verfrachtetes (äolisches), kaltzeitliches Sediment. Die Korngröße liegt bei 0,01–0,05 mm. Hauptbestandteile sind von Kalziumkarbonatkrusten überzogene Quarzkörnchen. Das Lockersediment Löss ist von feinsten Röhrchen durchzogen. Diese Haarröhrchen, nach Zersetzung der ehemaligen Tundrengräser entstanden, bewirken eine sehr gute Durchlüftung und Wasserhaltung der sich auf ihm bildenden Böden (ursprünglich Schwarzerde). Die Haarrisse als Kapillaren ermöglichen den Wasseraufstieg in Trockenperioden; sie sind auch die Ursache für die Standfestigkeit des Lösses. Im Löss bilden sich oft senkrechte Wände (Hohlwege). Der lockere Lössboden ist leicht zu bearbeiten. Im humiden Klima wird der Löss durch CO_2-haltige Sickerwasser zu Lösslehm. Dabei wird der obere Bodenhorizont entkalkt und der Kalk reichert sich in tieferen Horizonten zu eigenartig geformten Konkretionen, den so genannten Lösskindln, wieder an. Bei Verfrachtung durch Flüsse und erneute Ablagerung bilden sich Schwemmlösse.

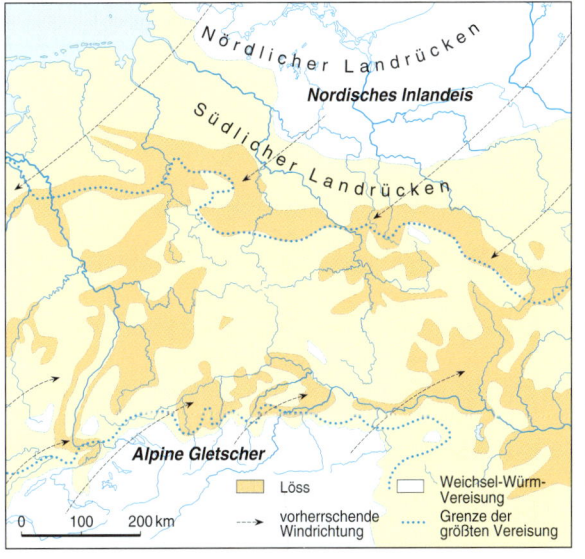

Magdeburger Börde

Lösshohlweg

59.1 Löss

3.7 Formenbildung in Karstgebieten

Als Karst bezeichnet man allgemein Gebiete, in denen durch Korrosion („Kohlensäureverwitterung") von leicht löslichen Gesteinen und nachfolgender Ausfällung des gelösten Materials ein charakteristischer ober- und unterirdischer Formenschatz entstanden ist. Der Begriff „Karst" ist der gleichnamigen kalkreichen Landschaft Sloweniens entlehnt, wo diese Karsterscheinungen beispielhaft ausgeprägt sind.

Typisch für alle Karstgebiete ist ihre Armut an Oberflächengewässern, denn in den Spalten und Klüften des Kalks versickert Wasser rasch. Bereits an der Oberfläche setzt dabei die Auflösung des Gesteins durch kohlensäurehaltiges Wasser ein. Abfließendes Regenwasser erzeugt scharfkantige Furchen (Karren) und erweitert die Spalten zu metertiefen senkrechten Schächten (Karstschlote), in die häufig unlösliches Material wie Lehm oder Sand eingeschwemmt wird (geologische Orgel).

Größer und trichterförmig in die Erdoberfläche eingetieft sind die Dolinen, die ebenfalls durch Lösung (Lösungsdolinen), aber auch durch Einsturz einer Höhlendecke entstehen können (Einsturzdolinen). Die größten oberflächlichen Karsterscheinungen sind Poljen, lang gestreckte talartige Hohlformen, deren Untergrund durch eingeschwemmtes unlösliches Material abgedichtet ist. Bei Durchfeuchtung dieser lehmig-tonigen Schicht bewirkt die Korrosion einerseits eine langsame flächenhafte Tieferlegung des Poljenbodens, andererseits aber auch seine ständige seitliche Erweiterung. Häufig werden Poljen von Bächen durchquert, die aus Speilöchern heraussprudeln und nach kurzer Laufstrecke in Schlucklöchern verschwinden.

Täler ohne Fließgewässer sind dagegen die Trockentäler. Sie können bei tektonischen Hebungen trockengefallen sein. Die meisten entstanden aber während der Eiszeit, als ihr klüftiger Untergrund durch Dauerfrost „plombiert" war und fließendes Wasser linienhaft erodieren konnte. Beim Tauen des Eises versickerte dann das Wasser.

In Kalkgebieten mit oberflächlicher Humusdecke („bedeckter Karst" im Gegensatz „zum nackten Karst") wird das versickernde Regenwasser zusätzlich mit dem CO_2 aus der Atmung der Bodenlebewesen angereichert. Es kann daher im Untergrund verstärkt Kalk lösen. Viel bedeutsamer für die Korrosion im Untergrund ist jedoch die Mischungskorrosion (Abb. 60.2): Mischen sich zwei bereits gesättigte Lösungen, so bildet sich eine ungesättigte Lösung. Das Mischwasser kann daher in der Tiefe erneut kräftig Kalk lösen und Spalten und Klüfte zu teilweise riesigen Höhlensystemen erweitern.

Kalklösung:
- 1 m Kalkstein in ca. 50 000 Jahren (in Mitteleuropa)
- ca. 1–3 cm Karreneintiefung in 1000 Jahren
- ca. 1 m Verwitterungslehm als Lösungsrückstand von 20 m Jurakalk

Kalkausfällungen:
- Wachstum von Tropfsteinen: 0,004–10 cm/Jahr
- größter Stalaktit: 11,5 m (Irland)
- größter Stalagmit: 20,5 m (Aven Armand, Südfrankreich)
- Kalksinterterassen: bis zu 100 m hoch (Pamukkale, Türkei)

Karsthöhlen:
- größte Höhle: 315 km (Mammuthöhle, Kentucky)
- tiefste Höhle: 1330 m (Pierre-Saint-Martin, Frankreich)
- größter Höhlensaal: 1200 m lang, 190 m breit, 105 m hoch (Karlsbadhöhle, Neumexiko)

Schüttung von Karstquellen:
- 9 m³/s: Aachquelle (Schwäbische Alb)
- bis zu 150 m³/s: Fontaine de Vaucluse (Frankreich)

60.1 Karst in Zahlen

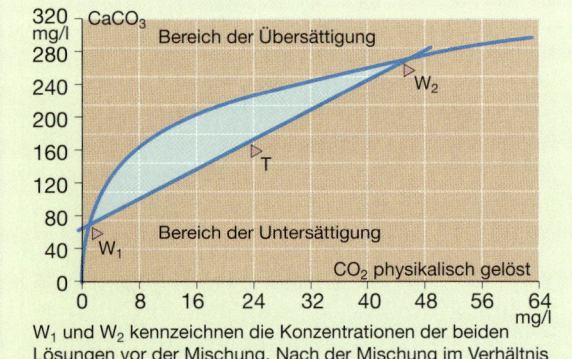

W_1 und W_2 kennzeichnen die Konzentrationen der beiden Lösungen vor der Mischung. Nach der Mischung im Verhältnis 1:1 kommt es zum Ungleichgewichtszustand T. Nun wird erneut Kalk gelöst, und zwar so lange, bis wieder Gleichgewicht besteht.

60.2 Mischungskorrosion

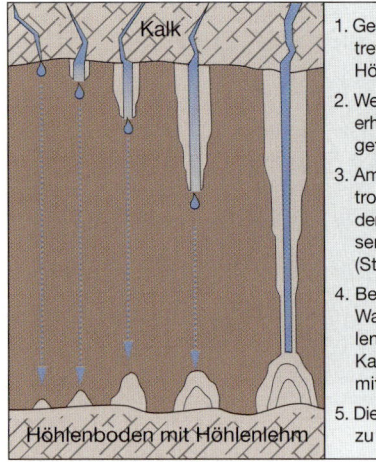

1. Gesättigte Kalklösungen treten an Quellen oder Höhlendecken aus.
2. Wegen der Temperaturerhöhung wird Kalk ausgefällt.
3. Am Rande des Wassertropfens bilden sich an der Höhlendecke wachsende Kalkröhrchen (Stalaktiten).
4. Beim Zerplatzen der Wassertropfen am Höhlenboden wird weiterer Kalk ausgefällt (Stalagmiten).
5. Die Tropfsteine wachsen zu Säulen zusammen.

60.3 Tropfsteinbildung

61.1 Doline, Tropfsteine, Sinterterrassen

Neben den durch Kalkauflösung entstandenen Formen gibt es in Kalkgebieten immer auch die durch Kalkablagerungen gebildeten Formen. Diese Sinterbildungen sind gewissermaßen das Ergebnis einer Umkehrung der Korrosionsvorgänge und entstehen durch Ausfällen von Kalk. Dies geschieht immer dann, wenn der CO_2-Gehalt einer gesättigten Lösung verringert wird, weil z.B. ihre Temperatur beim Kontakt mit wärmerer Luft erhöht wird. In Höhlen bilden sich dabei einzeln stehende Tropfsteine oder tapetenartige Wandüberzüge, an Quellaustritten Sinterterrassen, die ständig wachsen.

Werden Pflanzen (z. B. Quellmoose) von Kalkausfällungen überzogen und sterben dann ab, entsteht der lockere Kalktuff. Das im klüftigen Kalkgestein zirkulierende Wasser kann maximal bis zur nächst undurchlässigen Schicht absinken. Wo diese an Hängen angeschnitten ist, liegen daher oft viele Quellen nebeneinander (Quellhorizont). Da sie aus weit verzweigten und großen Sammeladern im Untergrund gespeist werden, haben Karstquellen eine kräftigere, oft aber unregelmäßigere Schüttung als andere Quellen.

A1 Erklären Sie die Mischungskorrosion und ihre Bedeutung (Abb. 60.2, Text).

A2 Beschreiben Sie die in Abb. 61.2 dargestellten Karstformen und erklären Sie deren Entstehung.

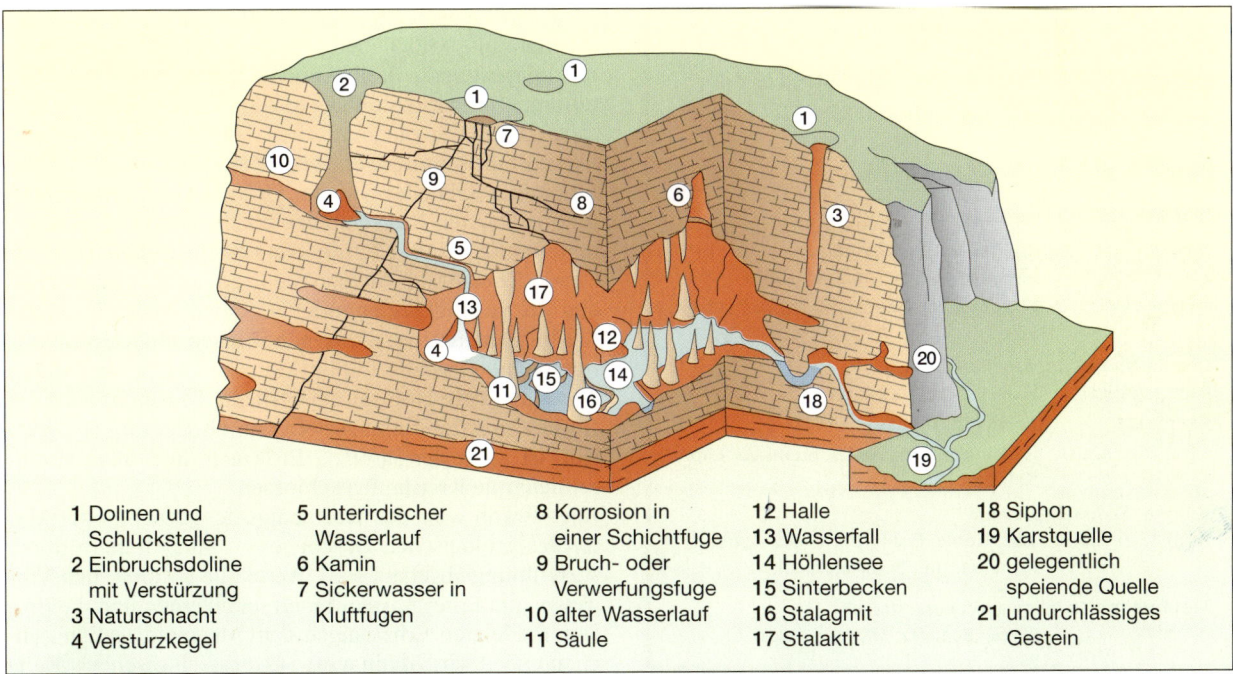

1 Dolinen und Schluckstellen
2 Einbruchsdoline mit Versturz
3 Naturschacht
4 Versturzkegel
5 unterirdischer Wasserlauf
6 Kamin
7 Sickerwasser in Kluftfugen
8 Korrosion in einer Schichtfuge
9 Bruch- oder Verwerfungsfuge
10 alter Wasserlauf
11 Säule
12 Halle
13 Wasserfall
14 Höhlensee
15 Sinterbecken
16 Stalagmit
17 Stalaktit
18 Siphon
19 Karstquelle
20 gelegentlich speiende Quelle
21 undurchlässiges Gestein

61.2 Ober- und unterirdische Karstformen

4 Die großen Kreisläufe

4.1 Der Gesteinskreislauf

Nur wenige Elemente können in der Natur ungebunden, also elementar existieren. Außer Au, Ag, Pl, Cu, Pb, Hg, As, Am, S, C, O, N und den Edelgasen kommen alle übrigen Elemente nur in chemischen Verbindungen vor. Diese bilden in der Lithosphäre je nach Anordnung der Atome oder Ionen meist typische Kristallformen aus, die Minerale. Gesteine bestehen aus einem Gemenge von Mineralen, Gesteinsbruchstücken oder Organismenresten. Ändern sich die Bedingungen, unter denen sie entstanden sind, so verändern sich auch die Minerale und Gesteine.

An der Erdoberfläche verwittern sie unter dem Einfluss von geringerem Druck, Sonneneinstrahlung, Frost, Regen und Chemikalien. Die Verwitterungsreste werden durch Wasser, Eis und Wind als Bruchstücke oder gelöst forttransportiert und an geeigneten Stellen abgelagert. Es entstehen noch unverfestigte Sedimente wie Schutt, Kies oder Sand. Unter der Last weiterer Ablagerungen erhöht sich der Druck auf die unteren Schichten. Durch Auskristallisationen mineralhaltiger Lösungen und durch Auspressen von Wasser schließen sich die Porenräume. Bei diesem als Diagenese (Verfestigung) bezeichneten Vorgang werden aus Lockergesteinen verfestigte Sedimentgesteine mit etwas veränderten chemischen und mineralogischen Merkmalen. Beide Sedimenttypen können durch tektonische Hebung wieder dem oberflächennahen „kleinen" Kreislauf von Verwitterung, Abtragung und Ablagerung zugeführt werden. Sie können aber auch, z.B. bei Gebirgsbildungen, noch tiefer abgesenkt, durch Druck- und Temperaturerhöhung weiter verfestigt und in ihrem Mineralbestand und Gefüge noch stärker umgewandelt werden. Aus Sandstein entsteht bei dieser Regionalmetamorphose Quarzit, aus Kalkstein Marmor, aus Tonstein Schiefer. Diese und andere metamorphe Gesteine bilden sich jedoch auch durch Kontakt mit noch heißen Plutonen oder Vulkangesteinen (Kontaktmetamorphose). Metamorphe Gesteine sind zwar nicht mehr deutlich geschichtet, besitzen aber oft noch eine erkennbare Einregelung ihrer Minerale. Beim Überschreiten der Schmelztemperatur wird das Gestein schließlich aufgeschmolzen (Anatexis), häufig danach auch noch mit anderen Schmelzen vermischt. Wegen der geringer gewordenen Dichte steigt die mehr als 1000 °C heiße Gesteinsschmelze, das Magma, an geeigneten Stellen wieder nach oben. Durch Abkühlen und Auskristallisieren seiner Bestandteile bilden sich daraus die magmatischen Gesteine. Erstarren sie langsam in Plutonen, entstehen Tiefengesteine mit relativ großen Kristallen wie der Granit. Aus der im Pluton nicht erstarrten Restschmelze bilden sich in angrenzenden Spalten und Klüften die oft erzreichen Ganggesteine. Erreicht das Magma die Erdoberfläche, entstehen aus der ausfließenden oder ausgeworfenen Schmelze die Vulkangesteine, die wegen ihrer raschen Erstarrung nur kleine Kristalle bilden können, häufig aber durch Gase gebildete Hohlräume besitzen. Mit ihnen und der Entblößung der Tiefengesteine durch Hebung und Erosion ist auch der „große", Erdkruste und -mantel einschließende Kreislauf geschlossen.

Irgendwann wird das Wärmeungleichgewicht – der Motor des geologischen Geschehens – im Erdinnern durch Auskühlung abgebaut sein. Wenn alle tektonischen Vorgänge zum Erliegen gekommen sein werden und die Erosion die letzten Erhebungen dem Meeresspiegel angeglichen haben wird, dann wird – geologisch gesehen – Ruhe einkehren auf dem bis dahin ruhelosen Planeten Erde.

Magmatite (Erstarrungsgesteine)

Plutonite (Tiefengesteine)   Granit, Gabbro, Diorit

Vulkanite (Ergussgesteine)   Basalt, Rhyolith, Andesit, Tuff, Obsidian

Subvulkanite (Ganggesteine)   Pegmatit

Sedimentite (Ablagerungsgesteine)

Mechanische (klastische) Sedimentgesteine
- unverfestigt: Kies, Sand, Ton, Moränen, Löss
- verfestigt: Konglomerat, Sandstein, Tonstein, Tillit, Löss

Chemische Sedimentgesteine
- unverfestigt: Kalkschlamm, Kalktuff
- verfestigt: Kalkstein, Travertin
- fest abgelagert: Kalksinter, Kieselsinter, Steinsalz, Gips, Kalisalze

Biogene Sedimentgesteine
    Torf, Kohle, Erdöl, Bernstein, Asphalt, Korallen- und Schwammkalk

Metamorphite (Umwandlungsgesteine)
    Gneis, Schiefer, Marmor, Quarzit,

62.1 Einteilung der Gesteine

DIE GROSSEN KREISLÄUFE

63.1 Kiesgrube

63.4 Kalkbruch

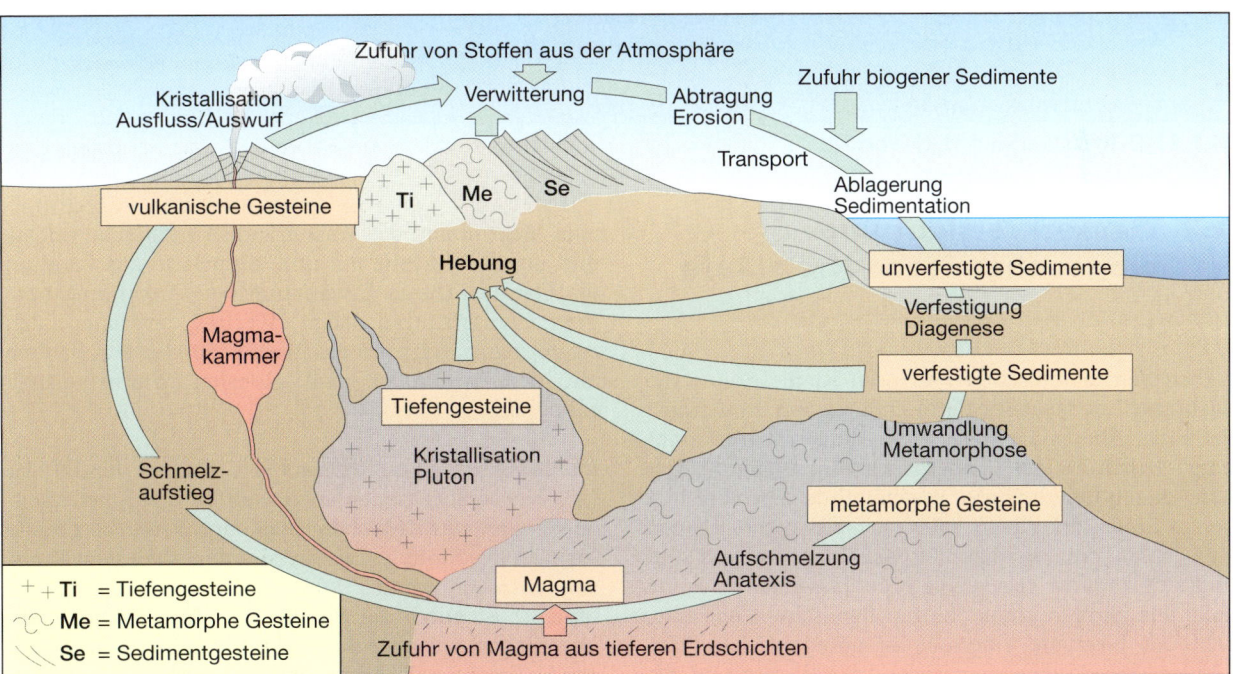

63.2 Kreislauf der Gesteine

63.3 Granit

63.5 Gneis

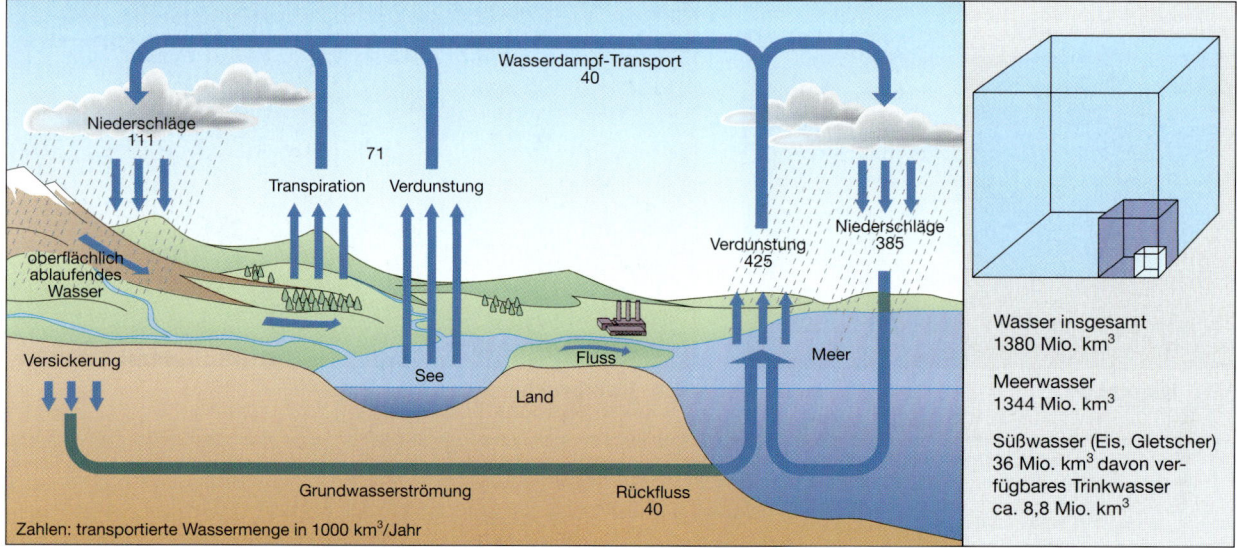

64.1 H₂O-Kreislauf und H₂O-Vorräte

4.2 Wasserkreislauf und biogeochemische Kreisläufe

Neben den tektonischen Prozessen ist die Sonne die wichtigste Energiequelle für die zahlreichen Stoffströme der Erde. Anders als die Energie, die als Wärmestrahlung letztlich ins Weltall abgegeben wird, bleibt die Materie jedoch innerhalb des Systems Erde. Die verschiedenen Stoffe zirkulieren dabei in meist geschlossenen Kreisläufen, die untereinander vielfältig gekoppelt sind und sich dadurch gegenseitig beeinflussen. Im Grunde sind alle Stoffkreisläufe biogeochemische Kreisläufe, weil die Elemente einerseits in anorganischen Molekülen das Gestein, den Boden, das Wasser und die Luft, andererseits in organischen Molekülen die Lebewesen durchlaufen. Atmosphäre und Hydrosphäre haben aber jeweils wichtige Transportfunktionen.

Der Wasserkreislauf ist einer der ältesten und bedeutendsten Kreisläufe, sein Umsatz nach Volumen und Gewicht am größten. Wasser spielt für die globalen Austauschprozesse eine zentrale Rolle, denn Kohlenstoff, Stickstoff, Phosphor und Sauerstoff werden größtenteils durch dieses Medium transportiert. Der größte Speicher des hydrologischen Kreislaufs sind die Ozeane. Sie enthalten etwa 97 % des irdischen Wassers und bilden für die Atmosphäre eine unerschöpfliche Feuchtequelle.
An Land hat die Verteilung von Verdunstung, Niederschlag und Abfluss direkten Einfluss auf die Biosphäre und die exogenen Formungsprozesse. Auf seinem Weg zum Meer nimmt das Wasser zudem zahlreiche gelöste und ungelöste Stoffe mit und koppelt so das Land an die Ozeane. Durch Erwärmung und Abkühlung bzw. Energieumsetzungen beim Wechsel zwischen den Aggregatzuständen ist das Wasser der Erde außerdem mit dem regionalen und globalen Wärmehaushalt gekoppelt.

Im Gegensatz zum Kreislauf des Wassers besitzt der CO_2-Kreislauf (genauer Kohlenstoffkreislauf) bedeutende Senken, d.h. Mechanismen, durch die bestimmte Mengen des Stoffs zeitweilig oder dauerhaft dem Kreislauf entzogen werden können. Im Laufe der Erdgeschichte ist durch die Bildung von Torf, Kohle, Erdöl und Erdgas, v.a. aber durch die Bildung von kalkhaltigen Sedimenten die Menge des im Kreislauf zirkulierenden Kohlenstoffs in großem Umfang vermindert worden. Durch Verbrennung fossiler Brennstoffe und durch von Menschen verursachte Waldbrände steigt der CO_2-Gehalt in der Atmosphäre jedoch wieder. Nur etwa die Hälfte des dabei freigesetzten CO_2 wird von den Ozeanen absorbiert (Abb. 65.2).

Der Stickstoffkreislauf besitzt dagegen kaum sedimentäre Anteile. Stickstoff (N_2) kommt in Gesteinen praktisch nicht vor, ist aber ein elementarer Baustein nahezu aller lebenswichtigen organischen Moleküle (DNA, RNA, Proteine, Chlorophyll). Er muss daher aus der Luft entnommen und in eine von Pflanzen aufnehmbare Form (meist NO_3^-) umgewandelt werden. Das hierfür notwendige Aufbrechen der stabilen Dreifach-Atombindung von N_2 geschieht durch energiereiche Höhen-

DIE GROSSEN KREISLÄUFE

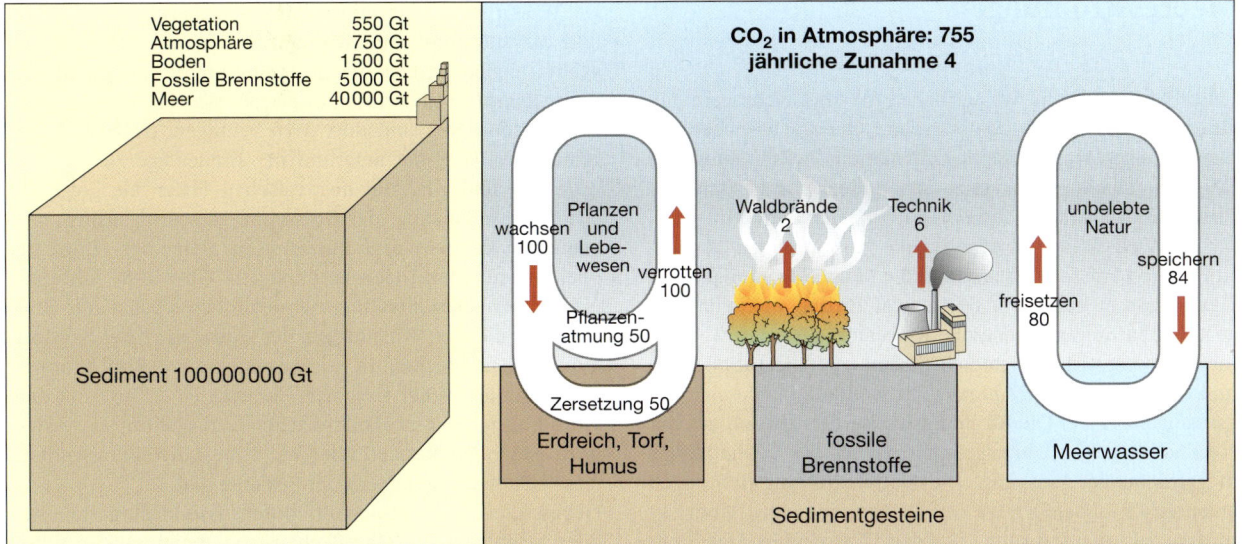

65.1 CO_2-Kreislauf und CO_2-Senken (Angaben in Gigatonnen = Milliarden Tonnen)

strahlung in der Atmospäre oder im Boden durch eine nur kleine Gruppe von Lebewesen (frei lebende Cyanobakterien oder in Symbiose mit Leguminosen lebende Bakterien). Sie besitzen dafür eine bestimmte Enzymausstattung. Da die fotochemische Umwandlung bzw. die biologische Stickstofffixierung den N-Kreislauf nur um etwa 6,7 % anreichern, ist die Rückführung von Stickstoffverbindungen aus Abfallstoffen in den Kreislauf von entscheidender Bedeutung. Dieses Recycling wird von Mikroorganismen betrieben, die Licht nicht als Energiequelle nutzen können. Sie gewinnen die für ihre Synthesen notwendige Energie durch Oxidation bzw. Reduktion N-haltiger Verbindungen (Abb. 65.2).

A1 Beschreiben Sie den Gesteinskreislauf (Abb. 63.2).

A2 Erläutern Sie die Antriebskräfte dieses Kreislaufs.

A3 Erstellen Sie eine mathematische Formel, die den Wasserhaushalt eines bestimmten Gebietes darstellt.

A4 Charakterisieren Sie die Kreisläufe von Wasser und Kohlenstoff (64.1, 65.1). Erläutern Sie, inwieweit Lebewesen darin integriert sind.

A5 Beschreiben Sie die Besonderheiten des Stickstoff-Kreislaufs (Abb. 65.2, Text).

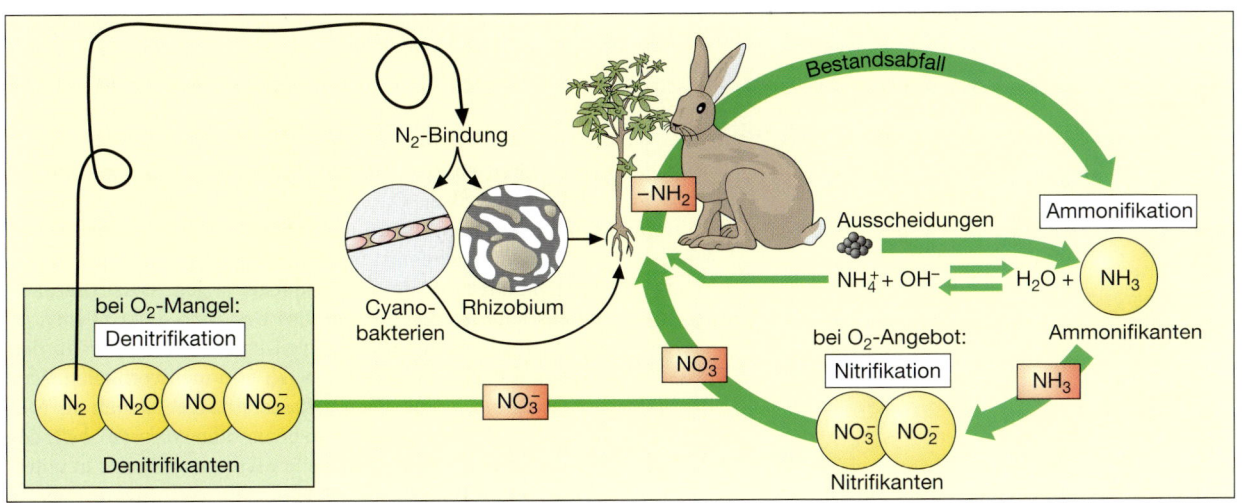

65.2 Stickstoff-Kreislauf

GEO-EXKURS

Meeresströmungen

Unsere Erde ist ein Wasserplanet, da die Weltmeere mit einem Anteil von 72% fast ¾ seiner Oberfläche bedecken. Diese riesigen Wassermassen sind ständig in Bewegung und formen in der Kontaktzone zwischen Meer und Festland die Küstenlandschaften. Von zum Teil globaler Bedeutung z. B. für das Weltklima sind dagegen die großräumigen Verlagerungen von Wassermassen durch die Meeresströmungen.

Das Grundmuster (Abb. 66.1) zeigt in den niederen und gemäßigten Breiten zwei große Kreisläufe mit einer in Äquatornähe westwärts gerichteten Strömung (Äquatorialstrom) und einer ostwärts gerichteten Komponente im Bereich der gemäßigten Zone. Die Strömungskreise drehen sich auf der Nordhalbkugel im Uhrzeigersinn und auf der Südhalbkugel in gegenläufiger Richtung. Die Hauptströmungsrichtungen entsprechen dabei in etwa den vorherrschenden Windrichtungen, z.B. den Passaten oder den Westwinden. Der Richtungsverlauf wird zusätzlich beeinflusst durch die ablenkende Kraft der Erdrotation (Corioliskraft), die sowohl Luft- als auch Wassermassen – in Bewegungsrichtung gesehen – auf der Nordhalbkugel nach *rechts*, auf der Südhalbkugel dagegen nach *links* ablenkt. Außerdem wird der Verlauf der Meeresströmungen beeinflusst durch die Verteilung und Form der die Ozeane begrenzenden Landmassen bzw. durch das untermeerische Relief.

Da Wasser eine sehr hohe Wärmespeicherkapazität besitzt und die aufgenommene Wärme nur langsam an die Atmosphäre abgibt, wirken die Strömungskreise wie gigantische Wärmetauscher, die warmes tropisches Wasser in höhere Breiten transportieren und dort dazu beitragen, dass das Klima gemäßigter ist als es aufgrund der Breitenlage zu erwarten wäre. So sind z.B. alle norwegischen Häfen als Folge der „Warmwasserheizung" des Golfstroms ganzjährig eisfrei.

Seefahrer kannten und nutzten seit alters her einige der oberflächennahen Meeresströmungen. Über 1000 Jahre alte indische Quellen erwähnen jahreszeitlich wechselnde Strömungen, die den Richtungen des Südwest- bzw. Nordostmonsuns entsprechen. In Europa erstellte im 17. Jahrhundert ein niederländischer Gelehrter erstmals eine Karte mit dem Grundmuster der nordatlantischen Zirkulation; er wertete dazu unzählige Notizen über Wind- und Strömungsverhältnisse aus den Logbüchern der Seeleute aus.

Neben diesen hauptsächlich durch Winddrift gesteuerten oder beschleunigten Oberflächenströmungen wurden schon im 18. Jahrhundert tiefer liegende Meeresströmungen vermutet; aber erst durch die Forschungsschiffe *Challenger* (1872) und *Meteor* (1925) konnten auf ausgedehnten ozeanographischen Expeditionen mit neu entwickelten Instrumenten Tiefseetemperaturprofile erstellt und der jeweilige Salzgehalt des Meerwassers in verschiedenen Tiefen analysiert werden. Die Messungen der Meteor, die in zwei Jahren 13 Mal den Atlantik querte – und dabei auch das Relief des Meeresbodens genau vermaß – wiesen erstmals die Existenz verschieden temperierter und unterschiedlich salzhaltiger Oberflächen- und Tiefenströmungen nach.

Vor allem seit den 1950er Jahren wurde die Tiefseeforschung systematisch voran getrieben. Inzwischen hat man, u.a. dank satellitengestützter Navigation und Computersimulation, ein recht genaues Bild von der dreidimensionalen Meeresdynamik. Außer in den Polarregionen, in denen durchgängig kalte Meerwasserschichten vorherrschen, lassen sich die Ozeane vertikal in 3 Schichten gliedern (Abb. 67.1). Obwohl an den Grenzschichten die Unterschiede bezüglich Temperatur und Salzgehalt oft nur gering sind, bleiben die Wasserstockwerke relativ stabil – so ähnlich wie die Stockwerke der Atmosphäre, deren Grenzen ebenfalls durch Temperatursprünge definiert sind. Die vertikale Durchmischung des Meerwassers ist wesentlich geringer als die horizontale Strömungskomponente. Schon seit längerem ist bekannt, dass Oberflächen- und Tiefenströmungen oft unterschiedliche, ja gegensätzliche Strömungsrichtungen aufweisen. Die Ursachen dafür blieben jedoch rätselhaft. Inzwischen weiß man aber, dass es in den Ozeanen bestimmte Regionen mit enormen vertikalen Wasserbewegungen gibt. Diese „Wasseraufzüge" dienen als Motoren oder Pumpen für den so genannten *conveyor belt*, das Förderband des transozeanischen Wassertransports in unterschiedlichen Tiefen (Abb. 67.1).

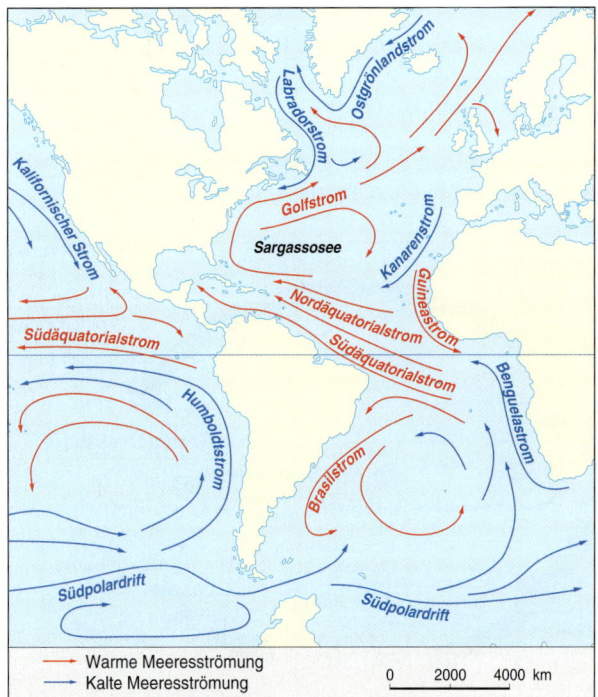

66.1 Meeresströmungen (Ausschnitt)

GEO-EXKURS

Die „nordatlantische Pumpe" stellt ein wichtiges Aktionszentrum dieses Prozesses dar und fungiert als Scharnier zwischen Oberflächen- und Tiefenströmungen im Bereich des „Absinkfensters". Tropische Oberflächenströmungen verlieren viel Wasser durch Verdunstung, wodurch polwärts transportiertes Wasser salzhaltiger wird. Durch die Abkühlung beim Eintritt in höhere Breiten erhöht sich die Dichte des Wassers weiter, zusätzlich verstärkt z.B. durch das Ausfällen von Salz beim Gefrieren des Meerwassers. Das Zusammentreffen von hohem Salzgehalt und tiefer Wassertemperatur verursacht ein Absinken des Wassers in große Tiefen (thermohaline Konvektion). Im Bereich des nordatlantischen Absinkfensters wird das durch das Absinken verursachte Massendefizit durch wärmeres Oberflächenwasser kompensiert. Das thermohalin angetriebene Förderband befördert die kalten ozeanischen Tiefenwasser im Bereich des Nordpazifik wieder an die Oberfläche („Aufstiegfenster"), von wo es als Oberflächenwasser in Teilen wieder Richtung Nordatlantik verfrachtet wird.

Dieser Zyklus dauert zwischen einigen Hundert und bis über Tausend Jahre. Fast ein Drittel des Ozeanwassers ist in diesen Prozess einbezogen.

Da die Meere und Meeresströmungen regional und global einen großen Einfluss auf das Klima ausüben, haben Störungen der Strömungsdynamik weit reichende Auswirkungen. Durch die globale Erwärmung steigen die Wassertemperaturen. Höhere Niederschläge sowie das Abschmelzen der Gletscher verringern den Salzgehalt des Meereswassers. Somit wird das System der thermohalinen Konvektion geschwächt und tropisch warme Oberflächenströmungen fließen weniger weit polwärts. In diesem Fall können sie ihre Funktion als „Warmwasserheizung" für die angrenzenden Landmassen nicht mehr voll, bei einem Zusammenbruch des Systems überhaupt nicht mehr übernehmen.

Der Golfstrom trägt seinen Namen eigentlich zu Unrecht, da er seinen Ursprung nicht im Golf von Mexiko hat, sondern lediglich ein Teil der nordhemisphärischen Strömungszirkulation im Atlantik darstellt. Die warme Strömung des Äquatorialstroms wird durch die Meeresstraßen im Bereich des Golfs von Mexiko (Straße von Yucatan/Floridastraße) eingeengt. Dieser „Düseneffekt" erhöht die Strömungsgeschwindigkeit auf ca. 15 km/h und wirkt als Anschub für den Weitertransport des warmen Wassers über dem Atlantik. Auf dem Weg bis vor Neufundland verringert sich die Strömungsgeschwindigkeit auf 2–3 km/h, bei einem Transportvolumen von etwa 140 Mio. m^3/s. Seine polwärtige Fortsetzung findet der Golfstrom im Nordatlantikstrom. Der Golfstrom besteht aus einem verzweigten Strömungsnetz mit eingelagerten Strömungsbändern aus kaltem Wasser, v.a. im Kontaktbereich mit dem kalten Labradorstrom. Von großer Bedeutung für das Klima in Europa ist der nördliche Zweig des Nordatlantikstroms, der bis zum Polarmeer reicht.

Aufgrund der Erdrotation werden die großen Strömungen zu Strömungswirbeln umgelenkt und die Zentren dieser Wirbelströmungen (riesige „Wasserbeulen" mit etwa 1 m höherem Niveau als der durchschnittliche Meeresspiegel) vom Zentrum des Meeresbeckens weiter nach Westen verlagert. Bei gleich bleibendem Wasserdurchsatz führt dies z.B. am Westrand des Atlantik zu einer beschleunigten Strömung (s.o. „Düseneffekt") und am Ostrand des Meeres zu einer langsameren Oberflächenströmung.

An den Ostseiten der Meere werden im Bereich beständig ablandiger Winde (z.B. Passate) die warmen Oberflächenströmungen westwärts verdriftet und durch kalte polare Auftriebswasser ersetzt. Diese kalten Küstenströme (Benguelastrom, Humboldtstrom) sind sehr nährstoffreich.

67.2 Golfstrom

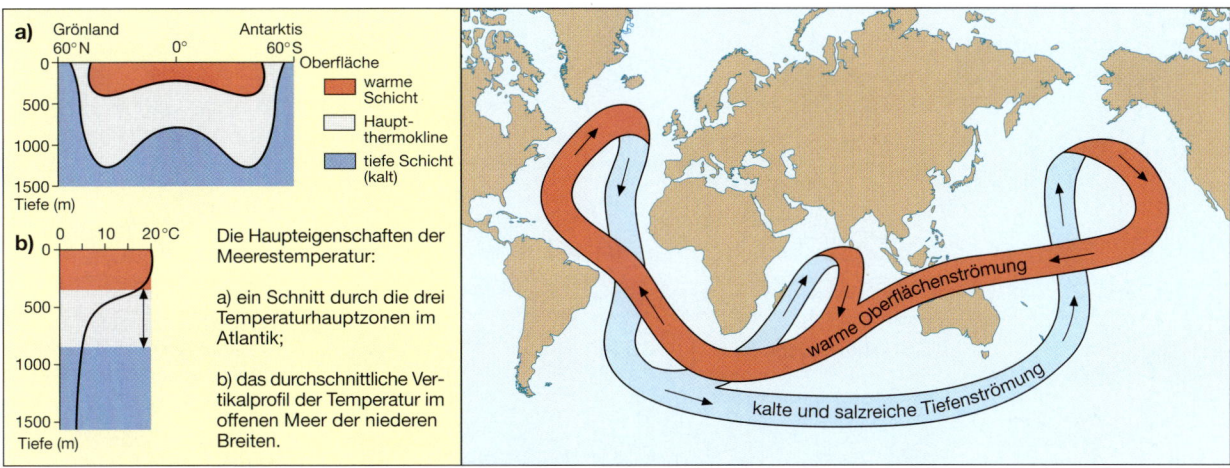

67.1 Globaler vereinfachter Strömungskreislauf und vertikale Schichtung der Ozeane

5 Die Bildung von Lagerstätten

5.1 Bildung von Erzlagerstätten

Die meisten Elemente kommen in der Erdkruste nicht in reiner Form vor, sondern als Verbindungen, als Minerale. Erze sind Minerale oder Mineralgemenge, aus denen mit wirtschaftlichem Erfolg Metalle gewonnen werden können. Als Erzlagerstätten bezeichnet man geologisch begrenzte Körper, in denen metallhaltige Minerale auf natürliche Weise angereichert worden sind.

Primäre oder magmatische Lagerstätten

Sie entstehen bei der Erstarrung von glutflüssigen Gesteinsschmelzen, z. B. bei der Bildung eines Plutons. Bei der Abkühlung des aus leicht- und schwerflüchtigen Bestandteilen bestehenden Gemischs werden nach und nach seine Bestandteile unlöslich und kristallisieren entsprechend ihrer Erstarrungspunkte aus. Die dadurch erfolgende Entmischung des Magmas beginnt als Frühkristallisation im noch flüssigen Zustand, wenn Schwermetalle aufgrund ihrer hohen Dichte in der Schmelze absinken und sich am Grunde des Plutons ansammeln (Abb. 68.1). Während der Hauptkristallisation kristallisieren viele gesteinsbildende Minerale auf einmal aus, sodass keine nennenswerte Anreicherung stattfindet (Bildung von Granit als Tiefengestein). Am Ende dieser Abkühlungsphase sind aber in der verbleibenden Restschmelze alle Elemente angereichert, deren Atome bzw. Ionen in den Kristallgittern des Tiefengesteins keinen Platz gefunden haben. Hierbei handelt es sich v. a. um Metalle.

Die gasreiche, noch unter hohem Druck stehende Restschmelze dringt in Spalten und Hohlräume des Nebengesteins ein und kühlt dort beim weiteren Vordringen langsam ab. Bei dieser Restkristallisation werden Erzgänge gebildet. Hydrothermale Lösungen und heiße Dämpfe können schließlich bis zur Erdoberfläche vordringen und dort die mitgeführten Minerale ablagern. Im Idealfall kommt es also wegen der allmählichen Abnahme von Druck und Temperatur entlang der Gänge zu einer zonalen Anordnung der einzelnen Erze um den Granitpluton.

Sekundäre oder sedimentäre Lagerstätten

Sie entstehen dann, wenn die Verwitterungsprodukte primärer Lagerstätten abtransportiert und unter bestimmten Bedingungen andernorts wieder abgelagert werden.

Mechanisch-sedimentäre Erzlagerstätten: Minerale, die auch durch die chemische Verwitterung kaum zersetzt werden und die eine große Dichte besitzen, werden in einem Flusslauf überall dort sedimentiert, wo die Transportkraft des Flusses nachlässt. Die dabei entstehenden,

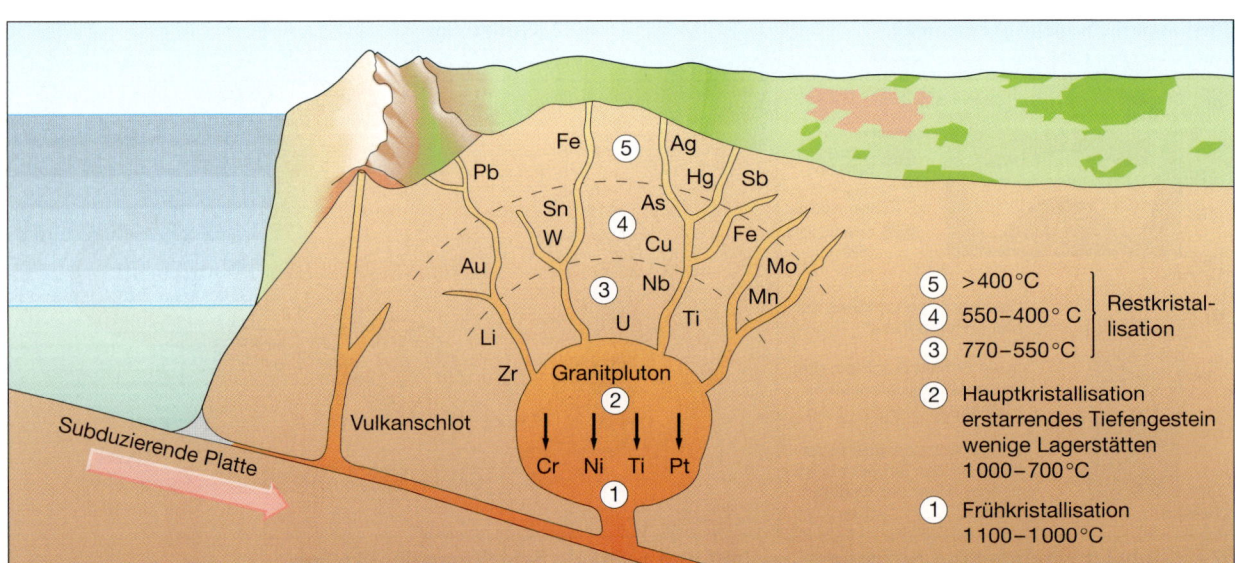

68.1 Entstehung primärer Lagerstätten

als Seifen bezeichneten Lagerstätten liegen deshalb häufig am Gefällsknick beim Übergang vom Gebirge ins Flachland (z. B. Platin im Ural, Gold in Kalifornien, Zinn in Malaysia), im Bereich von Schwemmkegeln und Deltas bzw. in der Brandungszone ehemaliger Meere (Eisenerze bei Salzgitter).

Chemisch-sedimentäre Lagerstätten: Kupfer ist als Sulfat leicht löslich und wurde vor Jahrmillionen in sauerstoffreichen Flüssen aus dem Harz in das ihn damals umgebende sauerstoffarme Zechsteinmeer transportiert. Dort fiel es in Anwesenheit von H_2S als unlösliches Sulfid aus (Mansfelder Kupferschiefer).
Auch die Eisenerzlager Süddeutschlands und Lothringens sind marinen Ursprungs. Wegen intensiver chemischer Verwitterung war in den Flüssen viel Eisen gelöst, das beim Kontakt mit Meerwasser ausgefällt wurde und sich schalenförmig um Kristallisationskerne anlagerte. Die aus winzigen Eisenkügelchen (Eisenoolithe) bestehenden Brauneisenlager werden wegen ihres geringen Fe-Gehalts von 20–40 % Minette (= kleine Erze) genannt.

Metamorphe Lagerstätten

Sowohl primäre als auch sekundäre Lagerstätten können nach ihrer Bildung durch tektonische Einflüsse in so genannte **metamorphe Lagerstätten** umgeformt werden. Die Fe-Erze vom „Schneehuhnberg" Kirunavaara in Nordschweden sind z. B. metamorph überprägte Produkte der Früh- und Hauptkristallisation. Die nach der brasilianischen Stadt Itabira „Itabirite" genannten Fe-Erze sind dagegen sedimentären Ursprungs. Sie werden wegen der Wechsellagerung von roten Eisenoxidschichten und helleren kalk- und kieselsäurehaltigen Lagen auch als „Bändererze" bezeichnet und entstanden im Präkambrium vor 3,8–2,0 Mrd. Jahren, als alle Meere „rosteten" (s. S. 9). Die Bändererze wurden bereits im Präkambrium metamorph überprägt und liegen heute oberflächennah auf allen alten Kontinentalschilden, z. B. in der Mesabi Range in Minnesota, in Cero Bolivar in Venezuela, in Minas Gerais in Brasilien, in Westafrika, in Transvaal, Westaustralien und Krivoi Rog in der Ukraine. Bei der Kursker Magneteisen-Anomalie (KMA) liegen unter einer 150 m dicken, bauxithaltigen Sedimentschicht Bändererze in einer solchen Menge, dass es lokal zu erheblichen Störungen des Erdmagnetfeldes kommt. Besonders abbauwürdig sind bei Itabiriten die obersten Schichten, da dort durch die lange Verwitterungsdauer die Kieselsäure abgeführt und so das verbleibende Eisen von ursprünglich 15–40 % auf 60–70 % angereichert wurde.

Verwitterungslagerstätten

Bauxit ist der bei intensiver chemischer Verwitterung übrigbleibende Verwitterungsrest. Bei hohen Temperaturen, hohen Niederschlägen, saurem ph-Wert und ausreichend langer Zeit werden die Alkali- und Erdalkalimetalle durch Hydrolyse vollständig aus den Mineralen gelöst und im Grund- und Oberflächenwasser abgeführt. Zurück bleibt ein Gemisch von schwer zersetzbaren und schlecht löslichen Stoffen. Der rotgefärbte Bauxit enthält daher neben Titanoxid, 5 % SiO_2, 25 % Fe_2O_3 bis zu 60 % Al_2O_3. Der Ausgangsstoff zur Aluminiumgewinnung ist nach dem südfranzösischen Ort Les Baux benannt, wo er im Tertiär gebildet wurde.

A1 Erklären Sie mithilfe der Abb. 68.1 und 69.1 die Entstehung primärer und sekundärer Lagerstätten.

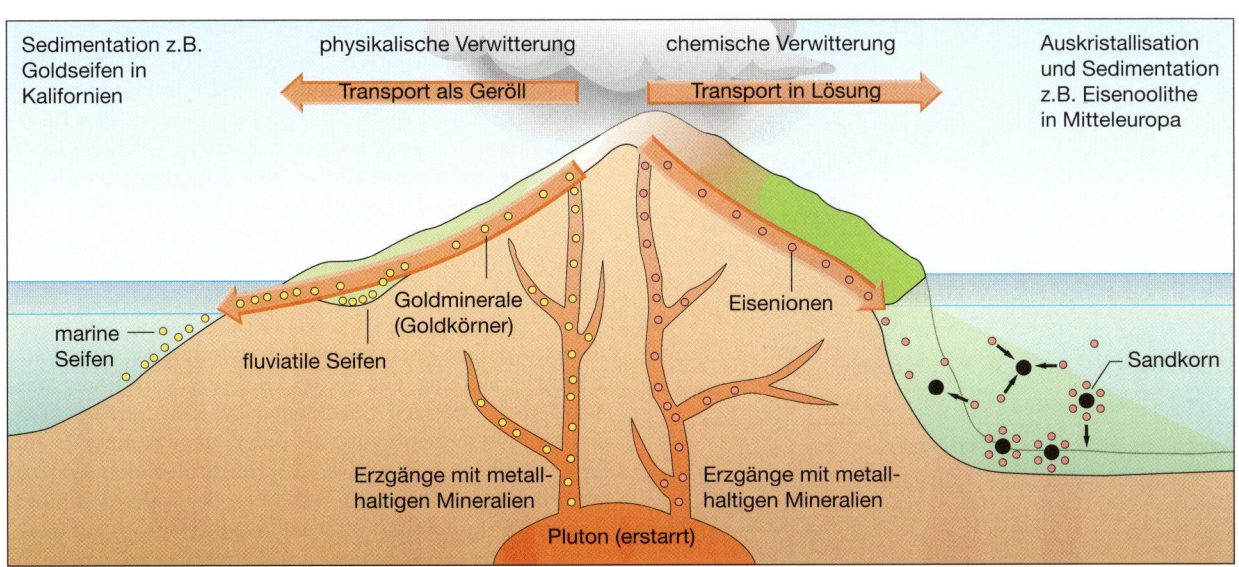

69.1 Entstehung sekundärer Lagerstätten

5.2 Bildung von Salzlagerstätten

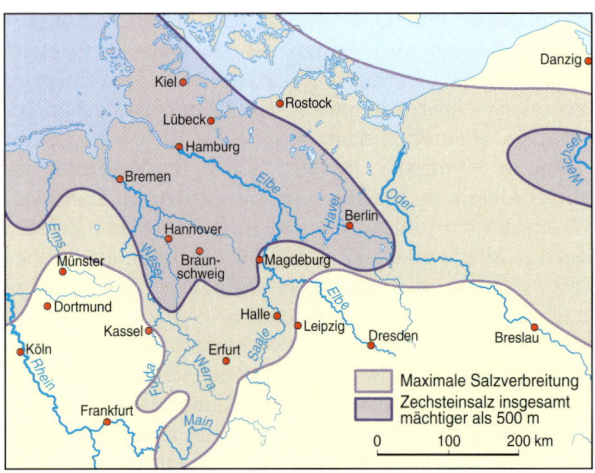

70.1 Verbreitung der Zechsteinsalze

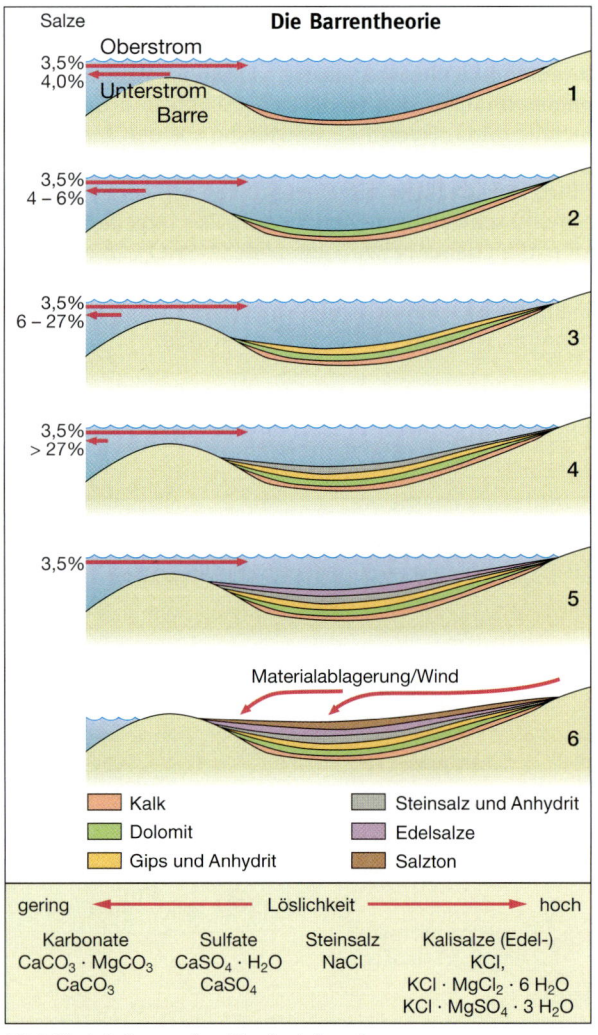

70.2 Entstehung der Zechsteinsalze

Europas größter Schatz ist etwa 250 Mio. Jahre alt, bis zu 1000 m mächtig und erstreckt sich im Untergrund zwischen England und Polen, Dänemark und Mitteldeutschland über eine Fläche von fast 500 000 km². Er besteht aus Salz und bildet eine unentbehrliche Rohstoffquelle für die Landwirtschaft, für die Nahrungs- und Arzneimittelindustrie, für die kosmetische und vor allem für die chemische Industrie.

Diese nahezu unerschöpfliche Lagerstätte entstand, wie alle bedeutenden Salzlagerstätten, unter trocken-heißen Klimabedingungen durch Ausfällung der im Meerwasser gelösten Salze. Da eine 1000 m mächtige Meerwassersäule bei vollständiger Verdunstung aber nur eine etwa 15 m dicke Salzschicht hinterlässt, müsste das Zechsteinmeer, dem die gewaltigen norddeutschen Lager entstammen, die unvorstellbare Tiefe von 60 km gehabt haben.

In Wirklichkeit war das Zechsteinmeer ein Randmeer mit seichten Becken und Untiefen, das sich über weite Schelfbereiche Mitteleuropas erstreckte und nur über eine Schwelle (Barre) hinweg im Nordwesten mit dem offenen Ozean verbunden war, der sich beim Zerbrechen der Pangäa bildete. Durch Verdunstung des Wassers erhöhte sich in diesem Flachmeer zunehmend die Konzentration der darin gelösten Stoffe. Als ihre Sättigungsgrenze erreicht war, schieden sich am Grund des Zechsteinbeckens zunächst die am schwersten löslichen Salze, die Karbonate und Sulfate, danach auch Steinsalz und zuletzt die am leichtesten löslichen, die Kalium- und Magnesiumsalze ab. Da über die Barre hinweg laufend Meerwasser nachfloss und der Untergrund des Beckens langsam absank, konnten sich jeweils die Salze, deren Sättigungsgrenze erreicht war, im Laufe von einigen hunderttausend Jahren in enormen Mächtigkeiten ablagern. Meistens sind in den so gebildeten Eindampfungslagerstätten jedoch die leichtlöslichen Komponenten untervertreten oder fehlen ganz, weil unter dem Einstrom aus dem offenen Meer ein salzreicher und daher schwerer Unterstrom das übersalzene Becken verließ und ihm die noch nicht ausgefällten Bestandteile entzog.

Trocknete das Zechsteinbecken durch eine tektonisch bedingte Hebung der Barre zeitweilig vollständig aus, wurden die riesigen Salzflächen bei den herrschenden wüstenhaften Bedingungen unter angewehtem Staub und Ton begraben und so vor nachfolgenden Wassereinbrüchen bei erneutem Absinken der Barre geschützt. Dieser Zyklus wiederholte sich in Mitteleuropa fünfmal. Beim weiteren Absinken des Untergrundes wurde in den folgenden Erdzeitaltern durch Meere, Flüsse und

DIE BILDUNG VON LAGERSTÄTTEN

71.1 Salzgewinnung

Gletscher eine bis zu 4 km mächtige Deckschicht über die flächenhaften Zechsteinsalze abgelagert. Da Salz wie Gletschereis bei anhaltendem starken Druck plastisch wird und sich verformt, begann es zu fließen, sammelte sich in „Salzkissen" und drang – begünstigt durch seine gegenüber dem Deckgebirge geringere Dichte – entlang von Schwächezonen langsam nach oben. Dabei wurden die überlagernden Schichten durchstoßen und am Rand des sich bildenden Salzstocks (Diapirs) mit aufgeschleppt, während die Salz- und Tonschichten innerhalb des Diapirs intensiv durchgeknetet und gefaltet wurden. Dort, wo das Salz im Untergrund seitlich abgeflossen war, sackte das Deckgebirge nach und verstärkte den Druck auf das Restsalz, sodass immer mehr Salz in den aufsteigenden Diapir, dessen oberer Teil sich oft pilzartig erweiterte, einbezogen wurde. Beim Eindringen in oberflächennahe Grundwasserbereiche wird das Dach eines Diapirs aufgelöst; zurück bleibt ein schwer löslicher Hut aus Gips auf einer geologischen Struktur, deren Dimensionen die der höchsten Berge Europas weit überschreiten kann.

A1 Beschreiben Sie die Entstehung von Salzlagern nach der „Barrentheorie" (Text, Abb. 70.2).

A2 Begründen Sie, weshalb sich Salzlagerstätten an passiven Kontinentalrändern besonders häufig bilden.

A3 Erläutern Sie die Entstehung von Salzstöcken (Abb. 71.2, Text) und beschreiben Sie die Verteilung der Diapire in Norddeutschland.

A4 Erklären Sie, weshalb sich Hohlräume in Salzbergwerken wieder schließen.

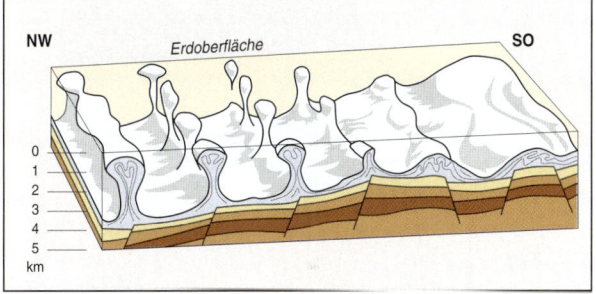

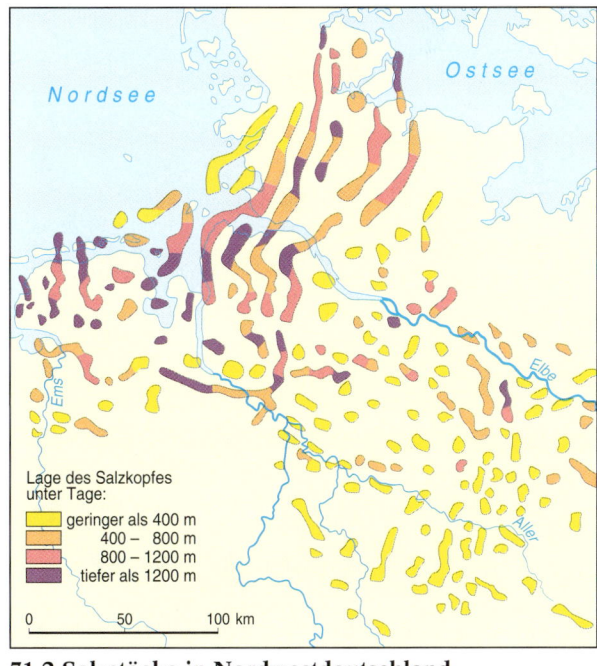

71.2 Salzstöcke in Nordwestdeutschland

DIE BILDUNG VON LAGERSTÄTTEN

5.3 Bildung von Kohlenlagerstätten

72.1 Tertiäre Blattfossilien

Immer wieder stoßen Bergarbeiter beim Kohleabbau auf Pflanzen- und Tierfossilien, organische Überreste eines urzeitlichen Lebensraumes. Durch Altersbestimmung der Fossilien können die sie umgebenden Kohlenschichten bestimmten Erdzeitaltern zugeordnet werden. Die Zusammensetzung der gefundenen Tier- und Pflanzenarten lässt Rückschlüsse auf die klimatischen Verhältnisse zur Zeit ihrer Entstehung zu.

Alle Kohlenlagerstätten sind in einem feucht-warmen Klima aus Waldsumpfmooren mit einer üppigen Vegetation entstanden. Abgestorbene Pflanzen sanken in den wasserdurchtränkten Moorboden ein und wurden so bei Luftabschluss vor der völligen Verwesung bewahrt. Durch Mikroorganismen wurden die Pflanzenreste zunächst zu Torf, auf dem wieder neue Pflanzen wuchsen. Dieser Prozess vollzog sich immer wieder und die Torfschicht konnte mächtig anwachsen, wenn sich das Gebiet über lange Zeiträume hinweg stetig senkte. Durch die Absenkung wurde das organische Material durch Meeressedimente oder von Sanden, die von Flüssen aus nahe gelegenen Gebirgen herantransportiert wurden, überschüttet. Der immer größer werdende Überlagerungsdruck dieser Deckschichten hatte zur Folge, dass der Torf zusammengepresst und dadurch teilweise entwässert wurde. Im Zuge des Inkohlungsprozesses entstand aus Torf durch chemische Umwandlung zunächst Braunkohle, aus der sich bei noch höherer Temperatur und höherem Druck in großer Tiefe schließlich Steinkohle bilden konnte.

Die Abbauwürdigkeit eines Kohlevorkommens hängt von verschiedenen Faktoren ab. Aufgrund der genannten Entstehungsbedingungen finden sich in den Lagerstätten Flöze (Kohleschichten) in Wechsellagerung mit taubem Gestein (flözfreie Schichten).
Die Braunkohlenlagerstätten entstanden im Tertiär. Wegen des relativ geringen Alters und des geringen Überlagerungsdrucks sind die Flöze meist mächtig und liegen nahe an der Erdoberfläche, sodass sie nach Abräumen der Deckschichten im Tagebau abgebaut werden können. Deutschland ist der größte Braunkohlenproduzent der Welt vor Russland und den USA.

Die Steinkohle ist wesentlich älter. Sie bildete sich vorwiegend im Karbon vor etwa 300 Mio. Jahren zur Zeit der variskischen Gebirgsbildung. Im Verlauf der Gebirgsbildung senkten sich die Vorländer immer weiter ab und wurden vom Ablagerungsschutt der damals hohen Gebirge zusedimentiert. Bei der Steinkohle unterscheidet man verschiedene Kohlenarten, die sich für

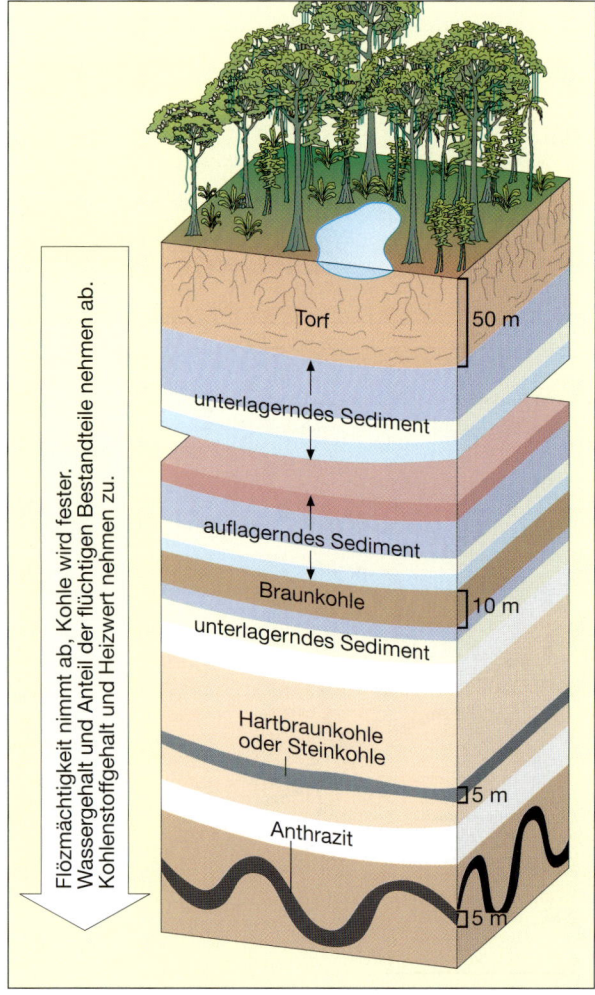

72.2 Inkohlungsprozess

DIE BILDUNG VON LAGERSTÄTTEN

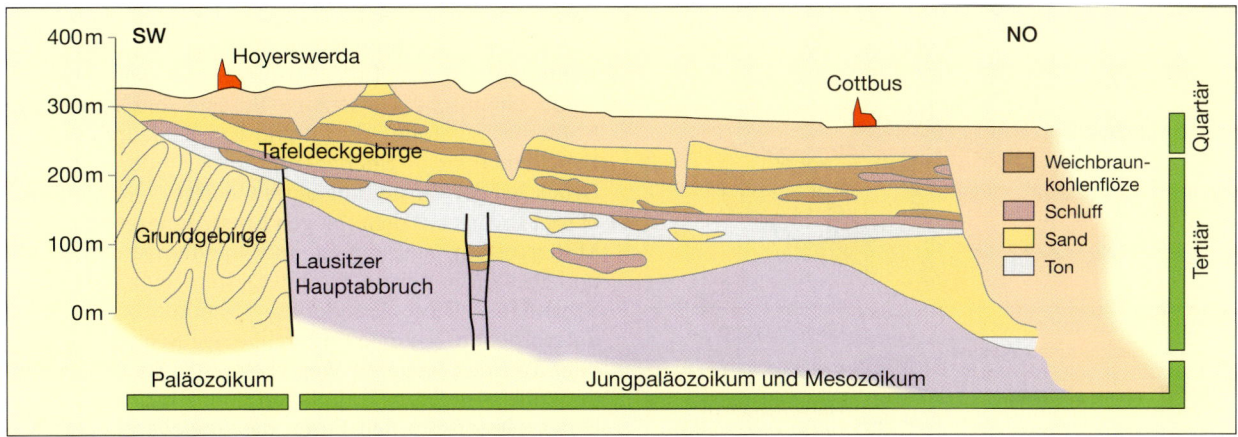

73.1 Profil durch das Niederlausitzer Braunkohlenrevier

unterschiedliche Verwendungsmöglichkeiten eignen. Am Rand der Gebirge wurden die Kohlenschichten oft in die Faltungsprozesse einbezogen; während des Tertiärs zerbrachen sie im Zuge der Bruchschollenbildung und wurden an Verwerfungen gegeneinander versetzt. Im Gegensatz zu den Flözen im Rheinischen Revier ist die Braunkohle in der Niederlausitz allerdings nur geringfügig von dieser Zerstückelung betroffen. Wegen der gestörten Lagerung, der geringen Flözmächtigkeit und der nach Norden immer tiefer liegenden Flöze ist der Abbau der Steinkohle z. B. im Ruhrgebiet technisch sehr aufwändig und kostenintensiv und damit gegenüber anderen Kohleförderländern, in denen günstigere Lagerungsverhältnisse herrschen, nicht konkurrenzfähig.

Inkohlungsreihe Steinkohle	Flüchtige Bestandteile in %	Kohlenstoffanteil in %	Heizwert in MJ/kg
Flammkohle	45–40	75–82	30
Gasflammkohle	40–35	82–85	31
Gaskohle	35–28	85–87	32
Fettkohle	28–19	87–89	32
Esskohle	19–14	89–90	32
Magerkohle	14–10	90–91,5	34
Anthrazitkohle	10– 6	über 91,5	36

73.3 Inkohlungsreihe

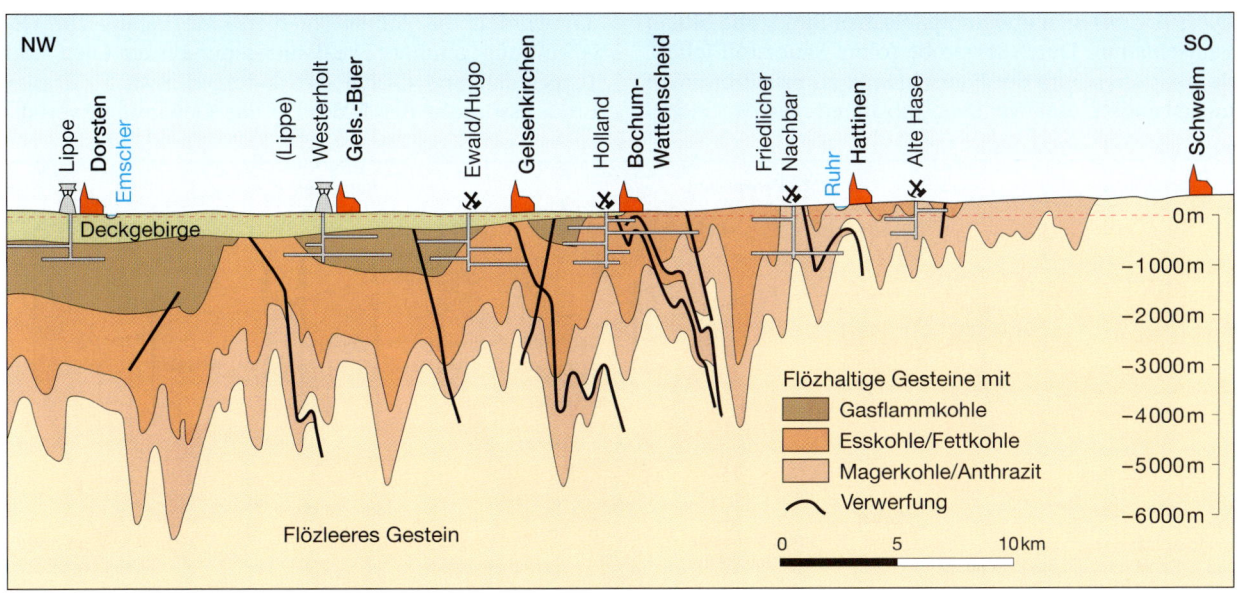

73.2 Querschnitt durch das Kohlengebirge im Ruhrgebiet

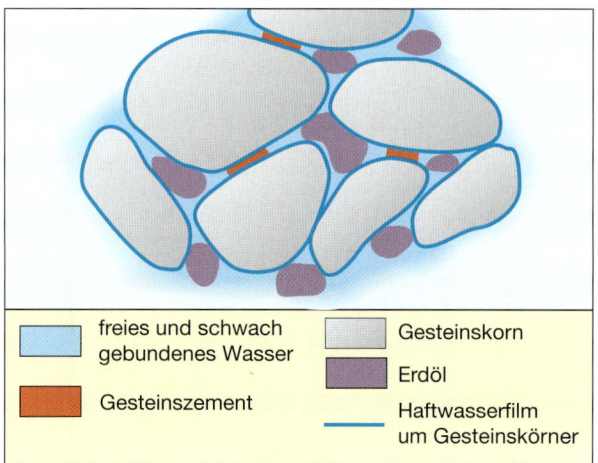

freies und schwach gebundenes Wasser	Gesteinskorn
Gesteinszement	Erdöl
	Haftwasserfilm um Gesteinskörner

74.1 Feinstruktur eines Speichergesteins

5.4 Bildung von Erdöl- und Erdgaslagerstätten

Obwohl die Entstehung von Erdöl und Erdgas bis heute nicht in allen Einzelheiten geklärt ist, kann folgende Entwicklungskette als gesichert angesehen werden: Das Plankton, organische Substanz in der oberen Wasserschicht der Meere, bildet das Ausgangsmaterial. Ein Teil des abgestorbenen Planktons sinkt auf den Meeresboden und wird dort, vor allem in seichten, schlecht durchlüfteten Meeresbuchten – besonders vor Flussmündungen – rasch von tonigen Sinkstoffen überdeckt. Diese organischen und anorganischen Sinkstoffe bilden Faulschlamm. Durch anaerobe (ohne Sauerstoff lebende) Bakterien wird der Faulschlamm zu Primärbitumen umgewandelt. Bei weiterem Absinken des Meeresbeckens, zunehmender Mächtigkeit der Sedimentschichten und damit verbundenem Anstieg von Druck und Temperatur in der Tiefe entstehen aus dem Bitumen durch chemische Umsetzung flüssige und gasförmige Kohlenwasserstoffe – Erdöl und Erdgas. Durch weitere Druckzunahme – Überlagerungsdruck oder seitlichen Druck bei der Entstehung eines Gebirges – werden Erdöl und Erdgas aus dem tonigen Entstehungsgestein, dem Muttergestein, ausgepresst und wandern durch Klüfte und Spalten in poröse Speichergesteine wie Kalk- oder Sandsteine. Diese Wanderung (Migration) wird dort unterbrochen, wo eine undurchlässige Schicht wie Salz oder Ton den weiteren Weg versperrt: Das Öl „sitzt in der Falle". In diesen Erdölfallen sammeln sich die Kohlenwasserstoffe in den Poren des Speichergesteins wie das Wasser in den Poren eines Schwammes (Abb. 74.1). Wegen der geringeren Dichte sammeln sich Erdöl und Erdgas über dem Grundwasser in den höchsten Bereichen dieser Strukturen.

Man unterscheidet drei Haupttypen von Erdölfallen: Antiklinale, Verwerfung, Salzstock (Abb. 74.2). Die Lagerstätten im Bereich des Kontinentalschelfs (Offshorebereich) gehören genetisch auch zu diesen Haupttypen.

Riesige Ölvorräte finden sich in Teersanden und Ölschiefern, vor allem in Nord- und Südamerika und in Australien. Ölschiefer sind feinkörnige Sedimentgesteine mit einem hohen Anteil an Kohlenwasserstoffen. Aus einer Tonne Gestein können durch Erhitzung bis zu 700 Liter Öl gewonnen werden. Teersande bestehen aus sandigen Ablagerungen, die mit asphaltigen organischen Substanzen durchtränkt sind. In Alberta (Kanada) werden die Athabaska-Teersande bereits zur Ölgewinnung genutzt. Die Weltressourcen an Ölen und Teersanden und Ölschiefern betragen etwa 50 % aller Erdölressourcen der Erde. Da das Gewinnungsverfah-

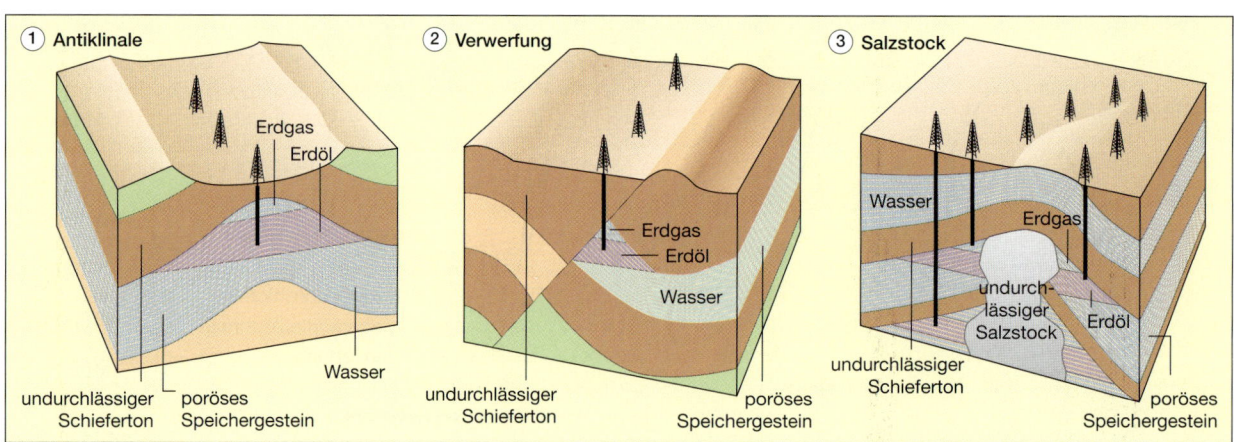

74.2 Erdölfallen

DIE BILDUNG VON LAGERSTÄTTEN

ren sehr teuer ist, lohnt sich der Abbau aber nur bei einem hohen Rohölpreis auf dem Weltmarkt.
Um die Ölausbeute aus den bekannten Öl- und Gasfeldern zu erhöhen, werden heute durch so genannte Injektionsbohrungen Wasser, Dampf oder CO_2 in die Lagerstätten gepresst, um die Kohlenwasserstoffe stärker zu mobilisieren. Durch neue Explorations- und Gewinnungstechniken werden immer wieder neue Lagerstätten entdeckt und ausgebeutet, sodass die Statistiken bezüglich der Verfügbarkeit von Öl und Gas keine große Aussagekraft besitzen.
Die bestätigten Welterdöl- und Erdgasreserven steigen trotz zunehmender Fördermengen ständig an. Sie betragen derzeit (Jahr 2000) bei Erdöl über 139 Mrd. t, bei Erdgas etwa 140 Mrd. m^3.

Alle deutschen Fördergebiete liegen im norddeutschen Raum. Aufgrund der geringen Inlandförderung besteht bei der Rohölversorgung Deutschlands eine starke Importabhängigkeit, die während der Ölkrisen in den 70er Jahren zu Lieferengpässen führte. Die Ölwirtschaft verfolgt seither das Ziel einer größeren Rohstoffsicherheit. Der Verbrauch von Erdgas nimmt in Deutschland ständig zu. Der inländische Förderanteil am Gesamtverbrauch von 96,4 Mrd. m^3 (1996) beträgt 20 %. Im Sektor Wohnungsheizung liegen die größten Zuwächse. 70 % der Neubauten sind mit einer Gasheizung ausgestattet. Seit 1996 ist Erdgas vor Erdöl die wichtigste Heizenergiequelle, da es als umweltfreundlichster fossiler Energieträger gilt.

A1 Suchen Sie im Atlas einige große Kohlenvorkommen sowie Erdöl- und Erdgaslagerstätten. Beschreiben Sie ihre Lage und versuchen Sie, einen Zusammenhang zwischen Lagerstätte und Oberflächenformen/Tektonik herzustellen.

A2 Nennen Sie Ähnlichkeiten/Unterschiede bei der Entstehung von Erdöl-/Erdgaslagerstätten und Kohlenlagerstätten.

A3 Beschreiben Sie die Lagerungsverhältnisse der Steinkohle im Ruhrgebiet und nennen Sie daraus entstehende Probleme für den Bergbau (Abb. 73.2).

A4 Begründen Sie, warum die Braunkohlenflöze im Rheinischen Revier und in der Niederlausitz oberflächennah liegen und nicht gefaltet sind (Atlas).

A5 Suchen Sie im Internet nach weiteren Informationen über Gashydrate, z. B. unter www.geomar.de oder www.gashydrate.de.
Diskutieren Sie Chancen und Risiken dieser potenziellen zukünftigen Energiequelle.

„Brennendes Eis" nannte man die Methanhydratbrocken, bei deren Zersetzung das frei werdende, angezündete Methangas brannte und das frei werdende Wasser abtropfte. Gashydrate sind feste, eisartige Verbindungen von Gasen (v. a. Methan) und Wasser. Natürliche Vorkommen wurden erst in den 80er Jahren des 20. Jahrhunderts nachgewiesen; inzwischen sind über 80 Hydratregionen bekannt. Gashydrate bilden sich nur bei geringen Temperaturen und hohem Druck, z. B. am Meeresboden, in Meeressedimenten oder in den mächtigen Permafrostböden der Polarzone. Die größten Methankonzentrationen finden sich im Bereich der Kontinentalränder, wo aufgrund der hohen Planktonproduktion und hoher Sedimentationsraten am steilen Kontinentalhang große Mengen organischen Materials zur Gasbildung in den Ablagerungen vorhanden sind.
Das derzeit am Besten erforschte Hydratvorkommen liegt vor der Küste Oregons. Dort bildete sich im Subduktionsbereich der Juan-de-Fuca Platte unter dem nordamerikanischen Kontinent ein untermeerisches Gebirge von der Größe des Harzes, das den Namen Hydratrücken erhielt. Auf einem Gipfel dieses Rückens bildet sich Methanhydrat aus aufsteigendem Gas direkt am Meeresboden. Die gewonnenen Hydratproben zeigen die meist schlierige Verzahnung des weißen Hydrats mit dem Meeresbodensediment, aber auch reine Hydratlagen von mehreren Dezimetern Dicke.
Schätzungen über die Mengen Kohlenstoff, die in Gashydraten gebunden sind, gehen von etwa 10 000 Gigatonnen aus. Ein gewaltiges Energiepotenzial mit einer wesentlich höheren Kohlenstoffmenge als in allen bekannten fossilen Lagerstätten zusammen. Aber: wenn die Druck- und Temperaturbedingungen, die zur Entstehung notwendig sind, sich ändern, z. B. bei der Förderung, zersetzt sich das Hydrat schnell. Außerdem würde eine verstärkte Freisetzung von Methan den Treibhauseffekt verstärken.

75.1 Methanhydrat – Energiequelle der Zukunft?

GEO-EXKURS

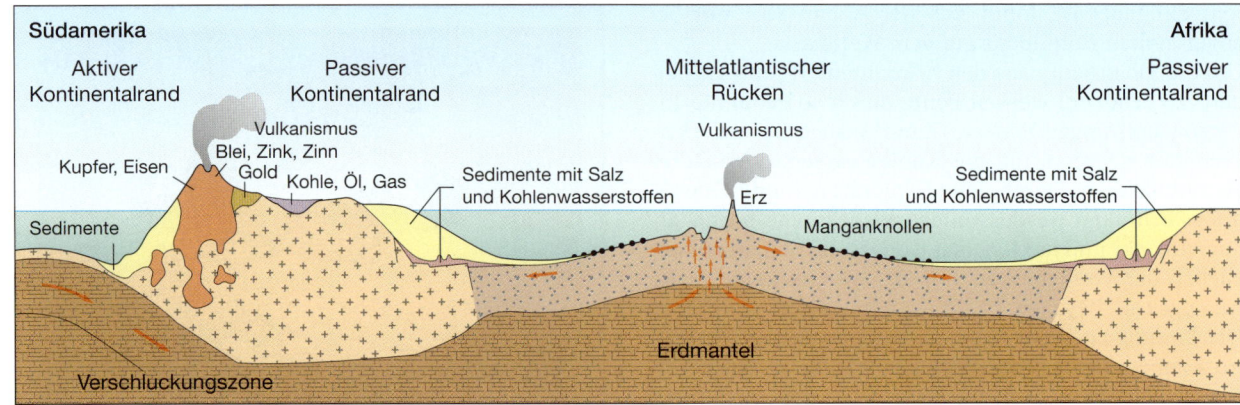

76.1 Plattentektonik und Lagerstättenverbreitung

Verteilung von Lagerstätten

Die Lagerstätten der mineralischen und organischen Rohstoffe sind auf der Erde sehr ungleichmäßig, aber nicht unregelmäßig verteilt. Die „Verteilungsregeln" ergeben sich aus den geologischen Prozessen und Strukturen, welche für die Bildung der Lagerstätten jeweils notwendig sind. Hinzu kommen klimatische Voraussetzungen, der Faktor Zeit sowie die fortschreitende Evolution der Lebewesen: Erst die Entwicklung von Landpflanzen mit ausreichend hoher Biomasseproduktion ermöglichte z. B. die Bildung der Kohlelagerstätten.

Die ältesten primären Erzlagerstätten stammen aus der Erdurzeit, als die sich allmählich verfestigende Erdkruste noch häufig von granitischen Intrusionen durchsetzt wurde. Dabei bildeten sich zahlreiche primäre Lagerstätten. Durch die lang andauernde Erosion sind auch tief liegende Stockwerke dieser Plutone freigelegt worden. Die heute meist im Kontinentinnern gelegenen Kratone besitzen daher ein sehr reichhaltiges Lagerstättensortiment mit z.T. auch seltenen Erzen (z. B. Sudbury in Kanada, Bushveld in Südafrika).

An die Ränder dieser tektonisch stabilen „Alten Schilde" wurden im Laufe der Erdgeschichte immer wieder Gebirge angeschweißt. Aus den dabei entlang der Subduktionszone in die Tiefe geführten Gesteinen bildeten sich – je nach Druck- und Temperaturverhältnissen – Magmen unterschiedlicher Zusammensetzung. Ihre Intrusionen führten zu einer zonalen Anordnung von Gürteln oder Provinzen mit charakteristischen Mineralkombinationen parallel zum aktiven Kontinentalrand (Abb. 76.2).

Sekundäre Lagerstätten erfordern geeignete Sedimentationsbedingungen und -räume. Im Innern der Kontinente sind dies meist durch Bruchtektonik entstandene Becken und Gräben oder durch Epirogenese gebildete Senken (z. B. die Randsenken von Gebirgen). Die reichsten Konzentrationen

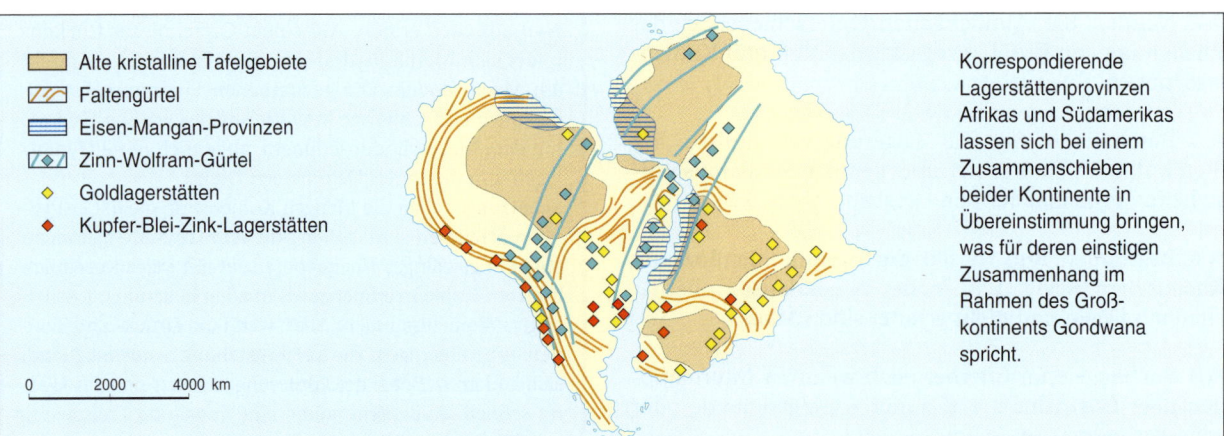

76.2 Plattentektonik erleichtert Lagerstättensuche

GEO-EXKURS

Im Bereich der mittelozeanischen Rücken dringt laufend Meerwasser mehrere Kilometer tief in die zerklüftete poröse Basaltkruste ein und wird in der Umgebung von Magmakammern aufgeheizt. Es entstehen hydrothermale Lösungen mit saurem, aggressivem Charakter, die das Gestein stark korrodieren und mit großer Geschwindigkeit (2–3 m/s) wieder am Meeresboden austreten. Beim Kontakt mit dem kalten Wasser werden die gelösten Stoffe ausgefällt. An der Austrittsöffnung bilden sich dichte Wolken von dunklen Sulfidkristallen – v. a. Eisen-, Zink- und Kupfersulfide. Sie lagern sich permanent rings um die Öffnung ab. Dadurch wachsen bis zu 10 m hohe Erzschlote in die Höhe, aus deren Öffnung es scheinbar fortwährend qualmt („black smoker"). In nicht subduzierten Ophioloth-Komplexen sind diese Lagerstätten an Land zugänglich, z. B. auf Zypern.

77.1 Untermeerische Lagerstätten – „black smoker"

schwerer, chemisch resistenter Minerale wie Gold, Silber, Wolfram und Zinn liegen dabei nahe des Erosionsgebiets. Leichter lösliche Mineralien wie Kupfer, Blei- und Zinksalze werden weiter transportiert und erst in reduzierenden, an organischer Substanz reichen Gewässern ausgefällt.

Häufig führt eine intrakontinentale Grabenbildung bis zur Entstehung eines Ozeans. Die passiven Kontinentalränder bieten dann ideale Voraussetzungen für die Entstehung von Öl- und Gaslagerstätten sowie – bei geeignetem Klima – von Salzlagern (Abb. 76.1). Meist bricht ein Kontinent entlang von benachbarten „triple points" auseinander. Dabei vereinigen sich zwei aufeinander zu laufende Riftvalleys schließlich zu einer durchgehenden mittelozeanischen Spreizungszone. Der jeweils dritte, in großem Winkel dazu stehende Grabenbruch ist daran nicht beteiligt. Er bildet aber einen sich teilweise weit in den Kontinent hinein erstreckenden, langgezogenen Sedimentationsraum. Bei der Öffnung des Atlantiks entstanden zahlreiche solcher als Aulakogen bezeichneter Strukturen (z. B. das Benue-Aulakogen, Abb. 77.2). Sie enthalten meist umfangreiche Öl- und Gaslager, zahlreiche Seifen sowie Vererzungen entlang der Grabenränder.

Die Bildung von Lagerstätten geht fortwährend weiter. Besonders eindrucksvoll ist dies zu sehen an den „black smokers" im Bereich der mittelozeanischen Rücken (Abb. 77.1). Durch Ausfällungen aus gesättigten hydrothermalen Lösungen bilden sich in Senken dort auch umfangreiche Erzschlämme. Das in den Lösungen ebenfalls enthaltene Mangan wird weiter transportiert und kann sich zusammen mit Fe, Ni, Co und Cu um Konzentrationskerne schalenförmig anlagern. Die so entstehenden kartoffelgroßen Manganknollen liegen in Bereichen mit geringer Sedimentation frei auf dem Tiefseeboden.

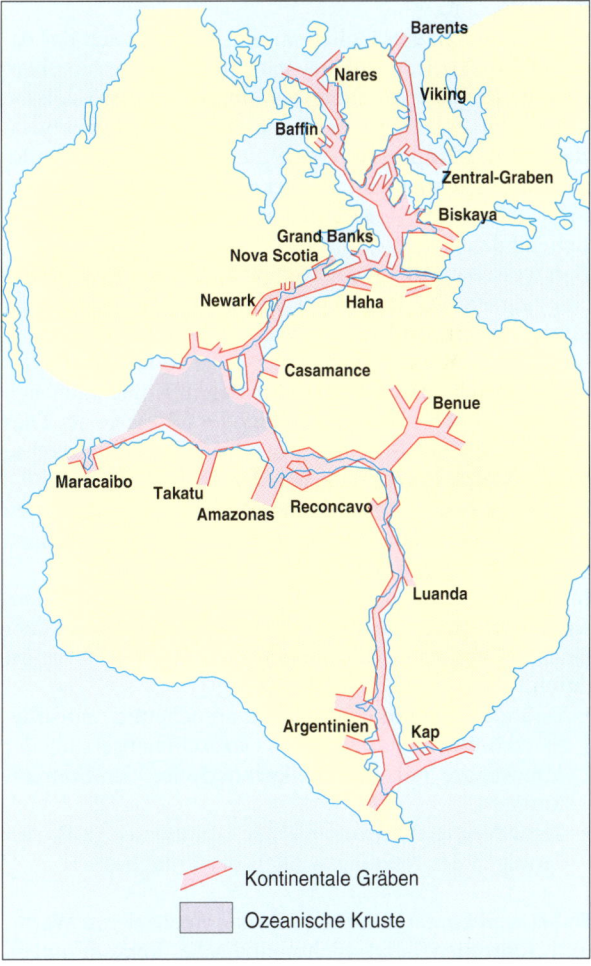

77.2 Grabenbildungen beim Zerfall von Pangäa

6 Die Dynamik der Atmosphäre

6.1 „Akteure" im Wetter- und Klimageschehen

Seit Jahrtausenden sind Wetter und Wetterforschung ein unerschöpfliches Thema. Schon vor 6000 Jahren wurden Wettervorhersagen in babylonischer Keilschrift auf ein Tontäfelchen geschrieben: „Wenn ein Sonnenring die Sonne umgibt, wird Regen fallen. Wenn eine Wolke am Himmel dunkelt, wird Wind blasen". Das Wort Wetter leitet sich von dem indoeuropäischen Wort „vetor" = Wind ab.

Wetter findet hauptsächlich im untersten Bereich der Atmosphäre, der Troposphäre, statt. In dieser Wettersphäre (griech.: tropos = Wendung) verändern (wenden) sich die Klimaelemente (Abb. 79.2) ständig. Den Augenblickszustand der Troposphäre bzw. deren kurzfristige Änderungen bezeichnet man als Wetter. Aussagen wie: „heute ist es sehr warm", „gestern hat es geschneit" beziehen sich auf das Wetter.

Den typischen Ablauf des Wetters an einem Ort während eines längeren Zeitraums bezeichnet man als Klima. Aussagen wie: „In Andalusien ist es im Sommer sehr heiß" oder „In Großbritannien regnet es im Sommer häufig" beziehen sich auf das Klima. Der Begriff Klima leitet sich von dem griechischen Wort „klino" = ich neige ab. Dies unterstreicht die Bedeutung der Neigung der Erdachse zur Ekliptik = Erdbahnebene (Abb. 78.1).

Die Wetter- und Klimaelemente werden von zahlreichen Faktoren bestimmt, die untereinander in vielfältigen Wechselwirkungen stehen (Abb. 79.1,3).

Im Gegensatz zu den kurzfristigen Wetteränderungen an einem Ort ändert sich das Klima eines Ortes nur über längere Zeiträume. Klimaänderungen werden ausgelöst durch:

- Veränderungen in der Atmosphärenchemie und -physik (z.B. Veränderungen der Gaszusammensetzung der Atmosphäre oder des Reflexionsgrades der Sonnenstrahlen).
- Veränderungen astronomischer Grunddaten (z.B. Änderungen des Neigungswinkels der Erdachse).

Dabei werden periodische (z.B. der Wechsel von Warm- und Kaltzeiten) und nichtperiodische Veränderungen (z.B. derzeitiger Temperaturanstieg in einem kurzen Zeitraum) unterschieden.

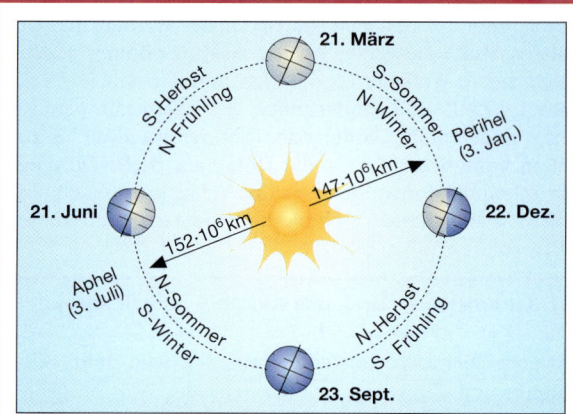

- Die Sonne ist der einzige Energiespender für das Leben auf der Erde.
- Die Erde wandert im Laufe eines Jahres auf einer fast kreisförmigen Bahn in ca. 150 Mio. km Entfernung um die Sonne (Revolution der Erde). Eine Entfernungsveränderung von 10 Mio. km mehr würde zur vollständigen Vereisung des Planeten bzw. von 10 Mio. km weniger zur vollständigen Verdampfung des Wassers auf der Erde führen.
- Die Erdachse steht nicht senkrecht zur Erdbahnebene (= Ekliptik), sondern ist um 23,5° geneigt. Sie behält bei der Revolution diese Neigung bei gleichbleibender Richtung im Weltraum bei. Dadurch werden die Nord- bzw. die Südhalbkugel im Jahresverlauf im Wechsel stärker bzw. schwächer beschienen. Als Folge entstehen die Jahreszeiten.
- Die Erde dreht sich innerhalb von 24 Stunden einmal von West nach Ost um ihre Achse. Dadurch entstehen Tag und Nacht. Die Rotationsgeschwindigkeit beträgt am Äquator 1670 km/h.
- Die Atmosphäre (griech.: atmos = Dampf, sphaira = Kugel), ein Gasgemisch, hüllt die Erde ein und schützt sie wie eine Decke vor zu großer Erwärmung und Abkühlung. Sie bewahrt aber auch das Leben auf der Erde vor der energiereichen Ultraviolett- und Röntgenstrahlung der Sonne, während die Licht- und Wärmestrahlung der Sonne (sichtbares und infrarotes Licht) fast ungehindert bis zur Erdoberfläche vordringen können.

78.1 Die Erde im Weltraum

DIE DYNAMIK DER ATMOSPHÄRE

79.1 Cumulus (Schönwetterwolken)

79.4 Nimbostratus (Regenwolken)

Klimaelemente	Maßeinheiten		Messgeräte	Klimafaktoren
Temperatur	°C / °F	Grad Celsius/ Fahrenheit	Thermometer	Meeresnähe
Luftdruck	hPa	Hektopascal	Barometer	Höhenlage
Luftfeuchte	%	relative Feuchte	Hygrometer	Geländeneigung
Windstärke Windrichtung	m/s	Meter pro Sekunde Grad	Anemometer Windfahne	Exposition
Strahlung	W/m^2	Watt pro m^2	Radiometer	Art der Bodenbedeckung
Bewölkung	1/1, ¾, ½, ¼, 0		Schätzung durch Meteorologen	u. a.

79.2 Klimaelemente und Klimafaktoren

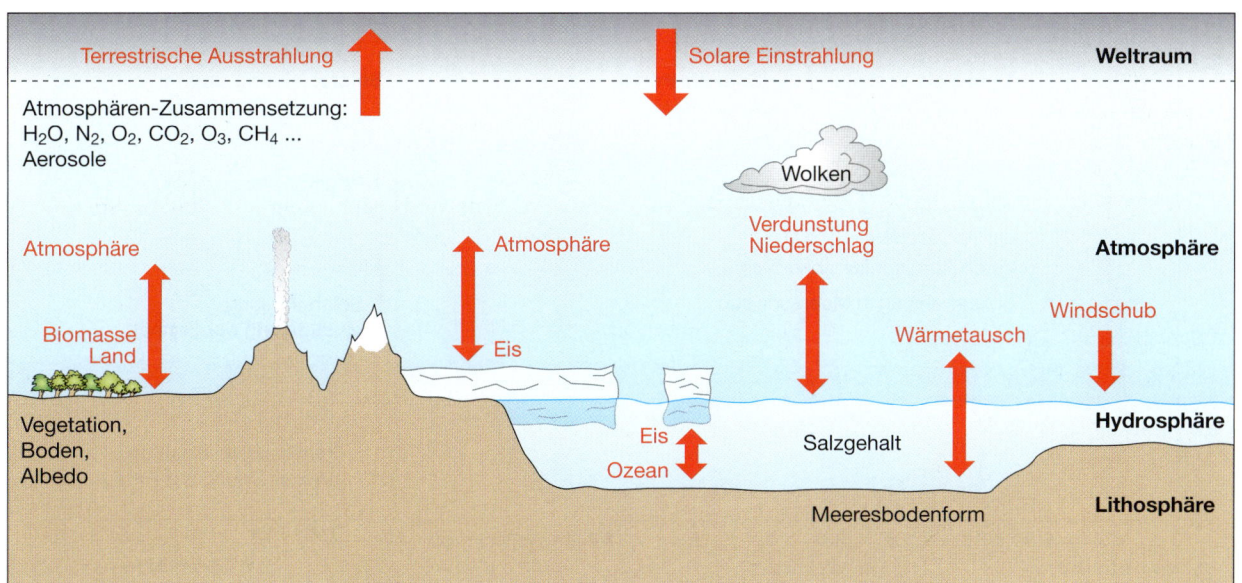

79.3 Wichtigste Faktoren und Wechselwirkungsprozesse des irdischen Klimasystems

DIE DYNAMIK DER ATMOSPHÄRE

6.2 Vom Strahlungs- und Wärmehaushalt zur Lufttemperatur

„Jeder Körper mit Temperatur strahlt". Hinter dieser so einfach und doch so merkwürdig klingenden Feststellung verbirgt sich eine grundlegende physikalische Tatsache: Jeder Körper, egal ob fest, flüssig oder gasförmig, dessen Temperatur oberhalb des absoluten Nullpunkts liegt (Null Kelvin bzw. −273 °C) gibt elektromagnetische Strahlung – und damit Energie – ab. Da diese Art des Energietransfers im Gegensatz zu Wärmeleitung oder Konvektion nicht an Materie gebunden ist, kann sie z. B. selbst den gasleeren Weltraum zwischen Sonne und Erde überwinden.

Das abgestrahlte Wellenlängenspektrum und die Intensität der Strahlung werden ausschließlich von der Temperatur der Strahlungsquelle bestimmt: Je höher deren Temperatur ist, desto kurzwelliger und desto energiereicher ist die abgegebene (emittierte) Strahlung. Diese kann von anderen Körpern entweder aufgenommen (absorbiert) oder zurückgeworfen (reflektiert) werden oder diese ungehindert durchdringen (Transmission). Welche Wellenlängen und mit welcher Intensität ein Körper absorbiert, wird durch dessen atomare bzw. molekulare Zusammensetzung bestimmt. Durch die Absorption erhöht sich der Energiegehalt des Körpers. Er wird damit wärmer und strahlt daher nun in einem etwas kürzeren Wellenlängenbereich und mit etwas höherer Intensität. Im Extremfall absorbiert ein Körper die einfallende Strahlung vollständig; zugleich strahlt er aber auch Energie ab, weil er Temperatur hat („schwarzer Strahler").

Langfristig gesehen befindet sich ein Körper dann im Strahlungsgleichgewicht, wenn die aufgenommene Energiemenge genau der abgestrahlten entspricht.

80.1 Strahlungsgesetze

Seit Milliarden von Jahren schickt die Sonne einen gewaltigen Strom von Energie ins All. Sie ist damit zur wichtigsten Energiequelle für das Leben auf der Erde und für das Wettergeschehen in deren Atmosphäre geworden. Die solare Ausstrahlung hat wegen der hohen Oberflächentemperatur der Sonne von 5700 °C ihre maximale Intensität im kurzwelligen Bereich. Sie erzeugt damit an der Außenseite der Erdatmosphäre, wo die Sonnenstrahlen aufgrund der großen Entfernung zur Energiequelle praktisch parallel ankommen, auf einer senkrecht zur Einfallsrichtung gestellten Fläche einen als Solarkonstante bezeichneten Strahlungsenergiefluss von 1360 W/m² (Watt pro m²).

Aber auch die Erde und die Atmosphäre sind „Körper mit Temperatur", auch sie strahlen daher. Beide geben wegen ihrer im Vergleich zur Sonne weit geringeren Temperaturen jedoch nur langwellige Strahlung im Infrarotbereich ab (Abb. 80.1, 80.2).

Die vielfältigen Energieflüsse an den Grenzflächen und innerhalb des Systems Weltall-Atmosphäre-Erde werden im so genannten Strahlungs- und Wärmehaushalt zusammenfassend dargestellt (Abb. 81.1).

Daraus ergibt sich von grundlegender Bedeutung, dass
- die Erde und die Atmosphäre durch ihre langwellige Ausstrahlung ständig Energie verlieren,
- der zur Erde gerichtete Teil der atmosphärischen Strahlung (die Gegenstrahlung) die ausstrahlungsbe-

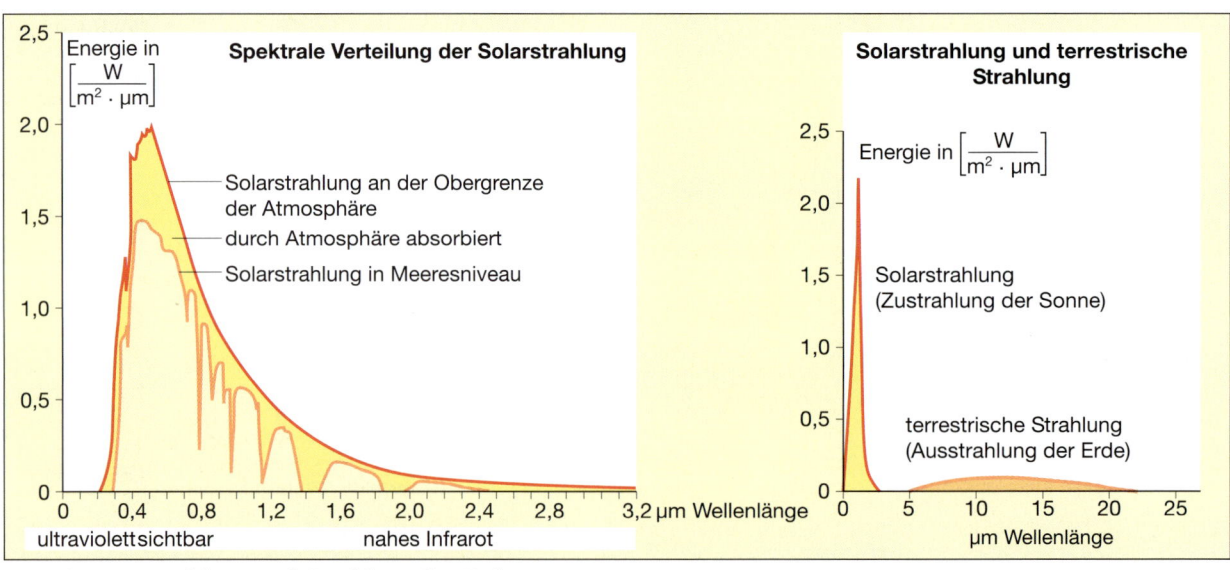

80.2 Sonnenstrahlung und Strahlung der Erde

dingte Abkühlung der Erde weitgehend kompensiert und dadurch den natürlichen Treibhauseffekt erzeugt,
- die von Erde und Atmosphäre zusammen in den Weltraum abgestrahlte Energiemenge genau ihrer Strahlungseinnahme durch die Sonne entspricht, die Strahlungsbilanz des Systems damit ausgeglichen ist,
- die Atmosphäre durch die Absorption der kurzwelligen Sonnenstrahlung kaum erwärmt wird,
- nur etwa die Hälfte der solaren Zustrahlung auf direktem oder indirektem Weg überhaupt an der Erdoberfläche ankommt und diese erwärmt (Globalstrahlung),
- die durch die Sonne erwärmte Erdoberfläche die Lufthülle darüber ständig von unten her anheizt wie eine Kochplatte den darauf gestellten Wassertopf,
- diese Aufheizung von unten nicht durch Strahlung, sondern nur über andere Energieströme erfolgt,
- diese Ströme der Atmosphäre Energie zuführen in Form von erwärmter Luft (fühlbare Wärme) und in Form der durch Verdunstung in Wasserdampf gespeicherten Energie (latente Wärme). Der Transport latenter und fühlbarer Wärme erfolgt jedoch nicht nur in vertikaler Richtung. Er erfolgt auch in horizontaler Richtung und kann damit die Strahlungsbilanzüberschüsse oder -defizite einzelner Orte oder Regionen der Erdoberfläche ausgleichen.

Der Wärmehaushalt eines bestimmten Ortes – und damit auch seine Lufttemperatur – ergibt sich also letztlich aus dem Zusammenwirken von lokalen Strahlungsumsätzen („solares oder Strahlungsklima") sowie der Zufuhr von fühlbarer und latenter Wärme durch Luftmassen aus der näheren oder weiteren Umgebung.

Die Atmosphäre verhält sich gegenüber der von der Sonne bzw. von der Erde ausgehenden Strahlung wie die Glashülle eines Treibhauses: Sie lässt die kurzwellige solare Strahlung großteils passieren, absorbiert jedoch die langwellige terrestrische Strahlung weitgehend. Dadurch erhitzt sie sich wie die Luft im Treibhaus. Ohne diesen „Treibhauseffekt" wäre die Erde nicht der an Ozeanen, Seen und Flüssen reiche „blaue Planet", sondern eine lebensfeindliche Eiswüste. Die globale Mitteltemperatur würde nicht +15 °C, sondern –18 °C betragen. Diese durch den natürlichen Treibhauseffekt bedingte Temperaturerhöhung ist zu etwa 2/3 auf den Wasserdampf der Atmosphäre zurückzuführen. Den Rest erbringen v. a. CO_2 und in geringerem Umfang die Spurengase und Aerosole. Deren „Treibhausrelevanz" ist allerdings, bezogen auf den Effekt eines CO_2-Moleküls, um ein Vielfaches höher.

81.2 Der natürliche Treibhauseffekt

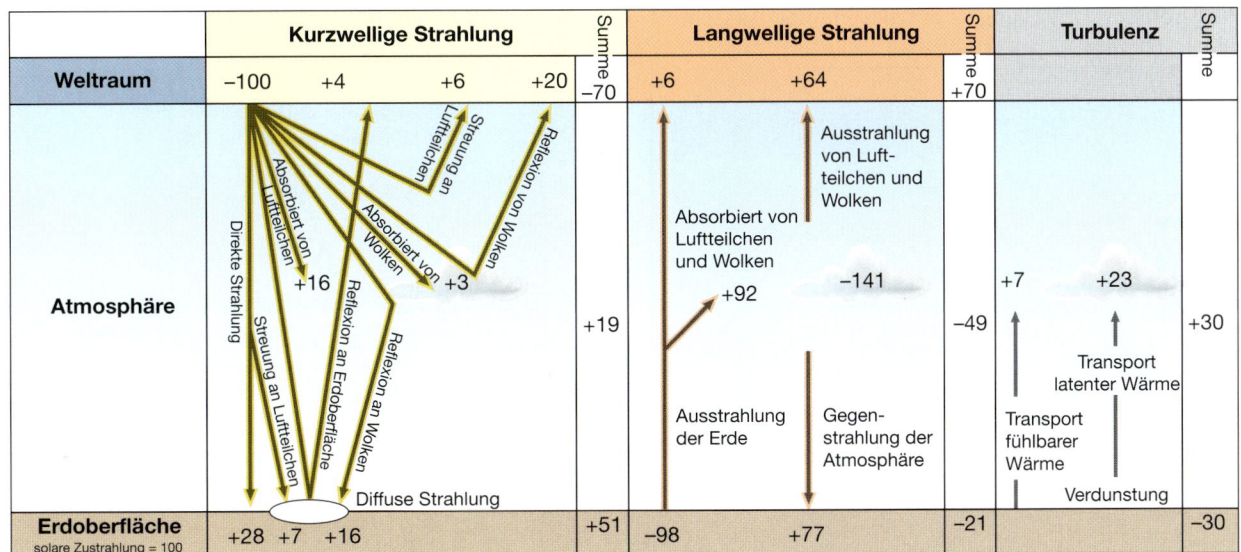

81.1 Strahlungs- und Wärmebilanz des Systems Erde-Atmosphäre-Weltraum

DIE DYNAMIK DER ATMOSPHÄRE

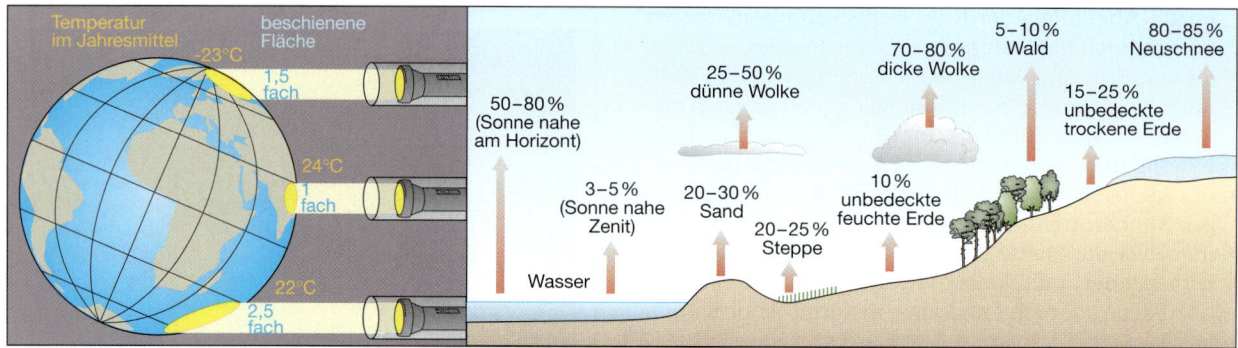

82.1 Strahlungsverhältnisse am 21. Juni und Albedo-Werte

Im solaren Klima wird die Temperatur der Erdoberfläche ausschließlich durch das Verhältnis von ausstrahlungsbedingtem Energieverlust zu einstrahlungsbedingtem Energiegewinn bestimmt. Ohne Zufuhr von Sonnenenergie kühlt daher die Erdoberfläche und damit auch die Luft darüber nachts rasch ab. In wolkenlosen „reinen Strahlungsnächten" ist die Abkühlung besonders stark, bei Bewölkung wegen der Gegenstrahlung dagegen deutlich geringer. Mit einsetzendem Tageslicht beginnt morgens die Erwärmung der Erdoberfläche und damit langsam auch die Aufheizung der darüber liegenden Luftschichten. Die Lufttemperatur steigt dabei etwas verzögert an, da die Nettostrahlung noch bis etwa eine Stunde nach Sonnenaufgang negativ bleibt. Die höchsten Lufttemperaturen werden daher tagsüber erst nach dem mittäglichen Sonnenhöchststand erreicht. Mit abnehmender Sonneneinstrahlung setzt gegen Abend dann wieder Abkühlung ein, wobei die niedrigsten Boden- und Lufttemperaturen am frühen Morgen erreicht werden.

In welchem Umfang sich bei den gegebenen Ein- und Ausstrahlungsbedingungen ein bestimmter Ausschnitt der Erdoberfläche erwärmen kann, hängt aber nicht nur von der Intensität und der Dauer der kurzwelligen Zustrahlung ab, sondern auch davon, in welchem Umfang diese jeweils reflektiert wird. Das Verhältnis von reflektierter zu einfallender Strahlung in Prozent der einfallenden Strahlung wird als Albedo bezeichnet. Ihre Größe wird entscheidend von der Farbe der jeweiligen Oberfläche beeinflusst. Dunkle Flächen besitzen gegenüber hellen Flächen eine geringere Albedo, absorbieren daher mehr Energie und erwärmen sich schneller und stärker. Sehr schräg angestrahlte, stark spiegelnde Wasserflächen, v.a. aber Schnee- und Eisflächen (Abb. 82.1) können die darüber liegende Luft dagegen nur wenig und nur sehr langsam erwärmen, denn die geringen absorbierten Energiemengen werden zunächst für Schmelz- und Verdunstungsvorgänge aufgebraucht.

Insgesamt können Seen und Ozeane aber viel Energie aufnehmen und über längere Zeit speichern, da die Sonnenstrahlen tief eindringen, ein großes Volumen erwärmen und die Wärme durch Konvektionsvorgänge eventuell noch in tiefere Wasserschichten eingemischt wird.

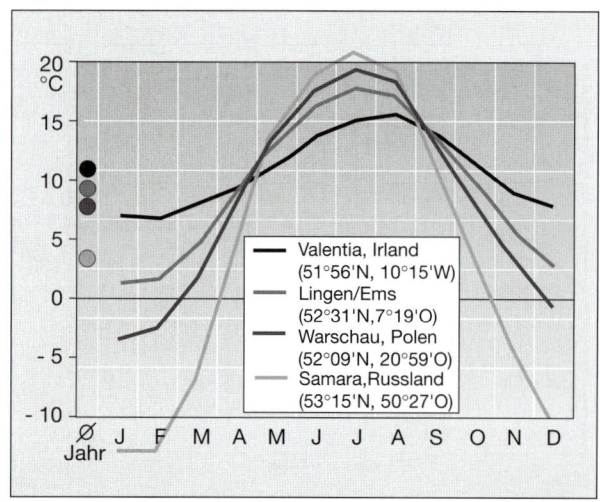

82.2 Jahresgang der Temperatur in den Mittelbreiten

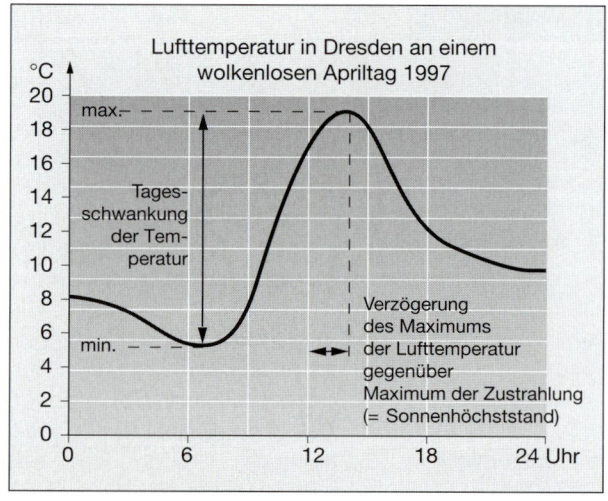

82.3 Tagesgang der Temperatur

Landoberflächen werden dagegen meist rasch, aber nur oberflächlich erwärmt, kühlen daher auch schnell wieder ab. Dieses ganz unterschiedliche Erwärmungs- und Abkühlungsverhalten von Festland und Meer macht sich sowohl im Tages- wie auch im Jahresgang der Lufttemperatur deutlich bemerkbar (Land- bzw. Seeklima, Abb. 82.2, 82.3)

Bei allen kleinräumig oder regional entstehenden Wärmeüberschuss- und Wärmemangelgebieten muss der notwendige Energieausgleich durch den Transport von fühlbarer und latenter Wärme erfolgen. Dies gilt auch für das im globalen Maßstab dauerhaft vorhandene Energieungleichgewicht.

Aufgrund der Kugelgestalt der Erde, ihrer Rotation, der Neigung der Erdachse und der Erdrevolution ändern sich Sonnenhöhe (Einstrahlungswinkel) und Tageslängen beständig (Abb. 78.1, 83.1). Einstrahlungsdichte und -dauer unterliegen daher je nach Breitengrad erheblichen Schwankungen. Die sich im Jahresgang daraus ergebenden Beleuchtungsverhältnisse und Strahlungsbilanzen führen zu einer globalen Einteilung der Erde in fünf breitenkreisparallele, durch die Wende- und Polarkreise mathematisch exakt abgrenzbare Beleuchtungszonen mit ganz unterschiedlichen Strahlungsbilanzen und Wärmehaushalten (Abb. 83.1):

- Die *Tropen*, die flächenmäßig größte Zone, erhalten die größte Energiezufuhr; sie schwankt – da die Sonne im Jahresverlauf zwischen den Wendekreisen zweimal im Zenit steht – zudem nur wenig und erzeugt ganzjährig einen Energieüberschuss.
- Die beiden *Polarzonen* besitzen – trotz hoher Energiegewinne während des halbjährigen Polartags – im Jahresmittel eine negative Strahlungsbilanz;
- Die *mittleren (gemäßigten) Breiten* bilden jeweils die Übergangszone zwischen diesen extremen Zonen. Sie

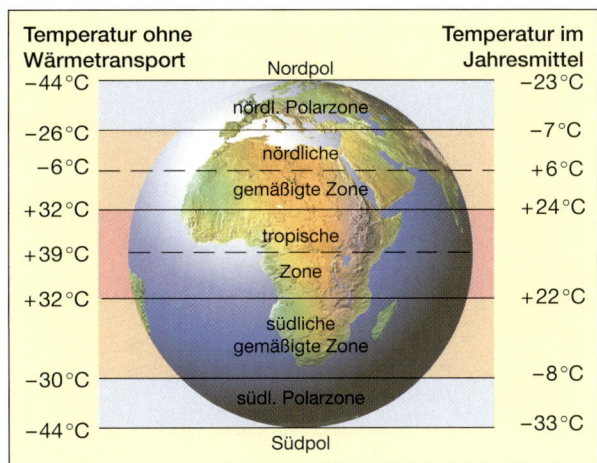

83.2 Strahlungstemperatur und tatsächliche Temperatur

zeigen strahlungsklimatisch und thermisch deutlich unterscheidbare Jahreszeiten und werden in niedere (Subtropen) und hohe Mittelbreiten untergliedert. Die Subtropen besitzen im Sommer noch hohe Sonnenstände und relativ lange Nächte, im Winter dagegen relativ lange, lichte Tage mit immer noch wärmender Sonne. Die zwischen 45° und den Polarkreisen gelegenen hohen Mittelbreiten haben im Sommer dagegen lange Tage mit hohem Sonnen- und im Winter kurze Tage mit tiefem Sonnenstand.

Ohne Wärmeenergietransporte würden die Polarzonen dauernd kälter, die Tropen immer wärmer werden. Die mittleren Breiten sind damit die Zone, in der der notwendige Energieaustausch zwischen Tropen und Polarzonen durch Luftmassen- und Meeresströmungen stattfinden muss.

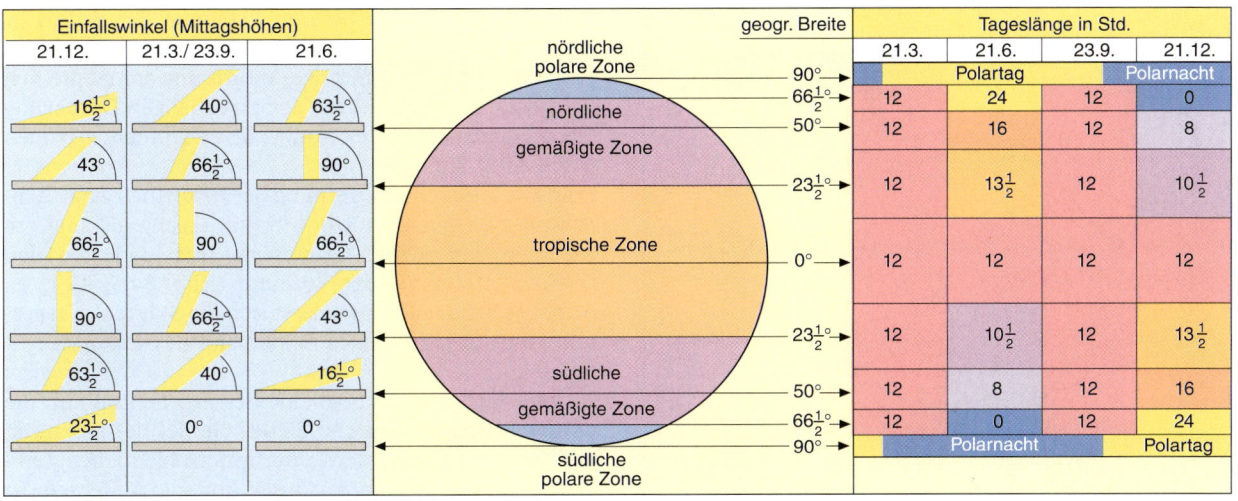

83.1 Temperaturzonen der Erde

DIE DYNAMIK DER ATMOSPHÄRE

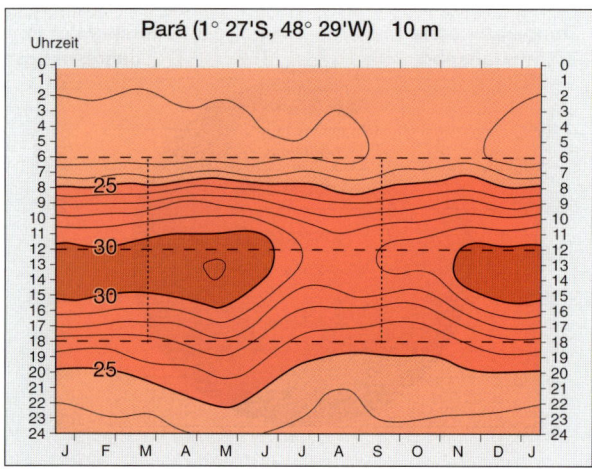

84.1 Pará

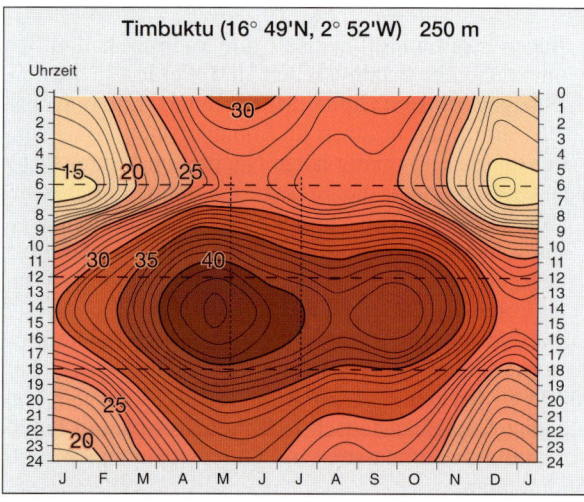

84.2 Timbuktu

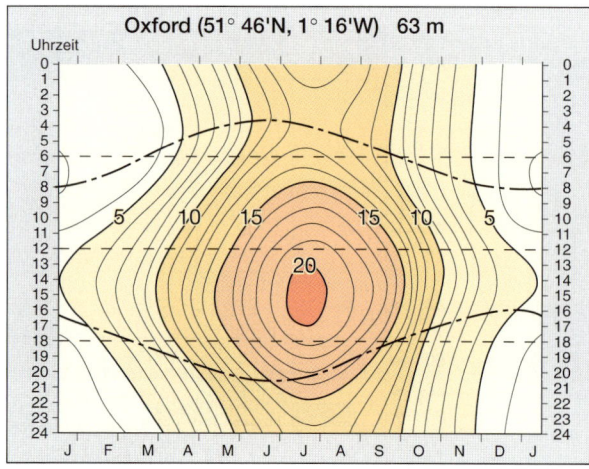

84.3 Oxford

Thermoisoplethendiagramme:
Synoptische Darstellung der Lufttemperatur

In einem Thermoisoplethendiagramm ist sowohl der Tagesgang als auch der Jahresgang der Temperatur für einen Ort ablesbar. Diese Diagrammart wurde 1943 von C. TROLL entwickelt und eignet sich besonders gut zur Veranschaulichung von Tages- und Jahreszeitenklimaten.

Auf der x-Achse sind die Monate eines Jahres, auf der y-Achse die Stunden eines Tages eingetragen. Die Punkte gleicher Temperatur sind durch Isolinien (Isoplethen) verbunden. Datengrundlage sind die mittleren Stundentemperaturen des gesamten Tages. Sie werden für alle Tage des Monats im gesamten Jahresverlauf eingetragen. Die Übersichtlichkeit der Darstellung wird durch eine farbige Intervallabstufung erhöht.

Bei Lage der Station in den Außertropen geben die Strich-Punkt-Linien den jeweiligen Auf- und Untergang der Sonne, bei Lage der Station in den Polarzonen die Länge von Polartag und Polarnacht an. Bei einer Station mit Lage zwischen den Wendekreisen geben die gepunkteten senkrechten Linien den Zenitstand der Sonne an. Die waagerecht gestrichelten Linien bei 6, 12 und 18 Uhr sind zur Unterstützung des Ablesens der Tageseinteilung eingetragen.

Verlaufen die Isolinien weitgehend parallel zur Monatsachse, sind die jahreszeitlichen Unterschiede der Temperaturen sehr gering (Abb. 84.1). Viel stärker sind die Temperaturunterschiede im Tagesverlauf. Man spricht deshalb von einem Tageszeitenklima. Dieses tritt in den tropischen Gebieten der Erde auf.

Bei annähernd parallelem Verlauf der Isoplethen zur Tageszeitenachse ist die Tagesamplitude der Temperatur gering, dafür die Jahresamplitude sehr groß (Abb. 85.3). Hierbei handelt es sich um ein thermisches Jahreszeitenklima, das in den polaren Regionen der Erde vorliegt.

Eine doppelt ellipsenförmige Anordnung der Isoplethen („liegende Acht") weist auf den zweimaligen Durchgang des Zenitstandes der Sonne in den inneren Tropen (Abb. 84.2) hin.

Eine kreisähnliche Anordnung der Isoplethen zeigt Temperaturunterschiede sowohl im Jahresgang als auch im Tagesgang an. Diese Grundform tritt immer in den gemäßigten Breiten der Erde auf (Abb. 84.3, 85.1, 2). Aus der Dichte der Linien lässt sich die Stärke der Tages- und Jahresschwankungen mit einem Blick erkennen.

Weitere Auswertungsmöglichkeiten ergeben sich für die mittleren Breiten hinsichtlich des Grades der Ozeanität und Kontinentalität, der in der unterschiedlichen Temperaturamplitude zum Ausdruck kommt. Außerdem ist die Auswirkung der Höhenlage einer Station ablesbar.

DIE DYNAMIK DER ATMOSPHÄRE

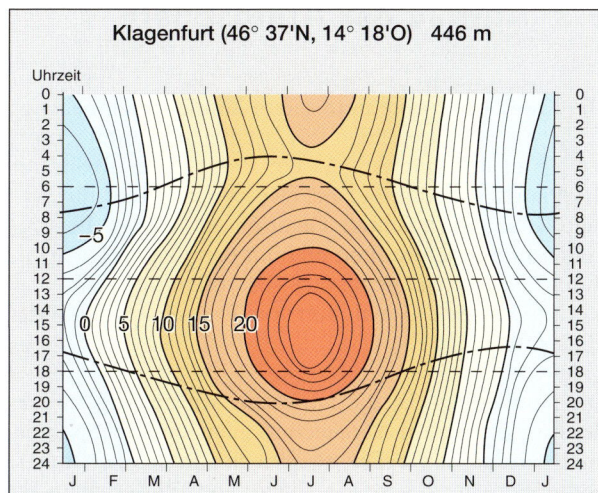

85.1 Klagenfurt

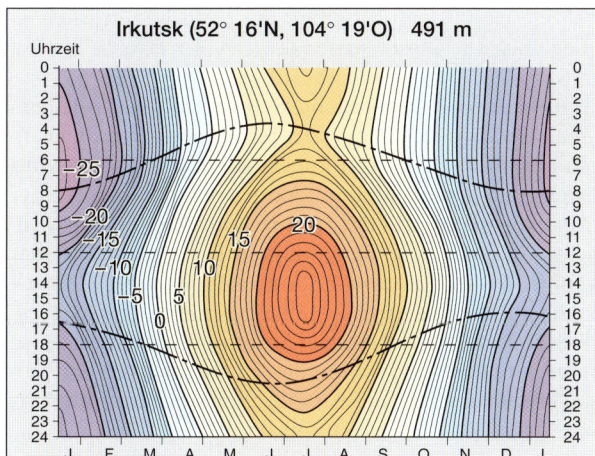

85.2 Irkutsk

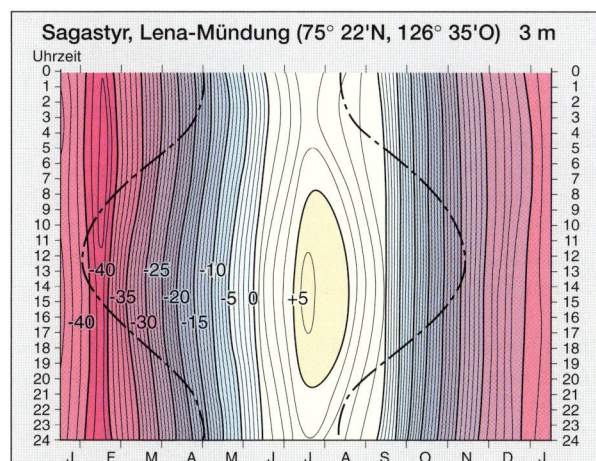

85.3 Sagastyr an der Lena

A1 Beschreiben Sie den Unterschied von „Wetter" und „Klima" anhand alltäglicher Redewendungen.

A2 Nennen Sie Beispiele für Wechselwirkungen zwischen den einzelnen Faktoren des irdischen Klimasystems (Abb. 79.3).

A3 Vergleichen Sie die solare Zustrahlung an der Obergrenze der Atmosphäre mit den entsprechenden Werten im Meeresniveau. Begründen Sie die Unterschiede.

A4 Pflanzen nutzen bei ihrer Fotosynthese v.a. den blauen und roten Bereich des Spektrums; für das menschliche Auge ist der Wellenlängenbereich zwischen 400 und 800 nm sichtbar. Nennen Sie mögliche Gründe für diese im Lauf der Evolution entwickelte selektive Nutzung der solaren Zustrahlung.

A5 Erläutern Sie das Schema des Strahlungs- und Wärmehaushalts (Abb. 81.1).

A6 Wann ist die Ausstrahlung der Erde größer – bei Tage oder in der Nacht? Begründen Sie.

A7 Erklären Sie die Bedeutung der fühlbaren und latenten Wärmeströme. Berücksichtigen Sie dabei, dass 75 % der Erdoberfläche von Wasser bedeckt sind.

A8 Erklären Sie die Entstehung des natürlichen Treibhauseffekts (Abb. 83.1, 2).

A9 Erläutern Sie die Begriffe Albedo, Kontinentalklima, Zenitstand der Sonne, Tropen.

A10 Beschreiben Sie den in Abb. 82.3 dargestellten Tagesgang der Temperatur.

A11 Vergleichen Sie den Temperaturverlauf der in Abb. 82.2 dargestellten Stationen und begründen Sie die Unterschiede.

A12 Charakterisieren Sie die fünf Beleuchtungs- und Temperaturzonen der Erde (Abb. 83.1, Text).

A13 „Im Gegensatz zu den mittleren Breiten ist die Dämmerung in den Tropen sehr kurz." Begründen Sie.

A14 Bestimmen Sie anhand der Thermoisoplethendiagramme 84.1–3 die jeweils größte Tages- und Jahresamplitude. Ordnen Sie die Stationen Tages- bzw. Jahresklimaten zu.

A15 Vergleichen Sie die in Abb. 85.1–3 dargestellten Stationen und begründen Sie die Unterschiede.

DIE DYNAMIK DER ATMOSPHÄRE

6.3 Aufbau der Atmosphäre

Die Erde besitzt eine in unserem Sonnensystem einzigartige Atmosphäre, die in ihrer heutigen Zusammensetzung und in ihrem Aufbau ein Produkt der Evolution des Planeten und seiner Lebewesen ist. Dieses nur wenige Kilometer mächtige Gemisch aus Gasen, Flüssigkeiten und festen Stoffen umhüllt den Planeten wie ein durchsichtiger Schutzmantel. Es rotiert mit ihm und wird durch seine Gravitation vom Entweichen ins Weltall abgehalten.

Die Atmosphäre ist die an Masse ärmste Kugelschale der Erde und hat im Vergleich zu allen anderen Sphären auch die geringste Dichte (griech.: atmos = Dunst). Hätte die Atmosphäre die Dichte von Wasser, wäre sie nur etwa 10,13 m mächtig. Der von einer Wassersäule dieser Dicke ausgeübte Druck entspricht daher in Mereshöhe exakt dem Luftdruck der Luftsäule in Meeresspiegelniveau. Dieser so genannte Normaldruck beträgt im Mittel 1013 Hektopascal (hPa).

Da die Atmosphäre durch die Schwerkraft der Erde festgehalten wird, ist der größte Teil ihrer Bestandteile in den untersten Schichten konzentriert. Nach oben wird ihre Konzentration geringer. Und weil mit zunehmender Höhe auch die darüber liegende Luftsäule kleiner wird, lastet auf einer beliebig gewählten Bezugsfläche immer weniger Masse: In etwa 5,5 km Höhe ist der Luftdruck daher z. B. bereits um die Hälfte geringer als im Meeresniveau. Der relative Anteil der atmosphärischen Gase innerhalb eines Luftvolumens bleibt dagegen in den unteren Kilometern der Atmosphäre konstant, „die Luft wird nach oben insgesamt nur dünner".

Wäre die Atmosphäre der Erde ein abgeschlossenes, nicht durch Energiezuflüsse von Sonne und Erde beeinflusstes System, würde ihre „innere Energie", also ihre Temperatur, ausschließlich von ihrer Gasdichte bestimmt werden. Der mit der Höhe abnehmende Luftdruck müsste daher auch eine entsprechende kontinuierliche Verminderung der Temperatur zur Folge haben. Tatsächlich verlaufen die Temperaturveränderungen jedoch nicht gleichmäßig. Daher lässt sich die Atmosphäre in ihrem Gesamtprofil in verschiedene Stockwerke gliedern, die durch so genannte Pausen (= Bereiche mit mehr oder weniger raschen Temperaturwechseln) gegeneinander abgegrenzt sind (Abb. 87.2).

Die unterste Schicht, die Troposphäre, reicht an den Polen bis zu 8 km, am Äquator bis in 18 km Höhe. Innerhalb der Troposphäre nimmt die Temperatur im Durchschnitt um ca. 0,65 K pro 100 m ab und erreicht an der Tropopause, der Grenzschicht zur darüber liegenden Stratosphäre, Werte unter −60°C. Danach bleibt die

Die Atmosphäre besteht aus den Hauptbestandteilen:
Stickstoff N_2 78,08 Vol.-% = 75,46 Gewichts-%
Sauerstoff O_2 20,95 Vol.-% = 23,19 Gewichts-%
Argon Ar 0,94 Vol.-% = 1,30 Gewichts-%
Kohlendioxid CO_2 0,03 Vol.-% = 0,05 Gewichts-%
Diese Zahlen ergeben zusammen bereits 100 %. Die Atmosphäre enthält jedoch noch zahlreiche weitere Gase, die nach Millionstel oder gar Milliardstel gemessen werden (ppm bzw. ppb = parts per million bzw. billion, dt.: Milliarde). Sie werden daher als Spurengase bezeichnet.

Neon Ne	18,20 ppm	Xenon Xe	0,08 ppm
Helium He	5,20 ppm	Kohlen-	
Methan CH_4	1,50 ppm	monoxid CO	0,05 ppm
Krypton Kr	1,14 ppm	Schwefelwasser-	
Wasserstoff H_2	0,50 ppm	stoff H_2S	0,10 ppb
Lachgas N_2O	0,50 ppm	Ozon O_3	20–50 ppb

Seit Beginn der Industrialisierung (Bildung von CO_2 bei Verbrennung fossiler Brennstoffe) und der Intensivierung der Landwirtschaft (Freisetzung von Methan aus Reisfeldern und aus Massentierhaltungen) verändern sich die Konzentrationen von CO_2 und einigen Spurengasen. Auch künstlich hergestellte Stoffe, wie z. B. Fluorchlorkohlenwasserstoffe (FCKW) oder Chlorfluormethane (CFM) u. ä., sind in die Atmosphäre gelangt. Durch menschliche Aktivitäten (Ruß- und Staubbildung) ebenfalls gestiegen ist die Konzentration der Aerosole (feste oder flüssige Teilchen). Natürlicherweise entstehen Aerosole in großen Mengen z. B. bei Vulkanausbrüchen. Die Konzentration der Aerosole kann wie auch der Gehalt an Wasserdampf zeitlich und räumlich rasch und stark schwanken.

86.1 Zusammensetzung der Atmosphäre

DIE DYNAMIK DER ATMOSPHÄRE

Temperatur zunächst gleich. Oberhalb von etwa 20 km steigt sie aber bis zur Stratopause wieder kräftig an, weil dort Sauerstoff und Ozon einen Großteil der energiereichen und für alle Lebewesen des Planeten gefährlichen UV-Strahlung der Sonne absorbieren. Da das Ozon durch die UV-Absorption wieder zerfällt, unterliegt die Ozonschicht einem ständigen Wandel von Auf- und Abbau. Die insgesamt relativ tiefen Temperaturen im Bereich der Tropopause sind daher auch eine Folge der starken Energieabsorption innerhalb der darüber liegenden Stratosphäre. Diese lässt nur einen Teil der von der Sonne zugestrahlten Energie überhaupt bis in die unteren Schichten der Atmosphäre und zur Erdoberfläche vordringen.

Die an der Tropopause einsetzende Temperaturumkehr (= Inversion) hat außerdem eine wichtige Konsequenz: Sie blockt praktisch alle, durch Erwärmung der Luft an der Erdoberfläche entstehenden vertikalen Luftströmungen ab. Auch der Wasserdampf der Troposphäre kann diese Sperrschicht praktisch nicht durchdringen. Innerhalb der Troposphäre sorgen jedoch aufwärts gerichtete und horizontale Luftbewegungen ständig für kräftige Durchmischungen. Alle wichtigen, kurzfristig das jeweilige Wetter bestimmenden dynamischen Prozesse finden daher innerhalb der Troposphäre, der „Wetterschicht" der Atmosphäre statt. In der Stratosphäre gibt es dagegen praktisch kaum vertikale, wohl aber sehr starke horizontale Durchmischungen.

Oberhalb der Stratopause sinkt die Temperatur wieder und erreicht an der Mesopause bei –80 °C ihren niedrigsten Wert. Darüber ist die Gasdichte bereits so gering, dass atomarer Sauerstoff O, der mithilfe des Sonnenlichts durch Spaltung aus dem Sauerstoffmolekül O_2 hervorgeht, stabil existieren kann. Wegen der Absorption von UV-Strahlung durch molekularen Sauerstoff steigt die Temperatur daher innerhalb der Thermosphäre jedoch wieder an. In diesen hohen Atmosphärenschichten bilden sich über den Polargebieten oft faszinierende Leuchterscheinungen, die so genannten Polarlichter. Sie entstehen dadurch, dass in Polnähe die Feldlinien des irdischen Magnetfeldes jeweils senkrecht zur Erdoberfläche gerichtet sind und daher die Partikel des Sonnenwinds hier bodenwärts geleitet werden. Bei ihrem Durchgang durch die Atmosphäre ionisieren sie deren Gasmoleküle und bringen sie so zum Leuchten.

Alle oberhalb der Stratosphäre liegenden Schichten haben für das jeweils aktuelle Wettergeschehen nur geringe Bedeutung. Sie filtern allerdings – wie die Ozonschicht das UV-Licht – aus der Sonnenstrahlung den ebenfalls gefährlichen Röntgenanteil heraus, trotz ihrer geringen Gasdichte sind sie so effektiv wie eine mehrere Meter dicke Bleiplatte.

87.1 Polarlichter

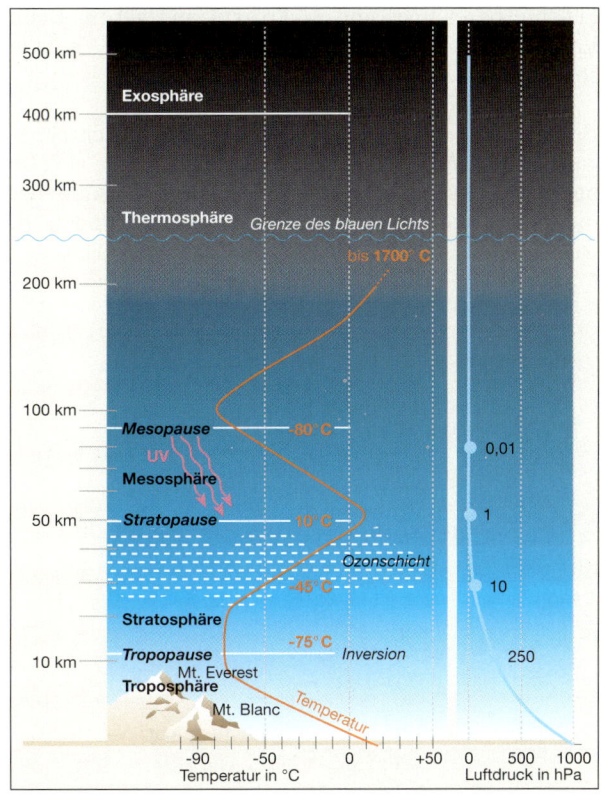

87.2 Stockwerkbau der Atmosphäre

6.4 Wasser in der Atmosphäre

Die irdische Atmosphäre enthält im Durchschnitt etwa 15 Billiarden Liter Wasser – genug, um den Bodensee rund 300-mal zu füllen. Statistisch gesehen wird diese riesige Wassermenge in zehn bis elf Tagen einmal völlig umgewälzt. Damit ändert sich der Wassergehalt der Luft rascher und in weit größerem Umfang als der aller anderen Bestandteile der Atmosphäre. Wasser kommt zudem in der Lufthülle des Planeten in allen drei Aggregatzuständen vor. Da jeder Wechsel des Aggregatzustandes mit einem Energieumsatz verbunden ist, trägt der dabei ausgelöste latente Wärmestrom entscheidend zum horizontalen und vertikalen Energietransport innerhalb der Atmosphäre bei.

Die Menge des in der Luft enthaltenen Wasserdampfs wird in g/m^3 angegeben und heißt absolute Feuchte. Die größtmögliche Menge Wasserdampf, die 1 m^3 Luft bei einer bestimmten Temperatur aufnehmen kann, heißt maximale Feuchte. Sie wird ebenfalls in g/m^3 angegeben und lässt sich aus der so genannten Taupunktkurve entnehmen. Der Taupunkt ist diejenige Temperatur, bei der Wasserdampf kondensiert. Das Verhältnis von absoluter zu maximaler Feuchte wird als relative Feuchte bezeichnet und in Prozent angegeben. Beim Erreichen des Taupunkts beträgt die relative Feuchte somit 100 % (Abb. 89.3).

Bei der Kondensation entstehen aus dem unsichtbaren gasförmigen Wasserdampf Wassertröpfchen, die als Nebel oder Wolken sichtbar werden. Sie bilden sich aber nur, wenn Kondensationskerne in der Luft sind (z. B. Ruß- und Staubpartikel, Salzkristalle, Algenskelette).

Eine Erwärmung über den Taupunkt hinaus führt zu erneutem Verdunsten der Tröpfchen, zu Wolkenauflösung und gesteigerter Wasserdampfaufnahmefähigkeit.

Die meisten Abkühlungsvorgänge werden in Bodennähe durch Wärmeabstrahlung in wolkenarmen Nächten oder durch Aufsteigen von Luftmassen in Gang gesetzt. Im letzteren Fall dehnt sich ein Luftvolumen wegen des mit der Höhe geringer werdenden Luftdrucks aus und kühlt dadurch ab. Ohne Wärmeaustausch mit der Umgebung (adiabatisch) beträgt die Temperaturabnahme 1 K/100 m (trockenadiabatischer Temperaturgradient). Wird der Taupunkt unterschritten, kondensiert der mitgeführte Wasserdampf. Dabei werden bei 0 °C pro kondensiertem Gramm Wasserdampf 2512 Joule Kondensationswärme frei (Abb. 89.1). Diese frei werdende Energie bewirkt, dass die weiter aufsteigende Luft nur noch um 0,5 K/100 m abkühlt (feuchtadiabatischer Temperaturgradient).

Die wetterwirksamen Folgen von Kondensations- und Verdunstungsvorgängen lassen sich anschaulich am Beispiel des Föhns verfolgen (Abb. 88.1): Nach trockenadiabatischer Abkühlung im Luv eines Gebirges folgt oberhalb des Kondensationsniveaus bis zum Kamm feuchtadiabatische Abkühlung mit intensivem Steigungsregen. Jenseits des Kamms wird die Luft beim Absinken durch Kompression wieder erwärmt. Nach einer kurzen Phase der Wolkenauflösung erfolgt der Abstieg ausschließlich trockenadiabatisch, die relative Feuchte sinkt dabei rasch. Die Leeseite des Gebirges hat durch den trockenen und warmen Fallwind, den Föhn, auf gleichem Höhenniveau daher höhere Temperaturen als die Luvseite. Während die Wolken der Luvseite wie eine Mauer über dem Hauptkamm scheinbar stehen bleiben

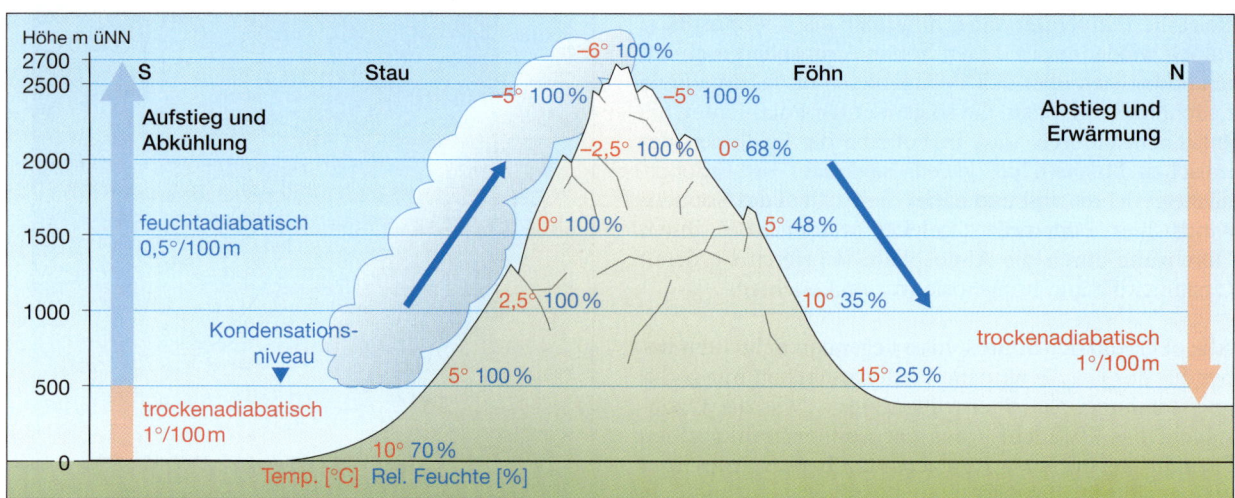

88.1 Steigungsregen und Föhn

DIE DYNAMIK DER ATMOSPHÄRE

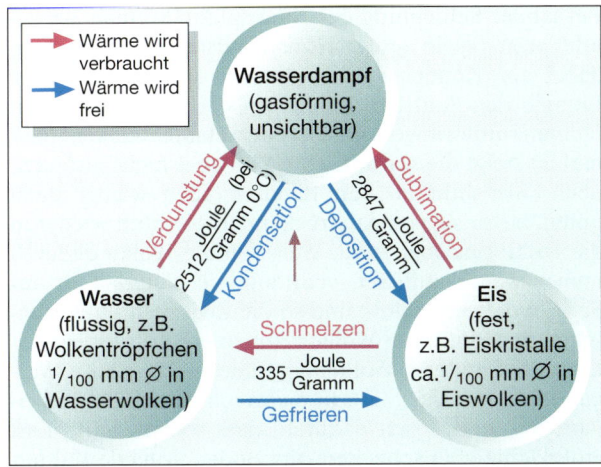

89.1 Wasser in der Atmosphäre

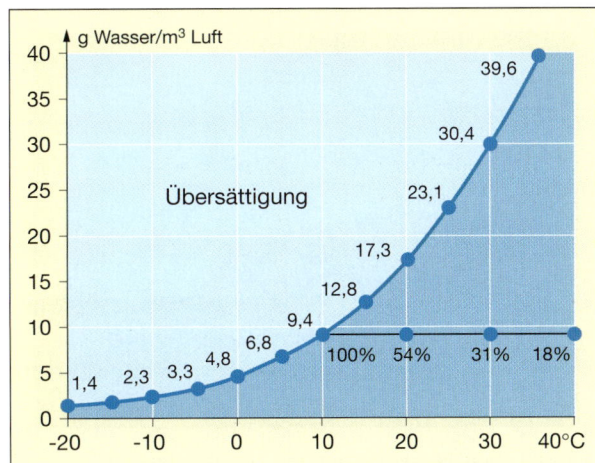

89.3 Taupunktkurve

("Föhnmauer"), bildet sich im Regenschatten eine kammparallele, mehr oder weniger breite wolkenlose Zone ("Föhnlücke"). Da der Staub mit dem Steigungsregen ausgewaschen wurde, herrscht in der dunstfreien Luft der Leeseite zudem eine gute Fernsicht.

Föhneffekte entstehen immer dann, wenn beiderseits von Gebirgen unterschiedlicher Luftdruck herrscht. Zum Massenausgleich wird dann Luft selbst über die höchsten Erhebungen hinweg von der Seite mit dem jeweils geringeren Luftdruck angesaugt. Aber auch in der freien Atmosphäre werden Luftvolumen ständig vertikal verlagert, z. B. wenn am Tage bodennahe Luftschichten erwärmt werden. Mehr oder weniger große Warmluftblasen lösen sich dann vom Untergrund und schlingern in die Höhe. Zum Ausgleich sinkt in ihrer Umgebung Luft ab, sodass sich – ausgelöst durch die Thermik – überall kleine Konvektionszellen bilden. Innerhalb der aufsteigenden Warmluftblase ändert sich die Temperatur rein adiabatisch. Die Temperaturverhältnisse ihrer Umgebung sind davon unberührt, entscheiden aber über den weiteren Weg des Luftvolumens (Abb. 89.4).

Im Normalfall kann dieses Luftvolumen nur soweit aufsteigen, bis es eine Luftschicht gleicher Dichte erreicht. Ist die umgebende Luftschicht kälter, bleibt der Auftrieb der Warmluftblase wegen ihrer noch geringeren Dichte erhalten und sie steigt weiter auf (labile Schichtung). Ist die Umgebung dagegen wärmer, sinkt sie wegen ihrer größeren Dichte zurück (stabile Schichtung); eine äußerst stabile Schichtung liegt bei einer Temperaturumkehr (Inversion) vor. Sie wirkt als Sperre und erlaubt Vertikalbewegungen nur bis zu ihrer Unterseite, sodass sich dort z. B. Luftverunreinigungen ansammeln.

89.2 Föhnmauer

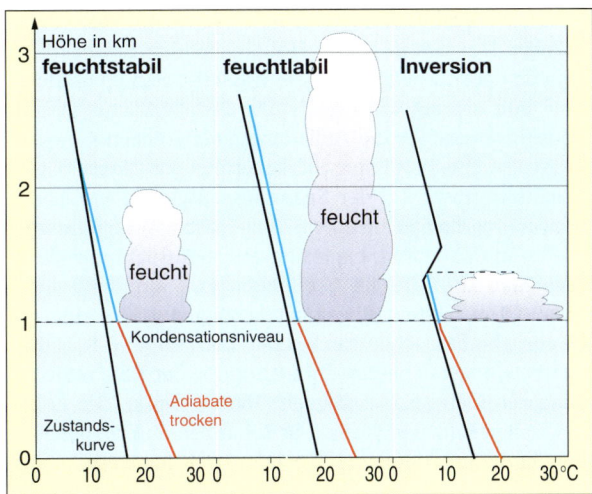

89.4 Schichtungstypen

89

DIE DYNAMIK DER ATMOSPHÄRE

Kaum eine Naturerscheinung hat die Phantasie der Menschen so sehr angeregt wie das Gewitter. In der Mythologie verfügten daher nur mächtige Götter wie Zeus oder Jupiter über den vernichtenden Blitzstrahl. Noch heute erinnert der Donnerstag an den germanischen Gott Thor, der im Zorn oder im Kampf den glühenden Blitzhammer Malmer schwang und dessen Wagenräder mit Donnerhall rasselten. Aus heutiger Sichtweise ist das von Blitz und Donner begleitete Wetterphänomen Gewitter der Ausdruck sehr heftiger Turbulenzen innerhalb der Atmosphäre – und damit eigentlich eine überaus häufige Erscheinung: 2000 Gewitter registriert die Statistik pro Stunde auf der Erde, 200 Gewittertage im Bereich der tropischen Regenwälder, 20 bis 30 in Mitteleuropa.

Gewitter entstehen immer dann, wenn bei labiler Schichtung der Atmosphäre wasserdampfreiche Warmluft sehr rasch aufsteigt und durch frei werdende Kondensationswärme geradezu explosiv weiter nach oben getrieben wird. Die dadurch ausgelöste, heftige Turbulenz führt sogar zur Trennung elektrischer Ladungen zwischen Erdoberfläche und Wolke sowie innerhalb der Wolke: Die sich in großer Höhe bildenden Eiskristalle werden positiv aufgeladen, die Wassertropfen im mittleren und unteren Teil negativ. Die Erdoberfläche bleibt positiv. Übersteigt die Aufladung einer solchen Gewitterwolke eine bestimmte Stärke, erfolgt ein Überschlag, ein Blitz. Etwa 2/3 der Spannungsausgleiche erfolgen dabei innerhalb der Wolke, 1/3 zwischen Wolkenunterseite und Erde. Die explosionsartige Ausdehnung der plötzlich auf 5–10 000 °C erhitzten Luft innerhalb des nur 0,5 m breiten Blitzkanals erzeugt die als Donner wahrnehmbaren Luftdruckwellen (Schall). Die Schallgeschwindigkeit beträgt etwa 0,3 km/s, der Blitz besitzt dagegen Lichtgeschwindigkeit (300 000 km/s). Die Zeit zwischen Blitz und Donner in Sekunden durch 3 geteilt ergibt die Entfernung des Gewitters in Kilometern.

90.1 **Gewitter: Folge heftiger Konvektionsvorgänge**

Bei labiler Schichtung der Atmosphäre können Warmluftblasen bis in große Höhen aufsteigen. Kommt es dabei zur Kondensation, verstärkt die frei werdende Energie den Auftrieb. Im Innern der so entstehenden blumenkohlförmigen Quell- oder Haufenwolken (Cumulus) steigt die warmfeuchte Luft aber nicht nur nach oben. Sie sinkt an den Rändern auch wieder nach unten, bevor sie von nachrückender Warmluft wieder in die Höhe getrieben wird. Weil sich die Wolke dadurch immer weiter aufbläht, verdrängt sie kältere Luft zur Seite, wo diese absinkt und so die Zwischenräume zwischen den einzelnen Wolkentürmen erhält.

Ein völlig anderer Wolkentyp, eine geschlossene Wolkendecke (Stratus) – oft in mehreren Schichten übereinander – bildet sich dadurch, dass warmfeuchte Luft großflächig über schwerere, am Boden liegende Kaltluft aufgleitet. Als Nimbus werden hoch reichende, vom Boden daher dunkel erscheinende Schicht- oder Haufenwolken bezeichnet, als Federwolken (Cirrus) dagegen dünne, durch Luftströmungen in großer Höhe auseinander gezogene Eiswolken. Eine Wolke ist also gebauscht (cumulus), geschichtet (stratus), zerzaust (cirrus) oder regnerisch (nimbus).

Diese vier Wolkenfamilien werden heute in zehn Wolkengattungen unterteilt, die drei Stockwerken zugeordnet werden (Abb. 91.2). Im unteren Stockwerk sind es reine Wasserwolken, im mittleren Mischwolken aus unterkühltem Wasser und Eis und im oberen reine Eiswolken.

Die mögliche Vertikalerstreckung einer Wolke wird durch die Höhe des Kondensationsniveaus, durch ihren Energieinhalt sowie durch die Temperaturschichtung der umgebenden Atmosphäre bestimmt. Spätestens an der Inversionsschicht der Tropopause endet aber die Vertikalbewegung; die Wolke muss dann seitlich ausweichen.

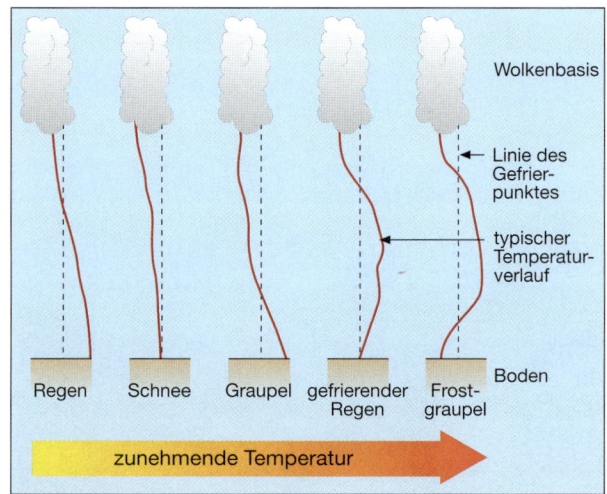

90.2 **Arten des Niederschlags**

DIE DYNAMIK DER ATMOSPHÄRE

91.1 Stratus

91.3 Cirrus

Nicht aus jeder Wolke fallen Niederschläge. Aber je höher eine Wolke aufragt, desto wahrscheinlicher ist dies der Fall. In den mittleren und höheren Breiten entstehen Regentropfen meist aus Eiskörnern, die durch die Turbulenz innerhalb der Wolke hochgerissen werden, zurückfallen und wieder hoch gerissen usw. Durch das Anfrieren von Wolkentröpfchen oder anderen Eiskörnern wachsen sie dabei Schicht um Schicht, bis sie durch den Auftrieb nicht mehr im Schweben gehalten werden können. Die Art des Niederschlags, der dann letztlich den Boden erreicht, hängt von den Temperaturen zwischen Wolkenbasis und Boden ab. Im Extremfall fallen Hagelkörner mit fast 100 km/h zu Boden. Das größte je gefundene Hagelkorn wog 1,5 kg, obwohl es beim Fall schon teilweise abgeschmolzen war.
Nur Nieselregen, der aus tiefen Schichtwolken fällt, entsteht aus ungefrorenen Wolkentröpfchen, die beim Fallen innerhalb der Wolke andere an sich reißen und dadurch wachsen. Dieser Vorgang überwiegt auch bei der Niederschlagsbildung in den Tropen. Da Warmluft sehr viel Wasser enthalten kann, bringen die überwiegend thermisch bedingten Regenfälle in den Tropen – im Regenwald wie in der Wüste – mit großen Tropfen in kurzer Zeit meist sehr hohe Niederschlagssummen (Platzregen).

Schnee bildet sich beim Gefrieren von unterkühlten Wassertropfen bei Temperaturen von –12 bis –16 °C. Dabei entstehen Schneekristalle mit exakten geometrischen Formen, die sich nahe des Nullpunkts zu Schneeflocken verketten. Da kalte Luft nur wenig Feuchtigkeit enthält, treten ergiebige Schneefälle aber nicht in den Polarregionen, sondern v. a. in meernahen Regionen der mittleren Breiten auf.

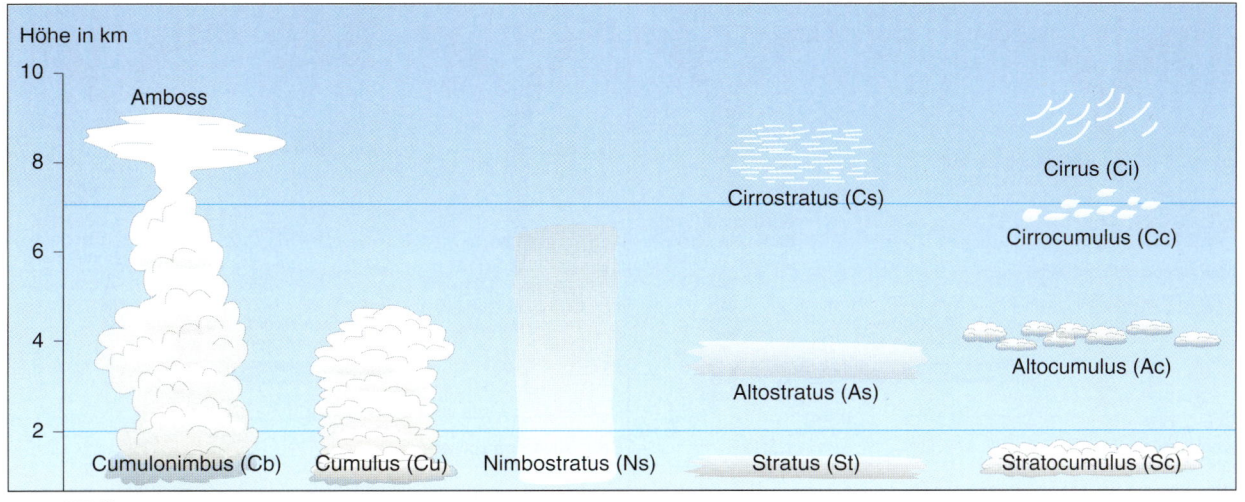

91.2 Wolkengattungen

DIE DYNAMIK DER ATMOSPHÄRE

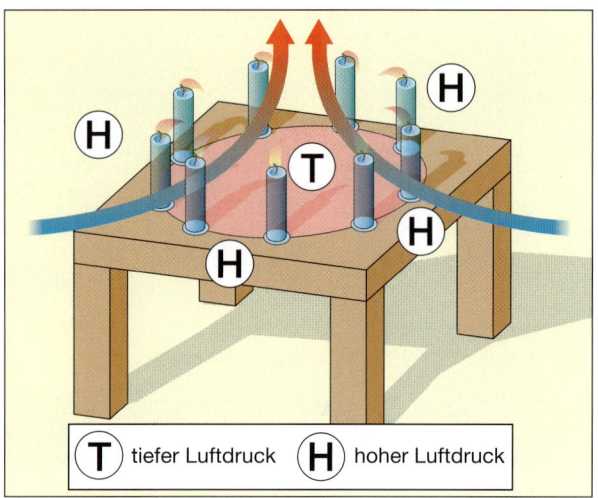

92.1 Kerzenexperiment

92.3 Luftdruckunterschiede

6.5 Luftdruck und Wind

„Luft" ist nicht sichtbar, aber überall auf der Erde vorhanden. Sie übt durch ihr Gewicht auf jede gewählte Bezugsfläche einen Druck aus, den Luftdruck. Im Meeresniveau beträgt der Luftdruck der gesamten darüber stehenden Luftsäule durchschnittlich 1013 Millibar (mb) bzw. 1013 hPa (Hektopascal). Ein Pascal entspricht dem Druck, den eine Kraft von 1 N auf einen Quadratmeter ausübt.

Um den Luftdruck an verschiedenen Orten vergleichbar zu machen, wird der gemessene Stationsdruck jeweils auf das Meeresniveau (Normal-Null, NN) umgerechnet und als Normaldruck in Wetterkarten eingetragen. Orte mit gleichem Druck werden dabei durch so genannte Isobaren verbunden. In Blockbildern oder Vertikalprofilen der Atmosphäre werden dagegen isobare Flächen, d.h. Höhenniveaus mit jeweils gleichem Luftdruck dargestellt (Abb. 92.3). In kalter Luft, in der die Moleküle dicht beisammen sind, liegen die isobaren Flächen enger geschart als in warmer, weniger dichter Luft (Abb. 93.1). Im Blockbild entsteht dadurch plastisch das Bild eines Druckgefälles, welches im frei beweglichen Gasgemisch der Atmosphäre zu einer horizontalen Druckausgleichsströmung, einem Wind führt. Die Kraft, welche die Luft dabei in Bewegung setzt, wird als Gradientkraft bezeichnet. Sie ist stets von hohen zum tieferen Druck ge-

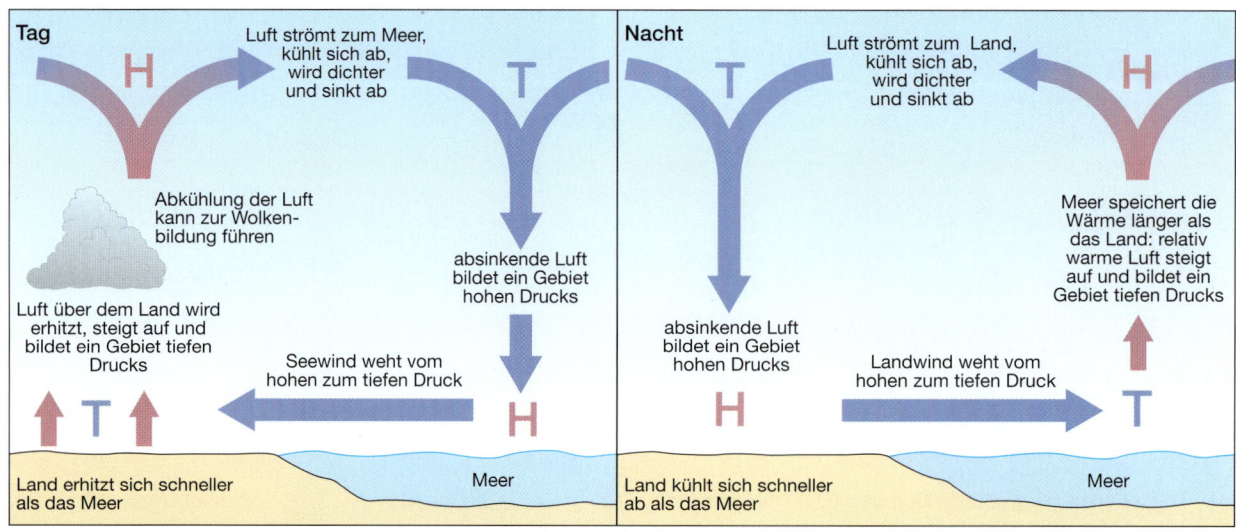

92.2 Land-Seewind-System (Tag-/Nachtsituation)

DIE DYNAMIK DER ATMOSPHÄRE

richtet und steht senkrecht auf den Isobaren. Je geringer der Abstand der Isobaren ist, desto stärker ist der Wind.

Luftdruckunterschiede und die von ihnen ausgelösten Winde entstehen meist durch unterschiedliche Erwärmung der Luft. Die im Kerzenexperiment zum Zentrum gerichteten Flammen zeigen diese Luftmassenströmung (Abb. 92.1). Sie weist auf einen geringeren Luftdruck (= Tief = Zyklone) in der Kreismitte hin, der durch das Aufsteigen der von den Kerzen erwärmten Luft entsteht. Auch in der freien Natur wird die Luft stets von unten angeheizt, durch die von der Erdoberfläche ausgehende Wärmestrahlung. Über Land geschieht dies bei Tage weitaus intensiver als über einer Wasserfläche. Die Erwärmung führt zu einer – nur nach oben möglichen – Volumenausdehnung der Luft und zwar umso mehr, je geringer der auflastende Druck ist. Es entstehen Luftdruckunterschiede in jeweils gleichem Höhenniveau. Über Land liegen die isobaren Flächen dabei zunächst generell höher als über dem Wasser, d.h. in gleichem Höhenniveau herrscht über Land ein höherer Luftdruck (= Hoch = Antizyklone) als über dem Wasser. Als Folge entsteht eine in der Höhe seewärts gerichtete Luftmassenströmung, die über dem Wasser insgesamt zu mehr Luftmasse führt. Nahe der Wasseroberfläche entsteht so ein Bodenhoch, über dem Land ein Bodentief und dazwischen der landwärts gerichtete Seewind als Druckausgleichsströmung. Die aus dem Bodenhoch ausfließenden Luftmassen werden durch von oben absinkende ständig ergänzt.

Dieses regionale Zirkulationssystem, das Land-See-Windsystem, resultiert aus rein thermisch bedingten Druckgebilden. Daher kehren sich nachts die Luftdruckverhältnisse und damit die Luftmassenströmungen um.

93.2 Auflandiger Wind

1	Leiser Zug	2 – 6 km/h
2	Leichte Brise	7 – 12 km/h
3	Schwache Brise	13 – 19 km/h
4	Mäßige Brise	20 – 28 km/h
5	Frische Brise	29 – 39 km/h
6	Starker Wind	40 – 50 km/h
7	Steifer Wind	51 – 61 km/h
8	Stürmischer Wind	62 – 74 km/h
9	Sturm	75 – 87 km/h
10	Schwerer Sturm	88 – 102 km/h
11	Orkanartiger Sturm	103 – 117 km/h
12	Orkan	>118 km/h

93.3 Beaufort-Skala

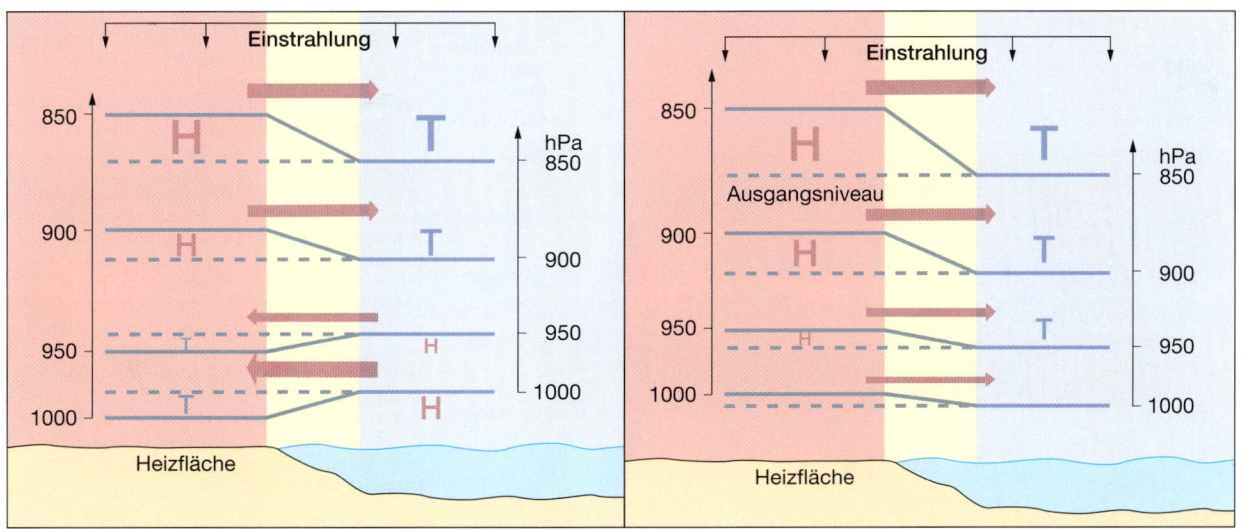

93.1 Land-Seewind-System (Darstellung mit Isobarenflächen)

DIE DYNAMIK DER ATMOSPHÄRE

6.6 Grundlagen der globalen atmosphärischen Zirkulation

94.1 Jetstream

Bei einer ruhenden, nicht rotierenden Erde würde sich aufgrund der Temperatur- und Luftdruckgegensätze zwischen den Tropen und den Polarregionen eine dem Land-Seewind-System vergleichbare, aber weitaus großräumigere Zirkulation einstellen: In der Höhe jeder Halbkugel würden Luftmassen vom Äquator Richtung Pol und in Bodennähe von dort zurückfließen. Wegen der Rotation der Erde gibt es dieses einfache Zirkulationsmuster und den dadurch möglichen Energieaustausch jedoch nicht. Jedes Luftvolumen, das aufgrund der Druckgradientkraft in meridionaler Richtung vom Äquator polwärts bewegt wird, behält als träge Masse seine am Äquator erhaltene Drehgeschwindigkeit von 465 m/s bei. Bereits bei 40° nördlicher Breite ist es daher um 110 m/sec schneller als die Luftvolumen und die Erdoberfläche dort, die wegen des geringeren Breitenkreisradius nur eine Drehgeschwindigkeit von 355 m/s besitzen (Abb. 94.3). Das Luftvolumen eilt also der Erdoberfläche voraus und biegt von der ursprünglichen Richtung aus nach rechts ab. In umgekehrter Richtung bleiben Winde, die vom Pol äquatorwärts wehen, gegenüber der Erdoberfläche zurück. Die scheinbar ablenkende Kraft heißt nach ihrem Entdecker „Corioliskraft", ist in Wirklichkeit aber nur eine Geschwindigkeitsüberlagerung. Sie wirkt immer im rechten Winkel zur jeweiligen Bewegungsrichtung. Auf der Nordhalbkugel bewirkt sie eine Rechts-, auf der Südhalbkugel eine Linksablenkung der Luftmassenströmungen.
Die Stärke dieser Ablenkung steigt mit der Geschwindigkeit der Strömung und mit der geographischen Breite.

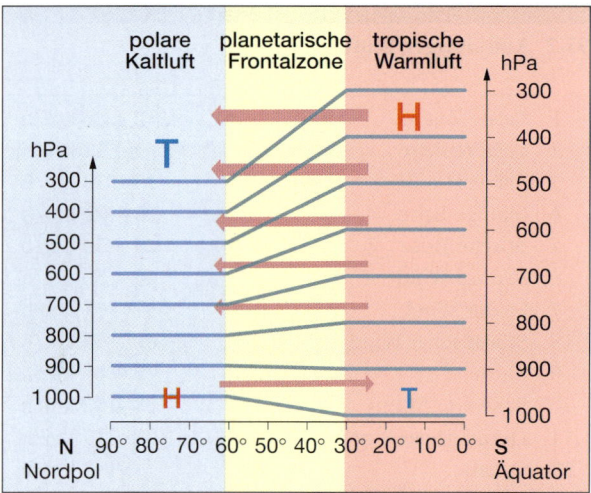

94.2 Planetarische Druckverteilung in der Atmosphäre

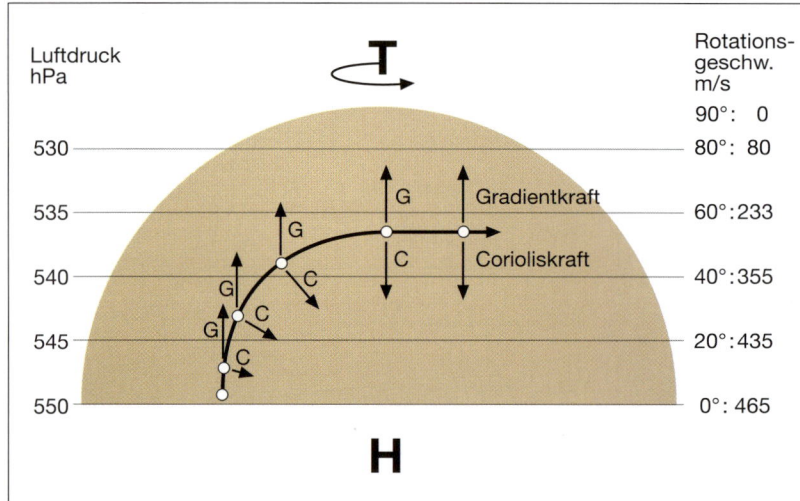

94.3 Ablenkung des Windes durch die „Corioliskraft" auf der Nordhalbkugel

Coriolisablenkung (vereinfacht): $A = 2\,m\,w\,\sin\alpha\,v$
m = Masse des Luftvolumens (konstant)
w = Winkelgeschwindigkeit der Erde (konstant)
sin l = Sinus der geographischen Breite (variabel)
V = Geschwindigkeit des Luftvolumens (variabel)

Konsequenzen:
a) in der Höhe werden bewegte Luftmassen nicht durch Bodenreibung gebremst; wegen großem A werden Höhenwinde rasch zu isobarenparallelen Strömungen; maximale Ablenkung wegen hoher Wind-V in der Höhe der planetarischen Frontalzone; kein Luftdruckausgleich.
b) in Bodennähe sinkt durch Reibung V und damit auch A: Luftmassen strömen wegen größerer Gradientkraft vom H zum T; Abbau von Luftdruckgegensätzen.
c) in niederen Breitengraden tendiert sin l und damit A gegen Null; Luftmassen fließen direkt vom H zum T; rascher Abbau von Luftdruckgegensätzen in Äquatornähe.

Ihre größte Stärke erreicht sie daher dort, wo bewegte Luftmassen nicht durch Reibung am Boden gebremst und durch hohe Luftdruckgegensätze (hohe Gradientkraft) stark beschleunigt werden. Diese Bedingungen sind besonders im Bereich der so genannten planetarischen Frontalzone gegeben, die auf beiden Halbkugeln als Übergangsgebiet zwischen der hoch reichenden Warmluftsäule der Tropen und der weniger hoch reichenden Kaltluftsäule der polaren Gebiete liegt (Abb. 94.2). Aufgrund der Coriolisablenkung entwickelt sich hier in den mittleren Breiten ein breites Band beständig wehender Westwinde, die Westwindzone. Da in der Frontalzone das Luftdruckgefälle mit der Höhe zunimmt, kommt es dort auch zu den größten Windgeschwindigkeiten. Der sich dadurch in 7–12 km Höhe entwickelnde Höhenstrahlstrom (Jetstream) umtost mit Geschwindigkeiten von 100–600 km/h bei 500–1000 km Breite in den mittleren Breiten die Erde (Abb. 95.1, 2).

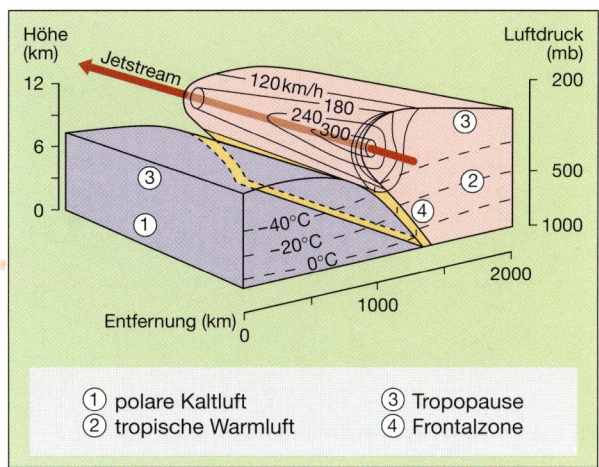

95.1 Planetarische Frontalzone und Jetstream

Die Westwindströmung und der darin eingebettete Jetstream blockieren auf den ersten Blick den Luftmassen- und Energieaustausch zwischen Tropen und Polargebieten. Tatsächlich verläuft dieses Windband aber nie ganz breitenkreisparallel, sondern immer in einer mehr oder weniger stark ausgeprägten Wellenbewegung.
Hochragende, in meridionaler Richtung verlaufende Gebirgszüge wie z. B. die nord- und südamerikanischen Kordilleren lenken die Strömung ständig ab: Vor dem Gebirge kommt es durch erhöhte Reibung zum „Stau", zur Verringerung der Geschwindigkeit und damit auch der Coriolisablenkung. Da die Druckgradientkraft gleich bleibt, wird die Strömung polwärts ausgelenkt. Jenseits des Hindernisses kommt es dagegen wegen sinkender Reibung wieder zur Erhöhung der Strömungsgeschwindigkeit; die Coriolisablenkung wächst und die Strömung wird wieder äquatorwärts gelenkt. In unregelmäßiger Reihenfolge wird ein stärkeres Mäandrieren der Höhenströmung zudem dadurch ausgelöst, dass der Temperaturunterschied zwischen tropisch-subtropischen und polaren Luftmassen den Grenzwert von 6 K/1000 km überschreitet (Abb. 95.2). Die Anzahl der Mäanderwellen pendelt so ständig zwischen drei, vier oder fünf Ausschlägen hin und her.

In allen Fällen werden entlang der Wellen Luftmassen weit pol- bzw. äquatorwärts bewegt. Gelegentlich werden durch rasche Änderungen des Wellenausschlags auch einzelne Zellen abgeschnürt und blockieren dann vorübergehend die Westströmung. Insgesamt gleicht sich die Temperatur der vorgestoßenen polaren Kaltluft und subtropischen Warmluft durch Erwärmung bzw. Abkühlung allmählich der Umgebungstemperatur an, dies ist ein wichtiger Abbaumechanismus des globalen Energieungleichgewichts.

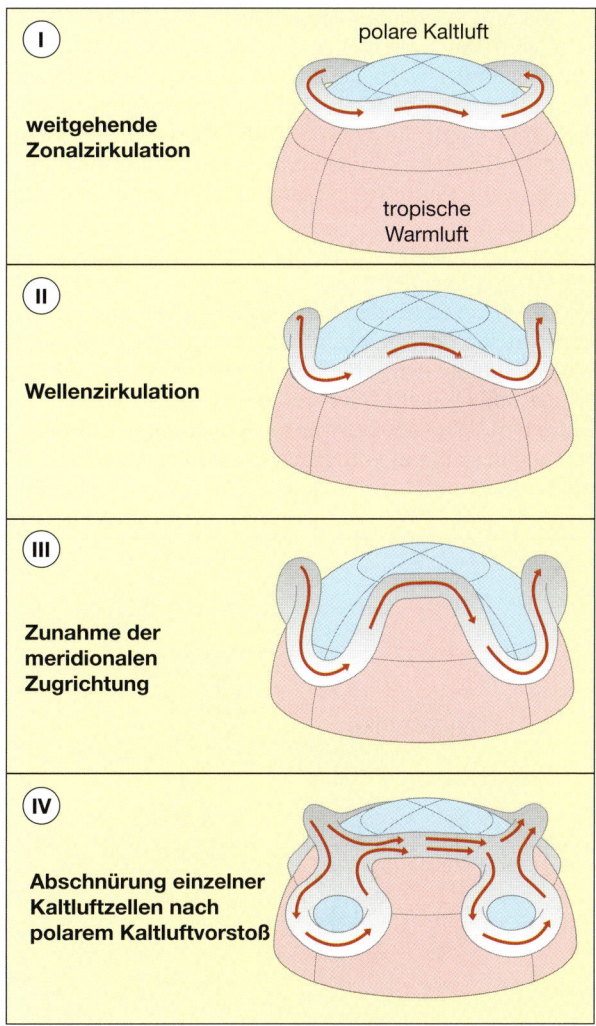

95.2 Planetarische Höhenströmung

DIE DYNAMIK DER ATMOSPHÄRE

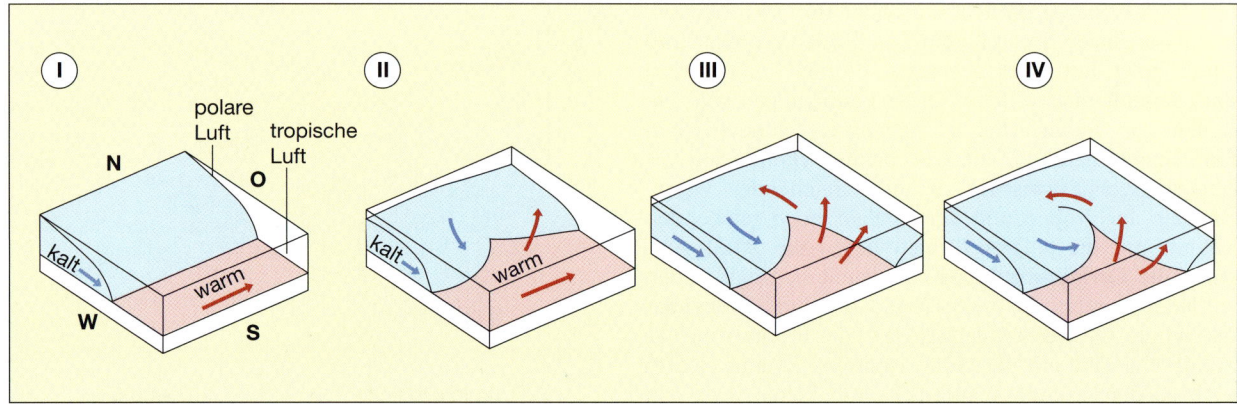

96.1 Luftmassenverwirbelungen in einer Zyklone

In den mittleren Breiten tritt zu diesem Energieaustauschmechanismus noch ein weiterer hinzu, bei dem v. a. die in Wasserdampf enthaltene latente Wärme umgesetzt wird. Auch hierbei ist der Westwindstrahlstrom in entscheidender Weise beteiligt, denn er verursacht ständig auch starke vertikale Luftmassenbewegungen und verbindet damit die Dynamik der oberen Troposphäre mit dem Geschehen in den bodennahen Luftschichten. Immer wenn der Jetstream langsamer wird, drücken die nachfolgenden Luftmassen infolge des „Staueffekts" Luft wie bei einer Druckpumpe bodenwärts (Abb. 96.2). Die so entstehenden Hochdruckgebiete (Antizyklonen) reichen also vom Boden bis in große Höhen und werden von dort ständig „nachgefüttert". Sie driften als dynamische (= ständig neu gebildete) Hochdruckwirbel mit der Westströmung mehr oder weniger schnell ostwärts. Ein Teil schert dabei äquatorwärts aus und bildet als lockere Aneinanderreihung von Hochdruckzellen den „subtropisch-randtropischen Hochdruckgürtel". In Bodennähe strömen die Luftmassen vom Kernbereich dieser Antizyklonen weg und werden dabei – auf der Nordhalbkugel nach rechts – abgelenkt. Ein Teil fließt als Passatströmung Richtung Äquator, ein anderer Teil wird polwärts Richtung subpolarer Tiefdruckrinne bewegt und trifft dort an der Polarfront auf Kaltluftmassen.

Beim Beschleunigen saugt der Jetstream dagegen wie ein riesiger Staubsauger Luftmassen selbst aus Bodennähe noch in die höhere Troposphäre. In Polarfrontnähe werden in die durch diese Saugwirkung des Jets ausgelösten Tiefdruckgebiete (Zyklonen) subtropische Warmluft- und polare Kaltluftmassen gegen den Uhrzeigersinn (Nordhalbkugel) eingezogen und miteinander verwirbelt (Abb. 96.1). Bei diesen Verwirbelungen muss die warme, leichte und meist feuchte Subtropikluft auf die kältere und daher schwere Polarluft aufgleiten. Beim Anheben der Warmluft entlang der Warmfront kommt es zu Kondensation und Niederschlagsbildung. Das gleiche geschieht, wenn sich an der Kaltfront schwere Kaltluft unter die Warmluft schiebt und diese nach oben verdrängt. In beiden Fällen wird durch die Kondensation diejenige Wärmemenge freigesetzt, die in niederen Breiten zur Verdunstung benötigt wurde.

Dabei gilt generell: Je größer das meridionale Energieungleichgewicht ist, desto stärker mäandriert der Jet, desto mehr Zyklonen werden gebildet, desto größer ist der Umsatz von latenter Wärme. Die Zyklonentätigkeit ist daher im Winter jeweils stärker als im Sommer und auf der Südhalbkugel wegen des „Eisschranks" Antarktis generell stärker als auf der Nordhalbkugel.

Wie die dynamisch entstehenden Antizyklonen driften auch die dynamisch entstehenden Zyklonen mit der Westströmung ostwärts. Einige scheren dabei polwärts aus und bilden so als lockere Aneinanderreihung von Tiefdruckzellen die „subpolare Tiefdruckfurche".

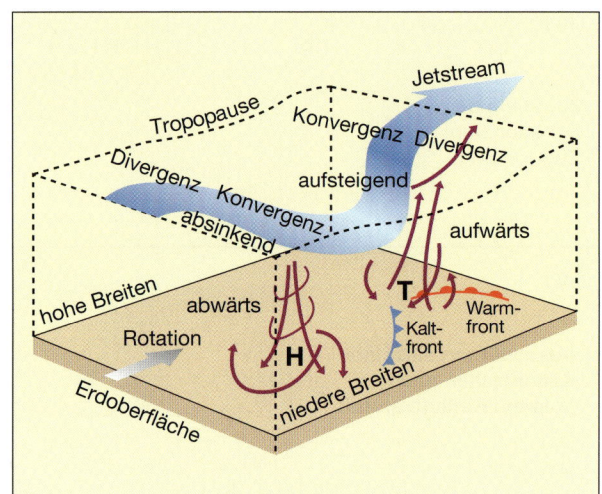

96.2 Pump-Saug-Wirkung des Jetstreams

DIE DYNAMIK DER ATMOSPHÄRE

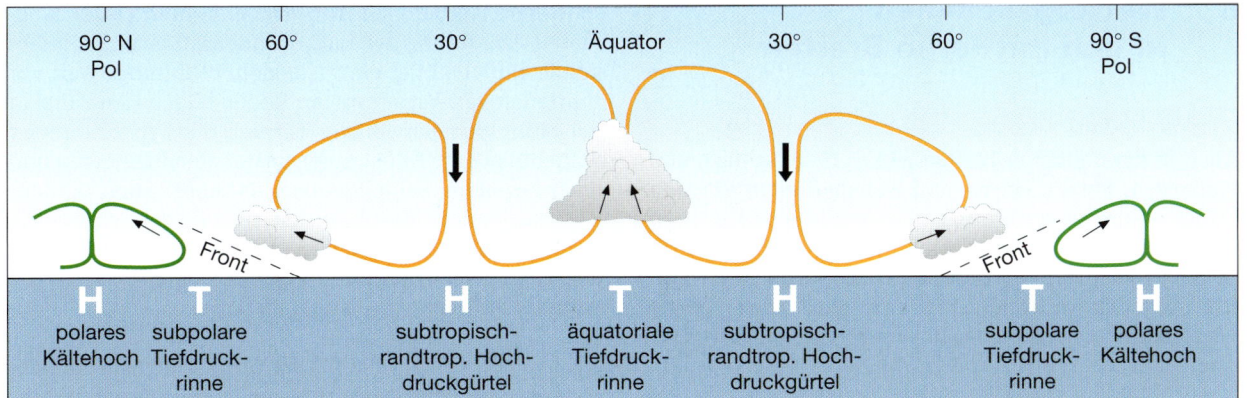

97.1 Schematischer Längsschnitt von Pol zu Pol

Übersicht über die Luftdruck- und Windgürtel der Erde

Aus den Strahlungsverhältnissen ergibt sich eine globale Verteilung von bodennahen Druckgebilden und Windgürteln (Abb. 97.2). Am Äquator liegen thermische Tiefdruckzellen der innertropischen Konvergenzzone (ITC). Polwärts folgen bei etwa 35° nördlicher oder südlicher Breite die Hochdruckgebiete des subtropisch-randtropischen Hochdruckgürtels, in dem sich dynamisch entstandene Antizyklonen an der tropischen Seite des Jetstreams (z. B. Azorenhoch, Hawaiihoch) befinden. Polwärts liegt bei etwa 60° nördlicher oder südlicher Breite die subpolare Tiefdruckrinne mit dynamisch entstandenen Tiefdruckgebieten an der polwärtigen Seite des Jetstreams (z. B. Islandtief, Aleutentief). Diese jeweils nur im statistischen Mittel als „Gürtel" vorhandene Druckverteilung wird – je nach Jahreszeit – über den Kontinenten durch Kältehochs bzw. Hitzetiefs unterbrochen. Schließlich folgt an beiden Polen das polare Kältehoch als thermisches Druckgebilde. Zwischen den Druckgebieten liegen in Bodennähe die Windgürtel.

Ein Profil von Pol zu Pol zeigt diese miteinander verbundenen Luftströmungen, die zusammen mit den Meeresströmungen den Energieaustausch bewirken (Abb. 97.1). In den bodennahen Luftschichten wehen in den Tropen ganzjährig beständige Winde, die Passate, vom subtropischen Hochdruckgürtel zur äquatorialen Tiefdruckfurche. In den mittleren Breiten überwiegen Westwinde, die Zyklonen mit sich führen. In den polaren Gebieten entstehen durch die bodennah aus dem Kältehoch ausströmenden Luftmassen die polaren Ostwinde. Die Wolken in Abb. 97.1 kennzeichnen die Gebiete mit beständigem Niederschlag.

Mit der jahreszeitlich bedingten Veränderung des Sonnenstandes kommt es zu einer Verlagerung der Druck- und Windgürtel der Erde um je 5–8 Breitengrade nach Nord bzw. Süd. Es gibt daher Breitzonen, die je nach Jahreszeit von unterschiedlichen Luftdruck- und Windverhältnissen geprägt werden (alternierende Klimazonen). In anderen Zonen ändern sich die dominierenden Luftdruck- und Windverhältnisse im Jahresverlauf dagegen kaum (stetige Klimazonen).

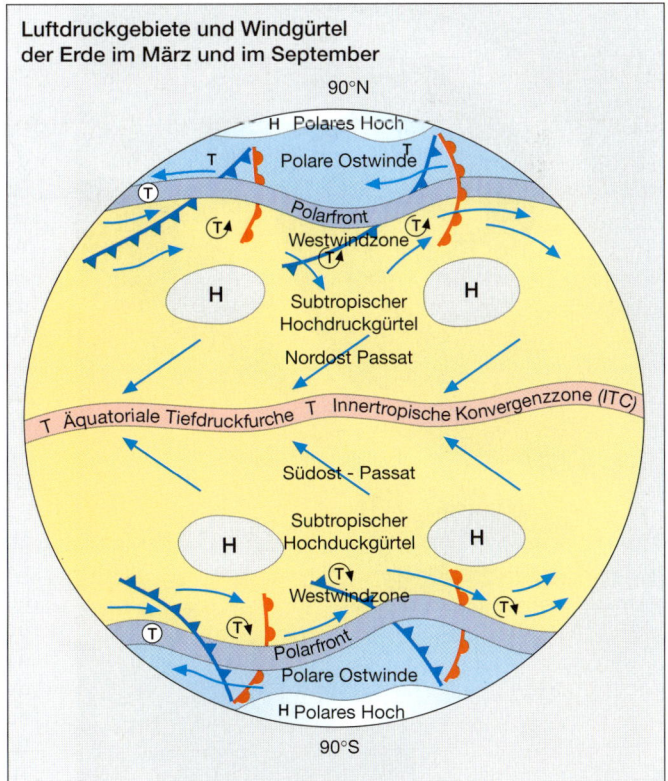

97.2 Luftdruckgebiete und Windgürtel

6.7 Wettergeschehen in den mittleren Breiten

Auch in den mittleren Breiten gibt es Hagelschläge und Platzregen, Hitze-, Dürre- und Kälteperioden. Sie sind jedoch selten so stark ausgeprägt wie anderswo, meist regional begrenzt und nur von kurzer Dauer: Das Wetter ist eben gemäßigt in der gemäßigten Zone, aber es wechselt rasch. Dabei dominieren zwei ganz verschiedene Wetterlagen, die jedoch eng mit dem Jetstream verknüpft sind.

Das zyklonale Wettergeschehen
Durch die Saugwirkung des Jets bilden sich entlang der Polarfront z. B. über dem Nordatlantik in rascher Folge Tiefdruckgebiete. Sie driften mit der Westwindströmung nach Osten und überqueren dabei Europa auf unterschiedlichen Bahnen (Abb. 99.1). In diese dynamisch gebildeten Zyklonen werden subtropische Warmluftmassen und subpolare Kaltluftmassen eingesogen und miteinander verwirbelt. Dabei wird an der Warmfront die leichtere Warmluft in schrägem Winkel über die schwerere Kaltluft gehoben. Dabei kommt es zur langsamen Abkühlung der Luft, Kondensation und allmählichen Entwicklung einer Aufgleitbewölkung. Weit vor Eintreffen der Warmfront am Boden bilden sich dabei in der Höhe Schleierwolken (Cirrus), die sich zu dünnen Schichtwolken (Altostratus), später zu mächtigeren und tiefer liegenden Schichtwolken (Nimbostratus) verdichten. Aus ihnen fällt zunächst feiner Nieselregen, der rasch in großflächigen Regen mit relativ kleinen Tropfen übergeht. Bleibt die Kaltluft ortsfest kann dieser so genannte Landregen tagelang andauern.

Nach dem Durchzug der Warmfront (= Aufgleitfront) gibt es keine Aufgleitbewegungen mehr. Im Warmluftsektor findet daher i. d. R. keine Kondensation mehr statt. Je nach Feuchte und Temperatur der Luft können die Schichtwolken verdunsten oder noch einige Zeit als Wolkendecke erhalten bleiben.

An der Kaltfront stößt kalte Luft gegen die vorgelagerte warme Luft vor. Die schwerere Kaltluft bricht regelrecht in den Warmluftsektor ein und verdrängt die leichtere Warmluft nach oben, wobei diese rasch abkühlt: Es bilden sich hochreichende Konvektions- oder Haufenwolken (Cumulus), die zu heftigen Schauerregen mit großen Regentropfen, mitunter auch zu Hagel- und Gewitterbildung führen. Meistens dauern diese „Wolkengüsse" aber nicht lange. Nach dem Durchzug der Kaltfront sind die Bedingungen in der Luftsäule wieder einheitlich. Da die Feuchtigkeit der zuvor nach oben verdrängten Warmluft kondensiert und die relative Feuchte von Kaltluft gering ist, nimmt die Wolkenbildung im so genannten Rückseitenwetter rasch ab.

Auf dem Weg der Zyklone nach Osten holt die schnellere Kaltfront die Warmfront allmählich ein, weil die Warmluft bei den Aufgleitvorgängen an Bewegungsenergie verliert. Letztlich wird der Warmluftsektor in der Okklusion (Aufeinandertreffen von Kalt- und Warmfront) ganz vom Boden abgehoben und kühlt in der Höhe aus. Der Tiefdruckwirbel verliert damit an Eigendynamik, Kondensation und Niederschlagsbildung nehmen ab, die Zyklone stirbt. „Zyklonenfriedhöfe" sind Räume im Inneren der Kontinente, die daher kaum Frontalniederschläge erhalten.

Das antizyklonale Wettergeschehen
Großräumige und länger anhaltende Hochdruckwetterlagen über Europa bilden sich durch Vorstöße von Polar- oder Subtropikluftmassen. Aber auch die Druckpumpe des Jetstream kann Antizyklonen erzeugen, die wie die dynamisch entstandenen Zyklonen mit der Westströmung weitergeführt werden. In allen drei Fällen sind die Wettererscheinungen gleich: Die Absinkbewegung im Hoch führt zur Erwärmung der Luftmassen, zu Verdunstung und damit zur Wolkenauflösung. Strahlender Son-

98.1 Zyklone über Großbritannien

DIE DYNAMIK DER ATMOSPHÄRE

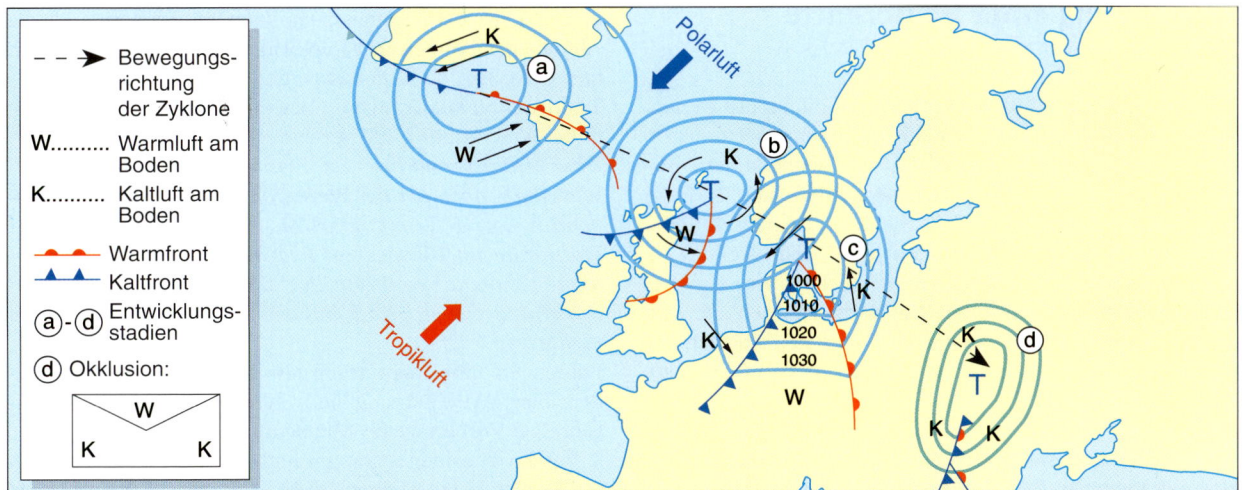

99.1 Bewegung und Entwicklung einer Zyklone

nenschein bzw. sternenklare Nächte mit strahlungsbedingter Abkühlung und teilweise Bildung von Bodennebel bzw. Bodenfrost im Winter sind die Folgen. Wegen der aus dem Hoch ausströmenden Luft können andere, mit der Westwindströmung herbeigeführte Luftmassen nicht in dessen Zentrum vordringen. Luftmassenfronten mit ihren typischen Erscheinungen bilden sich bei Antizyklonen daher nur in deren Randbereich.

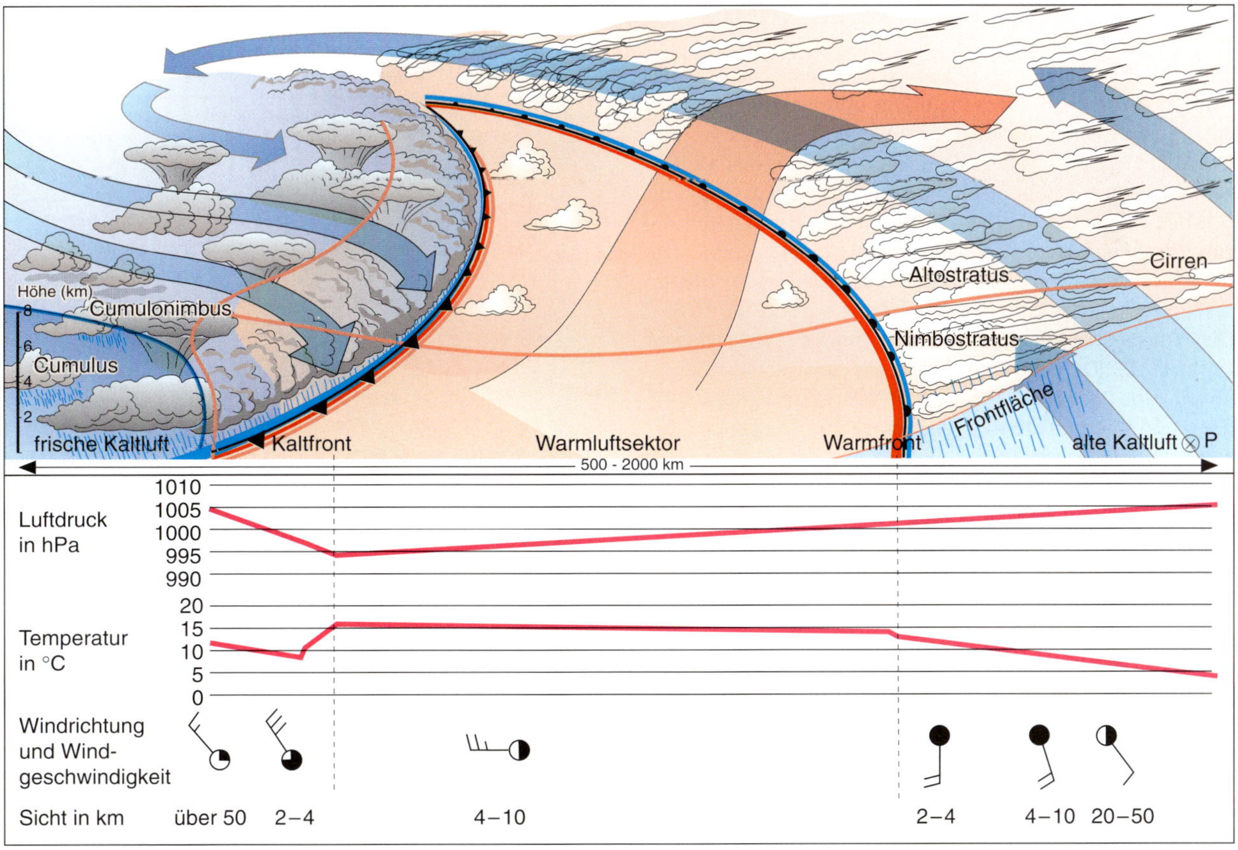

99.2 Durchzug einer Zyklone

GEO-EXKURS

Auswertung einer Wetterkarte

Ein wichtiges Hilfsmittel für Vorhersagen bilden die Wetterkarten, aus denen die Entwicklung bestimmter Wetterlagen mit charakteristischen Merkmalen, wie Temperaturen, Bewölkung, Regen, Wind u.a. abgeleitet werden kann. In England wurde 1848 die erste Wettermeldung telegrafisch übermittelt und 1851 ließ die Post auf der Weltausstellung in London tägliche Wetterkarten veröffentlichen. Eine tägliche Herausgabe von Wetterkarten gibt es in Deutschland seit dem 16. Februar 1876. Von Offenbach wird heute täglich ein einheitliches Amtsblatt des DWD (Deutscher Wetterdienst) herausgegeben.

Eine Wetterkarte stellt den Zustand der Atmosphäre zu einem bestimmten Zeitpunkt für ein bestimmtes Gebiet dar. Sie ist eine Momentaufnahme des Wetters, die eine vollständige Übersicht über die Wetterelemente, wie Temperatur, Bewölkung, Luftdruck, Niederschläge u.a. an zahlreichen Stationen des Beobachtungsgebietes enthält.

Die Meteorologen benötigen nicht nur die Wetterbeobachtungen aus dem eigenen Land. Es gibt weltweit ca. 10 000 Landstationen und zahlreiche Handels- und Passagierschiffe, die Wetterbeobachtungen zu festgelegten Zeiten durchführen. Außerdem werden sehr viele Daten von Wettersatelliten übermittelt. Die Informationen werden mit verschiedenen Zeichen auf Wetterkarten dargestellt. Dabei gibt es Bodenwetterkarten, wie wir sie aus den Medien kennen, sowie Höhenwetterkarten, in denen man im 500-hPa-Niveau den Verlauf der Frontalzone und damit die vorherrschende Wetterlage (Abb. 100.1) ablesen kann. Die Auswirkungen dieser Wetterlage auf das konkrete Wettergeschehen erkennt man in der Bodenwetterkarte (Abb. 101.1). Die Angaben beziehen sich immer auf den angegebenen Tag (z.B. 31. Dezember 1993) und die angegebene Uhrzeit (00.00 Uhr Weltzeit). Um eine Bodenwetterkarte richtig lesen und interpretieren zu können, sind im Folgenden Arbeitsschritte angegeben:

1. Aus der räumlichen Verteilung der Luftdruckgebilde und dem Verlauf der Isobaren (Linien gleichen Luftdrucks) lassen sich die weitere Entwicklung der Wetterlage und die Lage Mitteleuropas zu den Hoch- und Tiefdruckgebieten ablesen.
Wetterbestimmend für Mitteleuropa wird ein Tiefdruckgebiet über der Nordsee (990 hPa), dem voraussichtlich weitere aus dem Raum Island (980 hPa) folgen werden. Das südliche Mitteleuropa und ganz Südeuropa stehen unter dem Einfluss von Hochdruck mit 1030 hPa. Über Mitteleuropa liegt damit ein Bereich starker Luftdruckänderung. Welche Druckgebilde sind für Nordeuropa bestimmend?

2. Die Lage der Fronten zum Betrachtungsraum und die Abfolge der Fronten im Druckfeld lassen Schlüsse über Art und Bewegung der Luftmassen und damit Voraussagen über Temperaturveränderungen, Bewölkung, Niederschlagsbildung, Windrichtung und -geschwindigkeit zu.
Über Mitteleuropa liegt das Frontensystem einer Zyklone. Warschau, noch vor der Warmfront liegend, hat eine Temperatur von 1°C. Frankfurt/M., nach Überstreichen der Warmfront im Warmsektor liegend, hat 8°C. Die zur Zyklone gehörende Kaltfront liegt über dem Nordseeküstengebiet und bringt wieder kühlere Luft nach Mitteleuropa (Schleswig 3°C).
Führen Sie eine Auswertung hinsichtlich Bewölkung, Niederschlag, Windrichtung und -geschwindigkeit und dazugehöriger Vorhersage für Mitteleuropa durch.

3. Für die einzelnen Stationen sind durch Symbole Aussagen zu Lufttemperatur, Bewölkung, Art der Niederschläge, Windrichtung und -geschwindigkeit angegeben.
Station Frankfurt/M.: Lufttemperatur 8°C, wolkig, kein Niederschlag, Wind aus SW mit 40 km/h.
Führen Sie für die Stationen London, Schleswig, Paris und Warschau eine Stationsanalyse durch.

4. Werten Sie nach dem beschriebenen Algorithmus die Wetterkarte aus einer Tageszeitung aus. Nutzen Sie auch Informationen, die Sie über den Internet-Anschluss Ihrer Schule erhalten.

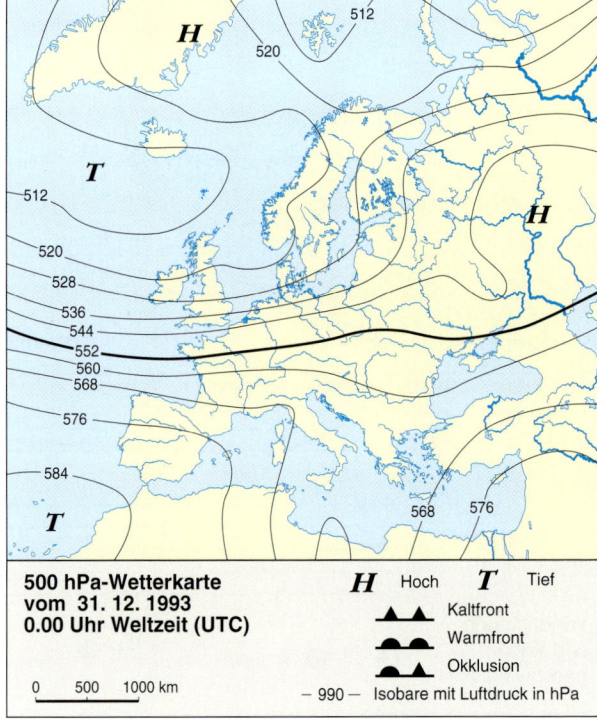

100.1 Höhenwetterkarte (31. Dezember 1993)

GEO-EXKURS

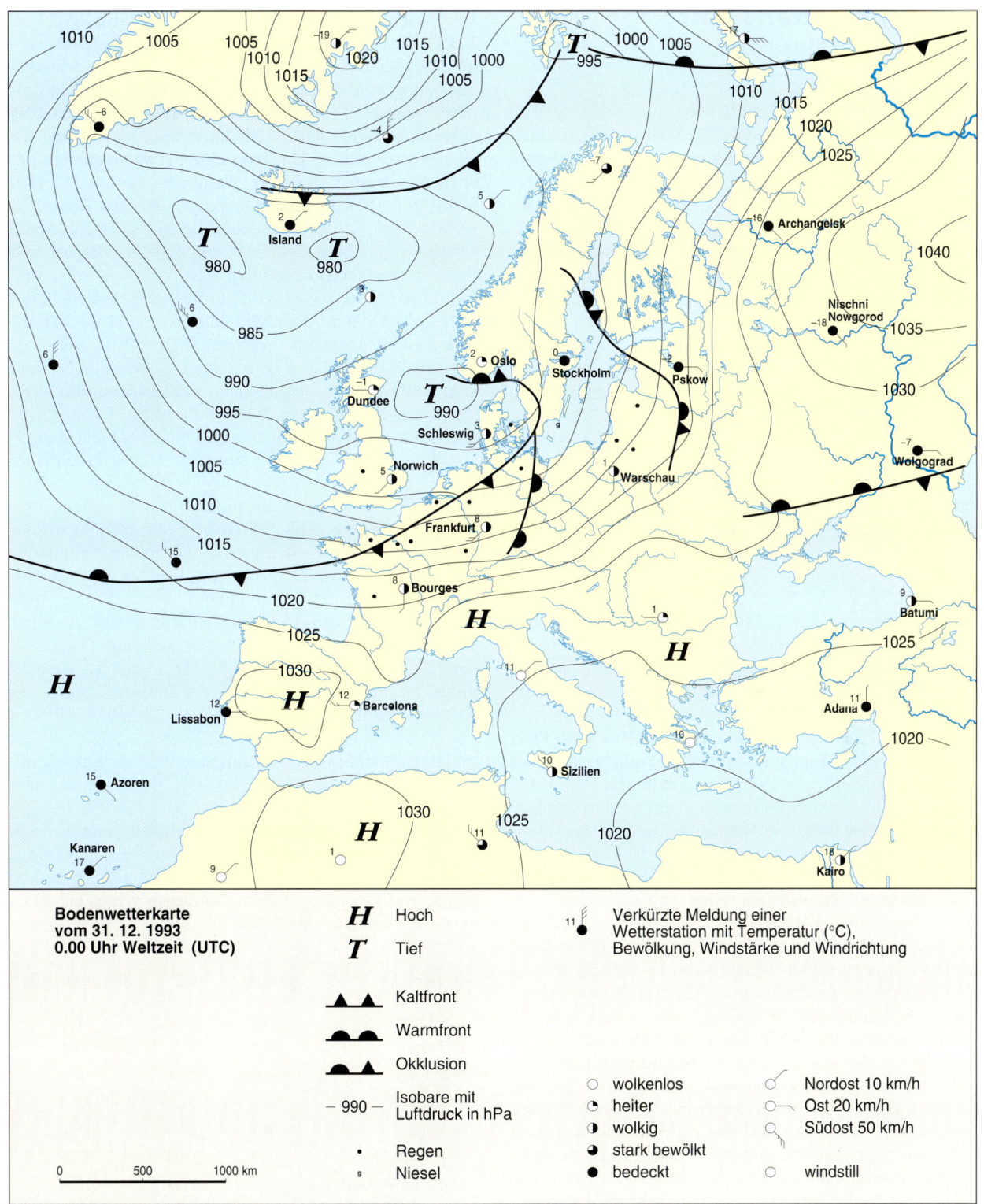

101.1 Bodenwetterkarte (31. Dezember 1993)

6.8 Großwetterlagen in Mitteleuropa

Jede Großwetterlage ist durch die Wirkung einer oder mehrerer Luftmassen gekennzeichnet, die entsprechend der Lage der planetarischen Frontalzone nach Europa herangeführt werden. Die einströmenden Luftmassen beeinflussen häufig die Temperaturen stärker als die direkte Einstrahlung durch die Sonne. Weiterhin werden die Bewölkungs- und Niederschlagsverhältnisse maßgeblich durch die Luftmassen bestimmt.

Nach den Ursprungsgebieten unterscheidet man zwischen Tropikluft, Polarluft, Arktikluft, Antarktikluft und Äquatorialluft. Äquatorialluft und Antarktikluft treten in den nördlichen mittleren Breiten nicht auf. Am häufigsten wird unser Wettergeschehen durch Tropikluft (warm) und Polarluft (kalt) bestimmt. Die Luftmassen unterscheiden sich noch dadurch, ob sie kontinentalen (trocken) oder maritimen (feucht) Ursprungs sind. Entsprechend der Jahreszeit ändern sich auch die Temperatureigenschaften der Luftmassen etwas (im Sommer wärmer, im Winter kälter).

Lage und Stärke des Jetstreams in der höheren Troposphäre bestimmen den Verlauf der planetarischen Frontalzone und steuern damit den Weg der großen Zyklonen und Antizyklonen. Aus der Höhenwetterkarte ist der Verlauf der planetarischen Frontalzone zu erkennen (z.B. Abb. 100.1).

Verläuft die Frontalzone annähernd von West nach Ost, herrscht also eine zonale (breitenkreisparallele) Zirkulation des Jetstreams vor, so werden Luftmassen vom Atlantik aus in westlicher Richtung nach Mitteleuropa transportiert. Es liegt eine Westwetterlage vor, die überwiegend zyklonales, sehr wechselhaftes Wetter mit Niederschlagsbildung und sommerlicher Kühle bzw. winterlicher Milde für Mitteleuropa bringt.

Bei vorherrschender Wellenzirkulation des Jetstream treten gemischte Zirkulationsformen auf. Je nach der Lage Mitteleuropas zu diesen Wellen kann bei NW-Strömung (NW-Wetterlage) feuchte, kühle maritime Polarluft oder bei SW-Strömung (SW-Wetterlage, Abb. 103.3) feuchte, warme maritime Tropikluft herangeführt werden.

Erreicht die Wellenzirkulation Nord-Süd-Richtung, entsteht eine meridionale Zirkulation. In diesem Fall können bei Nord-Süd-Verlauf der Frontalzone N- oder NO-Wetterlagen sehr kalte feuchte oder extrem kalte trockene Luftmassen aus der Arktis nach Mitteleuropa gelangen.
Verläuft die Frontalzone von Süd nach Nord, also bei S- bzw. SO-Wetterlagen, wird meistens sehr trockene und heiße Luft aus dem Mittelmeerraum bzw. Nordafrika herangeführt.

Eine besondere Wetterlage ist die Vb- oder Troglage (Abb. 103.1). Sie entsteht aus einem längere Zeit ortsfesten Tiefdruckwirbel über Oberitalien. Dabei wird warmfeuchte Luft aus dem Mittelmeerraum östlich der Alpen herangeführt. Für das östliche Mitteleuropa bedeutet das lang anhaltende und starke Niederschläge, die häufig zu Hochwasser führen. Die Bezeichnung Vb entstammt der alten Systematisierung des Wetterablaufs von W. VAN BERBER (1881), der fünf Hauptzugstraßen der Tiefdruckgebiete über Mitteleuropa beschrieb. Die Vb-Zugstraße verläuft von Oberitalien über den Balkan, Ungarn und Polen in das Gebiet des Ladogasees.

Führt die Frontalzone über Skandinavien hinweg, bildet sich südlich davon über Mitteleuropa ein Hoch heraus. Das Hochdruckgebiet verlagert sich häufig nur sehr langsam (Abb. 103.2). Das bedeutet für eine längere Zeit geringe Bewölkung sowie Niederschlagsarmut. Im Sommer kann es bei hohen Temperaturen zu Wärmegewittern kommen; im Winter treten durch intensive Ausstrahlung sehr niedrige Temperaturen und Hochnebel auf.

Bei einer Ostlage (Abb. 103.4) blockiert ein Hoch über Skandinavien die Westwindströmung, sodass den atlantischen Tiefdruckgebieten der Weg auf den Kontinent versperrt bleibt. Die Frontalzone verläuft über dem Mittelmeerraum. In Mitteleuropa kommt es zu einer Ostströmung, bei der polare Luftmassen aus Osteuropa herangeführt werden. Im Winter führt das zu strenger Kälte, im Sommer zu starker Erwärmung, jeweils bei Wolkenarmut und niederschlagsfreiem Wetter.

Im Jahresverlauf treten am häufigsten Westwetterlagen auf, wobei das Maximum im August liegt. Das bedeutet, dass ein regenreicher Sommer das „Normale" für Mitteleuropa darstellt. Ein sekundäres Maximum tritt im Dezember auf, wodurch es zu anhaltendem Tauwetter kommt. Es folgen Hochdruckwetterlagen, die hauptsächlich im September, Januar und Februar auftreten. Nordlagen zeigen ein deutliches Maximum im April, Mai und Juni.

Wetterlage	Januar	Juli	Jahresverlauf
SW-Lage	6,2	1,0	2,8
W-Lage	24,0	28,4	25,1
NW-Lage	8,8	17,4	9,2
N-Lage	11,1	16,0	16,2
O-Lage	18,1	10,0	16,0
Zentrales Hoch	17,6	15,2	17,3
restliche Wetterlagen	14,2	12,0	13,4

102.1 Durchschnittliche Häufigkeit (%) der Hauptwetterlagen über Mitteleuropa (1890–1950)

DIE DYNAMIK DER ATMOSPHÄRE

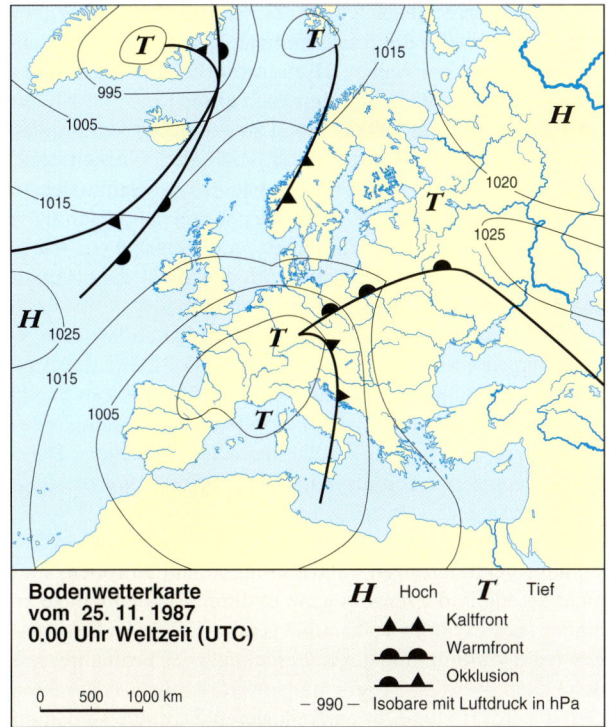

103.1 Vb- oder Troglage (25.11.1987)

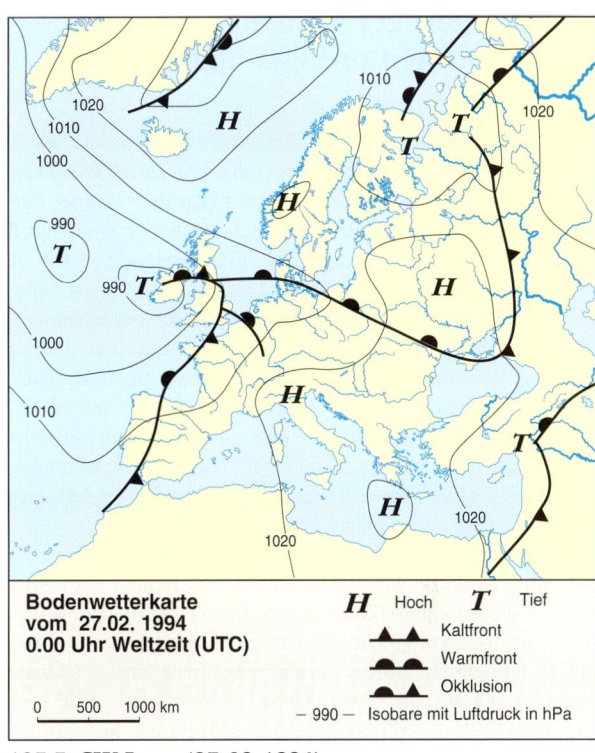

103.3 SW-Lage (27.02.1994)

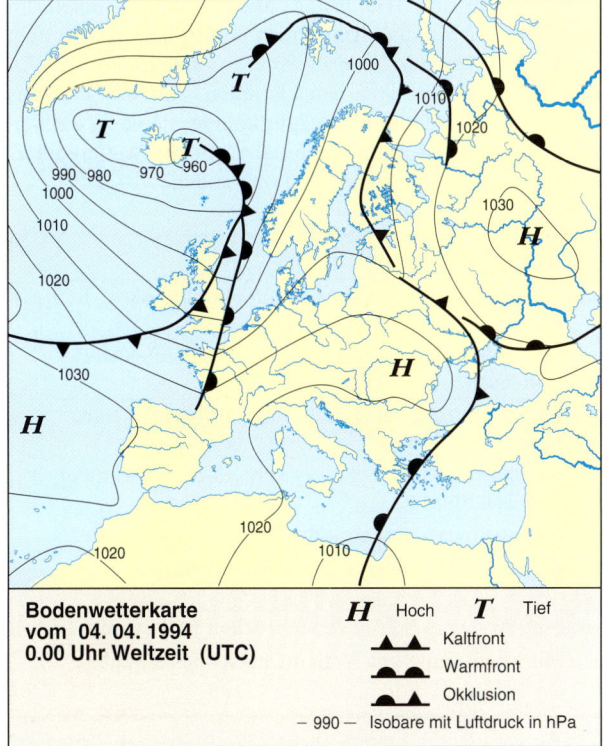

103.2 Hoch über Mitteleuropa (04.04.1992)

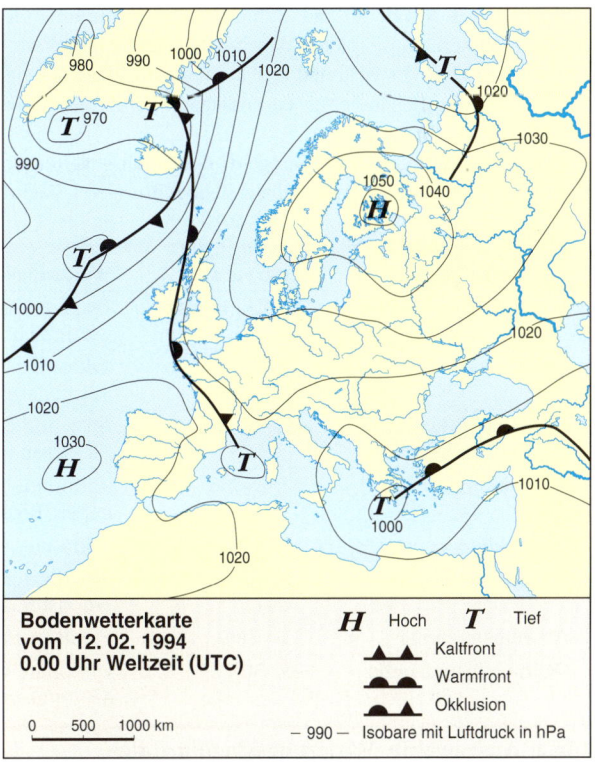

103.4 O-Lage (12.02.1994)

GEO-EXKURS

Hundertjähriger Kalender, Bauernregeln und Witterungssingularitäten

Nach dem 30-jährigen Krieg entstand der Hundertjährige Kalender, dessen Existenz einem verhängnisvollen Irrtum zu verdanken ist. Der fränkische Abt Mauritius Knauer beobachtete über 7 Jahre hinweg (1652–1659) das Wetter und schrieb seine Beobachtungen auf. Eine Abschrift der Aufzeichnungen gelangte im Jahre 1700 an einen geschäftstüchtigen Erfurter Buchhändler, der unter dem Namen „Hundertjähriger Kalender" diese Aufzeichnungen damals zum meistverbreiteten und viel gelesenen Buch machte. Beim Druck sind aber viele Wettervorhersagen durcheinander geraten. Der Text ist zudem eine unvollständige und sehr fehlerhafte Wiedergabe der ursprünglichen Aufzeichnungen. Dennoch genießt dieses meteorologisch praktisch nutzlose Werk bis heute eine gewisse Popularität.

Immer schon beobachtete der Mensch das Wettergeschehen, sammelte Erfahrungen und brachte sie in Regeln zum Ausdruck (Bauernregeln). Die meisten dieser Regeln eignen sich nicht als Wetterprognose, geschweige denn als Voraussage für die kommende Jahreszeit oder ein ganzes Jahr. Die Übereinstimmungen von eigenartigem Tierverhalten und bestimmten Wettermerkmalen bezieht sich immer nur auf das gerade stattfindende Wetter, nicht auf das zu erwartende. Das Absteigen der Gebirgsschafe bei Aufgleitbewölkung ist weiter nichts als das Reagieren der Schafe auf die zunehmende Luftfeuchtigkeit, da die Haare der Schafe sehr feuchtigkeitsempfindlich sind. Es bedeutet auf keinen Fall, dass sie ein zu erwartendes Regenwetter voraussagen, denn das kann genauso gut auch ausbleiben.

Manche so genannten „Bauernregeln" sind nichts weiter als willkürliche Verbindungen zufälliger Beobachtungen („Ziehn die Vögel vor Michael [29.9.], blickt von fern der Winter scheel." „Je größer die Ameisenhügel, je straffer des Winters Zügel.") oder beinhalten „Binsenwahrheiten" („Oktobersonne kocht den Wein und füllt auch große Körbe ein."). Oft beruhen sie auf der Beobachtung so genannter Witterungssingularitäten („Pankratius [12.5.] hält den Nacken steif, sein Harnisch klirrt von Frost und Reif." „Ist Sankt Regine [7.9.] warm und wonnig, bleibt das Wetter lange sonnig.") Andere sind schalkhaft formuliert und amüsant zu lesen, wie: „Ist der April auch noch so gut, er schneit dem Bauern auf den Hut."

Im Zusammenhang mit dem durchschnittlichen Witterungsablauf spielen Singularitäten eine große Rolle. Bei der Auswertung sehr langer Beobachtungsreihen konnte man häufig wiederkehrende Zeiten mit besonderer Erwärmung oder Abkühlung (Wärme- und Kälterückfälle) feststellen. Diese Zeitabschnitte werden als Singularitäten oder Wetter- bzw. Witterungsregelfälle bezeichnet.

Diese mehr oder minder festen Zeitpunkte, an denen bestimmte Veränderungen im Witterungsablauf auftreten, sind nicht so eng und streng an ganz bestimmte Kalendertage zu binden, wie es oft im Volksmund getan wird. So ist beispielsweise die Verknüpfung der Kälterückfälle des Frühjahrs mit den Daten der „Eisheiligen" nur soweit richtig, als dass diese Daten stellvertretend für einen längeren Zeitraum stehen, in dem Großwetterlagen mit Kältezufuhr nach Mitteleuropa (NW- bis N-Lagen) statistisch dominieren.

Mit relativ großer Häufigkeit und Sicherheit treten im Jahresgang 12 bis 15 Singularitäten in Erscheinung, die zum mittleren Witterungsablauf in Mitteleuropa gehören. Die in Abb. 104.1 aufgezeigten Singularitäten sind das Ergebnis einer Mittelbildung. Im Einzeljahr können sie völlig ausbleiben. Deshalb sind die Singularitäten für die Wettervorhersage nur mit größter Vorsicht zu verwenden.

Bezeichnung	Zeitraum	Wetterlage und Witterungsmerkmale
Hochwinter	15.–26. Januar	Hochdruckwetterlagen (78 %) mit Zufuhr sehr kalter kontinentaler Luft, wenig Schnee
Aprilwetter	April	zyklonale NW- und N-Lagen, z. T. Vb-Lagen, sehr wechselhaftes Wetter mit Schauern und Sonnenschein
Eisheilige (Mamertus, Pankratius, Servatius)	11.–13. Mai	NW- und N-Lagen mit Zufuhr sehr kalter Luft, Kälterückfälle, Gefahr für Obstbaumblüte
Spätfrühling	22.5.–2.6.	kontinentale Hochdrucklagen (80 %), Schönwetterperiode mit sommerlichen Tagen und kalten Nächten
Schafskälte	12.–14.6.	zyklonale W- und NW-Lagen verursachen kühles, regnerisches Wetter
Hundstage	um den 10.8.	Hochdruckwetterlagen mit großer Wärme und Trockenheit (letzte Hochsommerphase)
Altweibersommer	23.–30.9.	Hochdruckwetterlagen (76 %) mit Schönwetter, trocken und warm
Weihnachtstauwetter	23.–30.12.	zyklonale W-Lagen mit Erwärmung (im Westen Deutschlands häufiger als im Osten)

104.1 Ausgewählte Witterungssingularitäten

DIE DYNAMIK DER ATMOSPHÄRE

A 1 Erklären Sie die Entstehung von Wolken. Gehen Sie dabei auf die Unterschiede zwischen Cumulus- und Stratuswolken ein.

A 2 Erklären Sie die beiden Vorgänge der Niederschlagsbildung und charakterisieren Sie die Niederschlagsarten (Abb. 89.3).

A 3 Erläutern Sie Entstehung, Merkmale und Auswirkungen des Föhn.

A 4 Beschreiben Sie die Entstehung von Gewittern.

A 5 Erläutern Sie die Begriffe stabile und labile Schichtung sowie Schichtung mit Inversion. Finden Sie Auswirkungen von häufig auftretenden Inversionswetterlagen z. B. für die Entwicklung der touristischen Infrastruktur in den Alpentälern.

A 6 Erklären Sie das Kerzenexperiment (Abb. 92.1). Übertragen Sie Ihre Erklärung auf die Vorgänge in der Natur.

A 7 Erläutern Sie das Land-Seewind-System (Abb. 88.1).

A 8 Warum dreht sich eine so genannte Weihnachtspyramide?

A 9 Erklären Sie mithilfe Ihrer Kenntnisse über den Strahlungshaushalt der Erde die Entstehung von Gebieten mit Energieüberschuss und Energiedefizit auf der Erde.

A 10 Erläutern Sie die Entstehung der planetarischen Frontalzone (Abb. 94.2).

A 11 Erläutern Sie die Coriolisablenkung für ein Luftpaket, welches auf der Südhalbkugel vom Äquator polwärts bewegt wird.

A 12 Begründen Sie ein altes Windgesetz (Buys-Ballot): „Wenn man auf der Nordhalbkugel mit dem Rücken zum Wind steht, befindet sich links vorne tiefer Druck, rechts hinten hoher Druck."

A 13 Erklären Sie die Mechanismen des Ausgleichs der Energieunterschiede auf der Erde (Abb. 95.2, 97.1). Gehen Sie dabei auf das Mäandrieren des Westwindstrahlstromes ein.

A 14 Beschreiben und begründen Sie die Verteilung der Luftdruckgebiete und Windgürtel der Erde im März und September (Abb. 97.2).

A 15 Erläutern Sie die Pump-Saug-Wirkung des Jetstreams und die Entstehung dynamischer Druckgebiete (Zyklone, Antizyklone).

A 16 Erläutern Sie den „Lebenslauf" (Geburt, Entwicklung, Alterung, Tod) einer Polarfrontzyklone (Abb. 99.1).

A 17 Beschreiben Sie, wie ein Beobachter in Punkt P (Abb. 99.2) das nachfolgende Wettergeschehen erlebt. Berücksichtigen Sie dabei Temperaturverlauf, Wind, Niederschlag und Sicht.

A 18 Vergleichen Sie zyklonales und antizyklonales Wettergeschehen.

A 19 Begründen Sie das Entstehen von Bodennebel im Winter bei antizyklonalem Wetter.

A 20 Zeichnen Sie in eine Umrisskarte von Europa die Herkunftsgebiete sowie die Zugrichtungen der Luftmassen ein, die das Wetter in Mitteleuropa beeinflussen.

A 21 Beschreiben Sie die Lage der Druckgebilde sowie die Witterungsverhältnisse in Abb. 103.1–4.

A 22 Welche Wettererscheinungen sind an die Westwetterlagen im August gebunden?

A 23 Wodurch sind Hochdruckwetterlagen im September gekennzeichnet?

A 24 Welche Bedeutung hat die Bezeichnung Vb-Lage und welche Witterungserscheinungen sind an sie gebunden?

A 25 Stellen Sie die prozentuale Häufigkeit der Wetterlagen in Mitteleuropa in einem Kreisdiagramm dar (Abb. 102.1). Interpretieren Sie.

A 26 „Hundertjähriger Kalender – Scharlatanerei oder Wahrheit?" Nehmen Sie dazu Stellung.

A 27 Erklären Sie den Zusammenhang zwischen Witterungssingularitäten und Bauernregeln. Geben Sie selbst weitere Beispiel für Bauernregeln an.

A 28 Informieren sie sich auf der Internetseite www.dwd.de/forecasts/ über die derzeitige Wetterlage in Mitteleuropa und schlussfolgern sie daraus auf das Witterungsgeschehen in Ihrem Heimatgebiet in den nächsten Tagen. Informieren Sie sich über den Service des Deutschen Wetterdienstes und die verschiedenen Vorhersagemöglichkeiten. Gehen Sie dabei auf die Angebote für Allergiker ein.

DIE DYNAMIK DER ATMOSPHÄRE

6.9 Wettergeschehen in den Tropen

Passatzirkulation

In den Tropen ist das Wetter im Vergleich zu den mittleren Breiten großräumig weitaus gleichförmiger und wechselt weniger rasch. Es wird v. a. bestimmt von der Passatzirkulation (Abb. 106.1), die in Bodennähe durch den Luftdruckgegensatz zwischen den subtropisch-randtropischen Hochdruckgebieten und der äquatorialen Tiefdruckrinne angetrieben wird.

Durch die starke Erwärmung kommt es in dem äquatornahen Gürtel von thermischen Tiefs (= äquatoriale Tiefdruckrinne) zu raschen und hoch reichenden Vertikalbewegungen der feuchtheißen, labil geschichteten Tropikluft. Diese erreicht bei außerordentlich turbulenter Thermik bereits in 1000–1500 m ihr Kondensationsniveau, wird aber durch die bei der Kondensation frei werdenden großen Mengen von latenter Wärme meist bis zur Obergrenze der Troposphäre hochgetrieben. Dazu saugen die häufig in Gruppen (Clustern) mit einem Durchmesser von 100 oder mehr Kilometern auftretenden Wolkentürme feuchte Warmluft aus einem weiten Umkreis an. Da warme Luft sehr viel Wasserdampf speichern kann, sind die aus diesen Gewitterwolken (Cumulonimbus) fallenden Platzregen außerordentlich heftig: Sie betragen am Tage 100 mm und mehr und setzen mit großer Regelmäßigkeit am Nachmittag ein. Im Jahresverlauf erreichen sie ihre höchste Intensität, wenn die Sonne im Zenit steht (Zenitalregen). Zwischen den Gewitterwolken verhindern jedoch kräftige, zum Massenausgleich notwendige Abwinde die Niederschlagsbildung. Auch in den immerfeuchten Tropen regnet es daher nicht überall jeden Tag.

Die kräftige Konvektion führt unterhalb der Tropopause zu einem Luftmassenüberschuss, einem Höhenhoch. Von dort strömen die Luftmassen polwärts. Durch die Coriolisablenkung entsteht dabei ein Westwind (Antipassat). Teilweise sinken bereits in niederen Breiten aus dem Antipassat Luftmassen ab und fließen zurück Richtung Äquator. Aus ihnen entwickelt sich durch die Coriolisablenkung ein Wind aus östlichen Richtungen, der so genannte Urpassat, dessen Luftmassen sich beim Absinken zunehmend erwärmen.

Andere Luftmassen des Antipassats sinken im Bereich der Wendekreise ab und schließen als bodennahe, beständig wehende Winde (Nordost-/Südostpassat, ital.: passata = Überfahrt) die Zirkulation der tropischen Hadley-Zelle. Entsprechend ihrer Herkunft aus den subtropisch-randtropischen Hochdruckzellen ist diese nur 1–2 km mächtige Passatgrundschicht eine sehr warme, wolken- und niederschlagsarme Strömung. In ihr kommt es selbst über dem Meer zunächst nicht zur Niederschlagsbildung, weil die dafür notwendige hoch reichende Konvektion durch die so genannte Passatinversion unterbunden wird. Diese durch die absinkende Passatoberschicht entstehende Temperaturumkehr begrenzt die Passatgrundschicht nach oben. Die großräumige Absinkbewegung ist eine Folge der Flächendivergenz. Da sich wegen der Kugelgestalt der Erde die Abstände zwischen den Meridianen zum Äquator hin vergrößern, müssen die Luftmassen eine immer größer werdende Grundfläche überdecken: Ein bestimmtes Luftvolumen verbreitet sich daher äquatorwärts immer mehr, schrumpft dabei jedoch in seiner vertikalen Erstreckung. Dadurch wird von oben immer mehr Luft angesaugt. Äquatorwärts steigt der „Inversionsdeckel" aber allmählich an, weil die Luftmassen der Grundströ-

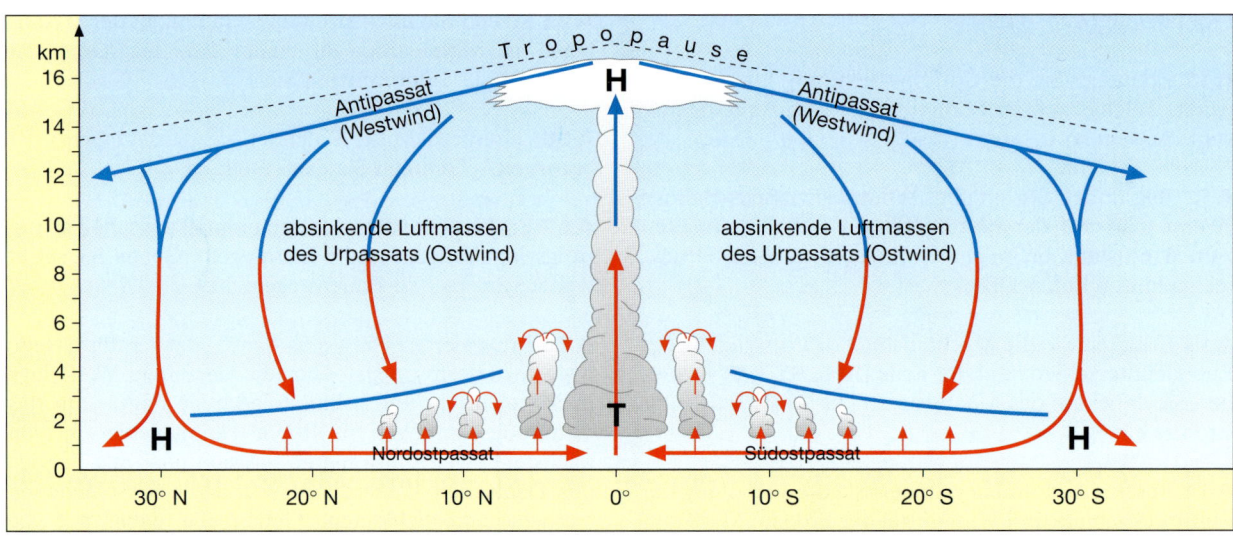

106.1 Passatzirkulation

DIE DYNAMIK DER ATMOSPHÄRE

mung vom Boden her zunehmend aufgeheizt werden und immer mehr Wasserdampf aufnehmen. Schließlich reicht die angesammelte Energie aus, um die Inversionsschicht zu durchbrechen, zunächst nur lokal, äquatorwärts dann immer großflächiger. Die Konvektionsvorgänge werden zudem begünstigt durch die wegen des geringer werdenden Luftdruckgegensatzes allmählich abflauende Horizontalbewegung.

In dieser „Auslaufzone" der Passate werden lokal entstehende Hitzetiefs rasch wieder aufgefüllt, da die Luftmassen wegen der in Äquatornähe sehr geringen Corioliskraft direkt vom Hoch zum Tief fließen. Die meist schwachen und rasch abflauenden Winde strömen daher aus allen Richtungen in das Tief ein („umlaufende Winde" oder „Mallungen", niederdeutsch mall = unberechenbar). In früheren Zeiten der Segelschifffahrt war diese wegen ihrer Windarmut auch „Kalmen" (franz. calme = ruhig) genannte Zone ebenso gefürchtet wie die z.T. völlig windstillen Kerngebiete der subtropisch-randtropischen Hochdruckzellen, die „Rossbreiten". Hier wurden Segelschiffe oft solange in einer Flaute festgehalten, bis die Vorräte für die mitgeführten Pferde aufgebraucht waren und die Tiere notgeschlachtet werden mussten.

Sind die Passatströmungen beider Halbkugeln stärker ausgebildet, konvergieren ihre Luftmassen in einer etwa 100–200 km breiten Zone. Diese „Innertropische Konvergenzzone" (ITC) entspricht der äquatorialen Tiefdruckrinne.

Wie alle Luftdruck- und Windgürtel verlagern sich auch die Einzelbereiche der Passatzirkulation mit dem jahreszeitlichen Wechsel des Sonnenstands. Für die davon betroffenen Regionen ergibt sich daraus ein markanter jahreszeitlicher Wechsel von Trockenzeiten (Passateinfluss) und Regenzeiten (Einfluss der ITC). Direkt am Äquator setzen sich die Regenzeiten aber nur als besonders niederschlagsreiche Zeiten während des zweimaligen Zenitstandes der Sonne von dem die täglichen Niederschläge bringenden Konvektionsgeschehen ab. Richtung Wendekreis verschmelzen die zunächst zwei Regenzeiten zu einer. Die Dauer der Regenzeit verkürzt sich, die Niederschlagssummen werden insgesamt geringer. Zugleich wächst aber die für die wechselfeuchten Tropen typische Variabilität der Niederschläge hinsichtlich Menge sowie räumlicher und zeitlicher Verteilung.

Über den Ozeanen wandert die ITC 6–8 Breitengrade nördlich oder südlich des Äquators, über den Kontinenten dagegen bis zu 20. Die Passatströmungen der jeweils anderen Halbkugel müssen daher mehr oder weniger großräumig den Äquator überqueren. Beim Übertritt wirkt auf sie die Coriolisablenkung aber in eine andere Richtung als zuvor: Äquatornah entstehen dadurch Winde aus vorwiegend westlicher Richtung (äquatoriale Westwinde). Dieses einfache Grundmuster von trockenen Randtropen, wechselfeuchten und immerfeuchten Tropen zeigt regional markante Abwandlungen durch

- Steigungsniederschläge, die bei auflandigem Passat Küstengebirge ganzjährig bis in die Randtropen befeuchten (Ostküsten von Südamerika, Afrika),
- monsunale Effekte, Starkniederschläge im Zuge von El Niño oder im Bereich häufiger tropischer Wirbelstürme,
- die von den Außertropen abweichende Vertikalverteilung der Niederschläge in tropischen Gebirgen.

Hinzu kommen gelegentlich auftretende, bis in die Randtropen reichende Vorstöße außertropischer Kaltluft („Nortes" in der Karibik, „friagems" oder „Pamperos" in Brasilien), die typische Frontalniederschläge erzeugen.

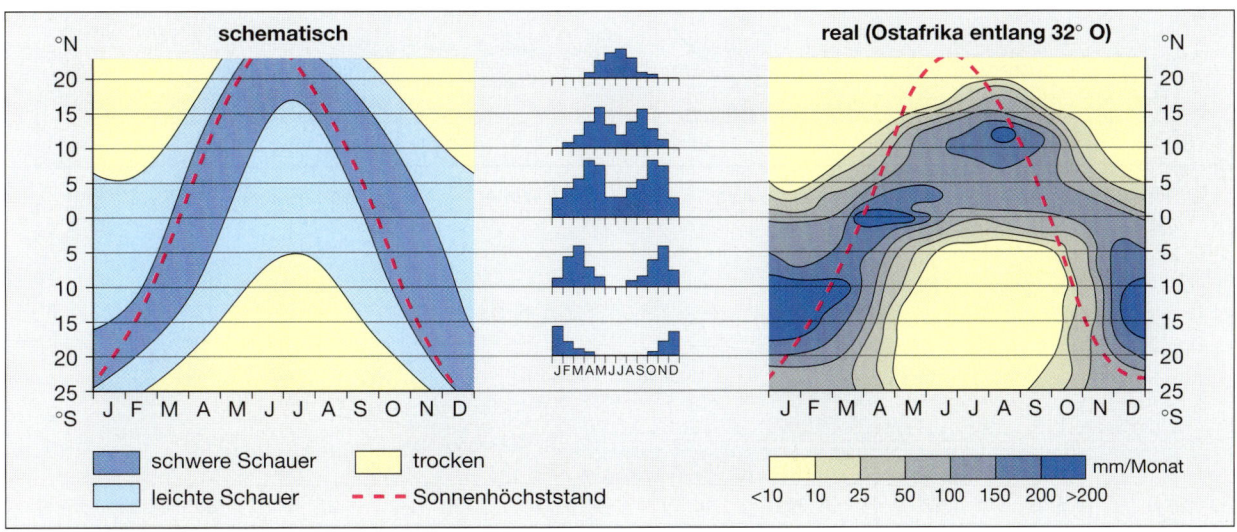

107.1 Wanderung der Konvektionszone und der Niederschlagsbereiche

DIE DYNAMIK DER ATMOSPHÄRE

Monsunzirkulation

Die Monsunzirkulation kann als Sonderfall der Passatzirkulation betrachtet werden. Sie bildet sich überall dort aus, wo ausgedehnte Landmassen am Rande und große Wasserflächen im Zentrum der Tropen liegen. Besonders im Bereich des indischen Subkontinents, aber auch in Südostasien, an der Guineaküste Westafrikas und – in abgeschwächter Form – auf der Südhalbkugel werden die Landmassen im Sommer stark aufgeheizt. Im Bereich der Indus- und Gangesebene bildet sich dadurch ein kräftiges Hitzetief, das durch die großen Heizflächen der Hochebenen Innerasiens noch verstärkt wird. Der Luftdruck innerhalb dieses „Monsuntrogs" liegt noch tiefer als normalerweise in der äquatorialen Tiefdruckrinne. Die Passatströmung der Südhalbkugel wird daher über den Äquator hinweg in dieses Tief eingesaugt, das damit als eine weit nordwärts verlagerte ITC aufgefasst werden kann. Da der in Äquatornähe liegende Gürtel von thermischen Tiefs jedoch erhalten bleibt, spricht man auch von einer „Aufspaltung der ITC" in einen nördlichen (NITC) und südlichen Ast (SITC).

Durch die auf der Nordhalbkugel nach rechts gerichtete Coriolisablenkung wird aus dem Südostpassat nach Überquerung des Äquators eine südwestliche Strömung, der Südwest- oder Sommermonsun. Auf seinem langen Weg über den warmen Indischen Ozean nimmt er durch Verdunstung große Wasserdampfmengen auf und trifft mit feuchtheißer, labil geschichteter Äquatorialluft auf den erhitzten indischen Subkontinent. Die über Land rasch einsetzende Konvektion führt zu heftigen Niederschlägen, welche im Luv z. B. der Westghats oder des Himalaja noch durch Steigungsniederschläge verstärkt werden können. Die Stationen Mamsynram und Cherapunji im Khasi-Gebirge verzeichnen mit 11 407 mm bzw. 10 869 mm die weltweit höchsten Niederschlagssummen.

Die Wintermonate werden über Indien von einer entgegengesetzten Luftmassenströmung beherrscht, dem Nordostmonsun. Er entspricht dem Nordostpassat. Seine Luftmassen entstammen dem umfangreichen Kältehoch, das sich im Winterhalbjahr durch die Auskühlung Sibiriens und der Hochflächen Innerasiens bildet. Beim Absteigen in die Gangesniederung erwärmt sich die Luft und ihre relative Feuchte sinkt. Auf ihrem weiteren Weg über den indischen Subkontinent vermischt sie sich mit der absinkenden trockenen Luft der Passatoberschicht. Die sich dadurch ausbildende Passatinversion verhindert über dem ganzen Land hoch reichende Konvektionen. Die Zeit des Nordostmonsuns (Wintermonsun) ist daher extrem niederschlagsarm. Überquert der Nordostmonsun jedoch Wasserflächen wie den Golf von Bengalen, kann er dort Wasserdampf aufnehmen. Die

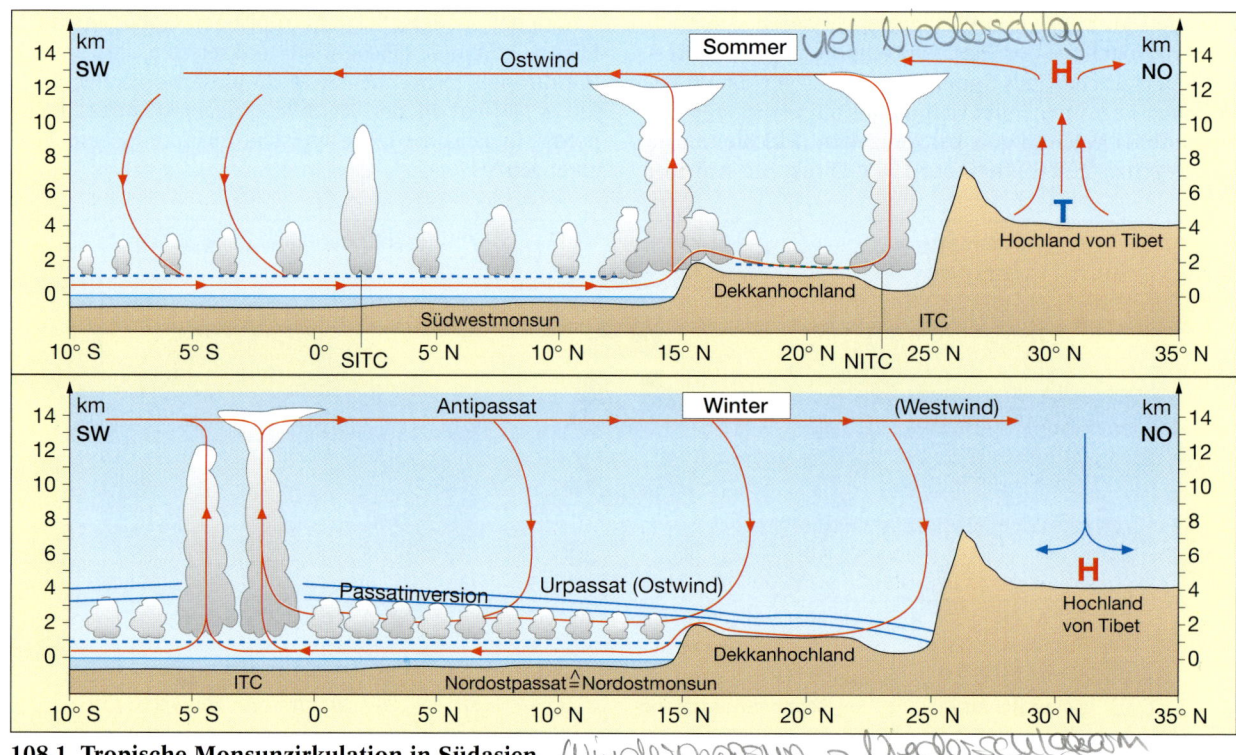

108.1 Tropische Monsunzirkulation in Südasien

DIE DYNAMIK DER ATMOSPHÄRE

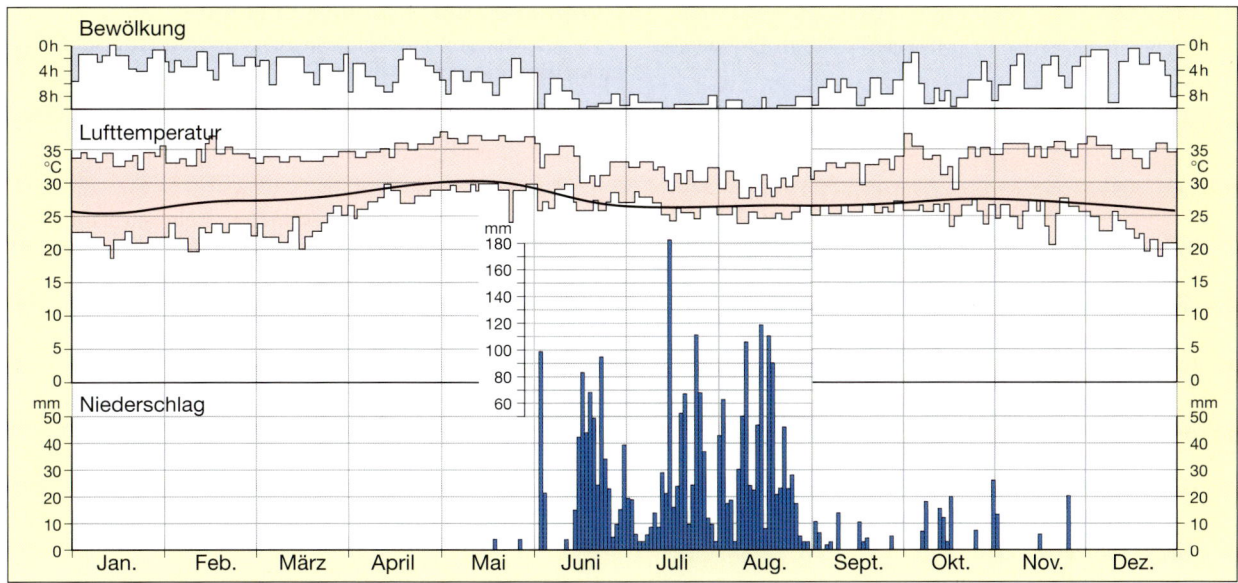

109.1 Typischer Wetterablauf im Monsunklima Indiens (Beispiel Goa)

Ostghats in Indien und die Nordostküste Sri Lankas erhalten dadurch auch im Winter Niederschläge.

Mit dem gegen Sommer steigenden Sonnenstand erhitzt sich dann der Subkontinent wieder stärker. Die dritte Jahreszeit Indiens, die Vormonsunzeit, ist daher durch steigende Hitze bei monatelanger Trockenzeit gekennzeichnet. Das erneute Eintreffen des Sommermonsuns wird deshalb in Indien sehnlich erwartet. Er ist allerdings nicht sehr „zuverlässig": Mal kommt er zu früh, mal zu spät, mal bringt er zu viel, mal zu wenig Niederschläge. Der Begriff Monsun leitet sich ab vom arabischen „mausim" = Jahreszeit. Arabische Seefahrer nutzten die jahreszeitlich wechselnden Winde für ihre Handelsfahrten zwischen den afrikanisch-arabischen und den indischen Küsten. Heute werden alle großräumigen Windpaare als Monsun bezeichnet, die durch zwei völlig unterschiedliche, je nach Jahreszeit aus entgegen gesetzten Richtungen kommende Luftmassenströmungen gekennzeichnet sind. In Westafrika besteht dieses Windpaar z. B. aus dem feucht-schwülen Südwestmonsun im Sommer und dem im Winter dominierenden Nordostpassat, der als „Harmattan" (Wüstenwind) Hitze, Trockenheit und Staub aus der Sahara mit sich führt.

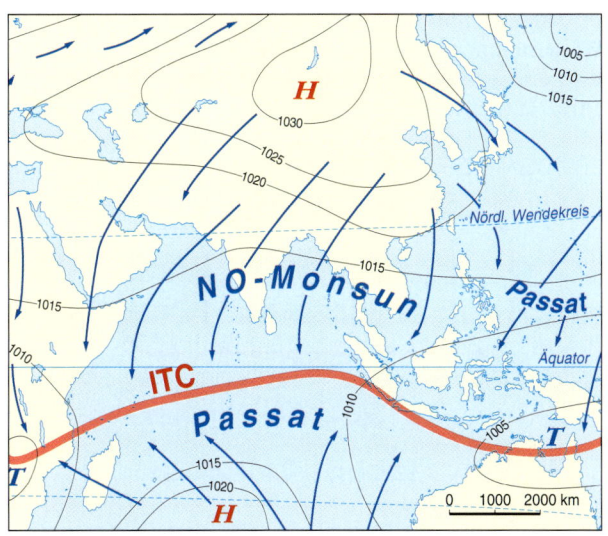 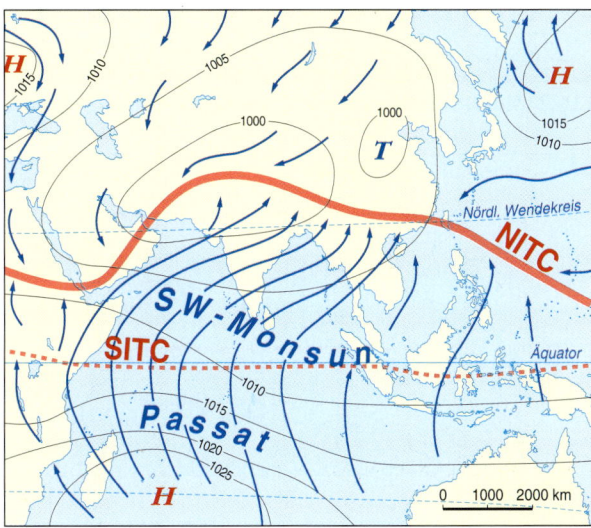

109.2 Winter- und Sommermonsun

DIE DYNAMIK DER ATMOSPHÄRE

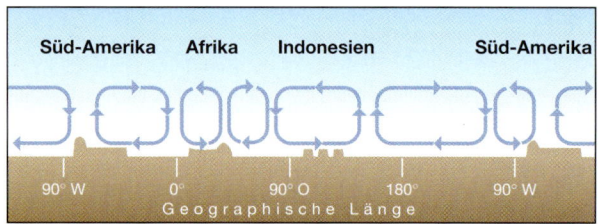

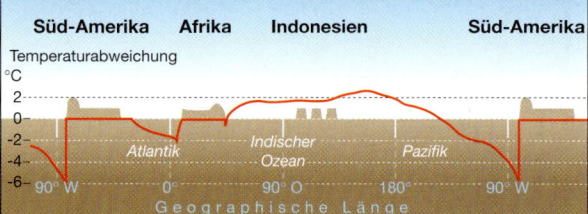

110.1 Walker-Zirkulation

Walker-Zirkulation und El Niño

Die überwiegend meridional ausgerichtete tropische Passatzirkulation, nach ihrem Entdecker auch HADLEY-Zirkulation genannt, wird von einer weiteren, überwiegend breitenkreisparallelen Zirkulation überlagert, die vom Briten Sir Gilbert WALKER, Leiter des India Meteorological Institute, 1904 entdeckt wurde. Zur Monsun-Vorhersage bezog er globale Faktoren mit ein und entdeckte u.a. die Southern Oscillation, den jahreszeitlich wechselnden Luftdruckgegensatz zwischen westlichem und östlichem Pazifik als Grundlage für die spätere Erforschung des El-Niño-Phänomens (Abb. 110.3).

Die **Walker-Zirkulation** besteht aus mehreren Zirkulationsrädern, die etwa in West-Ost-Richtung angeordnet sind (Abb. 110.1). Sie führen mit Nordost- und Südostpassat zu auflandigen Winden an der Ostseite der Kontinente und zu ablandigen Winden an deren Westseite. Ihnen entsprechen Meeresströmungen, die an der Westseite der Kontinente seewärts gerichtet sind. Aufquellendes Tiefenwasser senkt hier Meeres- und Lufttemperatur, absteigende Passatwinde verstärken die Passatinversion und führen zu beständiger Trockenheit. An der Ostküste hingegen liegen die Meerestemperaturen bei auflandigem Wind höher (Abb. 110.2). Aufsteigende Luft über den Kontinenten und Ausgleichsströmungen in der Höhe vervollständigen das Bild der Zirkulation.

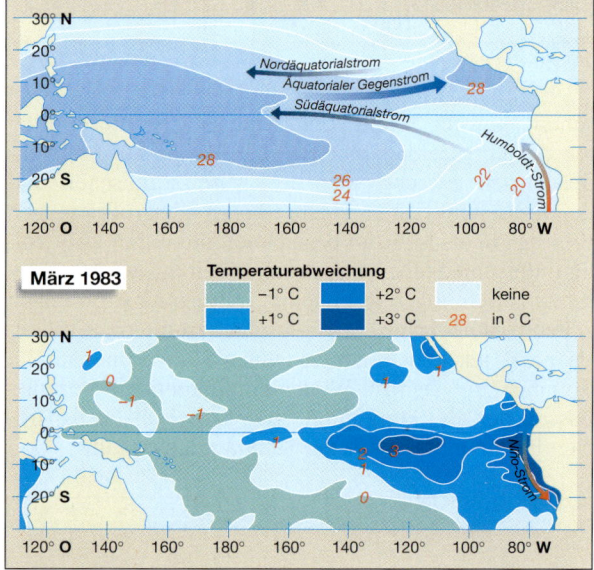

110.2 Meerestemperaturen, Normal-, El-Niño-Zustand

Am Beispiel des Humboldtstroms vor der Westküste Südamerikas kann die Wirkung der Walker-Zirkulation veranschaulicht werden. Große Wassermassen werden ständig nach Westen getrieben, kaltes Auftriebswasser mit hohem Sauerstoff- und Nährstoffgehalt ermöglicht reiche Fischgründe bei Wassertemperaturen um 20 °C. Im Westpazifik dagegen steigt der Meeresspiegel bei Wassertemperaturen um 28–30 °C um 40–50 cm an, während er vor der Westküste Perus um 20 cm sinkt (Abb. 110.2, 110.3).

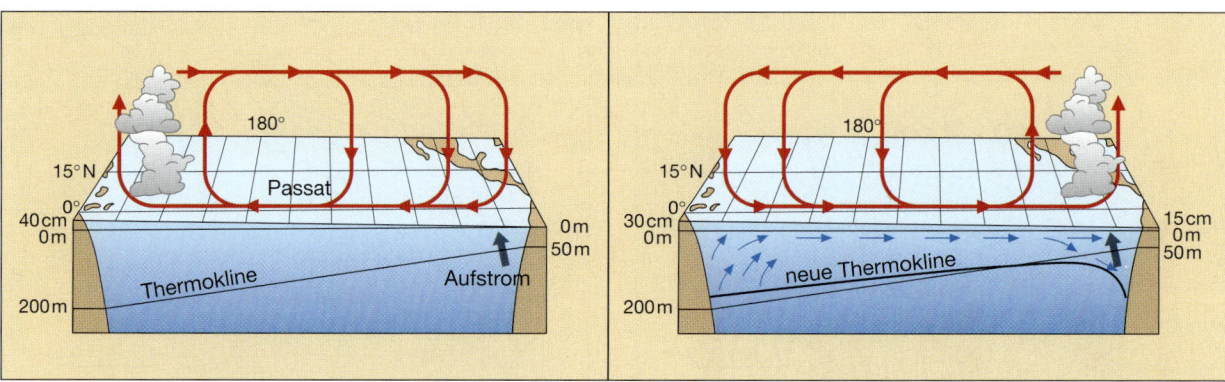

110.3 Southern Oscillation

DIE DYNAMIK DER ATMOSPHÄRE

Im Sommer der Südhalbkugel (Dezember bis Februar) verlagern sich die Druck- und Windgürtel südwärts. Dadurch verringert sich der Einfluss des SO-Passats an der Westküste Perus. Die ablandige Windströmung und der seewärts gerichtete kühle Humboldtstrom schwächen sich ab.

In Abständen von 4 bis 9 Jahren wird diese Abschwächung besonders stark und das **El-Niño-Ereignis** (Spanisch „el niño": der Knabe, das Christkind) tritt ein. Diese Bezeichnung haben die peruanischen Fischer dem Phänomen gegeben, da es zur Weihnachtszeit beginnt und sich in einem deutlichen bis katastrophalen Rückgang des Sardellenfangs bemerkbar macht. Haie, die sonst das kühle Meer vor Peru meiden, gehen gehäuft ins Netz.

Die Ursache für diese Erscheinungen liegt in der Ausgleichsbewegung der zuvor durch die starken Passate quasi schräggestellten, da nach Westen getriebenen Wassermassen am Äquator. Durch die Abschwächung der Passate entsteht nun eine äquatoriale, von West nach Ost gerichtete Meeresströmung. Diese bringt warmes Oberflächenwasser vor die Westküste Perus und überströmt das kalte Auftriebswasser (Abb. 110.3). In der Folge sinkt der Sauerstoffgehalt des Meereswassers, der Planktonbestand nimmt ab und die gesamte Nahrungskette wird gestört oder sogar zerstört.

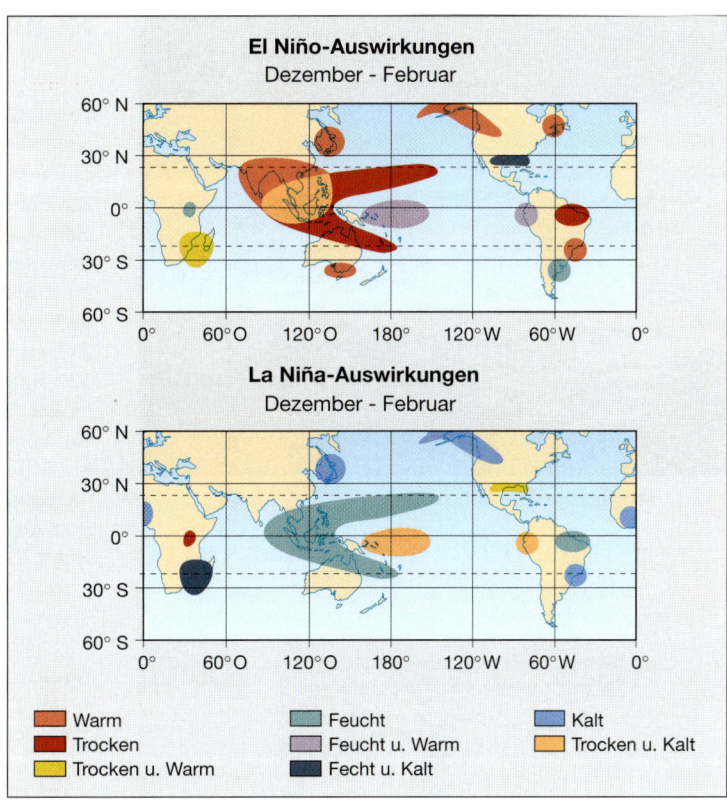

111.1 El-Niño- und La-Niña-Auswirkungen

Bei einem besonders starken El Niño kann das nun warme Wasser in Küstennähe zu Verdunstungs- und Konvektionsvorgängen führen. Dabei wird die Passatinversion durchbrochen, in der feuchtheißen Äquatorialluft entstehen starke Gewitter.

1983 fielen so auf den Galapagosinseln statt durchschnittlich 374 mm 3325 mm Niederschlag. Die Wüste Atacama verwandelte sich in eine blühende Landschaft, in der sogar Überschwemmungsschäden zu verzeichnen waren. Gleichzeitig litten die Ostküsten Indonesiens, Lateinamerikas und Afrikas unter Dürre.

Der El Niño von 1997/98 hatte noch größere globale Auswirkungen (Abb. 111.1). Erstmals konnte dieser El Niño vorhergesagt werden. So wurde die Entwicklung der Oberflächentemperaturen der Weltmeere auf der Grundlage von Satellitenmessungen verfolgt. Doch nicht nur die Temperaturmessungen gaben Hinweise, sondern auch Wolkenbilder von Wettersatelliten. Diese zeigten, dass sich – ausgehend von einem Warmwasserpolster – Wolkentürme über den äquatorialen Pazifik nach Osten zur peruanischen Küste schoben.

Inzwischen wurde auch La Niña entdeckt, eine besonders starke Abkühlung des Humboldtstromes vor der Westküste Südamerikas. Beim La-Niña-Phänomen verstärken sich die Passate und der Temperaturkontrast längs des Äquators im Pazifik verschärft sich. Infolgedessen bildet sich eine weit nach Westen reichende Kaltwasserzunge aus, und vor den Küsten Ostaustraliens und Südostasiens erhöhen sich die Wassertemperaturen. Das bedeutet erhöhte Niederschläge über dem westlichen Pazifik und Teilen Südostasiens, für das westliche Südamerika dagegen eine ungewöhnliche Trockenheit. Auch die globalen Auswirkungen sind erheblich. Neben den bereits genannten Auswirkungen im pazifischen Raum entstehen nach neueren Klimamodellen in La-Niña-Jahren mehr Hurrikane über dem Atlantik.

Alaska und Kanada erleben einen strengen Winter und in Kalifornien wird es außergewöhnlich trocken (Abb. 111.1).

www.elnino.noaa.gov
www.dwd.de/research/klis/produkte/monitoring/ensowzn/ensowzn.htm
www.dkrz.de/klima/elnino/elnino.html

GEO-EXKURS

112.1 Tropischer Wirbelsturm

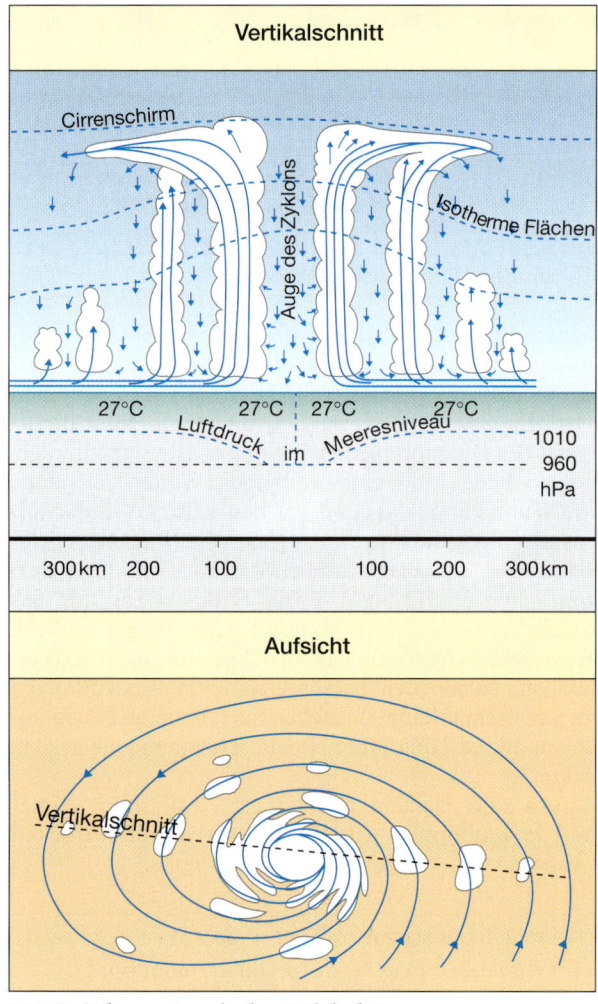

112.2 Schema tropischer Wirbelsturm

Regionalbeispiele

Tropische Wirbelstürme treten unter regional verschiedenen Namen über besonders warmen tropischen Meeren zwischen 3° und etwa 23° n.B. oder s.B. auf. **Hurrikans** in der Karibik und an der amerikanischen Südostküste haben die gleiche Gestalt und Ursache wie die **Zyklonen** im Golf von Bengalen, die **Taifune** Südostasiens oder die **Willy-Willies** im Nordwesten Australiens. Bei einem Durchmesser von 500–1000 km werden dicht um das windstille „Auge" des Zyklons Windgeschwindigkeiten von 150 km/h, in Böen bis 300 km/h erreicht, was auf dem Meer hohe Wellen mit großer Zerstörungskraft entstehen lässt. Voraussetzungen zur Entstehung sind:

- Die Temperaturen der Wasseroberfläche müssen über 27 °C liegen, damit genügend Wasser verdunstet. Denn nur wenn große Wasserdampfmengen kondensieren können, erhält der Zyklon genügend Kondensationsenergie, um damit starke Auftriebsvorgänge und große Windgeschwindigkeiten auszulösen und zu erhalten.
- Es muss ein lokales Bodentief als Initialzelle vorhanden sein.
- Die Coriolisablenkung muss eine gewisse Mindestgröße erreichen, damit beim Zusammenströmen der feuchten tropischen Luft in einem Bodentief nicht wie am Äquator sofort ein Druckausgleich stattfindet. Die Regionen mit der größten Häufung von Zyklonen liegen daher zwischen 12° und 15° n.B. oder s.B.
- Es dürfen keine stärkeren Höhenströmungen vorhanden sein, damit eine ungestörte vertikale Luftbewegung bis in große Höhen möglich ist.

Bei der Entstehung eines tropischen Wirbelsturmes strömt warme Luft mit hohem Wasserdampfgehalt spiralförmig in ein Bodentief ein. Da über der Wasseroberfläche kaum Bodenreibung vorhanden ist, erreicht sie jedoch nicht das Zentrum des Wirbels, sondern steigt bereits davor spiralförmig auf. Wird beim Aufstieg der Luft der Taupunkt erreicht, kondensieren gewaltige Mengen Wasser. Dadurch wird extrem viel Kondensationswärme frei, die den Auftrieb verstärkt. Folglich fällt auch der Druck in Bodennähe immer weiter und Druckausgleichswinde strömen immer schneller in diese sich durch Kondensationsenergie dynamisierende „Wettermaschine" ein. In der Höhe strömen die hinaufgerissenen Luftmassen auseinander. Im Auge des Zyklons und zwischen den spiralförmig angeordneten Wolkentürmen sinkt dagegen Luft ab, was als Kompensationsströmung zur Vermeidung eines noch größeren Unterdrucks erklärt werden kann. Beim Absinken der Luft lösen sich die Wolken auf. Daher ist im fast windstillen „Auge" des Zyklons der blaue Himmel sichtbar. Gerät ein Zyklon über Land, schwächt er sich bei nun trockenerer Luft ab, weil die nötige Kondensationsenergie abnimmt.

GEO-EXKURS

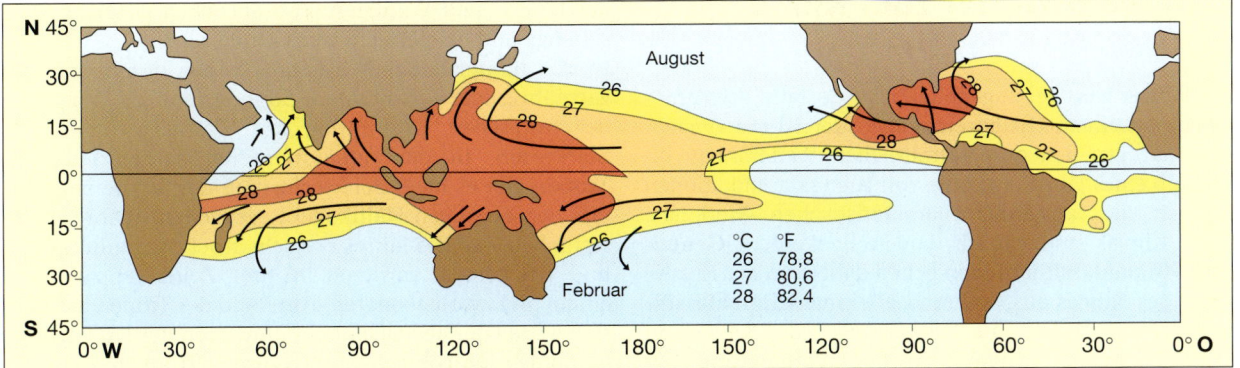

113.1 Wassertemperaturen im August bzw. Februar und Zugbahnen tropischer Wirbelstürme

A1 Erläutern Sie Entstehung und Merkmale der Passatzirkulation (Abb. 106.1).

A2 Begründen Sie die unterschiedlich weite Verlagerung der ITC über Kontinenten bzw. Ozeanen.

A3 Interpretieren Sie die Abbildung 107.1.

A4 Erläutern Sie Entstehung und klimatische Auswirkungen der Monsunzirkulation im Bereich des indischen Subkontinents (Abb. 108.1 und 109.2).

A5 Erklären Sie die Entstehung von El Niño und La Niña (S. 110/111).

A6 Beschreiben Sie die Abb. 111.1 und 111.2.

A7 Erläutern Sie die Genese und die räumliche Verteilung von tropischen Wirbelstürmen (u.a. Abb. 113.1).

A8 Vergleichen Sie die vertikale Niederschlagsverteilung in den Hochgebirgen der Tropen und Außertropen (Abb. 113.2).

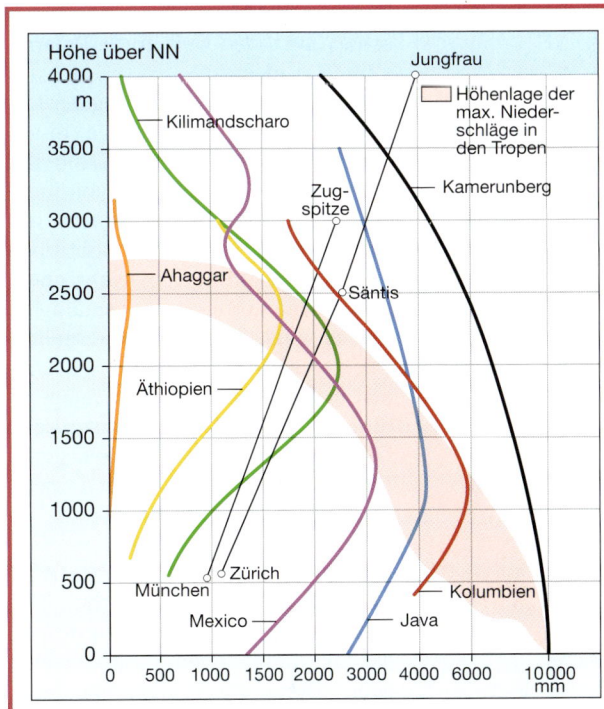

Die Niederschlagssummen nehmen in den tropischen Hochgebirgen zwar vom Fuß des Gebirges bis zu einer Höhenstufe maximaler Niederschläge zu, in den Höhenstufen darüber nehmen sie aber auch sehr deutlich wieder ab. Dies liegt daran, dass die Niederschläge in den Tropen fast ausschließlich thermisch, also durch Konvektion warmer Luftmassen, entstehen. Außerdem nimmt in den Tropen – im Gegensatz zu den Alpen – die Windstärke oberhalb von 1000 m ab. Deshalb ist die Zufuhr feuchter Luftmassen begrenzt. Mit zunehmender Luftfeuchtigkeit verlagert sich die Stufe des maximalen Niederschlags von größeren Höhen in den Randtropen zum Gebirgsfuß in den immerfeuchten inneren Tropen. In der Passatzone sind diejenigen Hochgebirge besonders niederschlagsreich, die über längere Zeit des Jahres quer zu einer feuchten Luftströmung liegen, wie z.B. Hawaii. In der außertropischen Westwindzone dominieren dagegen die Aufgleitniederschläge oder Steigungsregen, die durch ständige Zufuhr (Advektion) relativ warmer und feuchter Luftmassen entstehen. Bei diesem Advektionstyp der vertikalen Niederschlagsverteilung liegt die Höhenstufe des maximalen Niederschlags zwischen 3500 und 4000 m, da hier die horizontale Luftbewegung am stärksten ist.

113.2 Vertikale Niederschlagsverteilung in tropischen und außertropischen Hochgebirgen

6.10 Vom Wetter zum Klima

Als **Wetter** wird der augenblickliche Zustand der Atmosphäre an einem Ort bezeichnet. Unter **Klima** versteht man dagegen den durchschnittlichen Wetterablauf innerhalb eines Jahres. Mithilfe von Klimaklassifikationen können die langjährig charakteristischen Merkmale eines Klimas systematisch dargestellt werden. **Genetische Klimaklassifikationen** gehen dabei von der Entstehung des Klimas aus, während **effektive Klimaklassifikationen** den Effekt, die Auswirkungen des Klimas auf Landschaft und Lebewelt in den Vordergrund der Systematisierung stellen. Als Beispiel für eine genetische Klimaklassifikation, die mit wenigen Grundüberlegungen auskommt, sei die von W. WEISCHET vorgestellt: Die Beleuchtungszonen der Erde lassen drei große Zonen unterscheiden, nämlich die **Tropen** zwischen den Wendekreisen, die sich polwärts anschließenden **gemäßigten Breiten** und polwärts davon schließlich die **Polargebiete** jenseits der Polarkreise.

Innerhalb dieser Zonen ergibt sich wegen der jahreszeitlichen Verschiebung des Sonnenstandes eine Verlagerung der Druck- und Windgürtel. So entstehen ganzjährig beständige und halbjährlich wechselnde Klimate.

In den **immerfeuchten inneren Tropen** dominieren bei ganzjährig fast senkrechtem Sonnenstand die Vorgänge der tropischen Konvektion mit Wärmegewittern und Starkregen. In den äquatorferneren **sommerfeuchten Tropen** gibt es nach Senkrechtstand der Sonne im Sommer der jeweiligen Halbkugel Regenzeiten. Während der restlichen Zeit des Jahres herrscht Trockenzeit. Regenzeit und Trockenzeit variieren in ihrer Zeitdauer zwischen einem und zwölf Monaten. Am Rand der Tropen befindet sich wegen der absteigenden Luftmassen der Passatzirkulation das **subtropisch-randtropische Trockenklima.**

Außerhalb der Tropen folgen die Subtropen. An der Westseite der Kontinente liegen sie im Sommer im Einflussbereich des erwähnten Trockenklimas, im Winter dagegen im Einflussbereich des Westwindklimas der Mittelbreiten. Nach dem halbjährlich typischen Wechsel des Klimas wird es das Klima der **Winterregensubtropen** (= Mittelmeerklima) genannt. Polwärts folgt das **Westwindklima der Mittelbreiten** mit ganzjährig typischem Wechsel von Zyklonen und Antizyklonen, die mit der Westströmung nach Osten ziehen.

Das **Polarklima** der Polkappen wird durch ein Kältehoch im Winter und polare Ostwinde charakterisiert. Im Sommer können die außertropischen Zyklonen weit in die Polarregionen vordringen.

Eine weitere Differenzierung der Klimazonen erfolgt durch die unterschiedliche Verteilung von Land und Meer. An der Ostseite der Kontinente entstehen durch das Monsunsystem, welches bis in die Subtropen reicht, die **Sommerregensubtropen.** Im Kontinentinneren der gemäßigten Breiten entsteht das **Kontinentalklima der Mittelbreiten** mit Trockenheit und großen jährlichen Temperaturgegensätzen. Das **außertropische Ostseitenklima** hat ebenfalls große Temperaturgegensätze, aber vorwiegend sommerliche Feuchtigkeit.

Die so genannte Klimarübe (Abb. 114.1) zeigt diese genetischen Klimazonen auf einem Idealkontinent, der alle Landmassen auf dem jeweiligen Breitenkreis zusammenfasst. Auf den Einzelkontinenten wiederholt sich diese typische Verteilung der Klimazonen.

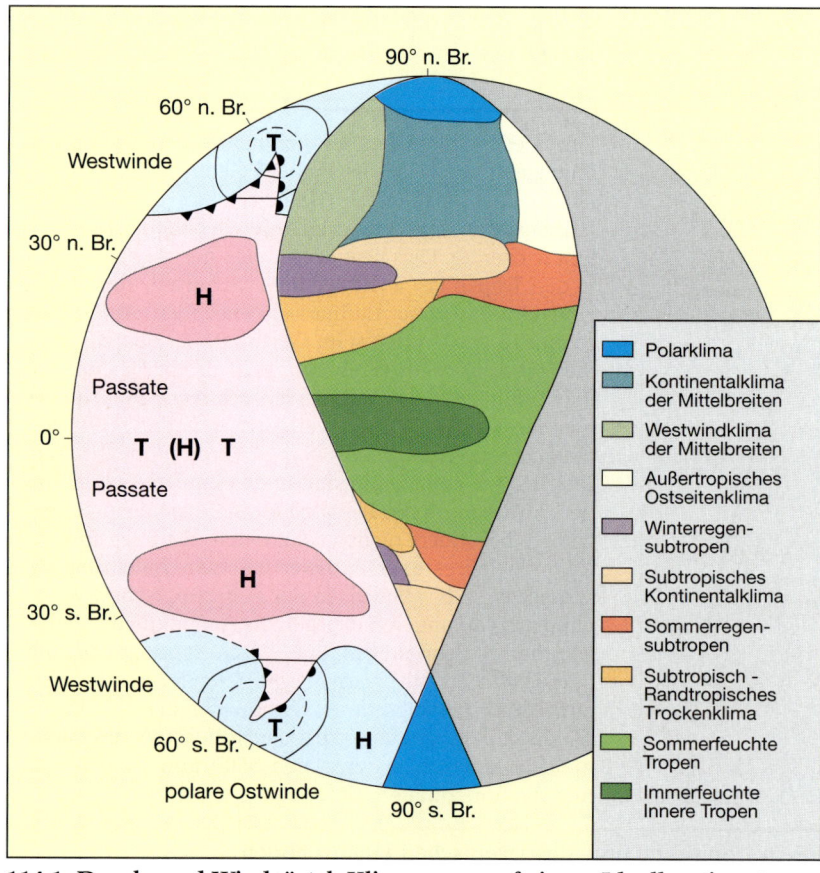

114.1 Druck- und Windgürtel, Klimazonen auf einem Idealkontinent

DIE DYNAMIK DER ATMOSPHÄRE

Wesentliche Ursache der Klimazonen sind die Druck- und Windgürtel der Erde:

Druckgürtel	Windgürtel
• polares Kältehoch	
	• polare Ostwinde
• subpolares Tief	
	• Westwinde der mittleren Breiten
• subtropisches Hoch	
	• Passate/Monsune
• innertropisches Tief	

Das Satellitenbild (Abb. 115.1) zeigt nicht das Klima, sondern nur die zur Zeit der Aufnahme sichtbare Ausprägung von Klimaelementen, eine Momentaufnahme des Wetters auf der Erde.

In Äquatornähe, in Zentral- und Westafrika, über dem äquatornahen Atlantik sowie im tropischen Südamerika sind deutlich die Haufen der thermischen Konvektionswolken zu erkennen, die zur Klimazone der immerfeuchten inneren Tropen gehören.

Südlich davon schließt sich noch innerhalb der Tropen eine Zone aufgelockerter einzelner Komplexe von Haufenwolken an, dies ist der Bereich der sommerfeuchten Tropen während der Regenzeit. Nördlich des Äquators findet sich die nahezu wolkenfreie Klimazone der sommerfeuchten Tropen zur Trockenzeit. Das subtropisch-randtropische Trockenklima ist auf der Nordhalbkugel im Bereich der Sahara sehr deutlich als wolkenarme Schönwetterzone zu erkennen, auf der Südhalbkugel ist diese Klimazone an der Südwestspitze Südafrikas zu sehen. Die Winterregensubtropen sind wie das Sommerregenklima ein jahreszeitlich wechselndes Klima.

In der Wintersituation auf der Nordhalbkugel sind im mittleren und östlichen Mittelmeerraum viele Wolken zu erkennen, auf der Südhalbkugel an der Südspitze Afrikas ist die gleiche Klimazone in der Sommersituation wolkenfrei. Polwärts schließt sich die Klimazone des Westwindklimas mit dem typischen Wetterbild von spiralförmig verwirbelten Wolkenfeldern der außertropischen Zyklonen an, zwischen denen wolkenarme Zonen, bedingt durch Zwischenhochs, zu erkennen sind. Das polare Klima schließlich und die außertropischen Ostseitenklimate sind nicht auf diesem Satellitenbild zu erkennen.

A1 Erklären Sie die Entstehung der bodennahen Druck- und Windgürtel auf der Erde.

A2 Beschreiben Sie die Verteilung der Klimazonen auf dem Idealkontinent (Abb. 114.1).

A3 Nennen Sie ganzjährig beständige bzw. die halbjährlich wechselnden Klimate (Abb. 114.1, Text) und begründen Sie deren Entstehung.

A4 Beschreiben Sie den Verlauf der ITC auf dem Satellitenbild (Abb. 115.1).

A5 Begründen Sie, weshalb es auf den tropischen Kontinenten eine breite Zone von tropischen Konvektionswolken gibt, über dem Meer jedoch nicht.

A6 Beschreiben Sie die im Satellitenbild erkennbaren Unterschiede im atmosphärischen Geschehen auf der Nord- und Südhalbkugel (Abb. 115.1).

A7 In welcher Jahreszeit ist das Satellitenbild aufgenommen worden? Finden Sie Indizien.

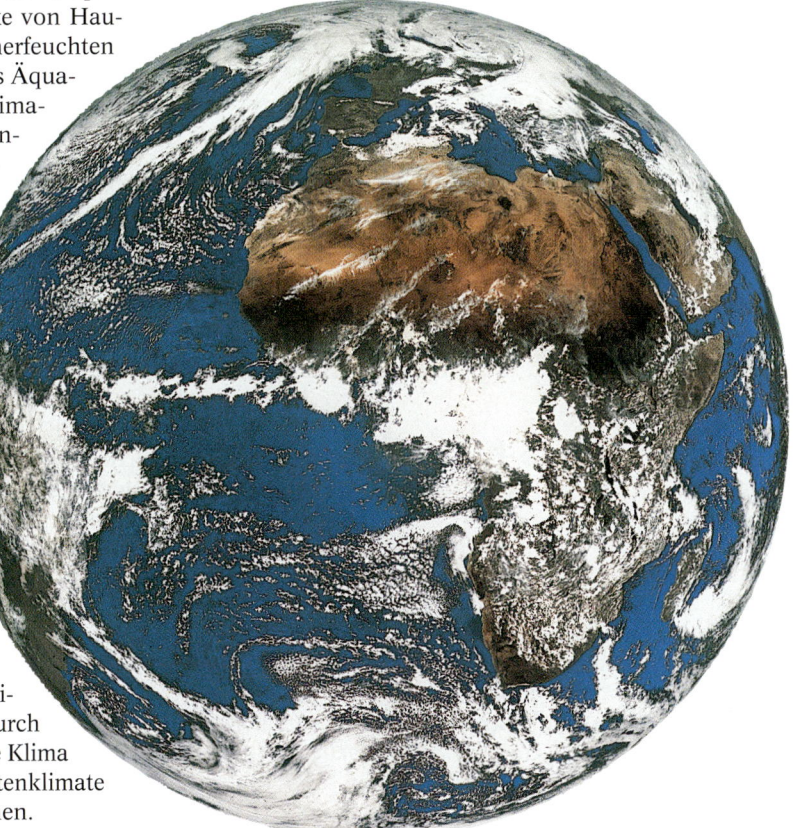

115.1 Satellitenbild (aufgenommen von METEOSAT in ca. 30 000 km Höhe)

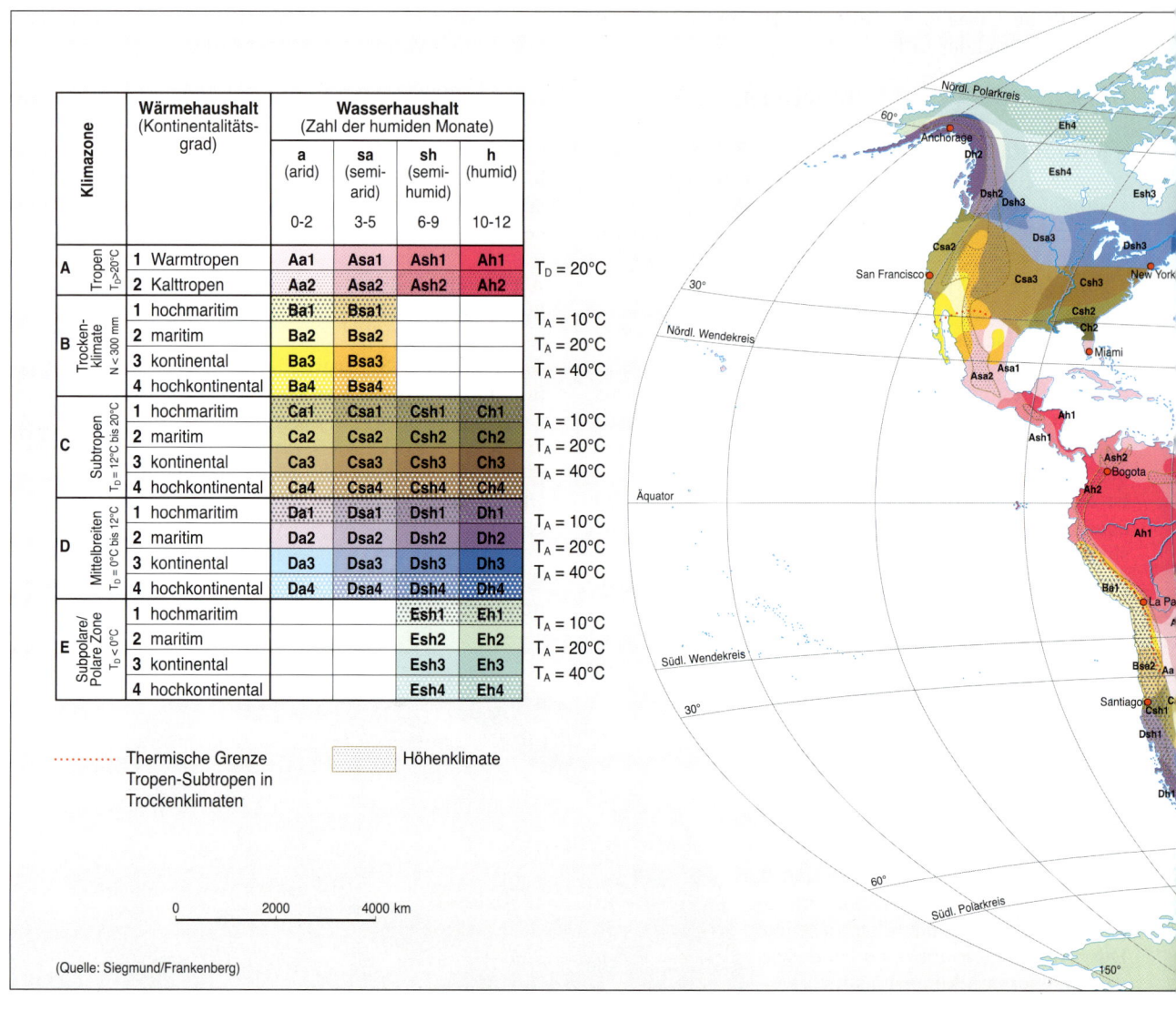

6.11 Effektive Klimaklassifikation

Ziel einer Klimaklassifikation ist die Abgrenzung möglichst einheitlicher Klimaregionen auf der Grundlage weltweiter Messungen verschiedener Klimaelemente. Die effektive Klimaklassifikation basiert auf der Kombination von Mittel- und Schwellenwerten, auch in ihrer jeweiligen zeitlichen Dauer. Früher wurden fast nur Temperatur und Niederschlag als weltweit am besten erfasste Klimaelemente herangezogen, heute nimmt man auch die potenzielle Landschaftsverdunstung dazu. Die Klimaelemente bestimmen sowohl die Verbreitungsmöglichkeiten der natürlichen Vegetation als auch das Agrarpotenzial in verschiedenen Regionen der Erde.

Mithilfe von Schwellenwerten kann die Erde in fünf große Klimazonen eingeteilt werden: Die ersten vier Zonen basieren auf den jährlichen Durchschnittstemperaturen als Schwellenwert: Tropen (> 20 °C), Subtropen (> 12–20 °C), Mittelbreiten (> 0–12 °C) und Subpolare/Polare Zone (≤ 0 °C). Während von den Tropen bis zu den Mittelbreiten das Wärmeangebot für das Pflanzenwachstum ausreicht, behindert bzw. verhindert Kälte in der Subpolaren/Polaren Zone das Pflanzenwachstum. In der fünften großen Klimazone ist nicht Temperatur-, sondern Wassermangel das entscheidende Hindernis für das Wachstum der Pflanzen: Die so genannten Trockenklimate werden durch einen Schwellenwert von weniger als 300 mm Niederschlag pro Jahr definiert und entsprechen der Verbreitung von Wüstengebieten auf der Erde.

DIE DYNAMIK DER ATMOSPHÄRE

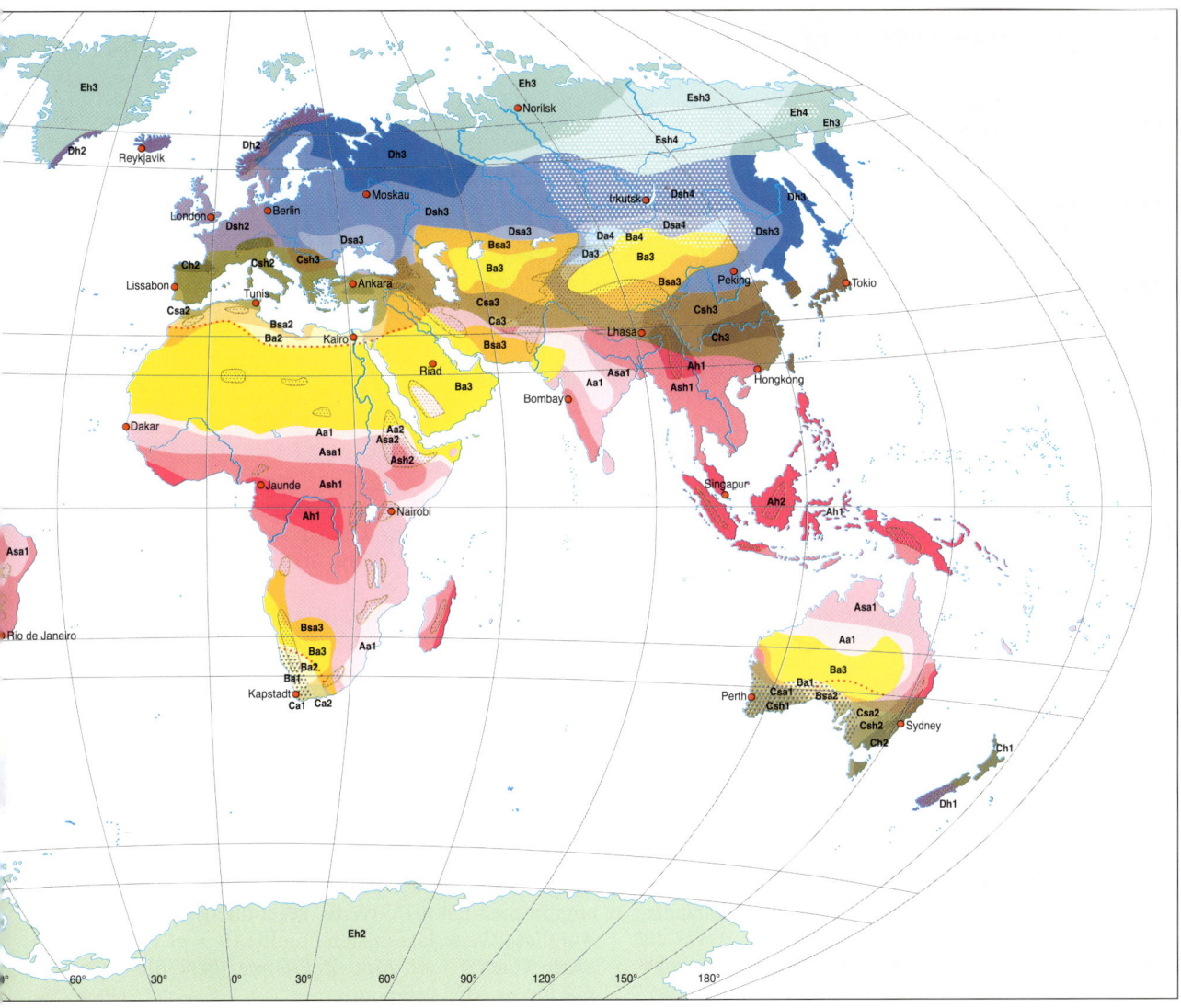

Die fünf großen Klimazonen lassen sich weiter in verschiedene Klimatypen unterteilen. Ausschlaggebend für die Unterteilung ist das Wasserangebot für die Vegetation, gemessen durch die Niederschläge und die Verdunstung in einer Region. Beide Parameter werden einander als monatliche Mittelwerte gegenüber gestellt, um so Feuchtigkeitsüberschüsse bzw. -defizite in ihrer zeitlichen Dauer zu erkennen. Die Verdunstungswerte beruhen auf der potenziellen Landschaftsverdunstung (pLV). Diese setzt sich zusammen aus der Verdunstung offener Wasserflächen und vegetationsfreier Böden (Evaporation) sowie aus der Transpiration von Pflanzen. Letztere hat den höchsten Anteil an der pLV. Je nach Vegetationstyp und -bedeckung einer Region kann die pLV durch Umrechnungsfaktoren aus den potenziellen Verdunstungsraten offener Wasserflächen ermittelt werden. Als humid gilt ein Zeitraum, wenn die durchschnittliche Niederschlagsmenge größer als die pLV ist (N ≥ pLV). Damit steht genügend Feuchtigkeit für das Pflanzenwachstum zur Verfügung. Ist dagegen der Niederschlag geringer als die pLV (N < pLV), so ist der entsprechende Zeitraum arid (trocken). Der Feuchtigkeitsmangel behindert bzw. verhindert dann das Wachstum von Pflanzen.

Eine weitere Feingliederung der Klimazonen erhält man durch die Jahresamplitude der monatlichen Durchschnittstemperaturen. Diese reicht von hochozeanisch (≤ 10 °C) über ozeanisch (≤ 20 °C) und kontinental (≤ 40 °C) bis hochkontinental (> 40 °C) und erfordert entsprechende Anpassungsformen der Vegetation und der Landwirtschaft an den Wärmehaushalt des Klimatyps.

DIE DYNAMIK DER ATMOSPHÄRE

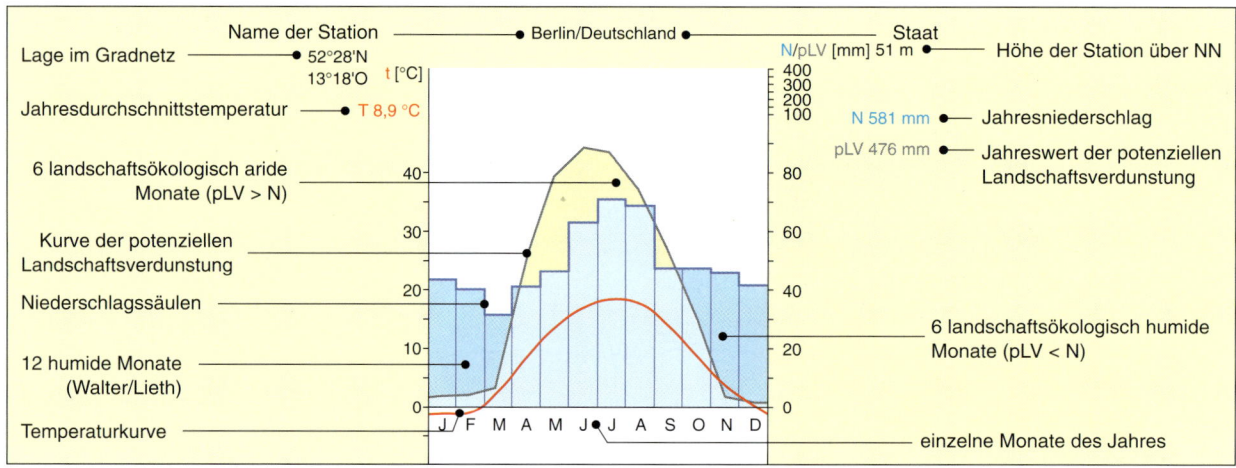

118.1 Klimadiagramm mit potenzieller Landschaftsverdunstung

6.12 Klimadiagramme – Steckbriefe des Klimas

Klimadiagramme stellen in einer übersichtlichen und einheitlichen Form die wichtigsten klimatischen Kennzeichen einer Station dar. Jedes Klimadiagramm baut sich aus drei Achsen auf. Die waagerechte gibt die einzelnen Monate des Jahres wieder. Auf der linken senkrechten Achse ist die Temperatur in Grad Celsius, auf der rechten der Niederschlag in Millimeter (= Liter/m²) eingezeichnet. In modernen Diagrammen ist rechts außerdem auch die potenzielle Landschaftsverdunstung (pLV) verzeichnet, die ebenfalls in Millimetern angegeben wird. Als zusätzliche Information sind neben dem Klimadiagramm die jährliche Durchschnittstemperatur sowie die mittleren Jahressummen des Niederschlags und der pLV der jeweiligen Station festgehalten. Darüber hinaus werden deren Name, das Land sowie ihre geographischen Koordinaten und die Höhe über NN angegeben. In Anlehnung an die früher weit verbreiteten Klimadiagramme nach WALTER/LIETH werden die Temperatur- und Niederschlagswerte auf den beiden senkrechten Achsen im Verhältnis 1:2 einander gegenübergestellt. 10 °C auf der Temperaturachse entsprechen demnach 20 mm auf der Niederschlagsachse, 20 °C entsprechen 40 mm usw. Damit lässt sich – wenn auch nur sehr grob – erkennen, ob in einem Monat humide oder aride Klimaverhältnisse herrschen. Liegt die Niederschlagssäule über der Temperaturkurve, so ist der Monat humid. Andernfalls ist das Klima arid. Physikalisch korrekter ist es jedoch, wenn den monatlichen Niederschlägen (N) direkt die entsprechenden pLV-Werte gegenübergestellt werden. Auf diese Weise lassen sich humide (N ≥ pLV) (dunkelblaue Fläche) und aride Zeiträume (N < pLV) (gelbe Fläche) exakter definieren.

1. Beschreibung der Lage des Ortes: Geographische Breite und Länge, Höhenlage; Lage zum Meer, Nähe zu Gebirgen usw.; Regionale Besonderheiten (Tal-, Hang-, Berglage, Landnutzung usw.)
2. Untersuchung der Temperaturwerte: Jahresdurchschnittstemperatur; Maximum/Minimum der Temperatur (Wert, Monat) sowie Besonderheiten im jahreszeitlichen Temperaturverlauf (z. B. Maximum vor/nach sommerlicher Regenzeit usw.); Jahresamplitude (Maximum-Minimum)
3. Untersuchung der Niederschlags- und pLV-Werte: Jahressummen; Maxima/Minima der Niederschläge (Regen- und Trockenzeiten) und der pLV (Werte, Monate); Anzahl und jahreszeitliche Verteilung der humiden und ariden Monate
4. Zuordnung der Station zu einer Klimazone und zu einem Klimatyp (Abb. S. 116): Jahresdurchschnittstemperatur und Jahressumme des Niederschlags > Klimazone; Anzahl humider/arider Monate und Jahresamplitude der Temperatur > Klimatyp
5. Erklärung möglicher Ursachen für die klimatischen Gegebenheiten des Ortes: Globale atmosphärische Zirkulation; Regionale/lokale Besonderheiten
6. Beurteilung der Auswirkungen der klimatischen Gegebenheiten auf die Böden, die natürliche Vegetation und die landwirtschaftlichen Nutzungsmöglichkeiten

118.2 Leitfaden zur Auswertung und Interpretation von Klimadiagrammen

DIE DYNAMIK DER ATMOSPHÄRE

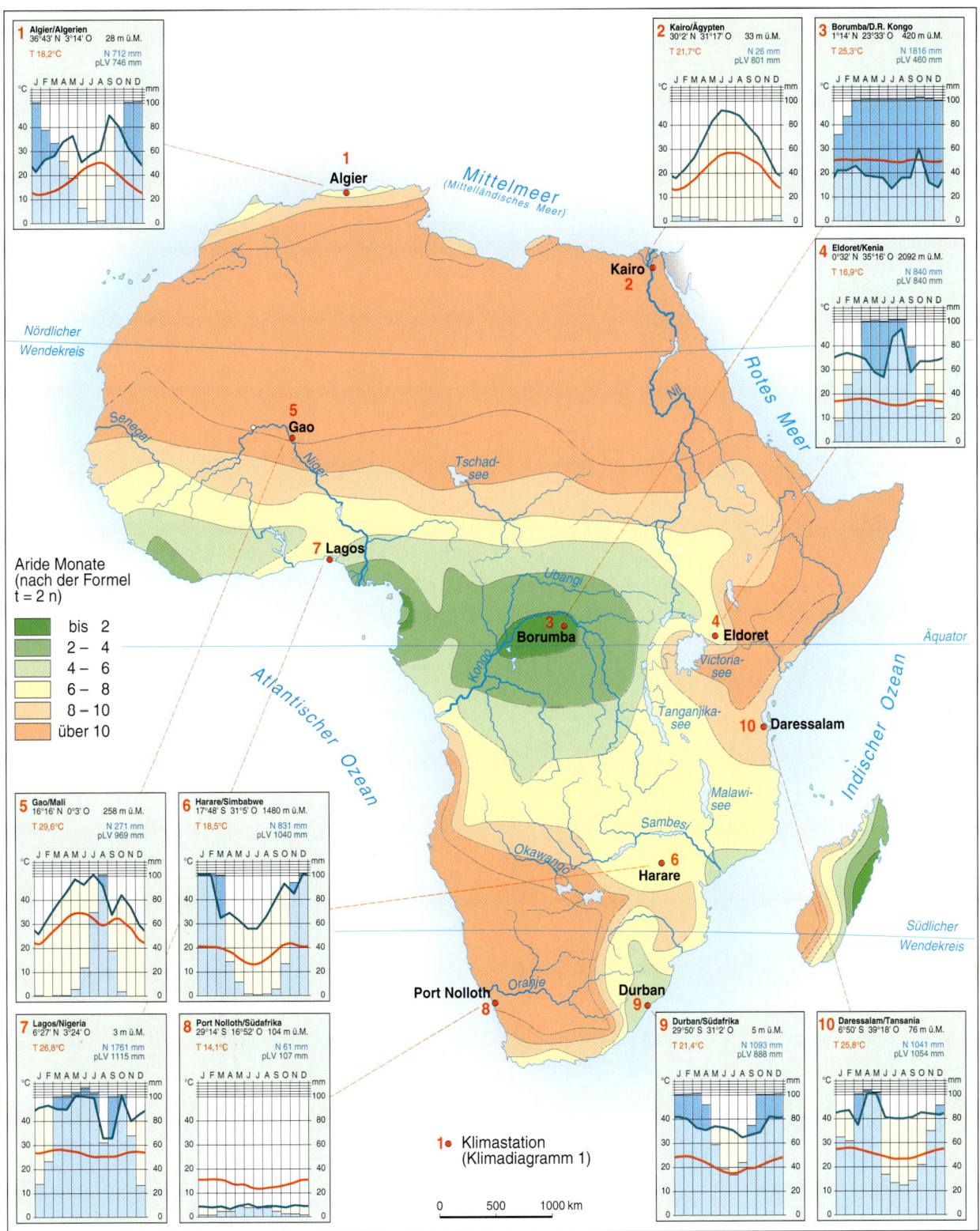

119.1 Klimazonen und Klimadiagramme (Beispiel Afrika)

GEO-EXKURS

Das Klima Europas

Orkanböen, Hagelschläge, sintflutartige Platzregen, Hitze- und Kälteperioden gibt es im jährlichen Wetterablauf in mehr oder weniger ausgeprägter Form auch in Europa. Sie bleiben jedoch regional begrenzt und sind innerhalb der langjährigen Messreihen, die einem Klimadiagramm zugrunde liegen, nur gelegentlich auftretende Extremwerte, die durch die statistische Mittelbildung „glatt gebügelt werden". Dennoch eignen sich Klimadiagramme, um die unterschiedlichen Klimaausprägungen selbst eines so kleinen Raumes wie Europa darzustellen.

Für ein tieferes Verständnis der einzelnen Klimaregionen und der Wetterabläufe müssen jedoch die Gesetzmäßigkeiten der planetarischen Zirkulation, die daraus resultierenden Großwetterlagen sowie die jeweils beteiligten Luftmassen hinzugezogen werden (S. 121, 102). Bei kleinräumiger Betrachtung können schließlich noch regionale, oft die Witterung dominierende Windsysteme berücksichtigt werden. Hierzu zählen z. B. die tageszeitlich wechselnden *Land-See-* bzw. *Berg-Tal-Windsysteme*.

Hinzu kommen die durch überregionale Druckgegensätze entstehenden Luftmassenströmungen wie z. B.

- der im Lee aller Gebirge auftretende warme *Föhn*,
- der kalte böige Fallwind *Bora* an der östlichen Adria,
- der durch im Mittelmeer gelegene Tiefs über das Rhonetal angesaugte und auf hohe Windgeschwindigkeiten beschleunigte *Mistral* mit ebenfalls kalten Luftmassen,
- die in Spanien als *Levante*, im mittleren Mittelmeer als *Schirokko* bezeichneten, heißen und über dem Meer mit Feuchtigkeit angereicherten Saharaluftmassen,
- die im östlichen Mittelmeer v. a. bei sommerlichen Hochdrucklagen in Osteuropa über die Ägäis beständig nach Süden wehenden *Etesien*.

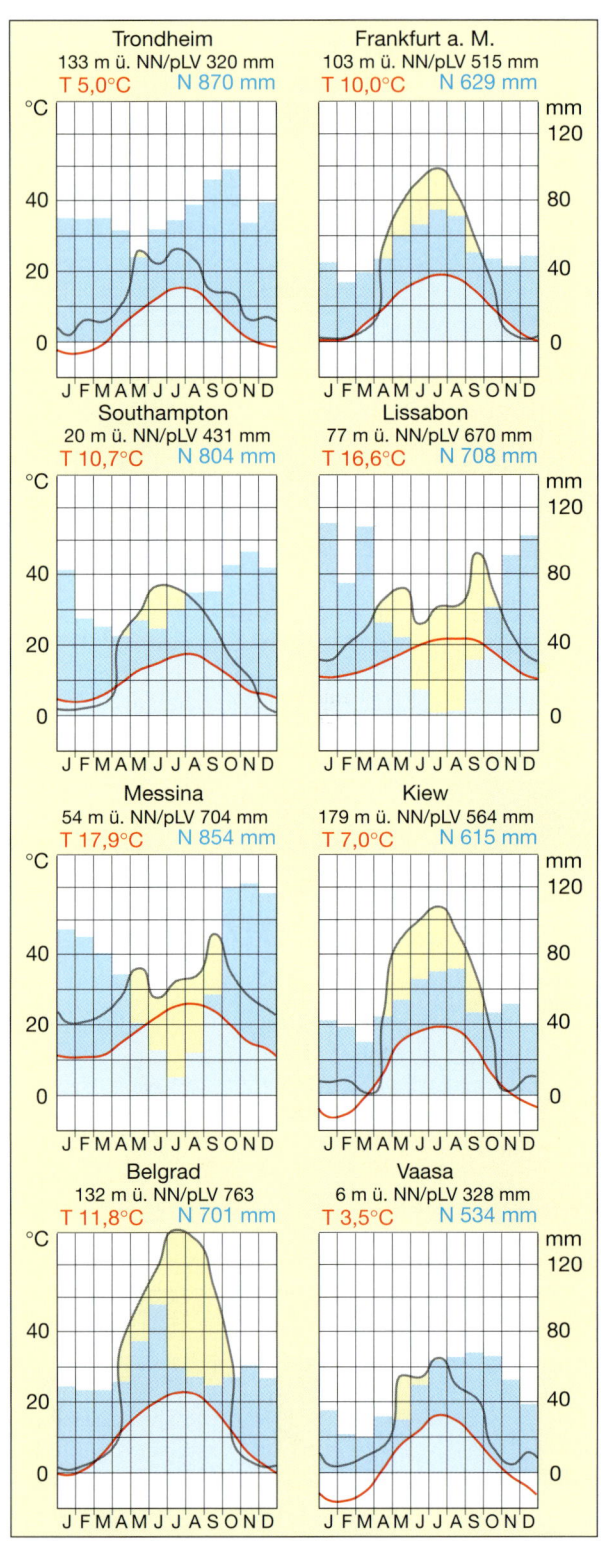

120.1 Klimadiagramme europäischer Städte

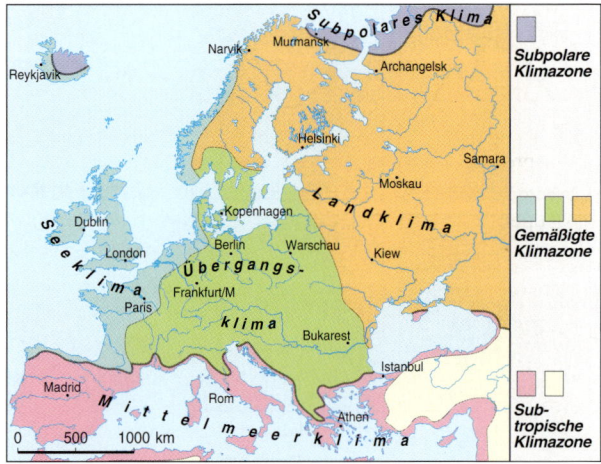

120.2 Klimazonen Europas

GEO-EXKURS

Europa ist der sich vom Ural bis zum irischen Slea Head, von Kreta bis zum Nordkap erstreckende Westteil der riesigen Landmasse Eurasiens. Der mit 10,5 Mio. km² fünftgrößte Kontinent besitzt eine vergleichsweise starke klimatische Differenzierung, die aus dem Zusammenwirken verschiedener Faktoren resultiert.

Dabei ist von grundlegender Bedeutung, dass

1. durch die von den Subtropen über die mittleren Breiten der gemäßigten Zone bis zur Polarzone abnehmende Zufuhr von Strahlungsenergie ein markanter S-N-Wandel im Strahlungshaushalt und damit im Tages- und Jahreszeitenablauf entsteht,
2. durch den aus dem Golfstrom hervorgehenden Nordatlantikstrom der Westrand Europas eine Wärmezufuhr erhält wie kein anderes Gebiet der Erde in vergleichbarer Breitenlage,
3. durch die starke Gliederung in große Halbinseln und Meeresbuchten der maritime Einfluss bis relativ weit ins Kontinentinnere hinein wirksam bleibt,
4. durch die Offenheit des Kontinents je nach Großwetterlage Luftmassen verschiedenster Herkunft nahezu ungehindert nach Europa gelangen können,
5. durch den unterschiedlichen Verlauf der jungen Hochgebirge sowie der Skanden großräumig wirksame Klimascheiden gebildet werden.

Die mittleren Bereiche Europas liegen ganzjährig im Westwindgürtel und damit in der „Kampfzone der Luftmassen". Sie besitzen deutlich ausgeprägte, thermisch bedingte Jahreszeiten mit insgesamt sehr wechselhaftem Wetter. Die Ursache hierfür liegt in den vom Atlantik kommenden, auf unterschiedlichen Bahnen von West nach Ost ziehenden Zyklonen, deren Wetterwirksamkeit in unregelmäßigen Abständen von kurzen Zwischenhochs oder länger andauernden Hochdrucklagen unterbrochen wird. Milde Winter, kühle Sommer und über das ganze Jahr verteilte, überwiegend zyklonale Niederschläge charakterisieren die meernahen Gebiete.

Die zyklonalen und maritimen Einflüsse schwächen sich vom ozeanisch geprägten Westsaum Mitteleuropas über ein breites Übergangsgebiet nach Osten hin zunehmend ab, das Klima wird kontinentaler: Die jahreszeitlichen Temperaturunterschiede werden größer, die Winter länger, die Übergangsjahreszeiten kürzer, die insgesamt geringeren Niederschläge sind überwiegend konvektiven Ursprungs und fallen v.a. im Sommer. Wegen der auch im Winter geringen Luftfeuchtigkeit bildet sich eine nur wenig mächtige Schneedecke aus.

Im Gegensatz zu dem ganzjährig wechselhaften Wetterablauf in der Mitte Europas sind die klimatischen Bedingungen der subtropischen und der subpolaren/polaren Regionen insgesamt weitaus beständiger.

Wie alle an der Westseite der Kontinente gelegenen Winterregengebiete gelangt auch der Südteil Europas durch die jahreszeitlich bedingte Verschiebung der Luftdruck- und Windgürtel im Sommerhalbjahr unter den dominierenden Einfluss der subtropisch-randtropischen Hochdruckzellen und der Passate. Weil das kräftige Azorenhoch wandernde Zyklonen weitgehend vom Mittelmeergebiet fernhält, sind die Sommermonate wolkenarm, trocken und beständig warm. Extremwerte können dabei v.a. im Binnenland wie z. B. Zentralspanien erreicht werden. Im Winterhalbjahr steuert dagegen der nun etwas südlicher verlaufende Jetstream die vom Atlantik kommenden Zyklonen mit ihren Frontalniederschlägen auch über den Mittelmeerraum, sodass während dieser Monate auch dort das unbeständige Wetter der Westwindzone dominiert. Obwohl die Wintertemperaturen weitaus milder als in Mitteleuropa bleiben, treten fast alljährlich auch im Mittelmeerraum Fröste auf. Sie sind aber meist nur kurzfristig, weniger stark als in Mitteleuropa und v.a. durch nächtliche Ausstrahlung bedingt, denn der breitenkreisparalle Verlauf der Hochgebirge Pyrenäen, Alpen und Karpaten schirmt den Süden Europas gegen Kaltlufteinbrüche aus dem Norden einigermaßen ab.

Wie das Winterregengebiet ist auch der Nordsaum der mittleren Breiten, die subpolare Region, ein typisches Wechselklima. Die nördliche Lage verringert jedoch insgesamt die Unterschiede in der Wetterwirksamkeit zwischen den im Sommer vorherrschenden Westwinden und den im Winter dominierenden polaren Ostwinden. Der Einfluss dieser unterschiedlichen Luftmassen wechselt rasch während des ganzen Jahres. Die Sommer bleiben kühl und niederschlagsreich. In den östlich der Klimascheide des Skandinavischen Gebirges gelegenen Regionen sinken die Wintertemperaturen tief und lang anhaltend unter dem Gefrierpunkt. Jenseits des Polarkreises wird das Klima schließlich ganzjährig durch die Vorherrschaft kalter, arktischer Luftmassen sowie das winterliche Strahlungsdefizit bestimmt.

Im Norden und Nordwesten des Kontinents ist der Einfluss des warmen Nordatlantikstroms stärker als sonstwo in Europa bemerkbar. Ohne die v.a. im Winter bedeutsame natürliche „Warmwasserheizung" wären die Fjorde Norwegens und die Häfen Schottlands nicht eisfrei, hätten weite Teile des Kontinents Wintertemperaturen wie Ostkanada. So aber hat Trondheim (64° N) eine Jahresmitteltemperatur wie Bukarest (44 1/2° N), Nordwestschottland (58° N) ein Januarmittel wie Marseille (43° N).

121.1 Das Klima Europas

DIE DYNAMIK DER ATMOSPHÄRE

Ursachen und Verlauf einer Katastrophe

„Beim Aufbrechen eines Superkontinents entstehen vor ca. 770 Mio. Jahren in Äquatornähe zahlreiche kleine Landmassen. Bisher trockene Binnenlandregionen werden dadurch zu feuchten Küstenregionen, die Verdunstung steigt. Verstärkte Niederschläge waschen vermehrt CO_2 aus der Atmosphäre aus. Aus Kohlendioxid und Wasser entsteht Kohlensäure, die zu einer immer intensiveren Verwitterung der kontinentalen Gesteine führt. Die dabei in Lösung gehenden Kalziumionen werden in Verbindung mit dem im Wasser gelösten CO_2 als Kalziumhydrogenkarbonat durch Flüsse abtransportiert und in den Meeren schließlich als immer größere Kalkschichten abgelagert. Durch die „CO_2-Abreicherung" sinken jedoch die Globaltemperaturen, dicke Eisschichten überziehen rasch die polarnahen Ozeane. Da Eis mehr Sonnenstrahlung reflektiert als das dunklere Meerwasser sinkt die Temperatur weiter, bis innerhalb von nur etwa 1000 Jahren der ganze Planet zufriert. Die globale Mitteltemperatur sackt auf −50 °C ab und eine mehr als einen Kilometer mächtige Eisschicht bedeckt die Ozeane, die aber nicht bis zum Grund gefrieren, weil fortwährend Wärme aus dem heißen Erdinnern austritt. Die meisten, noch mikroskopisch kleinen Meeresorganismen sterben. Einige aber können in der Nähe von heißen Quellen vulkanischen Ursprungs überleben.

An Land verhindert die kalte trockene Luft, dass die kontinentalen Gletscher weiter wachsen. Ohne Niederschläge wird aber das CO_2, das die Vulkane weiterhin ausgasen, nicht ausgewaschen. Seine Konzentration steigt daher im Laufe von nur wenigen Millionen Jahren um das Tausendfache. Der dadurch sich verstärkende Treibhauseffekt erwärmt den Planeten wieder. Das Meereis und die kontinentalen Gletscher schmelzen und aus den tropischen Ozeanen verdunstet immer mehr Wasser, welches als zusätzliches Treibhausgas die Hitze steigert. Die Bodentemperaturen klettern auf +50 °C und intensivieren wiederum den Wasserkreislauf von Verdunstung und Niederschlag: Heftiger werdende Regenfälle waschen das CO_2 wiederum aus der Atmosphäre, verstärken dadurch die Verwitterung des Gesteinsschutts der abschmelzenden Gletscher. Flüsse transportieren schließlich die dabei entstehenden Kalklösungen ins Meer, wo sie als Kalkgestein abgelagert werden."

Vermutlich wiederholte sich dieses Wechselspiel von „Tiefkühltruhe" und „Sauna" im Zeitraum vor 750–580 Mio. Jahren viermal. Seitdem sind alle Klimaänderungen weniger dramatisch ausgefallen. Dies liegt wahrscheinlich daran, dass seitdem die Kontinente nie mehr diese besondere Konstellation besaßen.
(Aus: Spektrum der Wissenschaft, 4/2000;
In: P. F. Hoffmann und D. P. Schräg: Als die Erde ein Eisklumpen war)

122.1 Klimadramen in der Vergangenheit

6.13 Natürliche Klimaschwankungen

Nichts ist beständig auf dem ruhelosen Planeten Erde. Plattentektonische Prozesse führen zu immer wieder neuen Konstellationen von Ozeanen und Kontinenten, zu Gebirgsbildungen und unterschiedlichen Vulkanaktivitäten. Änderungen der solaren Einstrahlung, des Aerosol- und Gasgehalts und der Gaszusammensetzung der Atmosphäre ergeben Veränderungen im Strahlungshaushalt, bei den Luft- und Wassertemperaturen, des Salzgehalts der Meere und damit Veränderungen der atmosphärischen und marinen Zirkulation und der Niederschlagsverteilung. Sogar die Lebewesen haben im Laufe ihrer Evolution nachhaltig in das komplexe Wirkungsgeflecht der Atmosphäre eingegriffen.

Für die Frühzeit der Erde werden Lufttemperaturen von teilweise +200 °C angenommen. Dieses extreme Treibhausklima wurde verursacht v. a. durch eine hohe Konzentration von Wasserdampf und CO_2, die mit anderen Gasen bei Vulkanausbrüchen in die Atmosphäre gelangten („CO_2-Quellen"). Die Temperaturen sanken jedoch in dem Maße, wie CO_2 durch Niederschläge aus der Atmosphäre gewaschen und zusammen mit dem aus der Verwitterung stammenden Kalzium als Kalziumkarbonat (Kalk) im Meer sedimentiert wurde. Riffbildende Korallen verstärkten diesen Effekt ebenso wie die fotosynthetisch aktiven Pflanzen oder Plankton, wenn deren organische Substanz nicht wieder vollständig zersetzt wurde. Kalkgestein, Kohlen- und Erdöl-/gaslagerstätten sind daher bedeutende CO_2-Deponien („Senken"). Im Gegenzug reicherte sich der bei der Fotosynthese als Abfallprodukt entstehende Sauerstoff in der Atmosphäre an und führte dort zum Aufbau der Ozonschicht. Ozon verstärkt aber zugleich wieder den natürlichen Treibhauseffekt.

All dies zeigt bereits, dass das irdische Klima eine wechselvolle Geschichte hat. Ein „stabiles Klima" gibt es daher nicht. Mehrfach schon pendelte die Erde zwischen wärmeren und kälteren Phasen hin und her. Dabei lässt sich auch für die letzte große Vereisungsphase (1,5 Mio. bis ca. 10 000 Jahre vor heute) ein paralleler Verlauf von Temperatur und CO_2-Gehalt belegen (Abb. 123.1). Innerhalb dieses gemeinhin als Eiszeit bezeichneten Zeitraums lassen sich mindestens vier Kalt- und Warmzeiten identifizieren. Dieser Temperaturwechsel korreliert gut mit den von M. MILANCOVIC für verschiedene Breiten errechneten Veränderungen der solaren Zustrahlung (Abb. 50.1, 123.2).

Außerirdische Einflüsse allein genügen jedoch nicht, um bestimmte Regionen des Planeten mehr oder weniger regelmäßig vereisen zu lassen, denn sonst müsste die

DIE DYNAMIK DER ATMOSPHÄRE

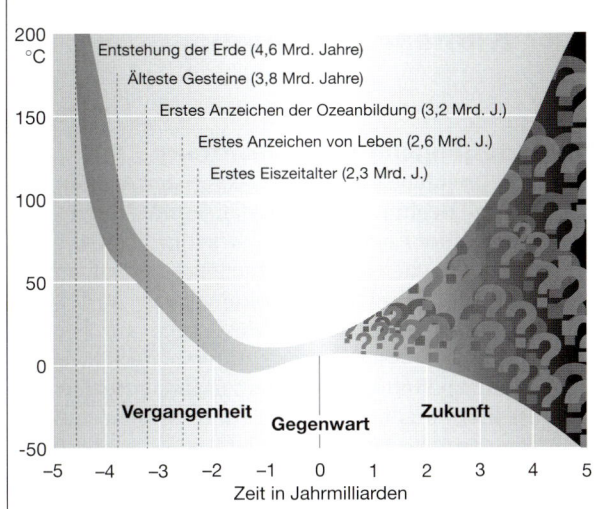

123.1 Veränderung bodennaher Lufttemperaturen

Erde ständig zwischen Warm- und Kaltzeiten hin und her pendeln. Bei bestimmten Konstellationen der von außerirdischen Kräften beeinflussten Parametern kann es aber zu wichtigen Weichenstellungen in der Temperaturentwicklung kommen. Da die Konzentration der wichtigsten Treibhausgase stark temperaturabhängig ist, setzen schon kleine Änderungen weitere Kettenreaktionen in Gang, denn eine einmal durch die Treibhausgase angestoßene Temperaturänderung führt zu dramatischen Veränderungen im Wasserkreislauf: Wasser bildet nicht nur das wichtigste Treibhausgas. Meere und Seen sind die am stärksten absorbierenden natürlichen Flächen, Eis und Schnee dagegen die am stärksten reflektierenden natürlichen Flächen. Wasser greift daher entscheidend in den Strahlungshaushalt ein. Kommt es dann auch noch zu Veränderungen der globalen Energie- und Feuchteverteilungssysteme, der Luftmassen- und Meeresströme, kann sich das globale Klima in kurzer Zeit, mitunter in wenigen Jahrzehnten, dramatisch ändern und zu einer Kalt- oder Warmzeit führen.

Da die einzelnen Faktoren des Klimasystems jedoch nicht nur über positive (sich verstärkende), sondern auch über negative (sich abschwächende) Rückkopplungen miteinander verbunden sind, wird der jeweilige Trend allmählich wieder umgekehrt. Der Bewölkungsgrad spielt dabei eine entscheidende Rolle: Wird es kälter und der Planet damit heller, gib es weniger Wolken, sodass wieder mehr Sonnenenergie vom Meer absorbiert werden kann. Wird es dagegen wärmer, nimmt die Bewölkung zu und schützt den Planeten vor noch mehr Sonne.

Diese Komplexität der irdischen Klimaentwicklung wird noch erhöht durch plötzlich eintretende Katastrophen (Abb. 123.2).

„Launische Heizquelle": Seit Milliarden Jahren gibt die Sonne viel Energie ab. Aus bisher ungeklärten Gründen steigert und reduziert sie diese Abgabe aber im Rhythmus von etwa 200 Jahren, erkennbar als so genannte Sonnenflecken (dunkle, kältere Bereiche ihrer Oberfläche).

„Wechselnde Energieimporte": Auf ihrem Umlauf um die Sonne unterliegt die Erde auch dem – je nach Planetenkonstellation unterschiedlichen – Schwerkrafteinfluss der Riesenplaneten Saturn und Jupiter. Ihre Umlaufbahn pendelt daher zwischen kreis- und ellipsenförmig (Periodizität ca. 93 000 Jahre), die Ekliptikschiefe wackelt um etwa 2,3° mit einer Periodizität von ca. 41 000 Jahren und die Erdachse trudelt wie ein langsamer werdender Kreisel mit einer Periodizität von ca. 21 000 Jahren. In allen Fällen ändert sich die zugestrahlte Sonnenenergie (S. 50 f).

„Veränderte Kontinent-Ozean-Konstellationen": In Polnähe driftende Kontinentmassen vereisen schnell und erhöhen zusammen mit dem sich bildenden Meereis die Albedo des Planeten, die Atmosphäre kühlt ab; auch ein äquatornahes „Kleinkontinent-Puzzle" führt zu einer globalen Abkühlung, äquatornahe Superkontinente begünstigen dagegen eine Erwärmung (Abb. 122.1).

„Veränderte Energietransportwege": Gebirgsbildungen können die Wellenbewegungen der Strahlströme beeinflussen und so zumindest regional bedeutsame Änderungen des Feuchte- und Wärmetransports verursachen. Auch Änderungen der Ozeanzirkulation können wichtige Weichenstellungen für Klimaänderungen sein. Vor Schließung der Landbrücke von Panama (vor 3 Mio. Jahren) strömte z. B. kaltes Pazifikwasser in den Atlantik. Wegen des dadurch stark verringerten Salzgehalts sank im Nordatlantik kaum Wasser in die Tiefe und die zum Aufbau der nordischen Eisschilde notwendige Luftfeuchte fehlte.

„Kosmische Bomben": Die beim Einschlag eines gewaltigen Meteoriten vor ca. 68 Mio. Jahren in die Atmosphäre geschleuderten Staub- und Wasserdampfmengen reduzierten plötzlich die Sonneneinstrahlung; Luft- und Ozeantemperaturen sanken rapide, was – wie mehrfach zuvor – zu einem globalen Massensterben von Arten führte.

„Irdische Rülpser": Auch Vulkane blasen große Mengen Asche, Wasserdampf und andere treibhausrelevante Gase in die Atmosphäre. Je nach Menge und Zusammensetzung kann es dadurch zu einer Erhöhung der globalen Albedo, also zur Abkühlung oder zu einer Erhöhung der Gegenstrahlung, also zu einer Erwärmung der Atmosphäre kommen. Steigende Meerestemperaturen und/oder Seebeben destabilisierten riesige Gashydratlagerstätten v.a. im Nordostatlantik, ließen riesige Methanblasen „aufblubbern", in die Atmosphäre entweichen und beschleunigten so durch Verstärkung des natürlichen Treibhauseffekts die postglaziale Erwärmung.

123.2 Periodizität, Trends und Schockereignisse

DIE DYNAMIK DER ATMOSPHÄRE

6.14 Anthropogen bedingte Klimaänderungen

Der anthropogene Treibhauseffekt

Der Anteil treibhausrelevanter Gase in der Atmosphäre hat sich seit Beginn der Industrialisierung durch Verbrennung fossiler Energieträger sowie durch die Freisetzung aus zahlreichen anderen Quellen erheblich erhöht (Abb. 125.2). Besonders gut dokumentiert ist der Anstieg des CO_2-Gehalts durch Messungen auf Hawaii. Die Ergebnisse dieser Langzeituntersuchung wurden durch Untersuchungen der Luftzusammensetzung in Eisbohrkernen aus der Antarktis und Grönland inzwischen mehrfach bestätigt.

Diese vom Menschen verursachte (= anthropogene) Veränderung der Gaszusammensetzung der Atmosphäre ergibt zusätzlich zum natürlichen den so genannten anthropogenen Treibhauseffekt. Die erhöhte Absorption kurzwelliger Strahlung durch CO_2 und die Spurengase führt einerseits zu einer erhöhten Ausstrahlung und damit Abkühlung der oberen Troposphärenschichten, andererseits zu einer verstärkten Gegenstrahlung, sodass sich die unteren Troposphärenschichten erwärmen. Insgesamt wären im vergangenen Jahrhundert die bodennahen Mitteltemperaturen um 1 K gestiegen, wenn die ebenfalls gestiegene SO_2-Konzentration nicht den Anstieg gebremst hätte. Es gibt jedoch Hinweise, dass die festgestellte Temperaturzunahme um 0,6 K nicht allein durch den anthropogen bedingten Ausstoß von Treibhausgasen verursacht sein kann, denn Temperaturentwicklung und CO_2-Anstieg verliefen bis etwa 1940 nicht parallel. Temperaturverlauf und Sonnenfleckenaktivität zeigen dagegen seit

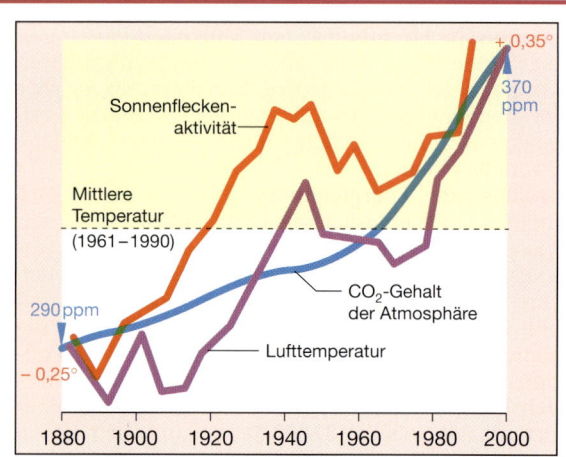

- Die Temperatur der bodennahen Luftschicht ist seit 1880 im globalen Mittel um 0,5 (+/-0,2) K gestiegen. Der stärkste Anstieg erfolgte in den 1980er Jahren. Die 1990er waren das wärmste Jahrzehnt, 2000 das wärmste Einzeljahr. Weite Teile Nordamerikas und Nordsibiriens haben sich von 1967–1989 um mehr als 2 K erwärmt, Teile Europas sind dagegen bis um 1 K kälter geworden.
- Die Oberflächentemperatur der tropischen Meere hat von 1949–1989 um 0,5 K zugenommen. Die Verdunstung hat im selben Zeitraum um 16 % zugenommen.
- Weil die Luft in 3 bis 6 km Höhe in den Tropen und Subtropen wärmer, über der Arktis jedoch kälter geworden ist, hat sich das Druckgefälle zwischen dem Äquator und den Polen verschärft. In allen Breiten hat die mittlere Windgeschwindigkeit in den letzten 20 Jahren zugenommen, in den mittleren Breiten um 5–10 %, in den Tropen um 20 %. Bei den Aleuten stieg die Sturmhäufigkeit um 88 %, bei Island um 44 %.
- Auf den Kontinenten haben sich die Niederschläge seit etwa 1950 um mehr als 5 % verstärkt; die Niederschläge in den Alpen fallen weniger als Schnee denn als Regen; die jährliche Schneebedeckung der Kontinente der Nordhalbkugel hat seit 1973 um etwa 8 % abgenommen.
- Der Permafrostboden der Hochgebirge sowie der polaren und subpolaren Gebiete beginnt teilweise aufzutauen. Weltweit schmelzen die meisten Gebirgsgletscher ab. Die Alpengletscher haben seit 1880 etwa die Hälfte ihrer Masse verloren. Die Meereisfläche der Arktis ist zwischen 1978 und 1996 um 6 % geschrumpft, die Eisdicke hat von 3,1 auf 1,8 m abgenommen. Durch das Schmelzwasser und durch die Ausdehnung des wärmer gewordenen Meeres ist der Meeresspiegel seit 1880 um 10–20 cm gestiegen; seit den 1990er Jahren erhöhte sich der Anstieg von 1,5 auf 3 mm/Jahr.

124.1 Klimatrends

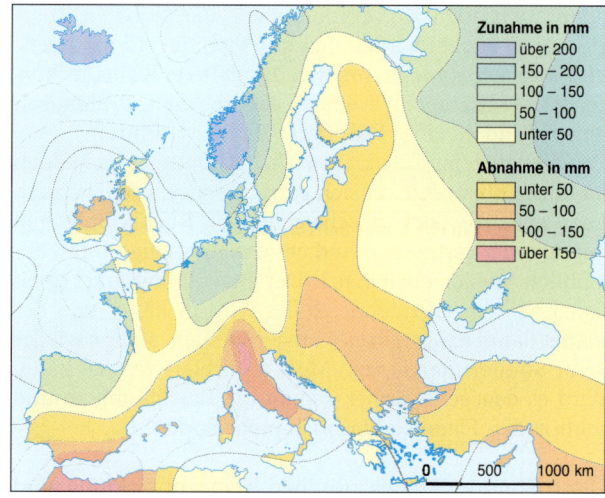

124.2 Änderung der jährlichen Niederschlagsmenge (1891–1990)

DIE DYNAMIK DER ATMOSPHÄRE

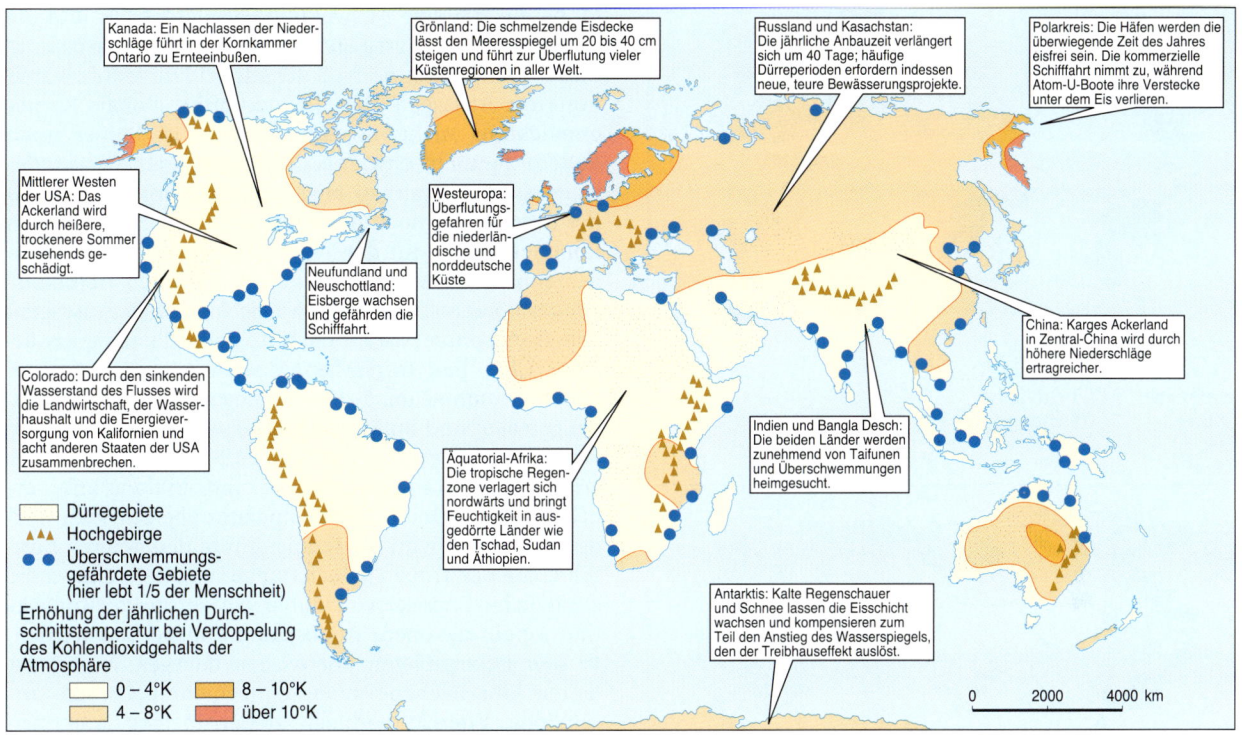

125.1 Mögliche Auswirkungen des Treibhauseffekts um 2050

gut 120 Jahren einen außerordentlich parallelen Verlauf. Nach neueren Klimamodellen könnte daher etwa die Temperaturerhöhung bis zu einem Drittel (d. h. 0,2 K) auf einer verstärkten Sonnenaktivität beruhen. Unabhängig davon, wie stark die seit etwa 150 Jahren beobachtbare Aufheizung durch die Sonne noch werden könnte, steht jedoch ohne Zweifel fest: Seit einiger Zeit besitzt die Erde einen neuen Klimafaktor, den Menschen.

Bei einer Verdopplung des gegenwärtigen Anteils aller Treibhausgase rechnen die derzeitigen Zukunftsszenarien mit einer globalen Temperaturerhöhung von 3 K bis zum Jahr 2100. Die damit verbundenen Veränderungen von Verdunstung, Luftfeuchte, atmosphärischer Zirkulation und Verteilung der Niederschläge werden regional jedoch sehr unterschiedlich ausfallen und der vorhergesagte Meeresspiegelanstieg wird nicht für alle Regionen von gleicher Bedeutung sein: auch beim anthropogenen Treibhauseffekt wird es also „Sieger" und „Verlierer" geben. Ob die bislang beobachteten Veränderungen bereits die ersten Auswirkungen einer einschneidenden Klimaänderung darstellen, ist jedoch noch nicht endgültig geklärt, aber sie „passen erstaunlich gut ins Bild".

Treibhausgase	CO_2	CH_4	N_2O	Ozon	FCKW
Gegenwärtige Konzentration in ppm	370	1,65	0,31	0,02	0,00052
Verweildauer in der Atmosphäre in Jahren	10	7–10	150	0,10	90
gegenwärtiger atmosph. Trend in %/Jahr	+ 0,4	+ 1,10	+ 0,25	ungewiss	+ 5
Beitrag zum Treibhauseffekt in %	50	19	4	8	17
Klimawirksamkeit bezogen auf ein Molekül CO_2	1	32	150	2000	16000
anthropogene Quellen	fossile Brennstoffe, Waldrodung, Bodenerosion	Reisanbau, Rinderhaltung, Mülldeponien, Verbrennung von Biomasse, Naturgas	fossile Brennstoffe, Verbrennung von Biomassse, N-haltiger Dünger, Bodenkultivierung	indirekt durch NO_2, CH_4, CO und Kohlenwasserstoffe in der Troposphäre	Kältemittel, Verschäumungsmittel, Treibgase

125.2 Charakteristische Daten der Treibhausgase

DIE DYNAMIK DER ATMOSPHÄRE

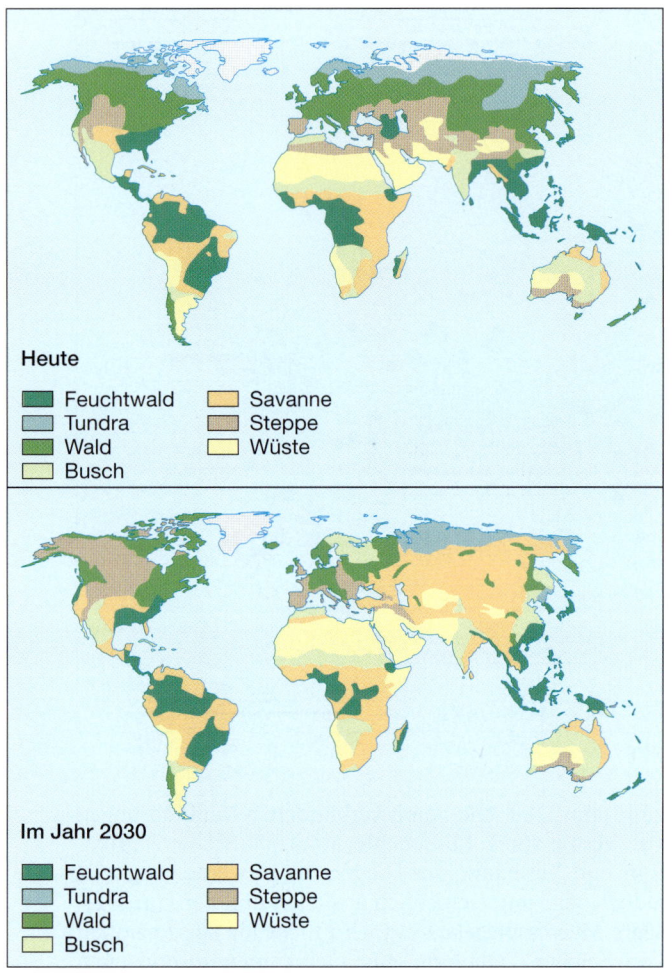

126.1 Vegetationszonen heute und 2030

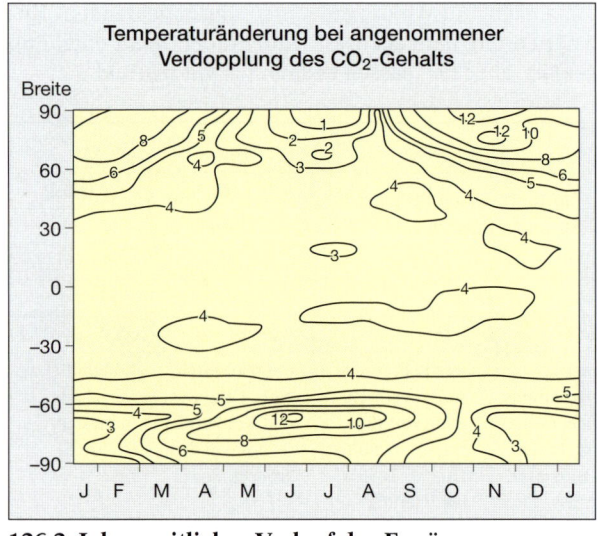

126.2 Jahreszeitlicher Verlauf der Erwärmung

Ohne die ständige Ausweitung der Datenbasis und die immense Leistungssteigerung der Datenverarbeitung durch Computer innerhalb der letzten Jahrzehnte wären konkrete Aussagen über die zukünftige globale Klimaentwicklung nicht möglich. Aber es ist immer noch außerordentlich schwierig, die Folgen einer Klimaänderung abzuschätzen, so lange das tatsächliche Ausmaß der Erwärmung noch nicht feststeht. Alle Simulationen kommen jedoch für den – ungünstigsten – Fall der ungebremsten Entwicklung des anthropogenen Treibhauseffekts übereinstimmend etwa zu folgenden Aussagen: Die Atmosphäre wird sich sehr ungleichmäßig erwärmen. Über den tropischen Meeren wird es zu einer Feuchtezunahme um 5–20 % kommen und in den Savannengebieten und im Monsungürtel wird es mehr regnen. Wirbelstürme werden häufiger auftreten, da in immer größeren Meeresregionen die für ihre Bildung erforderlichen 27,5 °C Oberflächentemperatur überschritten werden. Insgesamt wird die Temperatur in den unteren Luftschichten der Tropen jedoch nur gering steigen, denn die zusätzliche Energie wird durch die verstärkte Konvektion weit in die obere Troposphäre transportiert werden. In den Polargebieten überwiegen dagegen wegen der kalten Oberflächen stabile Luftschichtungen, die zusätzliche Energie verbleibt daher in den untersten Schichten der Troposphäre. Die arktischen Meereisflächen werden zuerst zu schmelzen beginnen. Sie werden sich – da die sommerliche Zustrahlung in immer größerem Umfang im Meerwasser gespeichert werden kann – im Herbst immer später und nur auf immer kleinerer Fläche wieder regenerieren können. Dasselbe gilt für die Schneedecken an Land. Schließlich werden auch die riesigen subpolaren Gebiete mit Dauerfrostboden auftauen. Gewaltige Mengen des bei der unvollständigen Zersetzung der organischen Substanz entstandenen und bislang im Frostboden eingefrorenen Methans werden dadurch freigesetzt und den Treibhauseffekt verstärken. Wegen dieser positiven Rückkopplungen wird der Temperaturanstieg in der Arktis insgesamt stärker ausfallen als anderswo (Abb. 126.2).
Auch in der Antarktis wird es zu jahreszeitlich unterschiedlichen Temperaturanstiegen kommen. Doch hier wird wegen der sehr geringen Ausgangstemperatur selbst in den Sommermonaten die Schmelztemperatur von 0 °C nicht erreicht werden. Die Erwärmung der Antarktis-Luft von z. B. −20 °C auf −10 °C wird aber zu einem höheren Wasserdampfgehalt der Luft führen. Es wird mehr schneien und die Schnee- und Eismassen des Südkontinents werden daher mit großer Wahrscheinlichkeit noch sehr lange Zeit erhalten bleiben, wahrscheinlich sogar anwachsen. Da das Wasser für diese Niederschläge aus dem Meer stammt und die Eismassen – bis auf am Rande des Kontinents abbrechende Schelfblöcke – wegen der tiefen Temperaturen zunächst nicht schmelzen werden,

wird der Meeresspiegel weltweit um etwa 10 bis 50 cm sinken. Dies wird jedoch kompensiert werden durch das Abtauen von Gletschereis in den gemäßigten Breiten und durch die Volumenausdehnung des sich erwärmenden Meerwassers. Der seit etwa 100 Jahren registrierte Anstieg des Meeresspiegels ist zu etwa 1/3 auf das Schmelzen von Eis, zu etwa 2/3 auf diese thermische Ausdehnung zurückführen. Während die vorhandenen Deichbauten in den Industrienationen dem Meerespiegelanstieg und den Stürmen widerstehen oder mittelfristig angepasst werden können, werden weite Teile der Küstenregionen in den Entwicklungsländern den vorrückenden Salzwassermassen schutzlos ausgeliefert sein.

Für die zukünftige Klimaentwicklung der mittleren Breiten ist entscheidend, dass sich der Temperaturgegensatz zwischen Äquator- und Polarregionen abschwächt. Das Wetter Mitteleuropas wird daher weniger zyklonal beeinflusst, weniger wechselhaft werden. „Reste" der vermehrt auftretenden tropischen Wirbelstürme könnten jedoch häufiger als bisher in die Westwindzone mit einbezogen werden und Mitteleuropa erreichen. Durch die polwärtige Ausdehnung der Subtropenhochs werden die mittleren Breiten aber insgesamt trockener. Die mediterranen Gebiete werden wüstenhafter, ihre Böden werden mehr und mehr versalzen und durch Starkregen und Wind erodiert. Auch die „Brotkörbe" der Welt, die kontinentalen Steppen Eurasiens und Nordamerikas, werden durch immer extremere Dürre- und Hitzeperioden vernichtet werden. Neue Ackerflächen in den sich erwärmenden weiter nördlich gelegenen Gebieten werden jedoch wegen der schlechteren Bodenqualität nur schwer zu erschließen sein.

Mit den Klimazonen werden sich die Vegetationszonen verschieben (Abb. 126.1). Viele Pflanzen werden den raschen Klimawandel nicht mitvollziehen können und aussterben. Die Hochwälder der mittleren Breiten werden niedrigeren Strauchgesellschaften weichen und anspruchslose „Allerweltspflanzen" werden sich ausbreiten. Die Wasserversorgung der austrocknenden Regionen wird zunehmend problematischer werden, viele Flüsse werden als Transportwege und Energiequelle ausfallen. In Hochgebirgen wie den Alpen wird es mehr regnen als schneien. Da wegen der schwindenden Bergwälder und Gletscher eine vorübergehende Wasserspeicherung im Gebirge nicht mehr möglich sein wird, werden die Flüsse häufigere und größere Überschwemmungen verursachen.

Wegen der fortschreitenden Desertifikation und der Häufung von Wetterextremen wird die Ernährung der weiterhin wachsenden Weltbevölkerung immer schwieriger werden. Viele Menschen werden in fruchtbarere und vom Anstieg des Meeresspiegels nicht betroffene Regionen abwandern, die sozialen Konflikte werden sich verschärfen.

Die Aussagekraft von Simulationen hängt entscheidend ab von der Quantität und der Qualität der berücksichtigten Datenmenge sowie deren physikalisch und mathematisch richtig beschriebenen Wechselwirkungen. Dies gilt auch für die bislang erstellten Klimamodelle.

Aber noch immer hat die Input-Seite der Modelle einige Unsicherheiten. Einerseits gibt es wegen der natürlichen Klimavariationen kein konstantes, kein Normklima zur Eichung der Modelle, andererseits liegen etwa 80 % der berücksichtigten Messstationen in den Industrieländern, sodass bereits für die Simulation des vergangenen Klimageschehens in großem Umfang extrapoliert werden muss. Hinzu kommen immer neue, vorher nicht oder unzureichend erfasste Faktoren. Die Klimawirksamkeit von Methan wurde z. B. zunächst unterschätzt, die aus Feuerlöschern stammenden Halone oder die Kondensstreifen von Flugzeugen gar nicht berücksichtigt.

Die Vermutung, dass der CO_2-Anstieg in der Atmosphäre durch verstärkte Fotosyntheseaktivität teilweise kompensiert werden könnte, hat sich nicht bewahrheitet, denn das Pflanzenwachstum wird meist durch Nährstoffmangel im Boden begrenzt. Auch das Aufnahmevermögen der größten CO_2-Senke, der Ozeane, ist noch nicht völlig geklärt. Hinzu kommt, dass die zahlreichen, bei Vulkanausbrüchen, Waldrodungen, Staubstürmen usw. in die Atmosphäre gelangenden Aerosole zusammen mit dem bei Verbrennungsvorgängen emittierten SO_2 einen dem Treibhauseffekt entgegenwirkenden „Kühlhauseffekt" erzeugen. Und schließlich kann die bei vermehrter Verdunstung entstehende dichtere Bewölkung die Erwärmung zwar bremsen, je nach Wolkentyp aber auch verstärken. Solche und zahlreiche andere positive oder negative Rückkopplungen erschweren die Modellerstellung und damit die Voraussagen erheblich.

Es ist außerdem denkbar, dass Klimaänderungen nicht nur kontinuierlich, sondern auch in Sprüngen erfolgen. Das System Atmosphäre-Ozean könnte also dank eines guten Pufferungsvermögens Störungen bis zu einem Schwellenwert tolerieren und dann abrupt in einen völlig anderen, ebenfalls stabilen Zustand wechseln. Dem Verhalten des Golfstroms kommt hierbei für Europa besondere Bedeutung zu. Sein Motor liegt im Nordatlantik, wo abgekühltes und daher salzreicheres schweres Wasser in die Tiefe sinkt und Richtung Äquator fließt. Kommt dieser Sog wegen Erwärmung des Meeres und wegen vermehrtem Süßwassereintrag durch schmelzendes Eis und höhere Niederschläge zum Erliegen, ist die Warmwasserheizung Europas abgestellt und damit die Klimaentwicklung möglicherweise Richtung Eiszeit gestellt. Niemand weiß, wann dieser Schwellenwert erreicht ist, aber die Sinktiefe des Nordatlantikwassers hat bereits von 5000 m auf 1000 m abgenommen.

127.1 Problematik der Klimamodelle

DIE DYNAMIK DER ATMOSPHÄRE

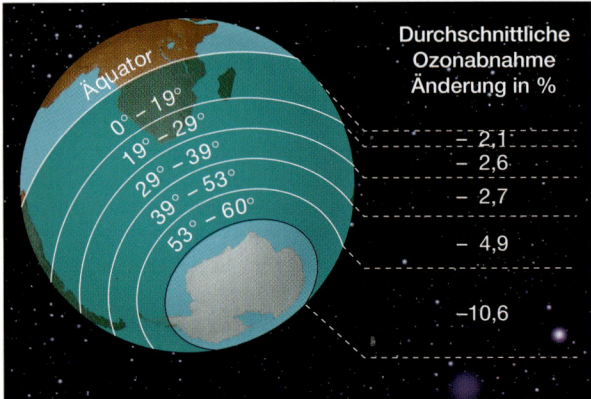

128.1 Das Ozonloch über der Südhemisphäre

128.2 Das Ozonloch

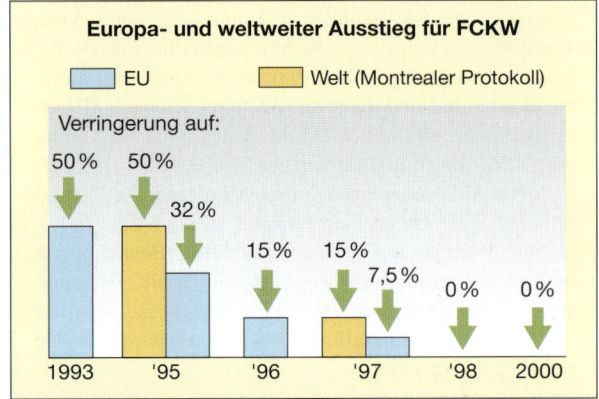

128.3 FCKW-Reduktion

Das Ozonproblem: Oben zu wenig ...

Fluorchlorkohlenwasserstoffe (FCKW) werden seit 1930 synthetisch hergestellt. Jahrzehntelang galten sie wegen ihrer Ungiftigkeit, Unbrennbarkeit und der Reaktionsträgheit mit anderen Stoffen als ideale Kühlmittel und Treibgase sowie als Reinigungsmittel für elektronische Bausteine.

Erst ab 1974 kam die Vermutung auf, dass diese zwischenzeitlich weltweit in großem Umfang eingesetzten Gase die schützende Ozonschicht, die „Sonnenbrille der Atmosphäre", zerstören könnten. Tatsächlich wurde 1985 erstmals eine erhebliche Ausdünnung der Ozonkonzentration in der antarktischen Stratosphäre, verbunden mit einem überhöhten Anteil von Chlormonoxid, gemessen. Dieses „Ozonloch" ist seitdem immer wieder im antarktischen Frühling beobachtet worden, jedes Mal mit geringerer Ozonkonzentration und zwischenzeitlich bis auf die Südspitzen der Südkontinente ausgreifend.

Die heute als „Ozonkiller" identifizierten FCKW werden wegen ihrer Langlebigkeit durch Luftströmungen global verbreitet. Sie gelangen durch den starken Auftrieb in den Tropen bis in die Stratosphäre: Da es dort in den oberen Schichten wärmer ist als in den unteren, können die FCKW nicht mehr zurücksinken. Normalerweise werden die FCKW innerhalb der Stratosphäre durch die energiereiche UV-Strahlung der Sonne allmählich abgebaut. Über der Antarktis werden sie jedoch während des Winters über Monate hinweg „eingeschlossen und kaltgestellt": Einerseits entsteht in der langen Polarnacht dort bei Temperaturen von −80°C eine stabile zirkumpolare Luftströmung, die jeden horizontalen Luftaustausch unterbindet; andererseits bilden sich dort in etwa 20 km Höhe Stratosphärenwolken, an die die FCKW anfrieren. Mit Beginn des antarktischen Frühlings werden die FCKW von dort rasch und in großer Menge freigesetzt und durch die nun wieder verstärkt einfallende UV-Strahlung gespalten. Wie „aggressive Massenmörder" beginnen die dabei entstehenden Chlor-Radikale dann als Katalysatoren das vorhandene Ozon in einem Kreisprozess zu zerstören (Abb. 129.1). Bis zu 100 000 Ozonmoleküle kann ein Chlor-Radikal vernichten, bis es durch Bindung an andere Stoffe unschädlich gemacht wird. Der Ozonabbau ist inzwischen so stark, dass er durch Neubildung vor Ort und durch Zufluss aus niederen Breiten nach Abklingen des winterlichen Polarwirbels nie mehr vollständig ausgeglichen wurde. Die Strahlungsbedingungen auf der Südhalbkugel haben sich daher bereits dramatisch verändert (Abb. 128.1).

Seit 1992 wird auch in der Arktis ein Ozonloch registriert. Es ist wegen der etwa 10 K höheren Wintertemperaturen und der stärkeren Durchmischung der Atmosphäre durch Luftströmungen allerdings nicht so kräftig

DIE DYNAMIK DER ATMOSPHÄRE

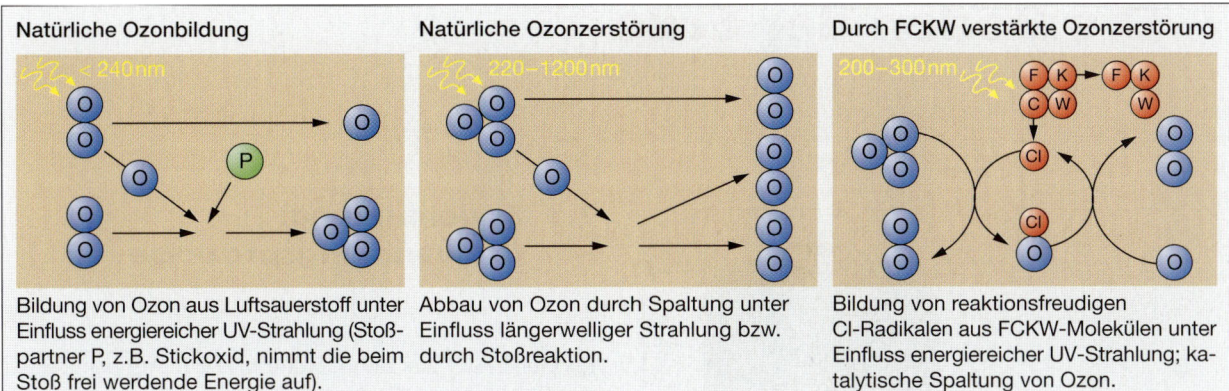

129.1 Bildung und Abbau von stratosphärischem Ozon

ausgeprägt wie über der Antarktis. Doch auch außerhalb der Polargebiete wurden bereits deutliche Ozonrückgänge gemessen: Anfang 1993 lag die Ozonkonzentration über Mitteleuropa z. B. bis zu 20 % unter dem langjährigen Monatsmittel. FCKW und ihre noch aggressiveren chemischen Verwandten (Halogene und JKW) bedrohen also nicht „nur Pinguine und Eisbären", sie gefährden alle Ökosysteme der Welt, auch durch ihren nicht unerheblichen Beitrag zum Treibhauseffekt. Nach einer Faustregel ist bei einer Ozonabnahme von 1 % mit einer Zunahme der UV-B-Strahlung um 2 % und mit einer eben so hohen Zunahme von Hautkrebs zu rechnen.
Vor diesem Hintergrund entstand 1987 das Montrealer Abkommen zum Schutz der Ozonschicht – ein Meilenstein in der Geschichte des Planeten: Erstmals einigte sich der größte Teil der Menschheit auf eine konkrete, völkerrechtlich verbindliche Regelung zum Schutz ihrer Umwelt; 150 Industrie- und Entwicklungsländer beschlossen einen schrittweisen, aber raschen Ausstieg aus der Produktion und Verwendung der FCKW.

... und unten zu viel

Im Gegensatz zur Stratosphäre ist die durchschnittliche Ozonkonzentration der bodennahen Troposphäre in den letzten Jahrzehnten um das 2–3fache gestiegen. Auch hier bildet sich O_3 bei UV-Einfluss durch Spaltung von molekularem Sauerstoff, v. a. aber aus Stickoxiden (NO_X). Diese entstehen bei allen Verbrennungsvorgängen und entweichen bei der Düngemittel- und Lackproduktion. Unter UV-Einfluss wird NO_2 in NO und atomaren Sauerstoff gespalten, der sich mit O_2 zu Ozon verbindet (Fotosmog). Normalerweise wird das Ozon in Anwesenheit von NO sofort wieder gespalten. Unvollständig oxidierte Kohlenwasserstoffe, die ebenfalls bei allen Verbrennungsprozessen auftreten, können NO jedoch binden, sodass Ozon nicht mehr vollständig abgebaut wird. Erst nachts bzw. bei geringeren Kohlenwasserstoffemissionen überwiegt dagegen der Ozonabbau.

A1 Beschreiben Sie die Abb. 123.1.

A2 Erklären Sie die Begriffe „natürlicher" und „anthropogener" Treibhauseffekt (S. 81, 122ff.). Charakterisieren Sie dabei die unterschiedliche Bedeutung der so genannten Treibhausgase.

A3 Nennen Sie mögliche Auswirkungen des „anthropogenen Treibhauseffekts" (S. 124–127). Erläutern Sie in diesem Zusammenhang auch die Abb. 126.2.

A4 Nennen Sie positive und negative Rückkopplungen bei der möglichen zukünftigen Klimaentwicklung.

A5 Erklären Sie die Entstehung des „Ozonlochs" und begründen Sie, weshalb dieses gerade über der Antarktis am schnellsten gewachsen ist (S. 128/129).

A6 Nennen Sie die mit der Ausdünnung der Ozonschicht verbundenen Gefahren für das Leben auf der Erde.

A7 Begründen Sie, weshalb auch der in der bodennahen Troposphäre gestiegene Ozongehalt zur Erwärmung der Atmosphäre beiträgt.

A8 Weshalb begünstigen Inversionswetterlagen die Bildung von Fotosmog?

A9 „Wettervorhersagen sind heute schon relativ zuverlässig, Klimaprognosen sind dagegen immer noch außerordentlich schwierig". Begründen Sie.

A10 „Seit der Entstehung der Erde hat sich ihr Klima kontinuierlich entwickelt, immer wieder jedoch unterbrochen von periodischen, gelegentlich aber auch von abrupten Veränderungen". Erläutern Sie diese Aussage an Beispielen (S. 6–11, 122–129).

7 Die Böden der Erde

7.1 Bodenbildung: Umwandlungsprozesse

Im Gegensatz zur Lithosphäre und zur Atmosphäre ist die Pedosphäre, die Gesamtheit der Böden der Erde, eine extrem dünne Schicht. Sie ist aber für das Leben an Land von – im wahrsten Sinne des Wortes – fundamentaler Bedeutung und ein entscheidender Bestandteil praktisch aller natürlichen Stoffkreisläufe.

Böden sind Naturkörper, die bei sehr unterschiedlichen klimatischen Rahmenbedingungen dadurch entstehen, dass die Verwitterungsrückstände des oberflächlich anstehenden Gesteins mit den von Bodenorganismen hergestellten Abbauprodukten des anfallenden organischen Materials immer intensiver vermischt werden. Je nach Standort kommen zu diesen Stoffabbau- und Stoffumwandlungsprozessen sowie den Vermischungsvorgängen noch Stoffverlagerungsprozesse hinzu. Böden sind daher weitaus mehr als „der Dreck an der Schuhsohle" oder „das worin die Pflanzen wurzeln". Böden sind

- die oberste, im Vergleich zum Ausgangsgestein veränderte und belebte Schicht der Erdkruste;
- offene, d.h. im Stoff- und Energieaustausch mit ihrer Umgebung stehende, sich dauernd verändernde „Vier-Phasensysteme" mit vielfältigen Wechselwirkungen zwischen Gestein, Wasser, Luft und Lebewesen. Sie sind daher extrem komplexe Ökosysteme;
- natürliche Kompostierwerke, „Recyclinganlagen", in denen die organischen Abfälle durch die zersetzende Tätigkeit der Destruenten in ihre Bausteine zerlegt und diese wieder in die Nährstoffkreisläufe eingeschleust werden. Ohne diese „Bioreaktoren" mit ihrem riesigen, einzigartigen Genpool wäre die Erdoberfläche längst an ihren Abfällen erstickt;
- Quelle und Senken für Nähr- und Schadstoffe;
- Lebens- und Versorgungsraum für Mikroorganismen, Pflanzen und Tiere und beinhalten große Mengen an Biomasse: Allein die im Boden einer Allgäuer Wiese lebenden Organismen ergeben pro Hektar das Gewicht zweier Kühe; 95 % aller Insekten benötigen in ihrer Entwicklung ein Boden bewohnendes Stadium;
- wichtige Filter- und Puffersysteme. Pro Jahr bildet ein Hektar Boden bundesweit ca. 1000 m³ Grundwasser mit überwiegend Trinkwasserqualität; Böden spei-

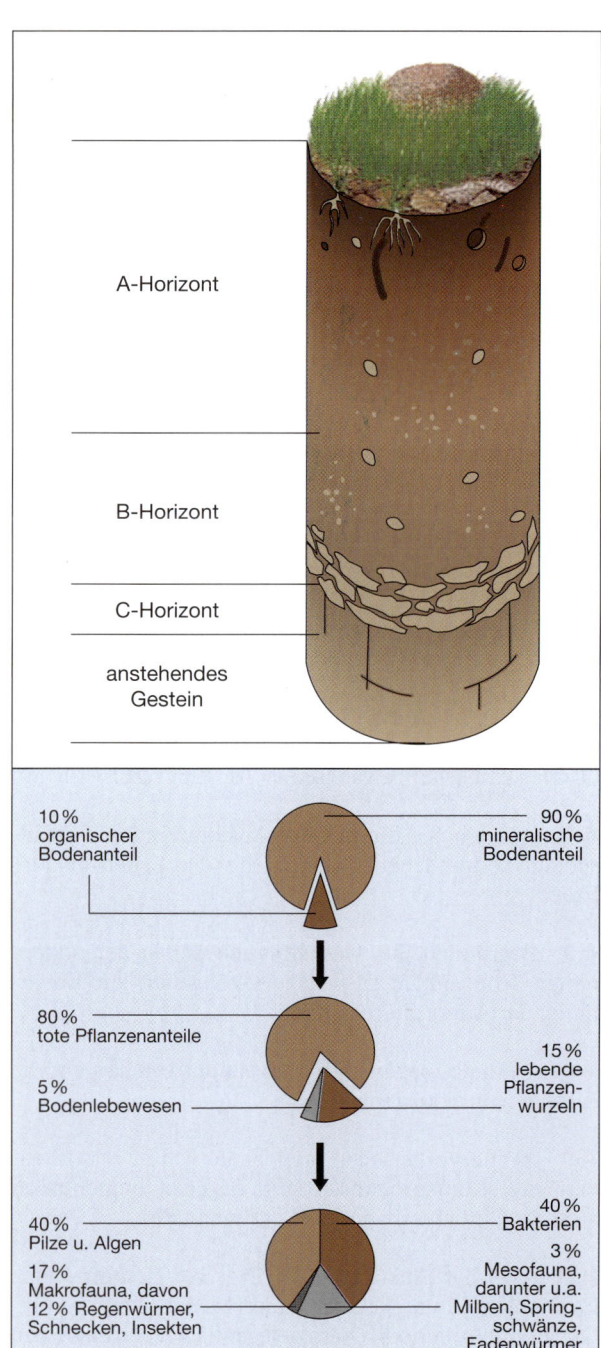

130.1 Bodenprofil und Bodenzusammensetzung

DIE BÖDEN DER ERDE

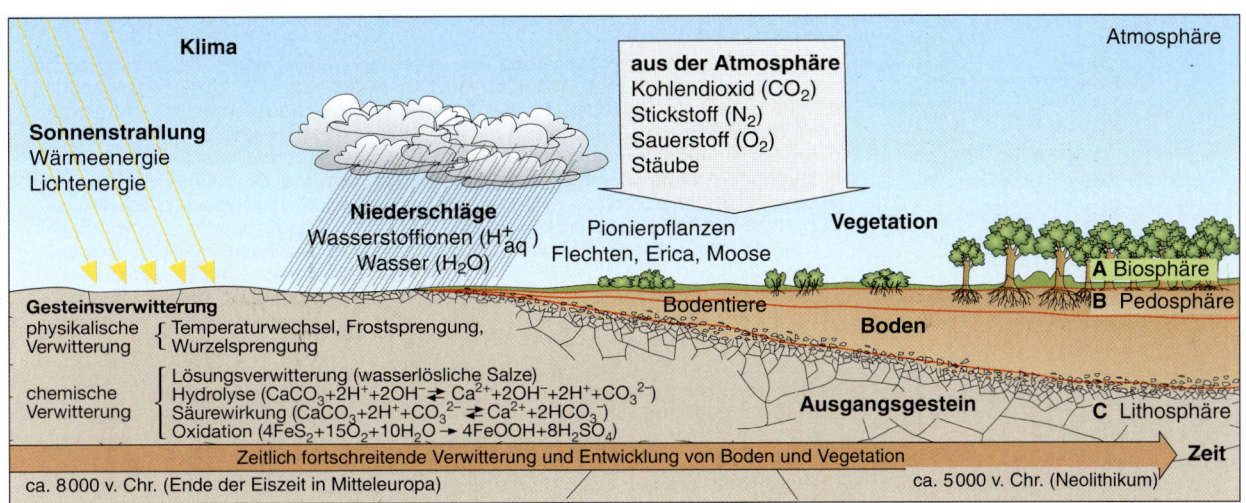

131.1 Schema für Bodenbildungsprozesse

chern zudem Stoffe aller Art meist über längere Zeiträume und stabilisieren so den Landschaftshaushalt;
- Landschafts- und siedlungsgeschichtliche Urkunden;
- wie die anderen Umweltmedien Wasser und Luft nur begrenzt verfügbare, nicht vermehrbare und wegen ihrer vielfältigen Gefährdung schützenswerte Allgemeingüter.

Ein fruchtbarer Ackerboden in Mitteleuropa besitzt eine etwa 30–40 cm dicke Humusschicht. Bei den gegebenen Rahmenbedingungen erfordert die Entstehung einer Humusschicht von 1 cm jedoch bereits 100–300 Jahre! Eine Bodenbildung ist also ein nur langsam voran schreitender Entwicklungsprozess, bei dem Wasser als Lösungs- und Transportmittel sowie als lebensnotwendiger Nährstoff für die Bodenorganismen eine entscheidende Rolle spielt. Er beginnt an der Gesteinsoberfläche mit physikalischen und chemischen Verwitterungsprozessen, die allmählich immer tiefer vordringen. Parallel zur Zerkleinerung des Gesteins läuft stets auch die Oxidation der Schwermetalle (v. a. Eisen, Mangan). Es entstehen braune Überzüge von Eisenhydroxid und Mangandioxid. An den Grenzflächen der Silikatkristalle werden dagegen die basisch wirkenden Kationen durch H^+-Ionen aus dem leicht kohlensäurehaltigen Regenwasser verdrängt. Die Intensität dieser Hydrolyse der Silikate wird – wie auch die Auflösung der Karbonate – durch Säuren verstärkt, die von den sich ansiedelnden

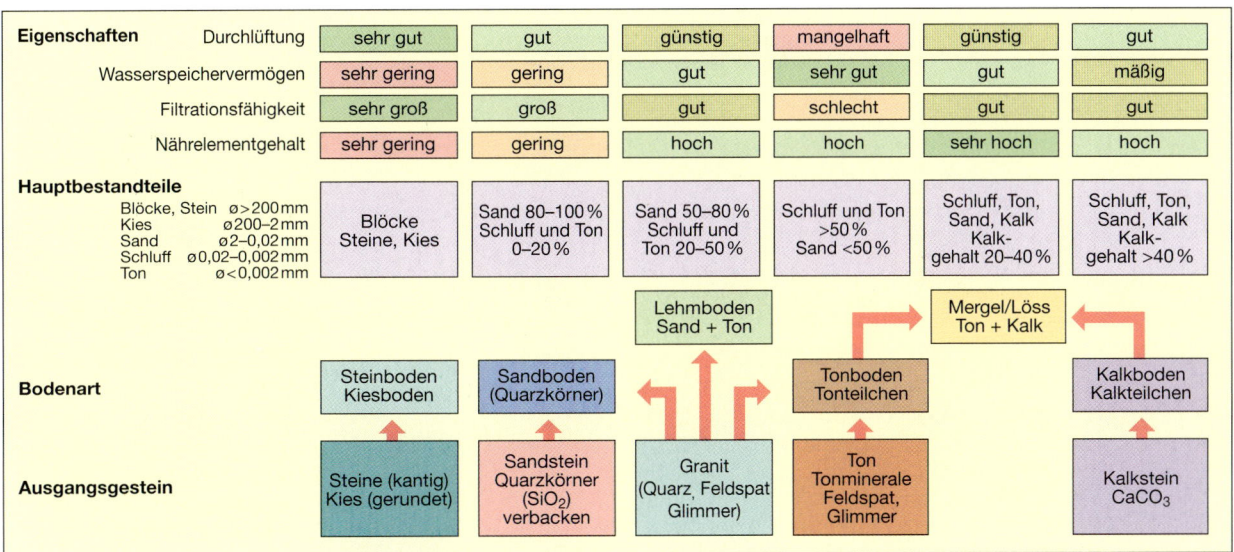

131.2 Bodenarten und ihre Eigenschaften

DIE BÖDEN DER ERDE

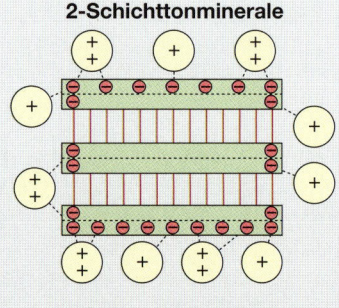

2-Schichttonminerale

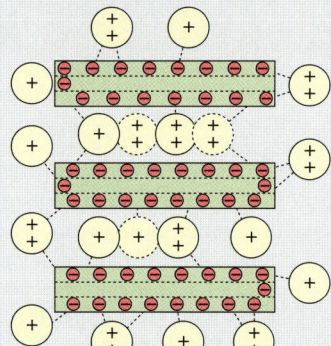

3-Schichttonminerale

- ⊖ negative Überschussladung am Tonmineral
- ⊕ adsorbierte (angelagerte) Kationen: K^+, Ca^{2+} ...
- ─ Wasserstoffbrücken
- ···· Ionenanziehung

Beim Abbau des anorganischen Ausgangsmaterials (Gestein, Mineralien) schafft die physikalische Verwitterung durch mechanische Zerkleinerung immer größere Angriffsflächen für die zugleich auch beginnende chemische Verwitterung. Diese führt letztlich zur vollständigen chemischen Zersetzung und Mineralisierung (Auflösung der Minerale in ihre Bausteine).

Beim wichtigsten Vorgang, der Hydrolyse („Säureangriff"), werden nach und nach die einzelnen Ionen aus dem Kristallgitter der Minerale herausgelöst: Zunächst die leicht mobilisierbaren Alkali- und Erdalkali-Ionen (Entbasung), bei längerer Dauer und/oder geringerem pH-Wert zunehmend auch die Silizium- (Desilifizierung) und Aluminiumverbindungen. Alle bei dieser Mineralisierung frei gesetzten Ionen sammeln sich im Bodenwasser an. Teilweise gruppieren sie sich wieder entsprechend ihrer Bindungsmöglichkeiten zu neuen Mineralen zusammen **(Neubildung von Tonmineralen)**. Diese Silikatschichtpakete besitzen nie elektrisch vollständig ausgeglichene (neutrale) Oberflächen. An Stellen mit negativem oder positivem Ladungsüberschuss können daher Kationen bzw. Anionen aus der Bodenlösung adsorbiert, d.h. reversibel angelagert werden.

Ganz analog zu den Vorgängen im anorganischen Bereich unterliegt auch das organische Ausgangsmaterial („Leichen jeder Art") sukzessive vielfältigen Prozessen der Zerkleinerung, Zersetzung und Mineralisierung. Für zahllose Bodenorganismen ist das organische Material Stoff- und Energiequelle. Durch Abbeißen, Zerkauen, enzymatische Verdauung und Ausscheidung der nicht verwerteten Reste vergrößert sich dessen Oberfläche ständig. Die nicht zum Aufbau von Biomasse verwendeten Moleküle werden nach und nach vollständig zu Ammoniak, Phosphat, Kalium usw. mineralisiert und sammeln sich genauso wie die Endprodukte der Atmung (Kohlendioxid, Wasser) in der Bodenlösung an. Aus den Kohlenstoffgerüsten der Zwischenprodukte dieses mikrobiellen Abbaus werden stets auch neue, bodeneigene Stoffe zusammengesetzt **(Neubildung von Huminstoffen)**. Die bei dieser Humifizierung gebildeten organischen Riesenmoleküle tragen je nach Herkunft ihrer Bausteine zahlreiche funktionelle Gruppen wie z.B. Carboxy-, Hydroxy- oder Aminogruppen. An ihnen können wie bei Tonmineralen Ionen aus der Bodenlösung adsorbiert werden.

Meist lagern sich Tonminerale und Huminstoffe zu riesigen **Ton-Humus-Komplexen** zusammen. Die Kopplung erfolgt dabei v.a. über die zweiwertigen Ca^{2+}-Ionen. Regenwürmer wirken dabei entscheidend mit. Sie vermischen in ihrem Darm anorganisches mit organischem Material und geben aus einer Kalkdrüse im Darm fortwährend überschüssigen Kalk in den Verdauungsbrei ab.

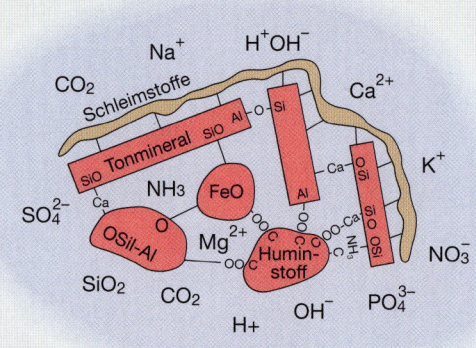

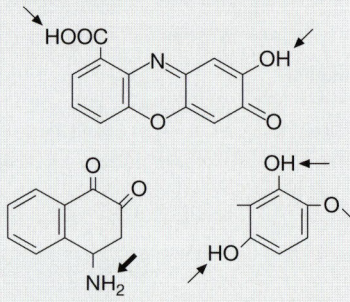

← Austauschstellen für Kationen
⇐ Austauschstellen für Anionen

132.1 Vom Ausgangsmaterial zum Ton-Humus-Komplex

Organismen (zunächst v. a. Blau- und Grünalgen sowie Flechten) direkt abgegeben werden, um die benötigten Nährstoffe aus dem Gestein freizusetzen. Eine weitere Säurequelle bildet das von den Organismen ausgeatmete CO_2, das mit dem Bodenwasser zu Kohlensäure reagiert.

Durch die Lockerung des Gesteins und die im Bodenwasser immer größer werdende Menge an Nährstoffen können sich immer mehr Organismen ansiedeln. Moose, Gräser, Kräuter und Sträucher liefern wachsende Mengen an Streu, die zusammen mit tierischen Resten von unzähligen Tieren, Pilzen und Mikroorganismen zu Humus umgewandelt werden. Humus ist die Gesamtheit der gewebefreien organischen Substanz im Boden. Er besteht aus den mehr oder weniger abgebauten Resten der organischen Moleküle sowie aus Stoffneubildungen, den schwarz-braun gefärbten, chemisch schwer angreifbaren Huminstoffen (v. a. Humin- und Fulvosäuren). Zusammen mit den anorganischen Stoffneubildungen, den Tonmineralen (Abb. 132.1), bilden sie die relativ großen und stabilen Ton-Humus-Komplexe. Die Humusschicht wird dadurch krümeliger, besser durchlüftet und durchwurzelbar und kann – durch die Fähigkeit ihrer Bestandteile, Ionen anzulagern – die bei der Mineralisierung freigesetzten Nährstoffe vor der Auswaschung in den Untergrund bewahren.

Alle diese Boden bildenden Vorgänge verstärken sich gegenseitig, sodass die Mächtigkeit des Bodens zunimmt, seine Lebewelt immer vielfältiger und deren Nahrungsketten und -netze immer komplexer werden. Die größte Bedeutung und die größte Biomasse haben dabei stets die Destruenten, die „Müllwerker" im Boden, weil sie allein die ober- und unterirdischen Abfälle der Produzenten (Pflanzen) und Konsumenten (Tiere) wieder zerlegen. Alle Lebewesen sind aber an der ständigen Durchwühlung und -mischung des Bodenkörpers beteiligt: Zwischen 1 und 20 Tonnen Boden wandern pro Hektar und Jahr allein durch den Körper von Regenwürmern!

Im Laufe der Zeit entsteht so aus einem noch kaum strukturierten Rohboden ein vertikal geschichteter, in so genannte Horizonte gliederbarer Körper. Er enthält neben Humus, gröberen Steinen (dem „Bodenskelett") stets eine gewisse Menge an mineralischem Feinboden, der durch seine geringe Teilchengröße (< 10 ym) leicht abschlämmbar ist. Je nach Zusammensetzung der Korngrößenfraktionen des Feinbodens werden verschiedene Bodenarten unterschieden (Abb. 131.2). Sie besitzen aufgrund ihrer unterschiedlich großen Porenräume sehr unterschiedliche physikalische Eigenschaften (Wasser-, Luft-, Wärmehaushalt) und sind – je nach Tongehalt – mehr oder weniger leicht bearbeitbar bzw. mehr oder weniger reich an verfügbaren Nährstoffen.

Die $H^+_{(aq)}$-Ionenkonzentration wird durch den pH-Wert angegeben. pH 7 bedeutet, im Boden befinden sich 10^{-7} Gramm $H^+_{(aq)}$-Ionen in einem Liter reinem Bodenwasser, pH 4 entsprechend 10^{-4} Gramm, also tausendfach mehr $H^+_{(aq)}$-Ionen.

Kationenaustauschkapazität
Die Austauschkapazität wird in Milliäquivalent (mval) je 100 Gramm trockener Masse des zu untersuchenden Bodens angegeben. Ein mval ist die ersetzbare Menge von Kationen, die einem Milligramm $H^+_{(aq)}$-Ionen entspricht.

Kaolinite	3– 15 mval/100g	häufige Tonminerale der feuchten Tropen
Illite	10– 40 mval/100 g	häufige Tonminerale der trockenen Tropen und Außertropen
Montmorillonit	90–150 mval/100 g	
Vermiculit	100–150 mval/100 g	
organisches Bodenmaterial	150–300 mval/100 g	Humus
Feldspäte, Quarz	1– 2 mval/100 g	Minerale
Basalt	1– 3 mval/100 g	Gestein

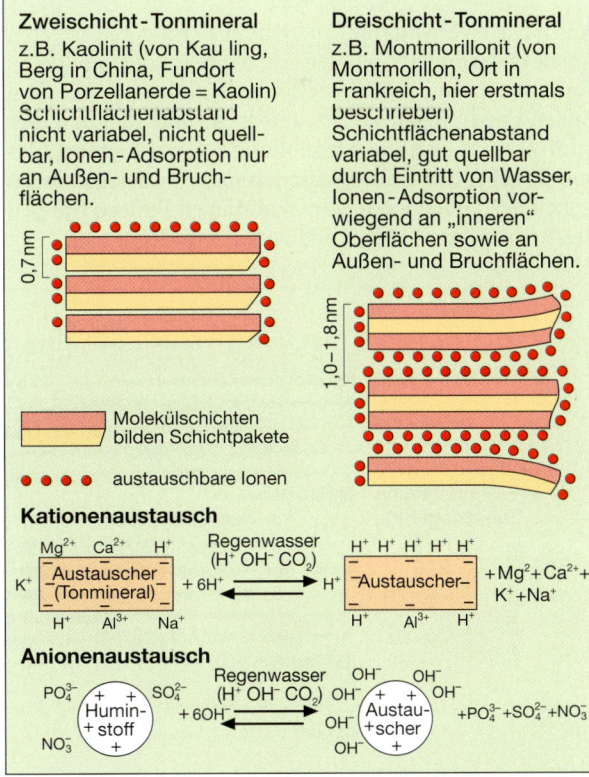

133.1 pH-Wert, Tonminerale und Ionenaustausch

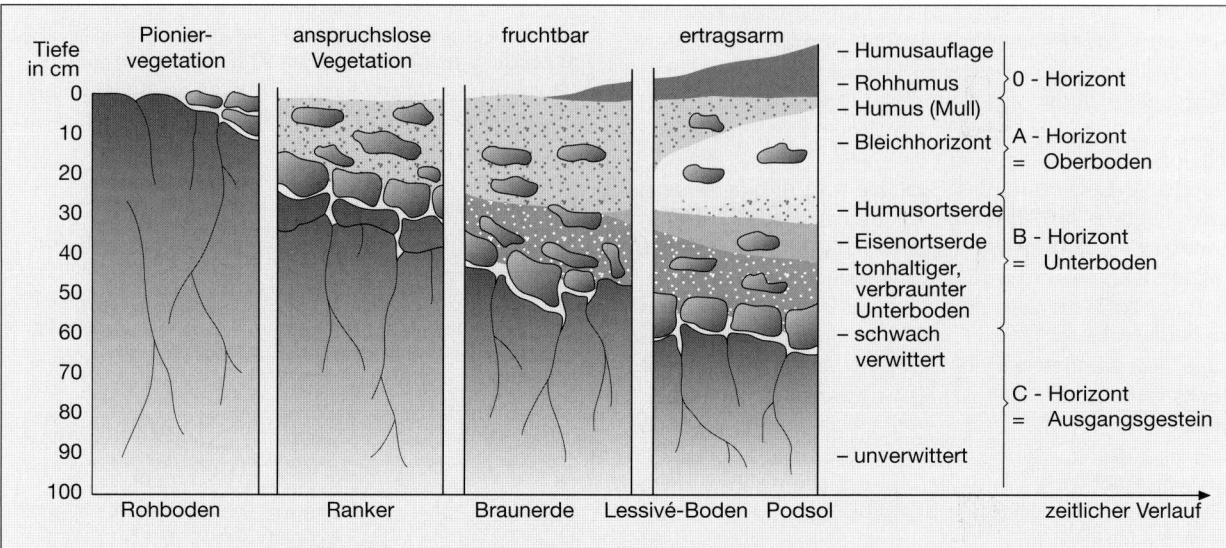

134.1 Entstehung von Bodenprofilen

7.2 Bodenbildung: Stoffverlagerungsprozesse

Alle bei der Verwitterung und Humifizierung freigesetzten Ionen und Moleküle werden wie die sekundär gebildeten Tonminerale und Huminstoffe nach und nach mit dem Bodenwasser verlagert. Art, Intensität und Richtung der Stoffverlagerung werden beeinflusst von der Richtung des vorherrschenden Bodenwasserstroms, von der Durchlässigkeit der Bodenporen, vom natürlichen Puffervermögen des Bodens (Abb. 134.2) und vom Faktor Zeit.

Bei humidem Klima gilt, dass die Verlagerung mit fortschreitendem Alter des Bodens mit sinkendem pH-Wert und steigender Porengröße zunimmt. Im Extremfall können die mobilisierten Stoffe mit dem abwärts gerichteten Bodenwasserstrom bis ins Grundwasser ausgeschwemmt werden und dem Boden und den Pflanzen verloren gehen. Meist werden sie jedoch wegen der sich mit der Tiefe ändernden physikalisch-chemischen Bedingungen in bestimmten Zonen wieder ausgefällt. Auf diese Weise entstehen die für ein Bodenprofil typischen Auswaschungs- und Anreicherungshorizonte (Abb. 134.1), anhand derer verschiedene Bodentypen unterschieden werden können.

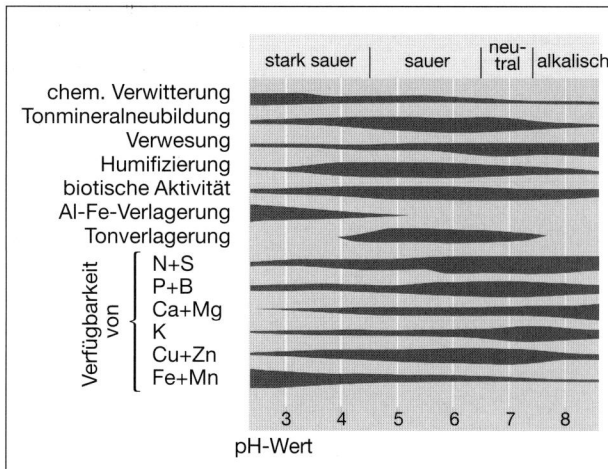

Die Puffer eines Eisenbahnwaggons schützen ihn vor gefährlichen Erschütterungen. Die Puffersysteme im Boden sind chemische Reaktionen, die ihn innerhalb gewisser Grenzen vor allem vor Versauerung schützen. Der wichtigste Puffer ist der Carbonatpuffer, der den pH-Wert der Bodenlösung trotz Säurezufuhr zwischen 6,2 und 8,3 halten kann. Die neutralisierende Wirkung von Kalk beruht darauf, dass er mit den überschüssigen Wasserstoff-Ionen zunächst Hydrogencarbonat bildet, das dann mit weiteren H_3O^+-Ionen zu Wasser und Kohlenstoffdioxid reagiert:

$CaCO_3 + H_3O^+ \longrightarrow Ca^{2+} + HCO_3^- + H_2O$
$HCO_3^- + H_3O^+ \longrightarrow CO_2 + 2H_2O$

Wenn das Bodenwasser gesättigt ist, entweicht alles zusätzlich hinzu kommende CO_2. Calcium-Ionen (Ca^{2+}) und die Anionen der die Versauerung verursachenden Säuren (z.B. Cl^-, SO_4^{2-}, NO_3^-) bleiben dagegen in der Bodenlösung.

134.2 Bedeutung des pH-Werts und Puffereigenschaften

O	Organische Auflage
A	**Oberboden (Auswaschungshorizont)**
A_h	durch Humusstoffe gefärbter Horizont (h von Humus)
A_e	an Humus und Eisen-, Aluminiumoxiden armer Horizont (e von lat. eluere = auswaschen)
A_l	hellerer, ton- und kalkarmer Horizont (l von franz. lessiver = waschen)
B	**Unterboden (Anreicherungshorizont)**
B_v	verbraunter und verlehmter Horizont (v von verbraunt)
B_h	durch Humuseinlagerung gefärbter Horizont; grau-braun bis schwarz
B_s	durch Eisen- und Aluminiumoxid rostrot gefärbter Horizont (s von Sesquioxide)
B_t	Tonanreicherung (t von Ton)
C	**Ausgangsgestein (Muttergestein)**

135.1 Symbole für Bodenhorizonte

Die Stoffverlagerungen erfolgen meist in einer bestimmten Reihenfolge. Als erste werden die bei der Mineralisierung freigesetzten, leicht löslichen Salze ausgeschwemmt. Mit ihnen gelangt auch braunes Eisenoxid abwärts, sodass immer tiefere Bodenschichten verbraunen (Entstehung der Braunerde). Bei fortschreitender Dauer bzw. bei geringem Puffervermögen wird dann zunehmend auch Kalk gelöst, wodurch eine Kettenreaktion ausgelöst wird: Wenn die Ton-Humus-Komplexe ihre Stabilisatoren, die Ca^{2+}-Ionen verlieren, beginnt die Verlagerung der Tonminerale (Lessivierung) im dispergierten Zustand (Entstehung der Parabraunerde). Organische Stoffe werden dagegen in Lösung aus dem Oberboden ausgeschwemmt. Dieser Vorgang wird verstärkt, wenn von der Vegetation eine schwer zersetzbare Streu (z. B. Nadelstreu) angeliefert und diese wegen zu geringer Aktivität der Bodenorganismen nur unvollständig abgebaut wird. Unter Nadelwald bzw. bei kalthumidem Klima reichert sich dann an der Bodenoberfläche die Rohhumusschicht an. Bei ihrem langsamen, unvollständigem Abbau fallen große Mengen organischer Säuren an. Diese führen dann – gebunden innerhalb ihrer Molekülstrukturen – auch farbige Eisen- und farblose Aluminium-Sesquioxide (Tonerde) aus dem A-Horizont mit in die Tiefe. Dort werden unter anderen pH-Bedingungen die Humusstoffe und das Eisen wieder ausgeschieden. Dadurch entsteht ein stark geschichteter Boden mit zwei verschiedenen, oberflächennahen Humusschichten, einer sauren Bleicherdeschicht, einem dunklen Humusband in der Tiefe und einem rostfarbigen Horizont, der meist zu Ortstein verhärtet und von einer tonhaltigen Schicht unterlagert ist (Entstehung des Podsol).

Umwandlungsprozesse

1. *Mineralisierung* des Gesteins durch physikalisch-chemische Verwitterung sowie des organischen Abfalls durch Zersetzung jeweils bis zur Bildung von Pflanzen aufnehmbarer Nährstoff-Ionen.
2. *Verlehmung* durch die Neubildung von sekundären Tonmineralen aus den Verwitterungsprodukten von Feldspäten oder die Bildug von primären Tonmineralen aus der Zerkleinerung von bereits schichtig aufgebauten Mineralen wie z. B. Glimmer.
3. *Humifizierung* durch molekulare Neukombinationen der beim Abbau der organischen Substanz anfallenden Zwischenprodukte.
4. *Verbraunung* durch die Freisetzung und Oxidation eisenhaltiger Verbindungen zu Goethit, der um die Bodenpartikel herum auskristallisiert.

Verlagerungsprozesse

1. *Verlagerung der leicht löslichen Salze* durch Lösung und Ausfällung entsprechend des je nach Klima vertikal dominierenden Bodenwasserstroms.
2. *Lösung des schwerer löslichen Kalks* durch anhaltende Säureeinwirkung als Kalziumhydroxid; Mobilisierung entsprechend dem Bodenwasserstrom; Ausfällung daher entweder als oberflächennahe Kalkkrusten oder tiefer liegende Kalkkonkretionen.
3. *Tonverlagerung (Lessivierung):* Mobilisierung der Tonminerale nach Absinken des pH-Wertes unter etwa 6,5 durch verstärkte Auswaschung von Kalk im A-Horizont; Fixierung der bei humidem Klima abwärts geschwemmten Tonminerale im B-Horizont.
4. *Podsolierung:* Starke Versauerung des Oberbodens durch verstärkte Säurezufuhr aus Rohhumus mit Überforderung des Karbonatpuffers: Bleichung des A-Horizonts durch Auswaschung von Huminstoffen, Fe, Al und anderen Nährstoffen; Ausfällung der mobilisierten Stoffe im Unterboden; Verhärtung zu Ortsteinhorizont.
5. *Vergleyung:* Unter O_2-Mangel im ständig durchnässten Grundwasserbereich Reduktion der rostfarbigen Fe- und Mn-Hydroxide zu löslichen Fe- und Mn-Oxiden; Bildung des grün-blau-grauen Reduktionshorizonts mit stellenweiser Bleichung des durchnässten Bereichs durch seitliche Abfuhr oder kapillaren Aufstieg der Oxide; im Schwankungsbereich des Grundwassers bei Luftkontakt erneute Ausfällung nach Oxidation der 2-wertigen Fe- und Mn-Verbindungen (Bildung der „Gleyfleckigkeit").
6. *Ferralitisierung:* Rotfärbung des Bodens durch relative Anreicherung von Fe- und Al-Oxiden wegen sehr starker Auswaschung von Kieselsäure, Alkalien und Erdalkalien.

135.2 Umwandlungs- und Verlagerungsprozesse

DIE BÖDEN DER ERDE

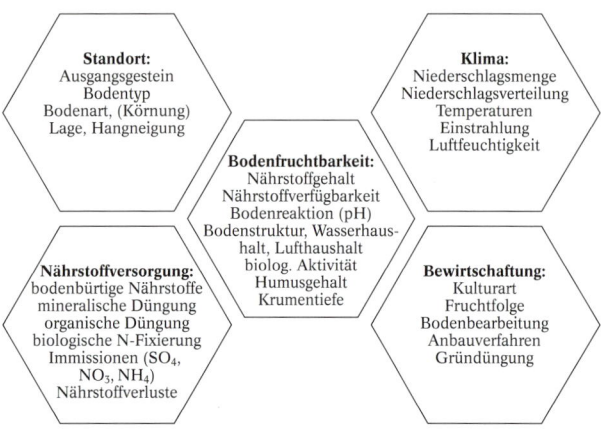

136.1 Bodenfruchtbarkeit

7.3 Bodenfruchtbarkeit

Bodenfruchtbarkeit ist ein komplexer Begriff und bezeichnet die Fähigkeit eines Bodens, nachhaltig hohe und sichere Erträge zu produzieren. Ein fruchtbarer Boden besitzt ein optimales Verhältnis von festen Bodenteilchen einerseits sowie Luft und Wasser andererseits, ein hohes Speicherungs- und Nachlieferungsvermögen von Wasser und Nährstoffen, ein reiches Bodenleben und ein Gleichgewicht zwischen Abbau- und Aufbauprozessen. Letztendlich geht es also darum, inwieweit sich die Pflanzen dauerhaft und ausreichend mit Nährstoffen und Wasser aus dem Boden versorgen können. Da Wurzeln die Nährstoffe nur aus wässrigen Lösungen aufnehmen können, ist der Wasserhaushalt von entscheidender Bedeutung.

Je nach Bodenart fließen vom Niederschlagswasser unterschiedliche Mengen oberflächlich ab, sickern ins Grundwasser durch oder werden gegen die Schwerkraft von den Bodenteilchen als Haftwasser festgehalten. Die H_2O-Moleküle bilden dabei aufgrund ihrer Dipoleigenschaft Wasserhüllen um die unterschiedlich geladenen Oberflächen der Bodenteilchen, wobei die Bindungskräfte dieser Anlagerung (= Adhäsion) nach außen abnehmen. Zugleich halten die zwischenmolekularen Anziehungskräfte der Dipole (= Kohäsion) Wasser im offenen Porenraum als Kapillarwasser fest (Abb. 137.1).

Als Maß für das Wasserhaltevermögen eines Bodens dient der so genannte pF-Wert (log cm Wassersäule). Bis zu einem pF-Wert von 1,8–2,5 kann ein Boden Wasser gegen die Schwerkraft halten. Aber nur ein geringer Teil des festgehaltenen Wassers ist von den Pflanzen nutzbar, da sie nur Saugkräfte von maximal pF 4,2 (Welkepunkt) entwickeln können. Alles Wasser, was dann noch im Boden ist, ist für sie nicht mehr verwertbar. In Böden mit hoher Wasserspannung, also mit sehr großer innerer

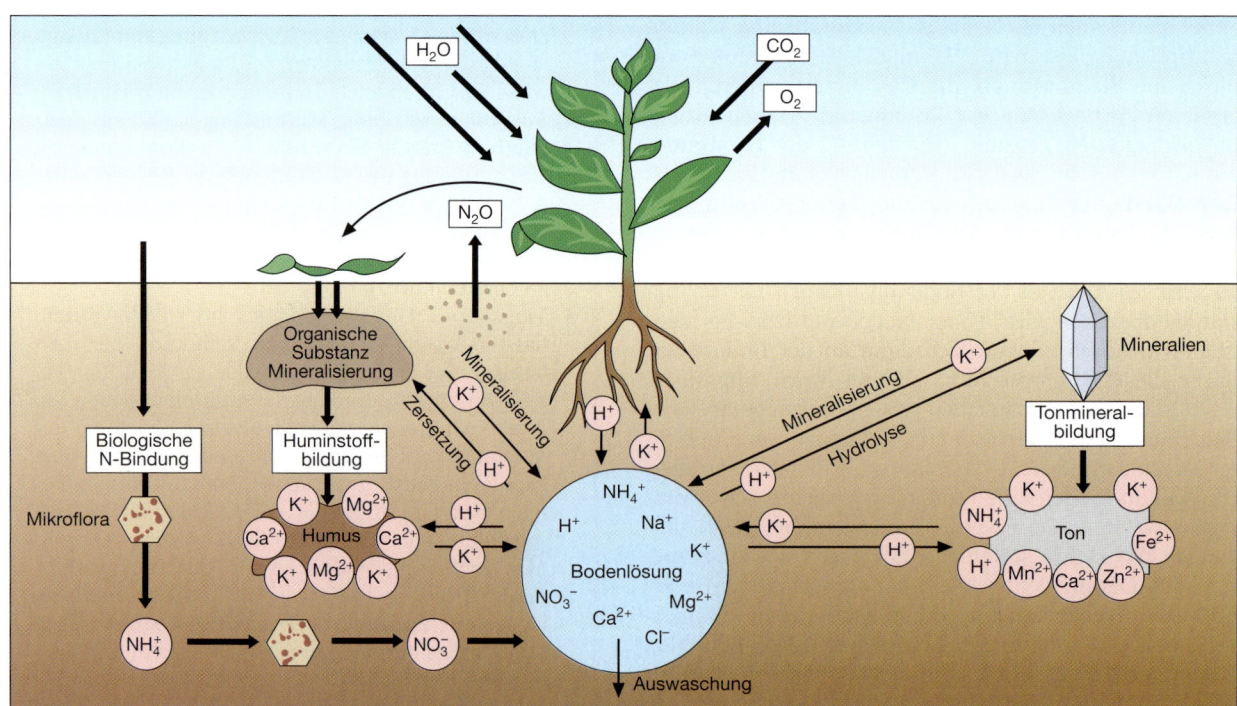

136.2 Nährstoffversorgung der Böden

Oberfläche wie z. B. in stark tonhaltigen Böden, welken und vertrocknen Pflanzen daher rasch, obwohl das Substrat noch viel Wasser enthält.

Stark tonhaltige („schwere") Böden können durch Quellung viel Wasser aufnehmen, schrumpfen aber auch rasch und zerreißen dabei die Feinwurzeln. Böden mit wasserundurchlässigen Tonhorizonten neigen – wie auch grundwasserbeeinflusste Böden z. B. im Auebereich – zudem zu Staunässe. Der Sauerstoffmangel lässt die Wurzeln verfaulen und behindert die Atmung der Bodenlebewesen. In „leichten", kiesigsandigen Böden ist zwar wegen der größeren Porendurchmesser die Luftversorgung besser, doch versickert das Wasser rasch.

Eine günstige H_2O- und Nährstoffversorgung sowie eine gute Durchwurzelbarkeit besitzen daher lockere, krümelige Böden mit einer Mischung von festen Bodenteilchen (mineralische und organische Substanz), Luft und Wasser im Verhältnis 50:25:25 Volumenprozent. Wie bei jedem Boden ist auch hier der Nährstoffvorrat auf drei „Speicher" verteilt: Die Nährstoffe sind entweder
- im Restgestein bzw. im Humus gebunden und müssen erst noch mineralisiert werden oder
- locker an die Austauscher (Tonminerale, Huminstoffe, Ton-Humus-Komplexe) gebunden und müssen von dort im Austausch gegen andere Ionen, v. a. H^+-Ionen, erst an die Bodenlösung abgegeben werden oder
- bereits im Bodenwasser gelöst und für die Pflanzen direkt verfügbar. Dies ist jedoch stets nur ein sehr geringer Teil des gesamten Nährstoffvorrats.

Die Pflanzenwurzeln nehmen die Nährstoffe aus der Bodenlösung im Tausch gegen H^+-Ionen auf. Deren Konzentration im Bodenwasser steigt dadurch. Sie können daher immer effektiver mit den Nährstoffen der Bodenlösung um die freien Plätze an den Austauschern konkurrieren, diese auch von dort verdrängen, sodass sich der Nährstoffpool der Bodenlösung wieder auffüllt. Da die H^+-Ionen zugleich auch die Mineralisierung der anorganischen und organischen Substanz fördern, sammeln sich immer mehr Nährstoffe im Nährstoffpool an. Durch die Säureproduktion ihrer Wurzeln erschließen sich die Pflanzen also nach und nach die Nährstoffvorräte des Bodens.

Auch Stickstoff kann nur als Ion (als Nitrat- oder Ammonium-Ion) aus der Bodenlösung aufgenommen werden. Er stammt jedoch nicht aus der Mineralisierung des Gesteins, sondern muss durch Mikroorganismen im Zuge der biologischen N-Bindung aus der Luft entnommen und zunächst in organische Moleküle eingebaut werden. Erst nach deren Mineralisierung liegt der Stickstoff in pflanzenverfügbarer Form im Bodenwasser vor (s. S. 65).

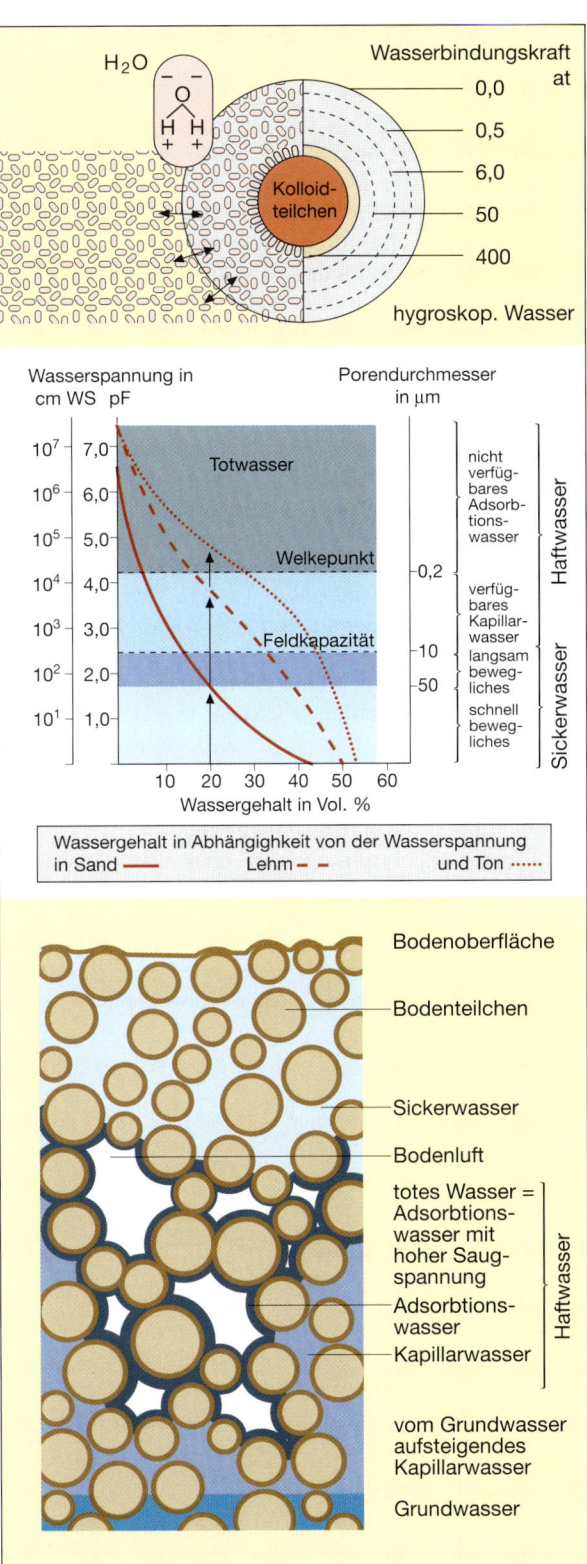

137.1 Wasser im Boden

DIE BÖDEN DER ERDE

7.4 Bodenzonen der Erde

Mit fortschreitender Entwicklung eines Bodens wird der Einfluss des Ausgangsgesteins immer geringer. Immer stärker spiegelt der Boden dann die klimatischen Bedingungen wider, denn die Art und Intensität der Verwitterungsprozesse, die Streuanlieferung, die biologische Aktivität und die Stoffverlagerungen werden in entscheidendem Maße klimatisch gesteuert. Selbst bei gleichem Ausgangsgestein bilden sich daher in unterschiedlichen Klimaten Böden, die sich allein schon in ihrem Chemismus (Abb. 139.1), aber auch in ihrer Struktur und in ihrer Profilierung ganz grundsätzlich unterscheiden. Unter gleich bleibenden Umweltbedingungen führt jede Bodenentwicklung im Laufe der Zeit so zu einem für den jeweiligen Standort typischen Reifestadium („Klimaxboden"). Bei globaler Betrachtung entsprechen die Bodenzonen der Erde daher weitgehend den Klima- und damit auch den Vegetationszonen. Für die Ausbildung der zonal jeweils dominierenden Bodentypen gelten dabei vereinfacht folgende Gesetzmäßigkeiten:

- In warmen humiden Klimaten mit üppiger Vegetation und reichem Bodenleben verläuft die Bodenbildung weitaus rascher als in den gemäßigten oder in kalten und trockenen Zonen.
- Je länger eine Bodenentwicklung in humiden Klimaten andauert, desto tiefgründiger wird der Boden, desto mehr Nährstoffe werden ausgewaschen, desto mehr können nur noch austauscharme Zweischichttonminerale gebildet werden.
- Wasser- oder Wärmemangel bremsen den Abbau der organischen Substanz, sodass sich ungünstige Humusformen (Rohhumus), u. U. aber auch günstige Humusformen (Mull) anreichern können.
- In kühl-feuchten Klimaten dominiert langfristig die Podsolierung mit der Bildung von harten Ortsteinhorizonten die Bodenentwicklung.
- In ausgeprägten Trockengebieten kommt es durch Ausfällungen der im meist aufwärts gerichteten Sickerwasserstrom gelösten Salze oberflächennah zur Bodenversalzung, im Extremfall sogar zur Bildung richtiger Salzkrusten. Feinkörnige Böden sind davon besonders betroffen. In ihren haardünnen Poren („Kapillaren") kann Bodenwasser entgegen der Schwerkraft bis zu 5 m aufwärts steigen („kapillarer Aufstieg"). Die Ausbildung solch langer Wassersäulen wird dadurch ermöglicht, dass die Wassermoleküle aufgrund ihrer Dipoleigenschaft einerseits an den Porenwänden (Adhäsion) und andererseits im freien Zwischenraum aneinander haften bleiben (Kohäsion). Auf diese Weise „hangelt" sich das Bodenwasser selbst nach oben. Nahe der Oberfläche kann die Ausfällung der Salze durch rasche Verdunstung wegen hoher Luft- und Bodentemperaturen verstärkt werden.
- In warm-feuchten Klimaten dominieren die im Zuge der Ferrallitisierung entstehenden rot gefärbten Böden. Sie besitzen häufig nahe der Oberfläche hohe Konzentrationen von Fe- und Al-Oxiden, die bei Luftzutritt zu betonharten, so genannten Lateritkrusten verhärten können (lat.: later = Panzer).

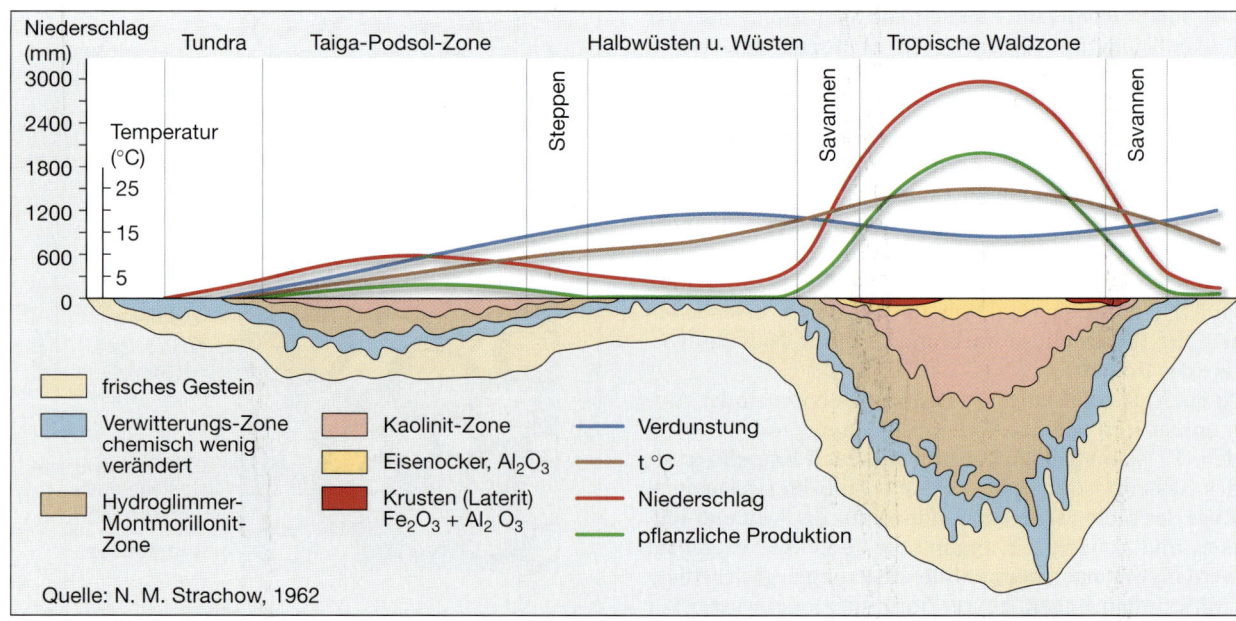

138.1 **Bodenbildungszonen der Erde**

DIE BÖDEN DER ERDE

	Ausgangs-gestein (Mittel)	Braunerde (England) gemäßigt-vollhumides Klima	Roterde (Israel) subtropisch-semihumides Klima	Laterit (Vorderindien) tropisch-semihumides Klima
SiO$_2$	49	47,0	41,2	0,7
Al$_2$O$_3$	15	18,5	13,4	50,5
Fe$_2$O$_3$	4	14,6	11,3	23,4
FeO	8	–	3,1	–
MgO	6	5,2	1,2	–
CaO	9	1,5	2,1	–
Na$_2$O	4	0,3	1,7	–
K$_2$O	2	2,5	1,0	–
H$_2$O	2	7,2	13,3	25,0
Rest	–	2,5	3,8	0,4
	100	99,3	100,1	100,0

139.1 Verwitterung von Basalt in verschiedenen Klimaten

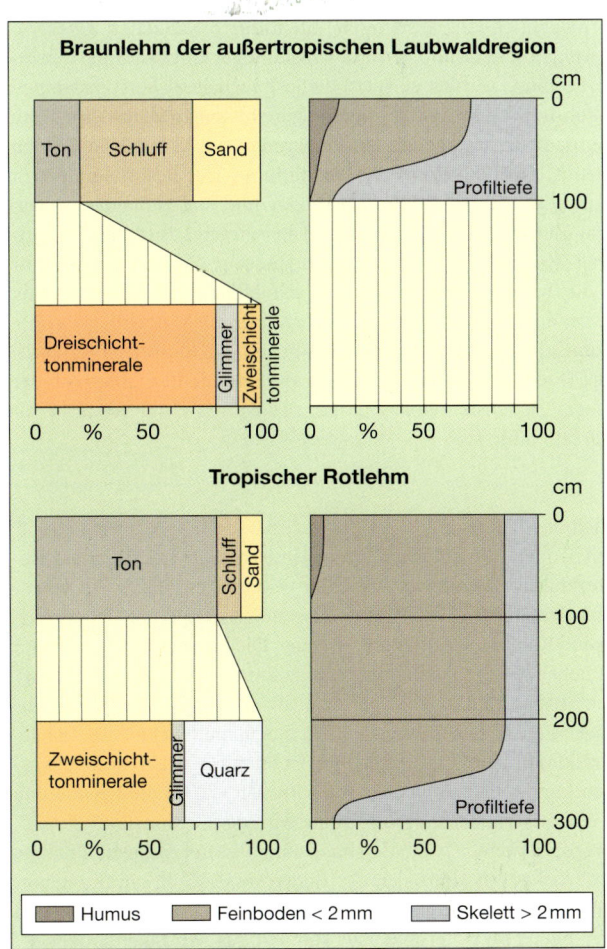

139.2 Bodenvergleich

A1 „Ein Boden ist mehr als nur verwittertes Gestein." Erklären Sie diese Aussage.

A2 An jeder Bodenentwicklung sind neben Abbau auch Aufbauvorgänge beteiligt. Nennen Sie Beispiele.

A3 Erklären Sie die Begriffe Tonmineral, Humusstoff, Kationenaustausch, Austauschkapazität, Ton-Humus-Komplex, Lehm, Schluff, pH-Wert, A-, B-, C-Horizont.

A4 Begründen Sie die unterschiedlich hohe Austauschkapazität verschiedener Tonminerale und von Humus (Abb. 132.1, 133.1).

A5 Beschreiben Sie anhand der Abb. 134.1 grundlegende Prinzipien einer Bodenbildung.

A6 Begründen Sie, weshalb der Karbonat-Puffer für die Bodenentwicklung besonders wichtig ist (Abb. 134.2).

A7 Unterscheiden Sie Bodenart und Bodentyp (Abb. 131.2, 134.1, Text) und vergleichen Sie Stein- und Tonboden.

A8 Begründen Sie, weshalb ein lessivierter Boden zu Staunässe neigt (Abb. 135.2, Text).

A9 Beschreiben Sie die Abb. 136.1 und erläutern Sie folgende Aussage: „Pflanzen erschließen sich die Nährstoffvorräte im Boden selbst".

A10 Unterscheiden Sie: Grundwasser, Kapillarwasser, Sickerwasser, Haftwasser. Was bedeutet der so genannte Welkepunkt?

A11 Unter welchen Bedingungen müssen Pflanzenwurzeln im Boden um Wasser „kämpfen". Berücksichtigen Sie dabei auch verschiedene Bodenarten (Abb. 137.1)?

A12 Erläutern Sie die Abb. 139.1.

A13 Begründen Sie mithilfe der Abb. 139.2, weshalb tropische Rotlehme weitaus weniger Nährstoffe enthalten als außertropische Braunlehme. Nennen Sie zusammenfassend die Merkmale eines fruchtbaren Bodens.

A14 Charakterisieren und begründen Sie die Veränderungen entlang des Meridionalprofils (Abb. 138.1).

A15 Erklären Sie die Entstehung von Ortstein, Salzkrusten und Lateritkrusten.

A16 Nennen Sie Beispiele für die Beteiligung von Lebewesen an Bodenbildungsprozessen.

7.5 Bodentypen im Überblick

In kaum einem anderen Bereich der physischen Geographie ist eine Systematisierung so schwierig wie bei den Böden. Dies liegt im Wesentlichen daran, dass jeder einzelne Boden ein außerordentlich komplexes Gebilde ist, das sich in ständiger Entwicklung befindet und dessen Erscheinungsbild im Laufe der Zeit daher ständig wechselt.

Neuere Klassifikationsschemata berücksichtigen deshalb nur bodeneigene Merkmale. Eine ältere Systematisierung unterteilt dagegen z. B. nach der Bedeutung des Wassers in terrestrische, semiterrestrische, subhydrische Böden und Moore. Am einfachsten – und daher für einen ersten Überblick am geeignetsten – ist die immer noch weit verbreitete Systematisierung nach Bodentypen. Sie lassen sich stark vereinfachend zunächst in zonale und in intrazonale Böden untergliedern. Bei zonalen Böden ist das Klima der ausschlaggebende Boden bildende Faktor. Sie haben einen typischen Reifegrad erreicht und lassen sich in etwa den Klimazonen zuordnen. Bei den intrazonalen Böden spielen dagegen Ausgangsgestein oder Wasser bei der Bodenbildung eine bedeutende Rolle. Dazu gehören z. B. Grundwasser-, Marsch- und Aueböden, die Böden der Schwemmlandebenen großer Flüsse, Gebirgsböden oder Böden, die sich auf reinen Kalkgesteinen entwickeln. In den Tropen kommen z. B. die Vertisole über Basaltdecken hinzu, die durch ihren hohen Tongehalt extrem quellfähig sind und wegen starker Durchmischung praktisch keine Horizontbildung zeigen. In den tropischen Hochländern entwickeln sich dagegen aus den Aschen rezenter Vulkane die dunklen, mineral- und humusreichen Andosole.

Latosole (= Roterden = Ferrasole) $A_h - B_{al, fe} - C$

Vorherrschender Bodentyp der immerfeuchten Tropen und der Feuchtsavannen. Hohe Temperaturen und ständige Bodenfeuchte ermöglichen lang anhaltende, nicht durch Kaltzeiten unterbrochene, intensive chemische Verwitterung mit tiefgründiger und vollständiger Umwandlung des ursprünglichen Mineralbestands. Selbst Silikate werden zersetzt, die lösliche Kieselsäure zusammen mit freigesetzten Alkali- und Erdalkali-Ionen vom stetig abwärts gerichteten Bodenwasserstrom ausgewaschen (Desilifizierung). Die dadurch erfolgende Anreicherung von Al- und Fe-Oxiden (roter Hämatit und gelbbrauner Goethit) führt zur Rot- oder Gelbfärbung. Der Restmineralgehalt ist gering. Feinkörniges Substrat mit geringer Wasserdurchlässigkeit und Luftkapazität, wegen meist hohem Tongehalt in feuchtem Zustand klebrig-plastisch. Überwiegend Bildung des austauscharmen Zweischichttonminerals Kaolinit. Die anfallende organische Substanz wird sehr rasch mineralisiert und humifiziert, die frei werdenden Nährstoffe schnell und nahezu vollständig über das im Regenwald am dichtesten ausgebildete Netz von Wurzelpilzen (Mykorrhiza) in die Pflanzen zurückgeführt. Da die Humusdecke nur sehr dünn bleibt, ist die Kationenaustauschkapazität der Böden sehr gering. Die Böden sind unfruchtbar, die Bodenschichten unterhalb der Humusschicht für Pflanzen meist sogar „lebensfeindlich", da bei pH-Werten < 4,0 verstärkt Al-Ionen freigesetzt werden, die für Wurzeln giftig sind.

Rotbraune Savannenböden (= Rotlehme = Acrisole) $A_h - B_{al, fe, si} - C$

Typische Böden der wechselfeuchten Tropen mit Rotfärbung und jahreszeitlich wechselndem Bodenwasserstrom. Wegen der in der Regenzeit intensiven chemischen Verwitterung zeigen die Savannenböden einige Merkmale wie Ferrasole, jedoch weniger stark ausgeprägt: tiefgründig, feinkörnig, geringer Restmineralgehalt, überwiegend Kaolinit als Tonmineral, sauer. Die meisten Nährstoffe sind ausgewaschen, im Oberboden bleibt neben Fe und Al auch noch Silizium erhalten („fersiallitische" Böden gegenüber den „ferrallitischen" Regenwaldböden). Durch Auswaschung ist der Oberboden lessiviert, der Unterboden mit Ton angereichert. Die im Vergleich zu den immerfeuchten Tropen geringere Zersetzung fördert die Humusakkumulation. Im Regenwald ist Humus v.a. als Kationenaustauscher und Nährstofflieferant bedeutsam, in den sommerfeuchten Tropen v.a. für die Regulierung des Bodenwasserhaushalts. Durch Verbesserung der Infiltrationsrate wird die Erosionskraft der heftigen Platzregen etwas gemindert. Wegen höherem Nährstoffgehalt und besserer Düngeraufnahme ertragreicher als die Latosole. In der Trockenzeit kehrt sich der Bodenwasserstrom um. Kapillarer Aufstieg und starke Verdunstung führen zu oberflächennahen Ausfällungen von Karbonaten und Nährstoffen; Eisenoxide kristallisieren häufig im Unterboden als Hämatit aus. Wird die darüber liegende Schicht abgetragen, verhärtet dieser Bereich bei Luftzutritt zu betonharten Lateritkrusten.

DIE BÖDEN DER ERDE

Skelettböden der Halbwüsten und Wüsten

In den Trockengebieten gibt es wegen Mangel an Wasser und Vegetation kaum organisches Material oder Bodensäuren. Außer der physikalischen Verwitterung fehlen daher alle anderen Boden bildenden Prozesse oder sie können nur kurze Zeit nach Regenfällen ablaufen. Im Kernbereich der Trockengebiete bewirkt der Wind zudem ständige Aus- und Anwehungen mit einer Sortierung nach Korngrößen. In Gebieten mit Dünen, Flugsandfeldern, Kies- und Steinwüsten gibt es daher praktisch keine Bodenbildung. Böden können sich nur dort entwickeln, wo äolische Umlagerungen lange Zeit unbedeutend waren. Mechanisch zerkleinerte Verwitterungsprodukte in unterschiedlichen Korngrößen dominieren dabei gegenüber der Feinbodenfraktion. Ist ein Feinboden deutlich erkennbar, spricht man von Skelett- oder Wüstenrohböden. Vereinzelt sind in geschützten Lagen auch fossile Bodenreste aus feuchteren Zeiträumen erhalten. Sie können wie die Wüstenrohböden mit höherem Tongehalt sowie die Oasenböden durch Bewässerung ackerbaulich gut genutzt werden. Auch die v. a. durch Dreischichttonminerale und einem geringem Humusgehalt (max. 1 %) gekennzeichneten Böden im Übergangsbereich zu den Dornsavannen liefern bei ausreichender Durchfeuchtung gute Erträge. In allen Fällen besteht aber bei unsachgemäßer Bewässerung (fehlende Entwässerung) die Gefahr der Bodenversalzung.

Rendzina (polnisch: Rendsina = Kratzer) $A_h - C$

Die Rendzina ist ein gesteinsabhängiger Boden. Sie besitzt einen flachgründigen, meist intensiv durchwurzelten A_h-Horizont, der dem C-Horizont (Kalk, Dolomit, Mergel) direkt aufliegt. Bei humidem Klima wird der Kalk mit dem Sickerwasser bis in das klüftige Ausgangsgestein ausgewaschen. Zurück bleibt der unlösbare Rückstand von Ton und Quarzkörnern, die in unreinen Kalken zu etwa 5–10 % enthalten sind. Die Humusbildung verläuft rasch und führt wegen der guten Pufferung zu stabilen Krümeln. Der stark humose, schwarzbraune A_h-Horizont besitzt daher ein großes Porenvolumen mit günstigem Luft- und Wasserhaushalt und hoher Austauschkapazität. Allerdings ist die Rendzina mit dem Pflug nur flach bearbeitbar („Kratzer"). Oft reicht die Feinerde auch für einen dichten Waldbestand nicht aus. Viele Rendzinen dienen daher als wenig ergiebige Weide. Bei starker Beweidung v. a. durch Schafe kommt es rasch zur Erosion und Entblößung des anstehenden Gesteins (Karstregionen, Mittelmeerländer). Erst bei sehr alten Rendzinen entwickelt sich ein B_v-Horizont. Dabei geht die Rendzina allmählich in Kalkbraunlehm (Terra fusca) mit hoher Austauschkapazität im Unterboden über. Unter mediterranem Klima entwickelt sich aus der Rendzina so genannte Terra rossa (mediterrane Roterde). Auch sie besitzt einen geringmächtigen A_h-Horizont. Ihr Unterboden ist durch die Bildung wasserarmer Fe-Oxide (Hämatit) im trockenheißen Klima intensiv rot gefärbt.

Ranker (österreichische Bezeichnung für Steilhang) $A_h - C$

Der Ranker ist wie die Rendzina ein gesteins- und reliefabhängiger Boden, der sich aus einem noch humuslosen Rohboden entwickelt. Er besitzt einen deutlichen A_h-Horizont, der aber nicht einem kalkreichen, sondern einem sauren, quarz- und silikatreichen Ausgangsgestein (Sand, Granit, Gneis) aufliegt. Ein B-Horizont fehlt, und wegen seiner geringen Profiltiefe ist er schlecht durchwurzelbar. Ranker sind typisch für die feuchtkühlen Mittelgebirge der mittleren Breiten, kommen aber auch in der Tundra vor (Tundra-Ranker). In beiden Fällen fördert häufiger Frostwechsel durch Frostsprengung die Vergrusung (Zerfall in 2–6 mm große, kantige Gesteinsbruchstücke). Wegen der nur geringen chemischen Verwitterung verläuft die Verlehmung durch Tonmineralneubildung dagegen sehr langsam, die Humifizierung des organischen Materials im Oberboden ist unvollständig. Bei starker Hangneigung und hohen Niederschlägen werden die wenigen Zersatz- und Umwandlungsprodukte der chemischen Verwitterung durch den flachgründigen Boden rasch durchgewaschen, sodass keine Unterbodenbildung stattfindet. Geringer Ton- und Humusgehalt sowie mangelnder Kalkgehalt ermöglichen selbst im A_h-Horizont kaum Bildung von Ton-Humuskomplexen. Die Austauschkapazität ist daher ebenso wie der Nährstoffnachschub aus dem basenarmen Ausgangsgestein sehr gering. Mangels Verlehmumg speichert der flachgründige Boden kaum Wasser, ist aber gut durchlüftet.

DIE BÖDEN DER ERDE

Schwarzerde (russisch: Tschernosem) $A_h – C$

Schwarzerden sind die typischen Böden der kontinentalen Steppengebiete. Ihr Untergrund besteht häufig aus mineral- und kalkreichem Löss. Der hohe Kalkgehalt sorgt für einen günstigen pH-Bereich mit hoher Nährstoffverfügbarkeit. Gräser und Kräuter liefern im Frühjahr und Frühsommer viel und leicht zersetzbares organisches Material, dessen Mineralisierung allerdings während der warmen trockenen Sommer und der langen, kalten und niederschlagsarmen Winter stark gebremst wird. Während günstiger Jahreszeiten sorgt das reiche Bodenleben jedoch für eine umfangreiche Bildung von Humus (v. a. Mull), der durch wühlende Steppentiere (Ziesel, Hamster) tief untergearbeitet wird. Der A_h-Horizont wird so bis zu 80 cm mächtig. Die stabilen Ton-Humus-Komplexe und das semihumide Klima verhindern Lessivierung, aber auch Salzanreicherungen im Oberboden. Schwarzerden sind die fruchtbarsten Böden der Außertropen wegen ihrer guten Pufferung, ihres hohen Tongehalts (15–40 % selbst im A_h-Horizont), ihrer hohen Austauschkapazität (Dreischichttonminerale und Ton-Humuskomplexe), ihres umfangreichen Nährstoffnachschubs aus dem leicht verwitternden Löss, ihres hohen Porenvolumens (bis 50 % des Gesamtvolumens des Bodens) und des damit verbundenen günstigen Luft- und Wasserhaushalts. Die dunklen Böden erwärmen sich außerdem im Frühjahr rasch.

Braunerde $A_h – B_v – C$

Braunerden sind die zonalen Böden der feuchten Mittelbreiten mit einer großen Variationsbreite des Ausgangsgesteins. Sie erstrecken sich daher selten über große zusammenhängende Areale. Wie alle Böden z. B. Mitteleuropas sind auch die hier weit verbreiteten Braunerden junge, nacheiszeitliche Bildungen, die sich häufig aus einem Ranker oder einer Rendzina entwickelt haben. Ihre Profiltiefe kann bis zu 1,5 m erreichen.

Typische Prozesse der Bodenbildung sind die Verbraunung durch Freisetzen von Eisen aus eisenhaltigen Mineralen mit anschließender Bildung von Fe-Oxiden und Fe-Hydroxiden sowie die Tonmineralneubildung. (Im Gegensatz zu den feuchten Tropen dominieren dabei austauschstarke Dreischicht-Tonminerale wie z. B. Illite, Chlorite). Beide Prozesse laufen auch im A_h-Horizont ab, werden dort jedoch durch die dunkle Farbe des Humus überdeckt. Der typische braune, verlehmte B_v-Horizont besitzt durch noch nicht zersetzte Gesteinsbrocken Nährstoffreserven und geht ohne scharfe Grenze in den C-Horizont über. Braunerden über Basalt oder Geschiebelehm sind nährstoff- und humusreich (mit Mull als Humusform), schwach sauer bis neutral, gut durchlüftet und durchfeuchtet und besitzen ein hohes Produktionspotenzial. Über Granit oder Sand bilden sich dagegen saure und basenarme, grobkörnigere, modrige, mit ungünstigerem Wasserhaushalt versehene Formen, die aber durch Düngung verbesserbar sind.

Parabraunerde (Fahlerde = Sol Lessive; französisch: lessiver = waschen) $A_h – A_l – B_t – C$

Sie entwickeln sich in den feuchten Mittelbreiten entweder auf direktem Weg aus Rendzina bzw. Ranker oder aus Schwarzerden bzw. basenreichen Braunerden, wenn durch Kalkauswaschung und leichte Versauerung eine Tonverlagerung (= Lessivierung) ermöglicht wird. Ausgangsgesteine: nicht zu saure, feinkörnige, meist lockere Substrate wie Löss oder Geschiebemergel. Der großflächig verbreitete Boden ist von Natur aus ein Laubwaldstandort. Aus der reichlich anfallenden Laubstreu bildet sich durch ein aktives und vielfältiges Bodenleben ein mächtiger A_h-Horizont mit Mull als Humusform. Durch den abwärts gerichteten Bodenstrom erfolgt sukzessive eine Auswaschung von Tonmineralen aus dem dadurch heller (fahl) werdenden A_l-Horizont in den Unterboden. In dem durch Mineralverwitterung bereits verbraunten Unterboden führt die Tonanreicherung zu einer noch stärkeren Dunkelfärbung. A_h- und A_l-Horizont können bis 0,5 m, das gesamte Profil bis zu mehreren Metern mächtig werden. Hoher Restmineralgehalt, viel Humus, austauschstarke Dreischichttonminerale und eine günstige Bodenstruktur machen Parabraunerden zu ertragreichen, tiefgründigen und leicht zu bearbeitenden Ackerböden. Sie sind in Mitteleuropa z. T. seit über 1000 Jahren in landwirtschaftlicher Nutzung. Bei ungenügender Bodenbedeckung neigen sie zur Erosion, Befahren mit zu schwererem Gerät führt zur Verdichtung und Reduktion der günstigen Eigenschaften.

DIE BÖDEN DER ERDE

Gley (russisch: „sumpfiger Boden") $A_h - G_o - G_r$

Der Gley gehört zu den so genannten hydromorphen, entscheidend vom Bodenwasser beeinflussten Böden. Gleye sind Grundwasserböden mit einem dauernd hoch stehenden Wasserstand, der bis zum A_h-Horizont heranreichen kann. Der humose, meist kalkarme A-Horizont ist nur 20–30 cm mächtig. Als Folge intensiver chemischer Verwitterung ist der meist mächtige Unterboden ton- und lehmreich (er wird nicht als B-, sondern als G-Horizont bezeichnet). Im ständig durchnässten Grundwasserbereich werden wegen Sauerstoffmangels die rostfarbigen Eisen- und Manganhydroxide zu löslichen zweiwertigen Fe- und Manganoxiden reduziert. Sie werden im darüber gelegenen Schwankungsbereich des Grundwassers durch Luftzufuhr als Bänder der Flecken wieder ausgeschieden. Diese Gleyfleckigkeit des Oxidationshorizonts (G_o) wird im darunter liegenden Reduktionshorizont (G_r) von gleichmäßig grün-blau-grauen Schichten abgelöst, die die Farben der reduzierten Fe- und Mn-Verbindungen anzeigen. Wegen des hohen Tongehalts besitzen Gleye zwar eine hohe Austauschkapazität, bilden bei Trockenheit aber tiefe Trockenrisse und sind bei Feuchte schwer zu bearbeiten. Die Grundwasserproblematik, die hohe Mobilität der im Grundwasser gelösten Nährstoffe, der eingeschränkte Wurzelraum und die langsame Erwärmung machen Gleye ackerbaulich kaum nutzbar.

Pseudogley $A_h - S_w - S_d$

Im Gegensatz zu dem vom Grundwasser beeinflussten Gley ist der Pseudogley ein durch Staunässe (S) geprägter Boden mit einem jahreszeitlich bedingten Wechsel von Vernässung und Austrocknung. In ihm kann Niederschlagswasser wegen eines verdichteten Untergrunds (S_d) nicht oder nur unvollständig versickern. Das Stauwasser führt im Oberboden zur Reduktion und Bleichung. Während der trockenen Jahreszeit verschwindet die Staunässe und die gelösten Fe- und Manganverbindungen fallen als Flecken oder Konkretionen aus. Entlang von Trockenrissen kann Luft tief in den Unterboden vordringen. Die so möglichen Oxidationen führen zu streifenförmigen Bleichungen, die insgesamt ein geflecktes, marmoriertes Profil ergeben. Pseudogleye bilden sich über verschiedenste Ausgangsgesteine aus anderen Bodentypen, besonders häufig aus Parabraunerden, die durch fortgesetzte Toneinwaschung im Unterboden zur Staunässe übergehen. Der dadurch immer luftärmer werdende Oberboden (der Stauwasser leitende S_w-Horizont) nimmt dann wegen der zunehmenden Reduktionsprozesse ein grau geflecktes Aussehen an. Wegen der Kalk- und Tonauswaschung aus dem Oberboden sind so entstandene Pseudogleye sauer und nährstoffarm, besitzen eine nur gering mächtige Humusdecke, ein wenig aktives Bodenleben und erwärmen sich nur langsam. Grünlandwirtschaft ist weit verbreitet. Drainage, Kalkung und Humuszufuhr verbessern den Boden aber deutlich.

Podsol (russisch: aschefarbiger Boden) $A_h - A_e - B_s - C$

Der auch „Bleicherde" genannte Podsol ist der Bodentyp der humiden kühlgemäßigten Zone. Hohe Niederschläge, Rohhumus bildende Vegetation, durchlässiges, saures (kalk- und nährstoffarmes) Gestein sind günstige Voraussetzungen für seine Bildung auch im warmgemäßigten Klima. Wegen des (außer Pilzen) fast fehlenden Bodenlebens bildet sich aus der an sich schon schwer abbaubaren Streu (Nadeln und Blättern heidekrautartiger Zwergsträucher) eine mächtige Rohhumusschicht, die dem Mineralboden weitgehend unvermischt aufliegt. Ihre Zersetzung erfolgt im sauren Milieu überwiegend chemisch und führt zu wasserlöslichen, niedermolekularen Huminsäuren, die die Silikatverwitterung verstärken. Mit dem Sickerwasser werden rasch alle Nährstoffe, auch Fe-, Al- und Mn-Verbindungen sowie die wenigen gebildeten Tonminerale, bis in den Unterboden durchgeschwemmt. Im ausgewaschenen Oberboden bleibt fast nur der helle, schwer mobilisierbare Quarz zurück (Bleichhorizont A_e). Im Unterboden reichern sich die ausgewaschenen Stoffe an, zuunterst meist Ton (Orterde). Ständige Einwaschung von Fe-, Mn-Verbindungen und Humusstoffen verkittet allmählich alle Poren und führt zur Bildung einer harten, nahezu wasserundurchlässigen, kaum durchwurzelbaren, rostbraun-schwarzen Ortsteinschicht. Kalkung, intensive Humuspflege, Aufbrechen des Ortsteins und evtl. Bewässerung machen aber auch diesen Boden ackerbaulich nutzbar.

GEO-EXKURS

Erhaltung und Verbesserung der Bodenfruchtbarkeit

Jeder Boden, auf dem Kulturpflanzen angebaut werden, verliert bei der Ernte und dem damit verbundenen Entzug von Biomasse ständig Nährstoffe. Diese müssen daher immer wieder ergänzt werden, um die Bodenfruchtbarkeit zu erhalten. In Stromoasenkulturen, wie z. B. im alten Ägypten, war dies kein Problem, denn der Nil lagerte bei seinem jährlichen Hochwasser regelmäßig fruchtbaren Schlamm auf den Feldern ab. Im Normalfall müssen Äcker und Grünland aber vom Menschen gedüngt werden.

Traditionell geschieht dies nahezu ausschließlich durch organische Dünger wie Stallmist, Jauche, Ernterückstände oder Kompost. Vereinzelt wurde Stalldung auch mit im Wald gesammelter Streu oder mit Torf vermengt.

Insgesamt haben organische Dünger zahlreiche Vorteile:
- Sie fördern die Humus- und Krümelbildung, verbessern dadurch die Bodenstruktur und somit auch den Luft- und Wasserhaushalt. Als Nahrungsmittel für die Destruenten aktivieren sie – bei geeigneten klimatischen Bedingungen – das Bodenleben.
- Bei ihrer Umsetzung werden Nährstoffe freigesetzt, v.a. Stickstoff, einer der bedeutendsten Minimumfaktoren (Abb. 145.1). Humus ist der einzige N-Speicher des Bodens. Da NH_4^+ und NO_3^- aber leicht löslich sind, rasch ausgewaschen oder zu gasförmigem N_2 demineralisiert werden, muss Stickstoff dauernd nachgeliefert werden. Dies kann auch durch Gründüngung erfolgen, bei der neben Senf oder Raps v.a. N-fixierende Leguminosen als Zwischenfrucht angebaut und anschließend untergepflügt werden.

Der heute häufig ausgebrachte Flüssigmist (Gülle) kann den pflanzlichen Bedarf an Hauptnährelementen allein jedoch nicht decken und erfordert daher eine gezielte mineralische Ergänzungsdüngung. Bei allen anorganischen Düngern werden die Mineralsalze den Pflanzen in direkt verfügbarer Form als Ionen angeboten. Eine entscheidende Voraussetzung dafür ist, dass im Boden ausreichend Adsorber für die Zwischenlagerung der Nährstoffe vorhanden sind. Die austauscharmen Latosole der Feuchttropen verlieren daher rasch die Nährstoffe, die ihnen z. B. mit der Asche der durch Brand gerodeten Vegetation zugeführt werden. Ackerbaukulturen der inneren Tropen benötigen deshalb für nachhaltige Erträge eine intensive Humuspflege.

Im Gegensatz dazu besitzen die meist durch einen höheren Gehalt von Humus und austauschstarken Dreischichttonmineralen gekennzeichneten Böden der Außertropen für die Verwertung anorganischer Dünger günstigere Voraussetzungen. Aber auch hier begann eine gezielte Mineraldüngung

Der in Süd- und Südostasien traditionell weit verbreitete Anbau von Nassreis fußt auf einem Boden, den es von Natur aus gar nicht gibt. In den badewannenartigen Nassreisfeldern ist der tiefere Untergrund durch die Tritte von Menschen und den bei den Feldarbeiten eingesetzten Wasserbüffeln so stark verdichtet, dass Wasser kaum versickert. Darüber liegt eine etwa 15 cm dicke, ständig um- und durchgearbeitete Schicht, der typische Nassreisboden (Paddysoil). Er besteht aus stark tonhaltigem Feinlehm und reichlich eingearbeitetem organischen Material (Hausabfälle, tierische Exkremente). Dessen Zersetzung führt durch Sauerstoffzehrung zu weitgehend anaeroben, reduzierenden Bedingungen. Für die dort wurzelnden Reispflanzen ist die Sauerstoffarmut des Paddysoils jedoch ohne Belang, da sie ihre Wurzeln über interne Kapillarsysteme mit Sauerstoff versorgen.

Die in dieser Bodenschicht erfolgende Reaktion von $Fe(OH)_3$ zu $Fe(OH)_2$ setzt zahlreiche OH^--Ionen frei, die den pH-Wert anheben. Dadurch werden keine giftigen Aluminium-Ionen mehr freigesetzt und vermehrt Dreischichttonminerale gebildet. Die Kationenaustauschkapazität der Paddysoils ist daher vergleichsweise hoch. Die v.a. in Vulkangebieten mit dem Bewässerungswasser zugeführten mineralischen Nährstoffe können deswegen gut adsorbiert werden. Unter solchen Bedingungen ist auch eine zusätzliche Mineraldüngung effektiv. Das Nährstoffangebot wird von Natur aus noch zusätzlich verbessert durch Mikroorganismen der Gattung Anabaena, die in den Nassreisfeldern mit dem Wasserfarn Azolla in Symbiose leben. Sie können als Stickstoff-Fixierer jährlich bis zu 50 kg/ha des Nährstoffs binden, der normalerweise das Pflanzenwachstum am stärksten limitiert.

Alle diese Besonderheiten führen zusammen mit der hohen Ertragskraft der Reispflanze dazu, dass die Nassreiskultur jeder anderen Erzeugung von Grundnahrungsmitteln in den immer- und wechselfeuchten Tropen überlegen ist.

144.1 Besonderheiten der Nassreiskultur

GEO-EXKURS

erst im 19. Jh., zunächst mit zermahlenem Gips und Kalk, mit Chilesalpeter und dem aus Vogelkot gewonnenen Guano. Erst nach Entwicklung des Haber-Bosch-Verfahrens stand technisch gewonnener Stickstoff-Phosphor-Kalium-Dünger (NPK-Dünger, häufig irreführend als „Kunstdünger" bezeichnet) billig und in ausreichender Menge zur Verfügung. Als Stickstoffkomponenten werden dabei Substanzen verwendet, die über die Ammoniaksynthese aus Luftstickstoff hergestellt werden. Die Phosphor- und Kaliumkomponenten stammen aus dem Abbau natürlicher Lagerstätten.

Schlecht gepufferte Waldböden, deren pH-Wert durch den sauren Regen stark abgesunken ist, werden heute – wie früher manche Äcker auch – gekalkt. Kalk bindet Säuren und hebt so den pH-Wert, verbessert die Krümelstruktur durch Bildung der Ton-Humus-Komplexe, schließt Nährstoffe auf und regt damit insgesamt das Bodenleben an. Zuviel Kalk bindet jedoch Spurenelemente und auch Phosphor, sodass Mangelerscheinungen auftreten. Außerdem verdrängen die Ca^{2+}-Ionen sehr rasch alle anderen Kationen von den Adsorbern. Dies führt vorübergehend zu einem Wachstumsschub, da sehr viele Nährstoffe in die Bodenlösung freigesetzt werden. Wenn daher nicht gleichzeitig für erhöhten organischen Nachschub gesorgt wird, verarmen die Böden schnell: „Kalk macht die Väter reich, aber die Söhne arm." Jede Düngung muss also dosiert, auf die Ansprüche der jeweiligen Kulturpflanzen und auf den Standort abgestimmt sein. Dies gilt auch für alle anderen Formen der Bodenverbesserung (Melioration) und der Bodenpflege.
Dazu zählen z. B.:
- Beregnung und Bewässerung;
- Lockerung des Oberbodens durch Hacken, Spaten, Pflüge, Grubber usw., bzw. Aufbrechen von Staunässe- oder Ortsteinhorizonten im Unterboden durch Tiefpflügen;
- Ober- oder unterirdische Drainage vernässter Böden;
- Wahl geeigneter Fruchtfolgen zur Bodenerholung und Unterbrechung der Entwicklungszyklen von Schädlingen;
- Erosionsmindernde Maßnahmen wie Mulchen, hangparalleles Pflügen, Untersaaten, Anlage von Windschutzhecken usw.

Hauptnährelemente für alle Pflanzen sind neben Wasser, Kohlenstoffdioxid und Sauerstoff die Ionen (Nähr- oder Mineralsalze) der Metalle K, Ca und Mg sowie die Ionen von Verbindungen der Nichtmetalle Schwefel, Stickstoff und Phosphor. Hinzu kommen die nur in sehr geringen Mengen benötigten Spurenelemente, die Metalle Fe, Mn, Zn, Cu und Mo sowie die Nichtmetalle B und Cl.
Verschiedene Pflanzenarten benötigen die Mineralsalze jedoch in unterschiedlichen Mengenverhältnissen. Für jede Art gibt es dabei ein optimales Verhältnis. Bietet ein Boden eine Ionenart in nicht ausreichender Menge an, kann sie durch im Überschuss vorhandene andere Nährstoffe nicht ersetzt werden. Der minimal angebotene Stoff bestimmt dann Wachstum und Ernteerfolg. Diese Abhängigkeit, 1855 bereits von JUSTUS VON LIEBIG erkannt, wird als das **Gesetz des Minimums** bezeichnet. Es wird häufig durch eine Tonne dargestellt. So wie die Tonne durch die ungleiche Höhe der Dauben nicht voll werden kann, können die Pflanzen bei Mangel eines Wachstumsfaktors – z. B. Stickstoff – nicht ihre mögliche Vitalität entfalten. Die Ermittlung des begrenzenden Faktors, des Minimumfaktors, gibt daher wichtige Hinweise für die Düngung und damit für den möglichen Ertrag. Allerdings verläuft die Ertragskurve nicht linear, sondern parabelförmig. Für eine gezielte und rentable Düngung muss daher das LIEBIGsche Minimumgesetz durch das 1906 von MITSCHERLICH aufgestellte **Gesetz vom abnehmenden Ertragszuwachs** ergänzt werden. Dabei ist zu beachten, dass der Ertrag sogar wieder geringer werden kann, wenn mit überhöhter Dosis gedüngt wird.

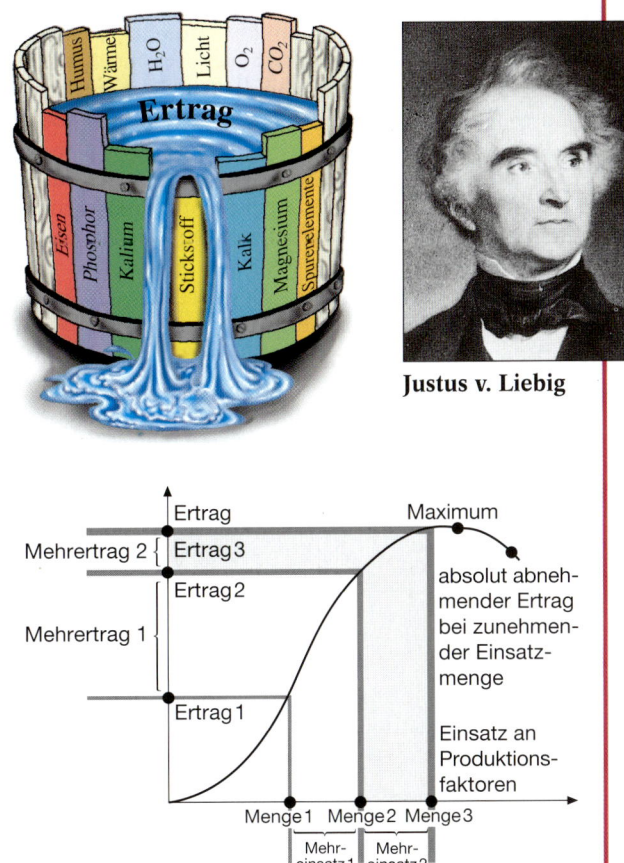

Justus v. Liebig

145.1 Minimumgesetz und Gesetz vom abnehmenden Ertragszuwachs

DIE BÖDEN DER ERDE

146.1 Natürlicher Boden — Einschlag eines Regentropfens — verdichteter Boden

7.6 Bodenschädigung und Bodenvernichtung

Seit der Mensch in die Bodenentwicklung eingegriffen hat, sind immer mehr Böden in ihrer Qualität, teilweise sogar in ihrer Existenz bedroht. Die Verschlechterung (= Degradation) der Böden durch Kontamination mit Schadstoffen, durch Versalzung und Versauerung oder den fortgesetzten Entzug von Nährstoffen, v.a. aber durch Veränderungen der Bodenstruktur und durch Erosion hat weltweit bereits ein bedrohliches Ausmaß erreicht (Abb. 146.2). Die Schädigung einer lebenswichtigen Ressource der Erde dringt aber nur selten und meist nur vorübergehend ins Bewusstsein der Weltöffentlichkeit. Beispiele hierfür sind

- die Bodenverseuchungen durch die Reaktorkatastrophe in Tschernobyl, das Giftgasunglück im italienischen Seveso und leckgeschlagene Ölpipelines;
- die Entstehung der „dust bowl" und die von tiefen Gullygräben zerfurchten „badlands" in den westlichen Great Plains, entstanden durch Wind- und Wassererosion nach der Umwandlung ehemaliger Steppengebiete in Ackerflächen;
- die durch unsachgemäße Bewässerungstechniken z.B. im Zweistromland oder im Indus-Tiefland entstandenen großflächigen Bodenversalzungen;
- die Versauerung v.a. der mitteleuropäischen Mittelgebirgsböden durch „sauren Regen" usw.

In vielen Fällen erfolgt die Bodendegradation jedoch schleichend und wird daher kaum wahr genommen:

- Nur wenige Besucher sehen in den fruchtbaren Schwemmlandebenen des Mittelmeerraums das Produkt einer seit der Antike anhaltenden Bodenerosion der einst bewaldeten Bergregionen.
- Wenig bekannt ist auch, dass die heute im Norddeutschen Tiefland weit verbreiteten Heideflächen überwiegend das Ergebnis einer Verwüstung der Wälder darstellen.
- In Europa und den USA werden in einem Jahr z.B. pro Hektar etwa 17 t, in Asien, Afrika und Südamerika sogar 30–40 t Boden abgetragen. Im selben Zeitraum

	Landfläche	davon degradiert	Anteil der Degradationsformen an der degradierten Gesamtfläche				Anteil der degradierten Flächen		
			Wassererosion	Winderosion	Physikal. Degradation, z.B. Verdichtung	Chem. Degradation, z.B. Verdichtung	Ackerland	Dauergrünland	Wälder und Savannen
	(Mio. km²)	(%)	(%)	(%)	(%)	(%)	(%)	(%)	(%)
Afrika	29,66	17	46	38	4	12	65	31	19
Asien	42,56	18	58	30	2	10	38	20	27
Zentral- u. Südamerika	21,91	14	55	15	4	25	51	14	14
Nordamerika	18,85	5	63	36	1	<1	26	11	1
Europa	9,5	23	52	19	17	12	25	35	26
Ozeanien	8,82	12	81	16	2	1	16	19	8
Welt	130,13	15	56	28	4	12	38	21	18

146.2 Weltweites Ausmaß der Bodendegradation

147.1 Desertifikation, Versalzung, Versiegelung

bilden sich aber nur etwa 1–2 t Boden pro ha neu. Daher ist in vielen Regionen in den letzten 150 Jahren bereits rund die Hälfte des Ackerbodens verloren gegangen: Die Menschheit ist dabei, die Fruchtbarkeit der Erde zu verspielen.

Die Formen und Ursachen der Degradation sind regional sehr unterschiedlich, treten häufig auch gemeinsam auf. Global gesehen sind heute über 90 % der Bodendegradation zu etwa gleichen Teilen auf die Vernichtung von Wäldern und auf Überweidung (beides v. a. in Entwicklungsländern) bzw. auf nicht angepassten Ackerbau v. a. in den Industrieländern zurückzuführen.

In den Industrieländern bereitet neben zu hohen Düngemittel- und Pestizidgaben besonders der Einsatz zu schwerer landwirtschaftlicher Maschinen Probleme: Bodenverdichtung zerstört die lockeren Krümelstrukturen, in denen organische und anorganische Bodenteilchen durch Ausscheidungen von Bodenlebewesen oder durch Pilzfäden und Feinwurzeln aneinander gekoppelt sind. Die Trümmer der wertvollen Krümel können daher leicht durch die Wucht auftreffender Regentropfen vollends zerschlagen und durch Wasser und Wind anschließend leicht erodiert werden. Die Poren im Restboden werden zudem kaum noch durchlüftet, weil der Boden durch Verschlämmung immer mehr seine natürliche Drainage verliert und immer häufiger Wasser staut. Das Bodenleben kommt in Atemnot, biogene Ab- und Umbauprozesse werden zunehmend eingeschränkt. Letztendlich verliert damit auch der noch verbliebene Bodenrest seine Fruchtbarkeit. Auch übermäßig hohe Pestizidgaben oder der Einsatz nicht ausreichend selektiv wirkender Pestizide können das Bodenleben zerstören.

In immer größerem Umfang „verschwinden" Böden durch Versiegelung unter Beton- und Asphaltdecken für Siedlungs- und Verkehrsflächen sogar vollständig.

Ein Ersatz der bereits verloren gegangenen Flächen ist kaum und meist nur mit hohem Kapitalaufwand möglich: Durch Trockenlegung von Sümpfen, durch Neulandgewinnung an Küsten oder durch Ausdehnung der Bewässerungsflächen in Trockengebieten.

All dies macht eigentlich unverständlich, weshalb z. B. in Deutschland erst 1999 – lange nach entsprechenden Regelungen zur Sicherung der lebenswichtigen Ressourcen Wasser und Luft – ein Gesetz zum Schutz des Bodens in Kraft trat. Weitreichende internationale Regelungen zum Schutz der Böden fehlen dagegen bislang.

- Mehrmaliger Anbau derselben Pflanzenart auf derselben Fläche ohne Ausgleichsdüngung führt zu einseitiger Beanspruchung des Nährstoffvorrats im Boden: Die Pflanzen zeigen Wachstums- und Vitalitätsmängel.
- Je tiefer der pH-Wert einer Bodenlösung sinkt, desto weniger Nährstoffe sind an den Adsorbern im Boden gebunden, desto weniger Nährstoffe verbleiben bei abwärts gerichtetem Wasserstrom langfristig im Wurzelbereich: Die Pflanzen verhungern.
- Bei tiefem pH (< 4,5) werden durch Zerstörung der Tonminerale Al-Ionen freigesetzt, die (wie die meisten Schwermetalle) für die Wurzeln toxisch sind: Die Pflanzen werden vergiftet.
- Je höher bei Bodenversalzungen die Konzentration gelöster Teilchen im Bodenwasser wird, desto größer wird die Gefahr osmotisch bedingter Schäden. Übersteigt die Konzentration der gelösten Teilchen in der Bodenlösung diejenige innerhalb der Pflanzenzellen, kehrt sich der ansonsten von außen nach innen gerichtete Wasserstrom um. Wasser fließt dann vom Inneren der Pflanze nach außen. Oder anders ausgedrückt: Wie bei einem Rettich, der gesalzen wird, entzieht das Außenmedium der Wurzel Wasser. Die Pflanzen vertrocknen, obwohl sie in einem feuchten Boden wurzeln.

147.3 Pflanzenschäden durch Bodenschädigungen

8 Die Vegetation der Erde

8.1 Palmen – die Fürsten der Pflanzen

Die Zwergpalme und die Hanfpalme sind die einzigen in Europa verbreiteten Palmenarten. Sie kommen in Spanien und Italien bzw. an den vom Golfstrom erwärmten West- und Südwestküsten Irlands und Englands vor. Dort können sie ganzjährig im Freien wachsen, denn Palmen vertragen keine schweren Fröste und erfrieren bei Temperaturen zwischen –10 bis –15 °C. Die geringe Kälteresistenz dieser Pflanzenfamilie ist die Ursache dafür, dass die äußerlich attraktiven Pflanzen in Mitteleuropa nur in geschützten Gebieten wachsen können. Ansonsten sind die weltweit 2800 verschiedenen Palmenarten hinsichtlich des Wasser-, Wärme- und Lichtangebotes an die unterschiedlichsten Umweltbedingungen angepasst. So können z. B. die Phönixpalmen mit ihren langen bis zum Grundwasser reichenden Wurzeln auch in Halbwüsten und Wüsten existieren. Dagegen lebt die Liculapalme im immerfeuchten tropischen Regenwald und kommt dort im Unterwuchs mit extrem wenig Licht aus. Die Kokospalme wiederum benötigt eine hohe Lichtintensität für ihre Entwicklung. Mensch und Palme sind in den tropischen und subtropischen Gebieten der Erde eng miteinander verbunden. Schon in den Jahrtausende alten Keilschriften arabischer Semiten wird der aus dem zuckerhaltigen Saft der Palme gewonnene Palmwein als „Trank des Lebens" be-

148.1 Seychellennusspalme

Die Früchte der Seychellennusspalme sind bis zu 25 kg schwer, müssen 6 Jahre reifen und gehören zu den größten des gesamten Pflanzenreiches. Seit Urzeiten haben sie die Phantasie der Menschen bewegt. Die eigentümlichen Früchte fand man zunächst im Wasser des Indischen Ozeans treibend. Nach den Vorstellungen im Mittelalter sollten sie von einem Baum stammen, der unter Wasser wächst und von einem Dämon bewacht wird. Jeder, der diese Frucht berühren würde, war zum Tode durch den Dämon verurteilt. Erst 1743 verschwand diese Vorstellung durch die Entdeckung der Seychelleninseln endgültig. Da nur die toten Früchte schwimmfähig sind, ist diese Palmenart nur auf den beiden Seychelleninseln Praslin und Curieuse beheimatet.

Im Gegenteil dazu sind die Früchte der Kokospalme perfekte Schwimmfrüchte.
Wie bei vielen Palmenarten ist die Frucht aus drei Schichten aufgebaut: Die dünne, hier wasserdichte Außenhülle, die mittlere Fruchthülle, die bei der Kokospalme aus einem mehrere Zentimeter dicken fasrigen Schwimmgewebe besteht und die innere Fruchthülle, eine sehr harte, den Samen schützende Schicht. So verpackt überstehen die Kokosnüsse auch Meeresdriften über mehrere Tausend Seemeilen. Da die Samen dabei viele Monate ihre Keimfähigkeit beibehalten, war die Kokospalme in der Lage, von ihrem ursprünglichen Verbreitungsgebiet im Westpazifik aus, die tropischen Küsten der Palaeotropis und Neotropis zu besiedeln.

148.2 Die Früchte der Palmen

schrieben. Im antiken Griechenland galt die Palme als Symbol des Sieges. Auch heute haben Palmen ihre mythologische und religiöse Bedeutung nicht verloren. So werden in Südeuropa zum Palmsonntag die Kirchen mit Palmen geschmückt. Und zum jüdischen Sukkotfest werden Palmenblätter zum Ausgestalten der überall im Lande errichteten Laubhütten verwendet.

Im Wappen Kubas ist eine Königspalme enthalten. Die Karibikinsel ist ein wichtiges natürliches Verbreitungsgebiet dieser Palmenart. Sie wird auf vielfältige Art von den Einwohnern genutzt:
- Die Stämme werden für den Hausbau als Tragbalken verwendet.
- Die Fiederblätter sind Baumaterial für Dächer der Häuser und Hütten.
- Die bis zu acht Meter langen Blätter werden zum Verpacken des berühmten Havanna-Tabaks genutzt.
- Besen, Hausschuhe, Körbe werden aus den Palmenwedeln gefertigt.
- Die Früchte werden entweder an Schweine verfüttert oder es wird Speiseöl aus ihnen gewonnen.

In Europa sind vor allem die Früchte der Kokospalme bekannt. Die Kokosnüsse sind aber nur der innere Teil der Palmenfrucht (Abb. 148.2). Junge Früchte enthalten Kokosmilch, die auf vielen Tropeninseln oft die einzige Flüssigkeitsquelle ist.

Mit zunehmender Reife sondert sich an der Innenwand der Kokosnuss eine fleischige und nahrhafte Schicht ab, die getrocknet als so genanntes Kopra einen wirtschaftlich wertvollen Grundstoff bildet, der bei der Herstellung von Speisefett, Seifen und Kerzen Verwendung findet. Die Fasern der mittleren Fruchthülle werden als Ausgangsmaterial für die Herstellung von Kokosmatten, Bürsten, Besen sowie Stricken und Tauen genutzt.

Insgesamt spielt die Verwertung der Palmen und ihrer Früchte in den tropischen Räumen eine wichtige Rolle im alltäglichen Leben der Menschen. In einigen Ländern hat sie aber auch volkswirtschaftliche Bedeutung. Auf den Philippinen, dem weltweit größten Produzenten von Kopra, beträgt der Anteil dieses Grundstoffes am Gesamtexport mehr als 5 %.

Mitteleuropa war im älteren Tertiär und in der Kreidezeit reich an Palmen. Doch die Kaltzeiten des Pleistozäns führten in Nordamerika und dem nördlichen Eurasien zu einer Verminderung der Artenvielfalt. Die Ausbreitung einer Pflanzenart auf der Erde ist jedoch nicht nur von den langfristig veränderlichen klimatischen Umweltbedingungen abhängig, sondern auch von natürlichen „Barrieren" wie z. B. Gebirgen, die der Ausbreitung von Samen entgegen stehen. Auch können sich nur wenige Pflanzen wie die Kokospalme über große Meeresdistanzen verbreiten. Durch plattentektonische Prozesse verändern sich die Erdoberfläche und die Land-Meer-Verteilung ständig und führt so zu unterschiedlichen Verbreitungsräumen von Pflanzen. So ist das Auftreten vieler Pflanzenarten, -gattungen bzw. -familien oder das Auftreten endemischer Arten (Pflanzen, die ausschließlich in einem eng begrenzten Gebiet wachsen) an bestimmte Räume der Erde gebunden. Die Florenreiche sind dabei die gröbste floristische Einteilung der Erde. **Australis** hat durch die frühe Abtrennung vom Urkontinent Gondwana eine sehr lange eigenständige und isolierte Entwicklung erfahren. Das zeigt sich darin, dass über 80 % der 10000 hier vorkommenden Arten endemisch sind. Besonders charakteristisch ist die Gattung Eukalyptus mit 450 verschiedenen Arten. Die **Holarktis** ist trotz ihrer Größe und Verbreitung in Nordamerika und Eurasien ein floristisch einheitliches Gebiet. Da es bis in das Tertiär eine Landverbindung gab und auch im Pleistozän eine Landbrücke im heutigen Bereich der Beringstraße bestand, war ein Austausch der Arten leicht möglich. Die im Vergleich zu den anderen Florenreichen auffällige Artenarmut ist auf die Vereisung während der Kaltzeiten im Pleistozän zurückzuführen. Bereits in der Unterkreide trennten sich Afrika und Südamerika und der Südatlantik entstand, so dass der Großteil der Tropen in **Palaeotropis** und **Neotropis** unterschieden wird. Nur 13 % aller vorkommenden Pflanzengattungen dieses Raumes wachsen in beiden Florenreichen. 40 % aller in den Tropen beheimateten Pflanzenarten gibt es nur in der Neuen Welt, 47 % nur in der Alten Welt, die das artenreichste Florenreich überhaupt ist. Ein wichtiges Abgrenzungsmerkmal des räumlich kleinsten Florenreiches, der **Capensis**, ist die Fülle der 6000 Blütenpflanzen. Der außertropische gemäßigte Raum der Südhemisphäre, der häufig durch extrem ozeanisches Klima geprägt ist, wird zum **Antarktischen Florenreich** zusammengefasst.

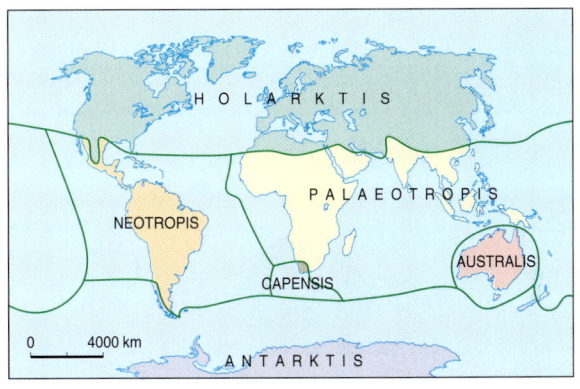

149.1 Florenreiche der Erde

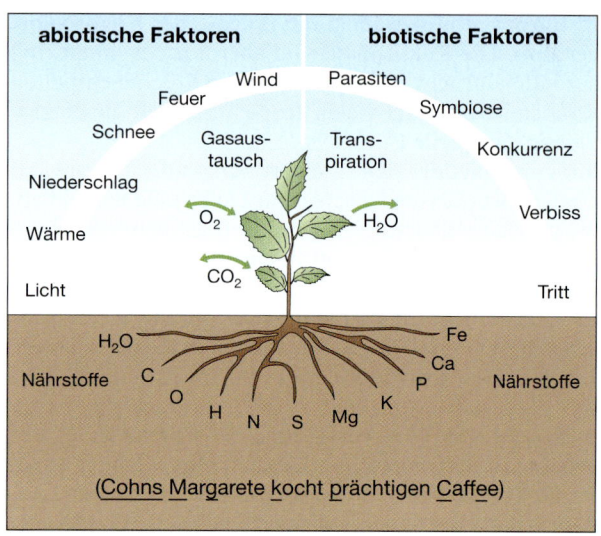

150.1 Pflanzen und Umwelt

8.2 Pflanzen und ihre Umwelt

Große Meeresbereiche, Gewässer und fast die gesamte Landfläche sind von Pflanzen besiedelt. Heute gibt es etwa 400 000 verschiedene Pflanzenarten, etwa 250 000 davon sind Samenpflanzen, rund 10 000 gehören zu den Farnen und ungefähr 150 000 Arten sind Pilze, Algen oder Flechten. Sie alle haben sich im Laufe der Evolution an die verschiedensten Umweltbedingungen angepasst.

Jede Pflanzenart kann hinsichtlich der unbelebten, also abiotischen Gegebenheiten ihres Standortes nur innerhalb eines bestimmten Toleranzbereiches überleben (physiologisches Potenzial). Innerhalb dieses Bereiches gibt es einen für die Wachstums- und Entwicklungsbedingungen der Art bestmöglichen Wert (physiologisches Optimum). In Richtung der minimalen bzw. maximalen Werte verschlechtern sich die Lebensbedingungen und die Entwicklungsmöglichkeiten der Pflanze werden gehemmt bzw. die Pflanze stirbt bei der Überschreitung dieser aus (Abb. 150.2).

In der Regel leben Pflanzen jedoch nicht allein, sondern in der Gemeinschaft mit anderen Organismen (Biozönose). Das Auftreten und die Verbreitung von Pflanzenarten hängt also auch vom Vorhandensein von Konkurrenten ab. So hat z. B. die Waldkiefer hinsichtlich der Bodenfeuchte einen sehr großen Toleranzbereich, findet sich aber in natürlichen mitteleuropäischen Wäldern überwiegend nur auf sehr trockenen bzw. nassen Bodenstandorten, also weitab von ihrem physiologischen Optimum. Da die Kiefer der Konkurrenz der anderen Arten im Bereich der mittleren Feuchte nicht gewachsen ist, wird sie an die Ränder ihres Toleranzbereiches abgedrängt (Abb. 150.2).

In der Natur kommen an ähnlichen Standorten auch ähnliche Pflanzengemeinschaften vor. Verändern sich die Umweltbedingungen, auf natürlichem Weg meist sehr langsam, wandelt sich langfristig auch die Artenzusammensetzung der Vegetation. Dieser Prozess, der in mehreren Phasen abläuft, wird als Sukzession bezeichnet. Stabilisieren sich die Umweltbedingungen über längere Zeiträume wieder, geht die Pflanzengemeinschaft in das End- oder Klimaxstadium über, in der sich bestimmte Arten im Wechselspiel von Anpassung und Konkurrenz durchsetzen und das Vegetationsbild dominieren.

Artenanzahl, Dichte und Mächtigkeit der Vegetation, die Verbreitung von Pflanzenarten und die Zusammensetzung von Pflanzengesellschaften auf der Erde sind somit erstens von ihren Verbreitungs- bzw. biologischen Wanderungsmöglichkeiten, zweitens von ihrer Konkurrenzkraft im ökologischen Wettbewerb und drittens von den auf sie einwirkenden abiotischen, insbesondere Wärme, Wasser und Licht, und biotischen Umweltfaktoren abhängig (Abb. 150.1, 151.1).

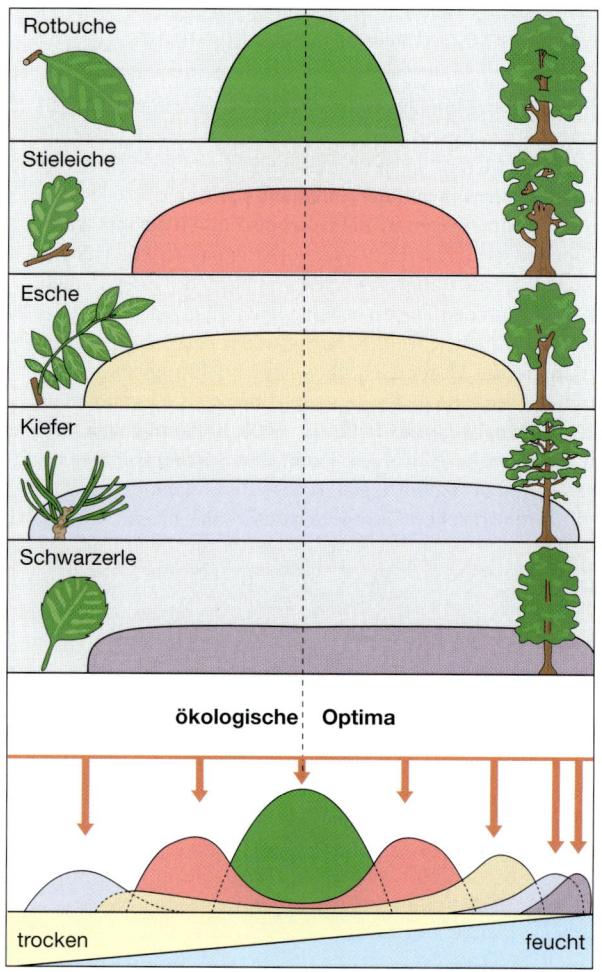

150.2 Physiologisches und ökologisches Optimum

DIE VEGETATION DER ERDE

Die Blätter der Schirmakazie sind sehr klein, um die Transpiration während der Trockenzeit so gering wie möglich zu halten. Der Baum bildet eine weitausladende Krone, um das Sonnenlicht optimal auszunutzen. Zugleich wird durch das Abfangen der Niederschläge und die Schattenwirkung das Wachstum der mit der Akazie konkurrierenden Gräser behindert. Die flache Kronenform bietet den fast immer wehenden starken Passatwinden die geringste Angriffsfläche und verringert die Austrocknungs- und Zerstörungsgefahr. Lange Dornen schützen die Schirmakazie vor Tierfraß. Nur Giraffen können, da ihre Lippen durch die dichte Behaarung vor Verletzungen geschützt sind, mit ihren langen Zungen die Blätter der Schirmakazie fressen. Mit ihrem weit reichenden Wurzelwerk erreicht die Schirmakazie auch tiefreichendes Grundwasser.

151.1 Schirmakazie – typische Pflanze der semiariden Tropen

Das Leben beruht auf einer Vielzahl biochemischer Prozesse, die durch ausreichende *Wärme* beschleunigt werden. Die vorherrschenden Temperaturen haben somit entscheidenden Einfluss auf die Entwicklungs- und Wachstumsgeschwindigkeit der Pflanzen. Während manche Arten wie z. B. Orchideen nur geringe Temperaturtoleranzbereiche haben, gelingt es anderen Pflanzen extreme Hitze- und Frostereignisse zu ertragen. Der wichtigste biochemische Prozess auf der Erde ist die Fotosynthese. Der Zeitraum, in dem durch die Fotosynthese eine deutliche Stoffproduktion der Pflanzen erfolgt, heißt thermische Vegetationszeit. Im Allgemeinen gilt ein Tag mit einer Mitteltemperatur über 5 °C für Pflanzen der Tundra und des Nadelwaldes als ein Wachstumstag, Laubwälder und Steppenpflanzen benötigen mindestens 10 °C als Tagesmitteltemperatur.

Als Ergebnis der Fotosynthese entstehen aus Kohlendioxid und Wasser organische Kohlenstoffverbindungen. Die für diesen Prozess notwendige Energie wird durch das Sonnenlicht geliefert. Zu dieser Synthese sind alle chlorophyllhaltigen Bestandteile der Pflanze in der Lage. Die Pflanzenarten kommen dabei mit den unterschiedlichsten Lichtmengen aus. Es wird zwischen Lichtpflanzen, die für ihre optimale Syntheseleistung hohe Lichtintensitäten benötigen und Schattenpflanzen, die mit geringen Lichtmengen auskommen, unterschieden.

Die Haarwurzeln einer einzigen Roggenpflanze haben aneinandergereiht eine Gesamtlänge von etwa 80 km und besitzen damit eine Oberfläche von ca. 400 m². Die Wurzeln versorgen den Großteil der Landpflanzen mit dem lebensnotwendigen Wasser. Es ist einerseits Bestandteil des Fotosyntheseprozesses und andererseits Lösungs- und Transportmittel für die am Stoffwechsel beteiligten Nährstoffe. Das aufgenommene Wasser wird vor allem über die Spaltöffnungen der Blätter in gasförmiger Form an die Atmosphäre wieder abgegeben (Transpiration).

Da sich Pflanzen nicht bewegen können, müssen sie in vielen Gebieten der Erde mit wechselnden Wasserangeboten zurecht kommen. Gibt es einen Mangel an Wasser, reagieren die Pflanzen auf verschiedene Art und Weise:
- Reduzierung der Transpiration (z. B. kleine Blätter, Ausbildung von Wachsüberzügen, Einsenkung der Spaltöffnungen),
- Speicherung von Wasser in der Pflanze (Sukkulenten, lat. succulentus = saftreich, lagern Wasser im Gewebe an und verringern die Transpiration durch die Verkleinerung ihrer Gesamtoberfläche, bis hin zu Kugelformen bei einigen Kakteenarten),
- höhere Wirksamkeit des Wasseraufnahmesystems (z. B. Ausbildung von langen Pfahlwurzeln oder intensive Durchwurzelung der oberen Bodenschicht),
- Überdauerung von Trockenperioden in Form von Ruhestadien (z. B. in Form von Samen, Knollen oder Rhizomen).

Die Reduzierung der Transpiration bei Trockenheit, aber auch bei extrem hoher Luftfeuchtigkeit, erfordert von den Pflanzen immer einen Kompromiss, da der erforderliche Gasaustausch für die lebensnotwenige Fotosynthese ebenfalls eingeschränkt wird.

151.2 Wärme, Licht, Wasser und Pflanzen

DIE VEGETATION DER ERDE

8.3 Pflanzen erobern und verändern die Umwelt

Ob auf neu entstandenen Vulkaninseln oder Schwemmländern von Flussmündungen, überall wo neues Land entsteht, versuchen Pflanzen die zunächst lebensfeindlichen Flächen zu erobern. Auch auf den durch das Meer angelagerten Sandhaken im Süden und Nordosten Hiddensees gelingt es Pflanzen sich anzusiedeln und diese Räume im Laufe der Zeit mit einer geschlossenen Vegetationsdecke zu überziehen. Mit dieser Besiedlung werden gleichzeitig die formenbildenden Prozesse gebremst. Das heutige Aussehen der Insel ist damit auch entscheidend durch den Pflanzenbewuchs geprägt worden.

Die Böden, die durch die Anlandungsprozesse auf Hiddensee entstehen, sind durch Nährstoffarmut und einen hohen, für die meisten Pflanzen lebensfeindlichen Salzgehalt geprägt. Dazu verursacht der Wind ständige Sandbewegungen und behindert das Wurzelwachstum.

Dort, wo Brandungswellen den Strand überspülen, gelingt es keiner Pflanze Fuß zu fassen. Aber schon wenige Meter landeinwärts siedeln sich erste „Pioniere" an, die in diesen extremen Bedingungen bestehen können: Die Salzmiere erträgt die salzhaltigen Böden gut. Auf dem vom Meer angeschwemmten toten organischen Material (z. B. Tang) siedelt sich die Strandmelde an. Strandhafer und Strandroggen können durch ihre rasch wachsenden, langen unterirdischen Wurzeln mit den größer werdenden Dünen mitwachsen. Diese und andere Arten gedeihen allerdings in den strandnahen Bereichen nicht sehr dicht, sodass der Sand hell durch die Pflanzen scheint und dieser Dünenbereich als Weißdüne bezeichnet wird.

Die Besiedlung durch Pflanzen bewirkt eine Stabilisierung der Düne. Im Windschatten der oberirdischen Pflanzenteile lagert sich Sand ab, der durch das Wurzelwerk befestigt wird. Besonders die Strandsegge hält den Sand durch ihre intensive und dichte Bewurzelung endgültig fest, sodass sich weitere Pflanzen ansiedeln können. Im Windschatten der Weißdüne befindet sich die durch den dichteren Pflanzenbewuchs dunkler wirkende Graudüne. In der weiteren Entwicklung können Zwergsträucher wachsen, die dann gemeinsam mit den Gräsern die Pflanzengemeinschaft der Braundüne bilden, die gleichzeitig die typische Abfolge der Pflanzengemeinschaften in Strandnähe abschließt (Abb. 153.1). Die äußeren Bedingungen auf den Flächen hinter den Dünen sind immer noch extrem. Trockenheit, sehr hohe Bodentemperaturen im Sommer und Nährstoffarmut sind Ursache für die Kleinwüchsigkeit der vorkommenden Pflanzenarten. Immer wieder kommt es bei starken Sturmereignissen zu hohen Sandeinträgen. Heidekraut,

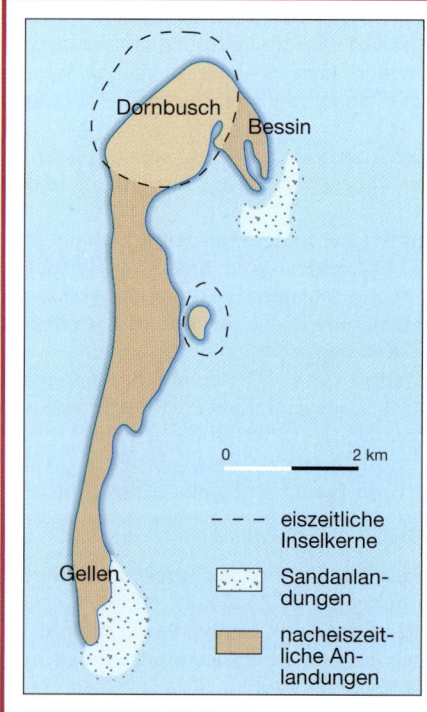

Die Insel Hiddensee erstreckt sich über 16,5 km Länge westlich der größten deutschen Ostseeinsel Rügen. Die Entstehung des schmalen, maximal 3,7 km breiten Eilandes ist das Ergebnis der pleistozänen Inlandeisvergletscherung und den bis heute andauernden formenbildenden Prozessen des Meeres und des Windes. Der Dornbusch, der sich im Norden der Insel bis 70 m über die angrenzende Ostsee erhebt, ist eine Stauchendmoräne, die während der Weichselkaltzeit vor etwa 12 000 Jahren gebildet wurde. Zum Ende des Pleistozäns war Hiddensee noch Festland. Erst mit der zunehmenden Erwärmung stieg der Meeresspiegel an, die Ostsee entstand und große Landflächen wurden überflutet. Vor etwa 5000 Jahren endete dieser Transgressionsprozess und der Meeresspiegel der Ostsee erreichte seinen heutigen Stand. Abgeschnitten vom Festland überragte nur noch der Dornbusch das Meer: Hiddensee war geboren. Seitdem ist der Norden der Insel den abtragenden Kräften des Meeres ausgesetzt. Während Findlinge und große Steine am Strand der Steilküste liegen bleiben, wird das feine erodierte Material durch die küstenparallele Nord-Süd-Meeresströmung aufgenommen und im Strömungsschatten der Insel wieder abgelagert, Sandhaken und Nehrungen bilden sich. Der Wind bläst trockenen Sand fort und weht ihn zu Dünen auf. Durch diese Meeres- und Windablagerungen entstand und entsteht noch heute der flache Süden der Insel. Vor 700 Jahren war das Südende Hiddensees noch dort, wo heute der Gellen beginnt. Gegenwärtig erfolgen die größten Zuwächse im Nordosten der Insel. Die Landhaken des Bessins wachsen bis zu 40 m pro Jahr.

152.1 Die Entstehung Hiddensees

DIE VEGETATION DER ERDE

153.1 Strandhafer, Weißdüne, Braundüne (Heide)

auch Besenheide genannt, und Krähenbeere dominieren das Vegetationsbild der Heideformation auf Hiddensee. Diese Zwergsträucher sind tolerant gegenüber Sandüberwehungen, benötigen diese sogar, da ihre Samen nur auf sauren, sandigen Bodensubstraten keimen. Ihre eingerollten Blätter ähneln Nadelblättern und sind mit einer Wachsschicht überzogen, um so einen optimalen Verdunstungsschutz zu erzielen. An tiefer gelegenen Stellen, an denen Grundwasser sehr nah ansteht, wachsen im moorigen Milieu Glockenheide und der seltene Sonnentau. Wie die Dünenpflanzen in unmittelbarer Strandnähe, festigt die Heidevegetation den eingewehten Sand. Obwohl die Heidepflanzen sehr langsam wachsen, bilden sie im Laufe von mehreren Jahren eine dünne Humusschicht aus. Diese verhindert das Keimen der Samen vieler Heidepflanzen und bietet den notwendigen Nährboden für ihre Konkurrenten wie Gräser, Birke und Kiefer. Schon nach etwa 20 Jahren wächst so auf dem ehemaligen Heidestandort ein Birken-Kiefer-Eichenwald.

A1 Bestimmen Sie den Zeitraum, seit Pflanzen die feste Landfläche besiedeln (Abb. S. 10/11).

A2 Das Leben und Wirtschaften des Menschen ist eng mit der Pflanzenwelt verbunden. Sammeln Sie dazu Beispiele und erarbeiten Sie eine Übersicht, in der die verschiedenen Nutzungen systematisch dargestellt sind.

A3 Beschreiben Sie die Verbreitung der Florenreiche der Erde.

A4 Begründen Sie, weshalb die Grenzen der Florenreiche nicht unveränderlich sind.

A5 Nennen Sie abiotische und biotische Bedingungen, an die sich eine Kiefer in den Mittelbreiten anpassen muss.

A6 „Ohne Pflanzen gäbe es die Insel Hiddensee in ihrer heutigen Form nicht." Erläutern Sie diese Aussage.

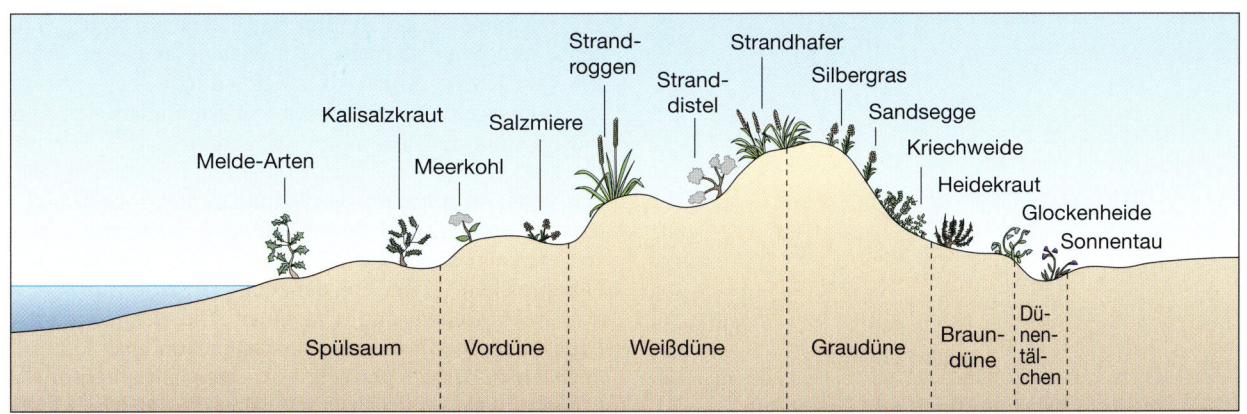

153.2 Gräser der Weiß- Graudüne

DIE VEGETATION DER ERDE

8.4 Die Vegetationszonen der Erde

Mehr als 3,5 Mrd. Jahre ist das Leben auf der Erde alt. Aber erst vor etwa 430 Mio. Jahren, im Silur, gelang der Schritt an Land, zuerst den Pflanzen, dann auch den Tieren. Beide haben seitdem nahezu die gesamte Erdoberfläche besiedelt und dabei eine riesige Mannigfaltigkeit an Arten mit unterschiedlichsten Überlebensstrategien und sehr verschiedenem Aussehen entwickelt.

Die Vielgestaltigkeit der Pflanzen äußert sich im Aufbau der Wurzel, des Stängels, der Blätter und der Fortpflanzungsorgane. Der dänische Botaniker CH. RAUNKIAER erarbeitete zu Beginn des 20. Jahrhunderts eine Klassifizierung der Pflanzen, die auf der Wuchsform (Physiognomie) und der Lebensform (Art und Lage der Überdauerungsorgane) basierte. Danach lassen sich die Pflanzen fünf verschiedenen Gruppen zuordnen:

- Pflanzen, deren Erneuerungsknospen sich in großen Höhen über dem Erdboden befinden, also Bäume und Sträucher (Phanerophyten, griech.: phanero = offen, sichtbar);
- Pflanzen, die Knospen in geringer Höhe (10 bis 50 cm) über dem Erdboden ausbilden, z.B. Zwergsträucher, Polsterpflanzen (Chamaephyten, griech.: chamae = am Erdboden, niedrig);
- Pflanzen, die Knospen unmittelbar über dem Erdboden ausbilden, wo sie geschützt durch Schnee oder abgestorbene Biomasse die ungünstige Jahreszeit überbrücken (Hemikryptophyten, griech.: hemikrypto = halb verborgen);
- Pflanzen, deren oberirdische Organe ganz absterben und deren Knospen in Knollen, Zwiebeln oder Rhizomen im Boden liegen (Kryptophyten, griech.: krypto = verborgen)
- Einjährige Pflanzen ohne Erneuerungsknospen, die ungünstige Perioden ausschließlich als Samen überbrücken (Therophyten, griech.: theros = Sommer).

Die regionale Verteilung der verschiedenen Arten, Lebens- und Wuchsformen ist auffallend ungleich (Abb. 154.1). Den jeweiligen Umweltbedingungen entsprechend dominieren aber bestimmte Kombinationen von Wuchs- und Lebensformen selbst über große Räume. Ganz unabhängig von der Artenzusammensetzung können daher so genannte Vegetationsformationen charakterisiert werden, in denen jeweils gleiche Wuchsformen vorherrschen (Abb. 154.2). Selbst in den verschiedenen Florenreichen ähneln sich daher die Vegetationsformationen in Aussehen und Charakter. Die sommergrünen Laubwälder in Mitteleuropa, im Osten Nordamerikas und in Ostchina besitzen deshalb trotz ihrer sehr unterschiedlichen Artenzusammensetzung zahlreiche gleiche Merkmale: Etwa die Hälfte der Arten gehört jeweils zu den

Region	Phanero-phyten	Chamae-phyten	Hemi-kryptophyten	Geo-phyten	Thero-phyten
Tropen (Seychellen)	**61**	6	12	5	16
Subtropen (Nordafrika)	9	14	19	8	**50**
Mediterangebiet (Italien)	12	6	29	11	**42**
Gemäßigte Zone (Dänemark)	7	3	**50**	22	18
Arktische Zone (Spitzbergen)	1	22	**60**	15	2
Hochgebirge (Alpen)	–	25	**68**	4	3

154.1 Lebensformen und Verbreitung

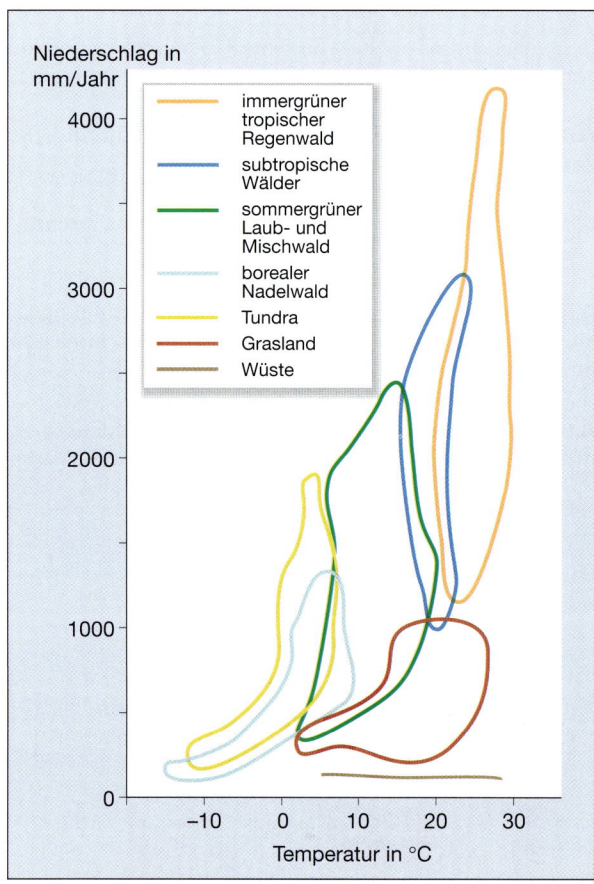

154.2 Vegetationsformationen im Gefüge von Niederschlag und Temperatur

DIE VEGETATION DER ERDE

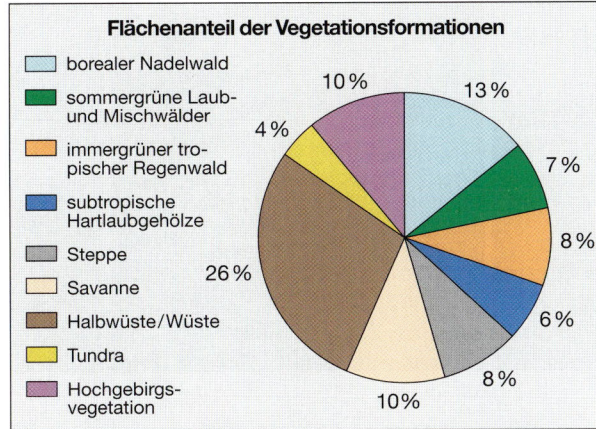

155.1 Flächenanteil der Vegetationsformationen

Hemikryptophyten, die Vegetation ist in Schichten aufgebaut, der Lebensrhythmus beginnt im Frühjahr mit der Entwicklung der Kryptophyten, dann folgt die Laubbildung der anderen Lebensformen und im Herbst verlieren die Pflanzen ihre Blätter und überwintern in Kälteruhe.

Die bei weitem dominierenden Vegetationsformationen der Landfläche der Erde sind Wälder, Grasländer und Wüsten. Sie sind durch klimatisch meist einfach fassbare Kälte- oder Trockengrenzen voneinander getrennt.
Wälder bilden sich überall dort aus, wo für das Wachstum von Bäumen genügend Niederschlag und ausreichend lange Vegetationsperioden vorherrschen. In klimatisch ungünstigeren Räumen können Wälder dagegen nur noch an besonders geeigneten, meist kleinräumigen Standorten wachsen, z. B. entlang von Flüssen (Galeriewälder) oder auf skelettreichen Böden.
Wüsten sind die vegetationsarmen Räume der Erde. Aber auch hier gibt es vielfältige Lebensformen, die an extreme Temperatur- (Hitze oder Kälte) und Wasserverhältnisse (Trockenheit oder Eis) angepasst sind.
In den zwischen Wäldern und Wüsten gelegenen Regionen dominieren die Grasländer. Gräser setzen sich überall dort durch, wo wegen Wasser- oder Wärmemangel keine Bäume mehr wachsen können (Abb. 155.2).
Zwischen den Wäldern und Graslandschaften gibt es Übergangszonen, die aber meist nicht sehr breit sind. Sie zeigen auch keine fließenden Übergänge, sondern bestehen – wegen der unterschiedlichen ökologischen Potenziale von Bäumen und Gräsern – jeweils aus einem mehr oder weniger dichten Mosaik von Grasfluren und Waldinseln. Typische Beispiele hierfür sind die Waldtundra, die Waldsteppe sowie die Savannen.

Da das Wachstum von Pflanzen in sehr starkem Maße von klimatischen Bedingungen gesteuert wird, spiegeln sich die Klimazonen in den so genannten Vegetations-

Die grundsätzlich verschiedenen Vegetationsformationen Wald- und Grasland dominieren weite Bereiche der Erdoberfläche. Sie grenzen meist ohne breiten Übergangsraum direkt aneinander. Die Ursache dafür ist, dass sich Gräser und Bäume in ihren ökologischen Ansprüchen weitestgehend ausschließen. Bestimmend in diesem Konkurrenzkampf um Licht, Wasser und Nährstoffe sind die verschiedenen Lebensformen und Wurzelsysteme von Bäumen und Graspflanzen.

Bäume gehören zu den Phanerophyten. Sie benötigen für ihre vegetative Entwicklung und die Ausbildung von Früchten und Samen eine mehrmonatige Vegetationsperiode. In Räumen mit ausreichender Wärme- und Wasserversorgung setzen sich immer Bäume durch, denn mit ihrem dichten Blätterdach halten sie das Sonnenlicht und auch Niederschlagswasser ab und verdrängen somit die Gräser.

Nehmen die Niederschlagsmengen allerdings ab, gewinnen Gräser die Vorherrschaft gegenüber den Bäumen. Zwar sind Bäume in der Lage, bei Trockenheit durch das Schließen der Spaltöffnungen ihre Transpiration zu reduzieren, sie können diese aber, selbst durch Blattabwurf, nicht gänzlich aussetzen. Zum Überleben benötigen Bäume also auch während trockener Perioden eine ausreichende Menge an Bodenwasser. Im Gegensatz zu den Bäumen schränken die Gräser bei hoher Verdunstung ihre Transpiration zunächst nicht ein. Dann vertrocknen ihre oberirdischen Teile sehr rasch. Da sie überwiegend zu den Hemikryptophyten gehören, liegen ihre Erneuerungsknospen und das Wurzelsystem während der ariden Zeit vor Austrocknung geschützt unter der abgestorbenen Blätterdecke bzw. im oberen Erdboden. Gräser können so auch in Regionen mit weniger als 300 mm Jahresniederschlag oder lange Dürreperioden überleben.

Das sehr dichte und oberflächennahe Wurzelwerk der Graspflanzen vermag auch geringe Niederschlagsmengen rasch und fast vollständig aufzunehmen. In Trockenräumen steht so für das tief reichende und weit verzweigte Wurzelsystem der Bäume kein Sickerwasser in den tieferen Bodenschichten zur Verfügung. Bäume können daher in Trockenräumen nur dort die Oberhand gewinnen, wo sie tiefer gelegenes Grundwasser erreichen. Aber auch auf grob strukturierten Böden haben Bäume einen Vorteil gegenüber den Gräsern, da dort das Wasser schnell in tiefere Bodenschichten versickert. Außerdem können die Gräser nur auf feinkörnigen Substraten ihr feines Wurzelsystem ausbilden.

155.2 Konkurrenz von Baum und Gras

DIE VEGETATION DER ERDE

156.1 Vegetationsformationen vom Pol zum Äquator

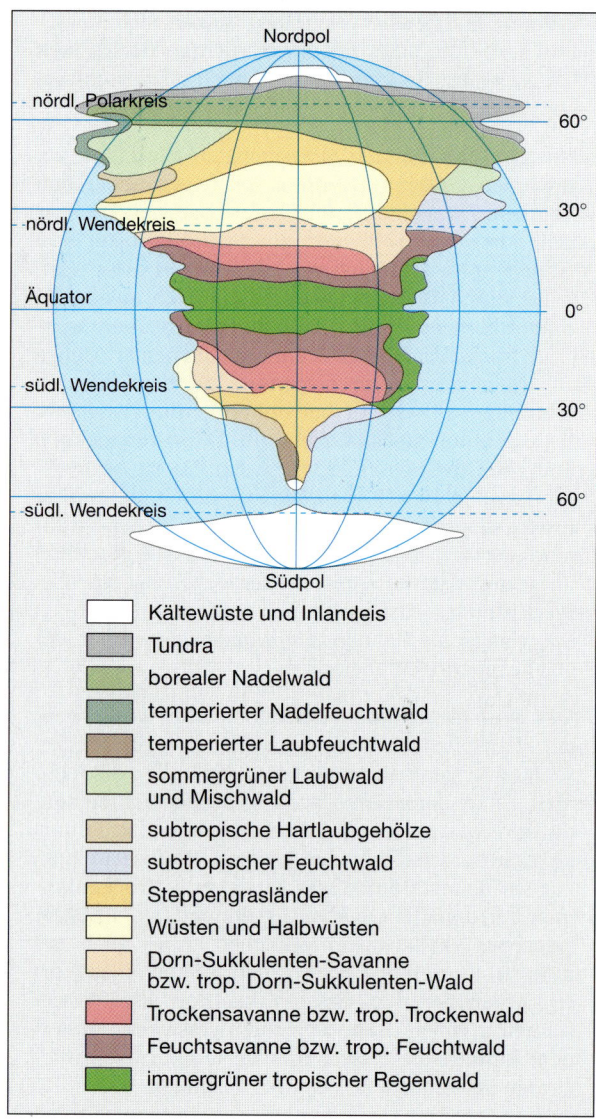

156.2 Idealkontinent

zonen wider. Das großräumig jeweils typische Vegetationsbild einer Klimazone wird dabei durch die örtlichen Standortbedingungen (z. B. Bodenart, Bodenwasser, Exposition) kleinräumig weiter differenziert, sodass jede Vegetationszone noch in Regionen unterteilt werden kann. Vor allem orographische Hindernisse verändern die sonst dominierende Pflanzenwelt und führen zur Ausprägung verschiedener Höhenstufen der Vegetation in den Gebirgen (S. 172f).

Schiebt man gedanklich alle Landmassen der Erde ohne Änderung der Breitenlage zusammen, erhält man den so genannten Idealkontinent (Abb. 156.2, 114.1). Die Vegetationszonen bilden auf ihm ein deutliches zonales Grundmuster aus, das durch die Gebirge sowie die Land-Meer-Verteilung differenziert wird.

Eine deutlich breitenkreisparallele Ausrichtung zeigen dabei die tropischen Regenwälder und die Savannen sowie die nur auf der Nordhalbkugel der Erde vorkommenden Zonen der borealen Nadelwälder und Tundren. Auf Grund der ungleichen Landmassenverteilung fehlen die borealen Wälder und Tundren auf der Südhalbkugel, der „Wasserhalbkugel", fast vollständig. Zwischen dem 30. und 40. Breitenkreis zeigen sich an den Ostseiten der Kontinente die Auswirkungen auflandiger Passatströmungen. Es fehlen die sonst in dieser Zone dominierenden Trockengebiete der warmen Wüsten und Halbwüsten.

In den subtropischen Bereichen unterscheiden sich die Winterregengebiete an den Westseiten der Kontinente mit ihren Hartlaubgehölzen deutlich von den subtropischen Feuchtwäldern an den monsunal geprägten Ostseiten der Kontinente. Die durch Zyklonalregen beeinflussten gemäßigten Bereiche der Westseiten der Kontinente werden zum Inneren der Landmasse immer trockener, sodass sich die Vegetationsformationen von den sommergrünen Laub- und Mischwäldern zu den Steppengrasländern wandeln.

DIE VEGETATION DER ERDE

Vor allem auf der Nordhalbkugel sind die Vegetationszonen hinsichtlich ihrer Breitenlage auf dem Idealkontinent verschoben, da die Ostseiten der Kontinente durch kalte, die Westseiten dagegen durch warme Meeresströmungen beeinflusst werden.

Das natürliche Pflanzenkleid der Erde ist durch die wirtschaftliche Tätigkeit des Menschen auf allen von ihm dauerhaft besiedelten Kontinenten großräumig und tiefgreifend verändert worden. Die Laub- und Mischwälder Europas z. B. wurden im Mittelalter nahezu vollständig abgeholzt und sind seitdem zu Ackerland oder Forstwäldern mit überwiegenden Nadelbaumbestand umgewandelt worden. Heute werden dagegen immer größere Flächen der borealen Wälder und der tropischen Regenwälder gerodet. Große Steppengebiete Eurasiens und Nordamerikas werden ackerbaulich genutzt. Teile der Savannen Afrikas sind durch die nicht nachhaltige landwirtschaftliche Nutzung durch Verwüstung verloren gegangen und sind von Desertifikation bedroht.

A1 Interpretieren Sie Abb. 154.1.

A2 Erläutern Sie die ökologische Gegensätzlichkeit von Bäumen und Gräsern (Abb. 155.2).

A3 Beschreiben Sie die physiologischen Potenziale der Vegetationsformationen (Abb. 154.2).

A4 Begründen Sie die Dominanz einzelner Lebensformen in bestimmten Regionen (Abb. 154.1).

A5 Beschreiben und begründen Sie die Verbreitung der Vegetationszonen auf den Kontinenten der Erde (Text, Atlas).

A6 Vergleichen Sie die potenzielle natürliche Vegetation mit der realen Vegetation der Erde (Atlas).

A7 Begründen Sie die Unterschiede der Nettoprimärproduktion in den Vegetationszonen (Abb. 157.1).

Vegetationszone	Fläche (10^6 km^2)	Nettoprimärproduktivität (g/m^2/a)	Nettoprimärproduktion weltweit (10^9 t/a)	Phytomasse (kg/m^2)	Phytomasse weltweit (10^9 t)
Immergrüne Regenwälder	17	220	37,4	45	765
Sommergrüne Laubwälder	7	1200	8,4	35	210
Boreale Nadelwälder	12	800	9,6	20	240
Savannen	15	900	13,5	4	60
Steppen	9	600	5,4	1,6	60
Tundren	8	140	1,1	0,6	5
Halbwüsten	18	90	1,6	0,7	13
Wüsten	24	3	0,07	0,02	0,5
Kontinente, total	149	773	115	12,3	1837

157.1 Vegetationsformen im Vergleich

DIE VEGETATION DER ERDE

8.5 Die großen Wälder

„Viele Bäume sind ein Wald". Obwohl Bäume das äußere Erscheinungsbild der Wälder prägen, ist diese auf den ersten Blick einsichtig erscheinende Volksmeinung ungenau, denn Wälder sind komplexe Ökosysteme, die sich aus den verschiedenen Lebensformentypen und unterschiedlichen Tiergemeinschaften zusammensetzen. Die Lebewesen des Waldes sind dabei durch Wechselwirkungen und Kreisläufe eng mit den abiotischen Umweltfaktoren und untereinander verflochten.

Auf der Erde sind die Wälder die dominierende Vegetationsformation: Über 90 % der gesamten Biomasse sind in Wäldern gespeichert, mehr als die Hälfte der gesamten jährlichen Biomassenproduktion erfolgt in ihnen und etwa ein Drittel der Landfläche wird von ihnen eingenommen. Auf der Erde sind zwei geschlossene Waldformationen zu unterscheiden: Die Wälder der gemäßigten Zone, dazu gehören die borealen Nadelwälder und die sommergrünen Laub- und Mischwälder, und die immergrünen tropischen Regenwälder in Äquatornähe. Das Aussehen, die Artenzusammensetzung und Produktivität dieser Wälder sind außerordentlich unterschiedlich (Abb. 158.1). Die Wälder der Erde sind heute durch die menschliche Nutzung bedroht. Mit wachsender Weltbevölkerung ging und geht die Abholzung großer Waldflächen einher bzw. wurden und werden die natürlichen Wälder durch Wirtschaftswälder, Weide- oder Ackerland oder degradierte Sukzessionswälder ersetzt.

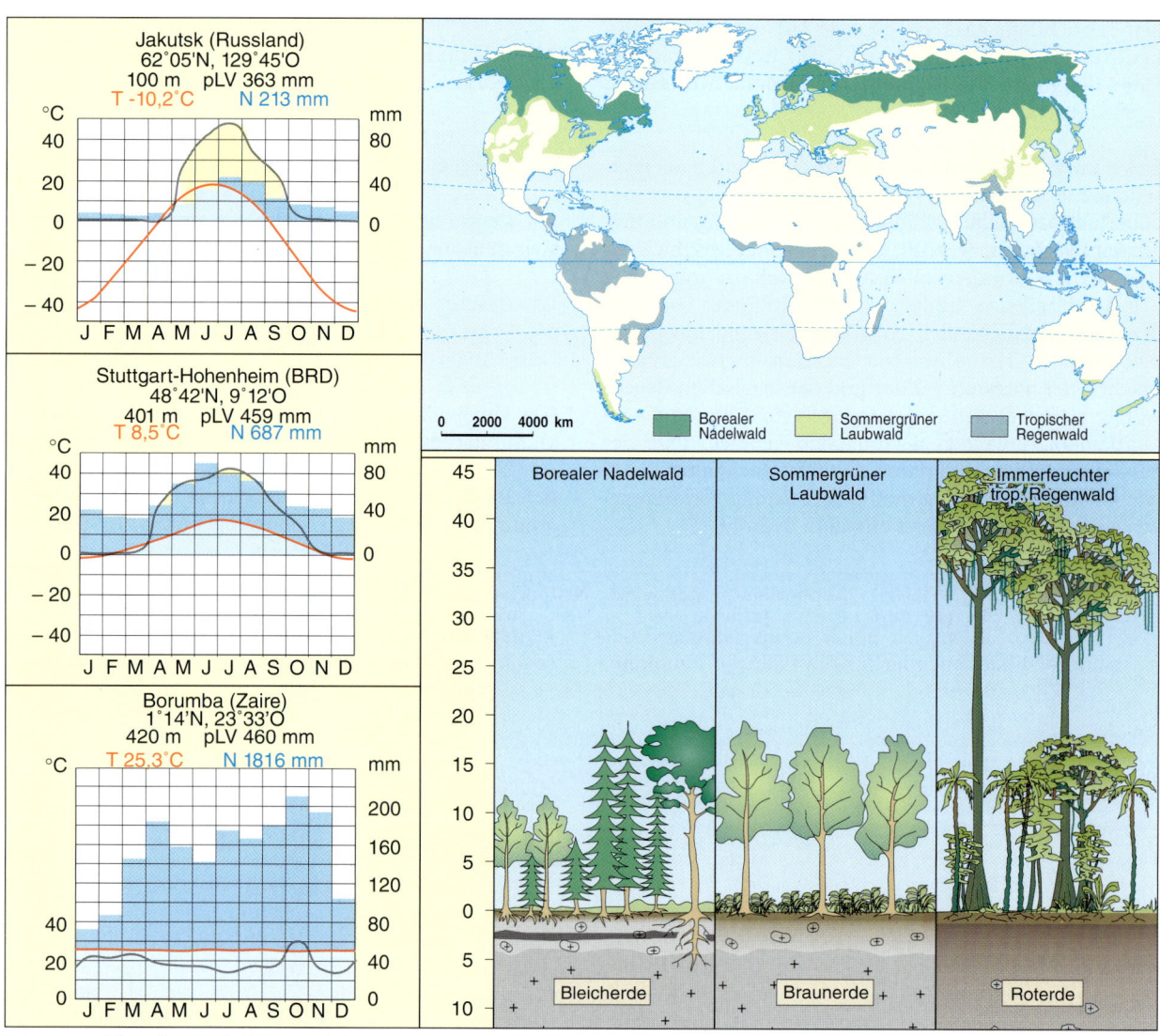

158.1 Wälder der Erde im Vergleich

DIE VEGETATION DER ERDE

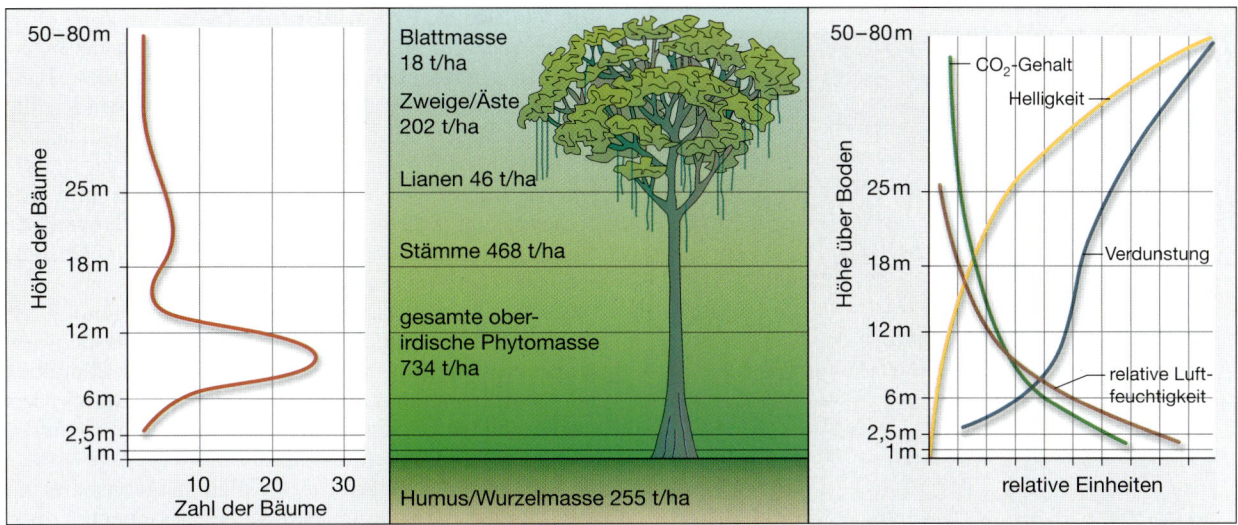

159.1 Vertikale Gliederung des tropischen Regenwalds

Der immergrüne tropische Regenwald

Etwa zwischen 10° nördlicher und südlicher Breite erstrecken sich auf dem Festland entlang des Äquators die Urwälder des immergrünen tropischen Regenwalds. Das Äquatorialklima mit hohen Durchschnittstemperaturen, geringen Tagestemperaturschwankungen und ganzjährig fast täglich sehr hohen Niederschlagsmengen lässt ein ununterbrochenes Pflanzenwachstum zu (Abb. 158.1).

Mehr als 70% der Arten des Regenwaldes sind Phanerophyten, die bis zu 60 m hoch aufragen können. Da auf engstem Raum eine Vielzahl unterschiedlichster Arten nebeneinander wachsen, vermittelt die Kronenschicht einen unruhigen und zerrissenen Eindruck. Hoch aufragende Bäume werden am Fuße der Stämme durch gewaltige Brettwurzeln gestützt, die sich unterirdisch aber nicht fortsetzen, sondern nur durch ein wenig tiefgründiges Wurzelwerk abgelöst werden. Da der Boden der tropischen Regenwälder nur eine sehr geringe Kationenaustauschkapazität besitzt, spielt er als Nährstoffspeicher und Nährstoffspender für die Pflanzen kaum eine Rolle. Nur das sehr dichte Wurzelgeflecht, das meist eine Symbiose mit Mykorrhiza-Pilzen eingeht, ist in der Lage die Nährstoffe direkt aus dem Sickerwasser und der abgebauten Streu aufzunehmen (kurzgeschlossener Nährstoffkreislauf). Die Vegetationsformation mit der größten Biomassenproduktion und dem größten Stoffumsatz steht auf einem der nährstoffärmsten Böden der Erde.

Da Wärme und Wasser in genügender Menge vorhanden sind, bestimmt das Licht den Konkurrenzkampf der Baumpflanzen. So keimen z. B. die Samen der Würgefeige auf Bäumen, von wo aus dann lange Wurzeln zum Boden wachsen. Die Triebe winden sich um den Stamm des Wirtsbaumes, verbinden sich mit anderen, erreichen die Krone des Wirts, bis dieser schließlich an Lichtmangel stirbt. Andere Pflanzenarten der oberen Schichten des Regenwaldes sind Lianen und Epiphyten. Lianen erreichen große Höhen und damit Licht, indem sie vorhandene Bäume als Stütze nutzen und sich an ihnen empor schlingen, um in den Baumkronen zu blühen und zu fruchten. Die größte Liane, aus der Gattung Entada, entwickelt dabei Längen bis zu 400 m. Während die Lianen in der Erde wurzeln, wachsen Epiphyten (griech.: epi = auf) auf den Ästen und in den Astgabeln ihrer Trägerpflanzen. Da sie ihre Nährstoffe aus dem Regenwasser und dem toten organischen Material erhalten, das in den oberen Baumschichten hängen bleibt, sind sie keine Nahrungsparasiten, sondern sie nutzen nur den „Platz an der Sonne".

Regenwaldbäume haben keine Jahresringe, da die klimatischen Bedingungen im Jahr gleichbleibend sind. Ganzjährig fallen riesige Mengen von totem organischen Material an, ohne dass es eine Periodizität von Pflanzenwachstum und Pflanzenruhe gibt. Der Laubabwurf folgt keinem erkennbaren Rhythmus. An einem Baum können sogar verschiedene Zweige gleichzeitig blühen, fruchten, welken oder austreiben. Etwa 80% der Blattmasse des Regenwaldes wird so pro Jahr erneuert. Der Großteil des organischen „Abfalls" wird in weniger als einem Jahr von Termiten, Würmern und vor allem Pilzen zersetzt, sodass sich nur eine sehr dünne Streuauflage bildet.

Die Schichten des tropischen Regenwaldes sind unterschiedlichen Wachstumsbedingungen ausgesetzt (Abb. 159.1). Während die Baumkronen an hohe Tagesschwankungen angepasst sein müssen, sind die Wachstumsbedingungen am Waldboden nahezu konstant. Nur noch 1% des Lichts, das auf die obere Baumschicht trifft, gelangt bis zum Boden. Mit großen Blattbreiten passen sich die Pflanzen der unteren Schichten an die „grüne Dämmerung" an.

DIE VEGETATION DER ERDE

Die Wälder der gemäßigten Zone

In den maritim beeinflussten Räumen der gemäßigten Klimazone entwickelten sich seit dem Eozän bzw. Pleistozän die sommergrünen Laub- und Mischwälder. Ihr zwischen Wende- und Polarkreis gelegenes Areal besitzt ein typisches thermisches Jahreszeitenklima mit ständigen Veränderungen der Sonnenscheindauer und des Einstrahlungswinkels der Sonne: Die Tageslängen betragen z. B. in Deutschland nur 7,8 Stunden im Dezember, aber 16,6 Stunden im Juni.

Das Klima ist ganzjährig humid, allerdings kann es zu kurzzeitigen Dürrephasen kommen oder das Bodenwasser ist im Winter für einige Zeit gefroren. Der Charakter der sommergrünen Laubmischwälder wird durch den grundlegenden Wechsel zwischen Vegetationsperiode, in der die Lufttemperatur mindestens 120 Tage größer als 10 °C ist, und Winterruhe, die nicht länger als drei bis vier Monate dauert und in der keine extremen Fröste auftreten, geprägt. Für die in diesen Wäldern dominierenden Laubbäume bleibt so genügend Zeit für Blattaustrieb, Blühen und Fruchten. Der jährliche Blattabwurf ist eine Anpassung an die geringen Wintertemperaturen. Das vor allem im Herbst anfallende tote organische Material wird langsam humifiziert und mineralisiert. Da die hier vorherrschenden Böden eine hohe Kationenaustauschkapazität besitzen, können sie Nährstoffe binden. Die Pflanzen nehmen diese während ihrer Wachstumsperiode über das Wurzelsystem aus dem Boden auf (langgezogener Nährstoffkreislauf).

Die Wälder sind deutlich in obere und untere Baumschicht, Strauch- und Krautschicht gegliedert. Im Jahresverlauf verändert sich der Lichteinfall in den einzelnen Stockwerken, sodass Blattaustrieb, Blüte und Laubfall in den einzelnen Schichten aufgrund der veränderten Beleuchtungsintensität unterschiedlich sind. Durch diese periodische Verlagerung können auf engem Raum Pflanzen mit verschiedenen Standortansprüchen gemeinsam existieren. Während die Baumarten vor allem Lichtpflanzen sind, wachsen im Sommer in der Strauch- und Krautschicht, in die nur noch etwa 5 bis 20 % des Tageslichtes vordringen, überwiegend Schattenpflanzen. Ihre meist großen und dünnen Blätter sind häufig so angeordnet, dass sie sich nicht überschneiden, um die geringe Lichtmenge optimal auszunutzen. In der Baumschicht werden die Pflanzen meist durch den Wind bestäubt, dagegen übernehmen in den unteren Waldschichten, in denen die Windgeschwindigkeiten gering sind, diese Aufgabe häufig Insekten oder andere Tiere.

Die Laubwälder in den ozeanisch geprägten Räumen, in denen auch immergrüne Arten wie Stechpalme und Efeu vorkommen können, werden mit wachsender Entfernung von den Küsten durch Mischwälder abgelöst. In

Der höchste Baum der Erde ist etwa so hoch wie der Berliner Dom und wächst in der Waldzone der gemäßigten Breiten. Es ist ein 112 m hoher Mammutbaum (Sequoia sempervirens) im Redwood-Nationalpark an der Nordwestküste Kaliforniens. Der Stammdurchmesser beträgt an der Basis etwa 12 Meter. Seinen englischen Namen redwood erhielt der Baum nach der intensiven roten Farbe seines harten und beständigen Holzes. Diese zu den Sumpfzypressen gehörende Art ist ein lebendes Fossil. Sie war im Trias (vor 245–210 Millionen Jahre) noch weltweit und großflächig verbreitet und trug z. B. mit zur Bildung von Braunkohlevorkommen in Deutschland bei. Im Eozän, vor etwa 60 Millionen Jahren, ging das Weltklima in eine kältere Phase über. Die Verbreitung und die Artenanzahl der Mammutbäume gingen seitdem stark zurück und so finden sich die Sequoien, deren älteste Exemplare bis 4000 Jahre alt sind, auf natürlichen Standorten heute nur noch in Oregon (USA) und an der Küste Nordkaliforniens, da hier die Luftfeuchtigkeit sehr hoch ist, genügend Niederschläge fallen und die Winter frostfrei sind. 1941 entdeckte ein chinesischer Botaniker eine weitere Sequoiaart (Metasequoia oder Urmammutbaum) in Zentralchina, die bis dahin nur als Fossil bekannt war.

160.1 Der höchste Baum der Erde

Europa gibt es allerdings keinen Urwaldbestand mehr, da dieser durch den Menschen nahezu vollständig abgeholzt bzw. zu Wirtschaftswäldern umgewandelt wurde.

Mit zunehmender Kontinentalität werden die Temperaturamplituden immer größer, somit auch die Winter kälter, Fröste häufiger und extremer und die Vegetationsperiode immer kürzer. Nur noch wenige Baumarten können bei diesen klimatischen Verhältnissen wachsen, sodass der boreale Nadelwald (griech.: boreas = Norden, Nordwind) die artenärmste Waldformation ist (Abb. 158.1). Er bildet einen nahezu geschlossenen und unterschiedlich breiten Gürtel zwischen 45° und 70° N aus. Dieser in Sibirien auch als Taiga (jakutisch = Wald) bezeichnete Wald wird von Nadelbäumen dominiert. Da diese meist immergrün sind, können sie im Frühjahr wesentlich schneller mit der Fotosynthese beginnen als Laubbäume und so die kurze Vegetationsperiode vollständig ausnutzen. Außerdem sind die wachsüberzogenen Nadeln frosthärter als Laubblätter und können der sommerlichen Trockenheit und der Frosttrocknisgefahr im Frühjahr besser widerstehen. Nur vier Nadelholzgattungen bestimmen das Aussehen des flächengrößten Waldgebietes der Erde: Fichte, Kiefer, Tanne und Lärche, wobei häufig über Tausende Quadratkilometer nur eine Baumart dominiert. Im extrem kalten kontinentalen Sibirien mit Wintertemperaturen um −60 °C können nur noch Lärchen wachsen, die durch ihren Nadelabwurf diese extremen Wintertemperaturen überleben. In den Räumen, in denen der Boden ganzjährig gefroren ist (Permafrost) und die nur kurz im Sommer bis zu maximal einem Meter tief auftauen, dominieren dagegen die flachwurzelnden Fichten. In den borealen Wäldern kommen aber auch Laubbäume wie Pappeln und Birken als Laub abwerfende Arten vor. Sie sind häufig Pionierpflanzen nach Feuerereignissen. Die Kraut- und Strauchschicht dieser Wälder ist ebenfalls artenarm und wird wie bei den Bäumen häufig über große Flächen von einer Art geprägt. Ein Fünftel dieses Waldgebietes wird durch Moore bestimmt, die in Nordwest-Kanada und der westsibirischen Tiefebene ihre größte Ausdehnung besitzen.

Aufgrund der kurzen Vegetationsperiode ist der jährliche Holzzuwachs sehr gering und die Bäume erreichen kaum Höhen über 20 m. Totes organisches Material wird nur sehr langsam zersetzt. Mit zunehmendem Alter eines Waldbestandes sind dadurch fast alle Nährstoffe in der Vegetation oder in der Streu gebunden, sodass der Nährstoffkreislauf unterbrochen wird. Erst durch Feuer wird dieser wieder in Gang gesetzt (Abb. 161.1). Durch die Feuer, aber auch Insektenschäden oder Windwurf werden immer wieder neue Sukzessionsprozesse ausgelöst, sodass der boreale Nadelwald ein großflächiges Mosaik verschiedener Waldbestände nach Dichte, Höhe, Schichtung und Alter bildet.

161.1 **Taiga**

Bei großen Waldbränden wird in den Medien meist nur über die Vernichtungskraft des Feuers berichtet. Aber Feuer zerstören nicht nur, sondern sie sind in einigen Vegetationsformationen ein wesentlicher ökologischer Faktor (z. B. borealer Nadelwald, Savanne). Überall dort, wo totes organisches Material nur sehr langsam abgebaut wird, ist die Rückführung von Pflanzennährstoffen in den Nährstoffkreislauf gehemmt bzw. kann sogar ganz unterbrochen werden. Erst durch Feuer werden die in der Vegetation und in der Streu gebundenen Nährstoffe dem Boden wieder zugeführt. Einige Pflanzenarten benötigen sogar Brandereignisse für ihre Fortpflanzung. Zum Beispiel öffnen sich die Zapfen der Sequoien im Redwood-Nationalpark erst bei sehr hohen Temperaturen um 80 °C. Nach dem Feuer haben die kleinen Samen dann hervorragende Keimbedingungen: Sie müssen mit keiner Pflanze um Licht konkurrieren und es stehen genügend Nährstoffe zur Verfügung.

Natürliche Feuer können vor allem durch Blitzschlag, aber auch vulkanische Aktivitäten oder Selbstanzündung ausgelöst werden. Bodenfeuchte, Wind und Brennwert der Vegetation steuern die Feuer und führen zu unterschiedlichen Brandformen. Bodenfeuer, bei denen nur die unteren Vegetationsschichten und die Streu brennen, sind kalte Feuer (bis 200 °C). Unterirdische Pflanzenteile und die hohen Bäume werden dabei nicht zerstört. Bodenfeuer haben somit „reinigende" Wirkung, denn sie vernichten Schädlinge und Pilzkrankheiten, lassen von verschiedenen Arten die Samen keimen und bringen den Nährstoffkreislauf wieder in Gang. Werden die höheren Baumschichten vom Feuer erfasst, entwickeln sich heiße Kronenfeuer (bis 1000 °C). Im Extremfall kann bei diesen Bränden der gesamte Vegetationsbestand vernichtet werden.

161.2 **Ökologischer Faktor Feuer**

8.6 Die großen Grasländer

Die Savannen

Obwohl sich Bäume und Gräser in ihren ökologischen Ansprüchen gegenseitig ausschließen, ist das wesentliche Merkmal der Savannen das gemeinsame Auftreten von Graspflanzen und einzeln stehenden Bäumen. Die Spanier nannten während der Kolonisation Lateinamerikas diese Vegetationsformation sabana (Grasebene). Dieser Name wurde später auf die gesamten tropischen Grasländer übertragen.

Aus der Lage der Savannen zwischen den Wendekreisen folgt, dass es keine thermischen Einschränkungen für das Pflanzenwachstum gibt. Der Lebensrhythmus der Pflanzen wird von den ausgeprägten periodischen Trockenzeiten bestimmt (Abb. 162.1). Die aride Zeit mit hohen Evaporationsraten wird dabei mit zunehmender Entfernung vom Äquator immer länger und führt zu einer Gliederung der Savanne in Feucht-, Trocken- und Dornsavanne (Abb. 162.2). Die Höhe des Graswuchses nimmt von der Feuchtsavanne bis zum Grenzraum zur Halbwüste ab und die Dichte des Baumwuchses ändert sich vom leicht geschlossenen Feuchtsavannenwald bis zu vereinzelt stehenden Bäumen oder kleinwüchsigen Dornsträuchern. Nur entlang von Flussläufen wachsen meist dichte, artenreiche und immergrüne Galeriewälder.

Während der Trockenzeit vertrocknet das Gras sehr schnell und die meisten Bäume verlieren ihre Blätter. Das anfallende tote organische Material wird dabei in allen Savannenarten rasch zersetzt, sodass die Böden nur eine sehr geringe Streuauflage besitzen. Während die oberen Bodenschichten während der Regenzeit und einige Wochen danach gut durchfeuchtet sind, herrscht in den unteren Bodenhorizonten ganzjährig ein Wasserdefizit. Mit ihrem dichten, oberflächennahen Wurzelgeflecht sind Gräser besser an diese Bedingungen angepasst als Bäume. Diese können aber mit langen und tief reichenden Wurzeln tiefer liegende Wasser- und Nährstoffreserven erreichen. Nach den Regenzeiten kommt es in Folge des aufsteigenden Bodenwasserstroms zur Ausfällung von Salzen, Karbonaten und Eisenverbindungen, die im Oberboden betonharte Lateritkrusten ausbilden können, die von Wurzeln nicht mehr zu durchdringen sind.

Das Aufkommen bzw. die Regeneration von Bäumen und Wäldern wird aber auch durch Brände verhindert. Bei den in den Savannen ziemlich regelmäßig auftretenden Bodenfeuern verbrennen die jungen Baumsprösslinge. Häufig dominieren feuerresistente Baum- und Pflanzenarten (Pyrophyten). Die Savannen sind Lebensraum für riesige Tierherden (z. B. Antilopen, Zebras, Gnus in Ostafrika). Während die Gräser der Trittbelastung und Beweidung besser widerstehen, wird durch das Abfressen die Entwicklung von Baumsprossen verhindert.

162.1 Feucht-, Trocken-, Dornsavanne

In den tropischen Gebieten, in denen eine drei bis maximal fünf Monate dauernde Trockenzeit herrscht, bilden sich so genannte regengrüne tropische Wälder aus. Sie ähneln im Aufbau den immergrünen Regenwäldern, sind aber artenärmer. Sie verlieren in der Trockenzeit ihr Laub. Die meisten dieser regengrünen Wälder sind durch Feuer und landwirtschaftliche Nutzung vernichtet worden. Auf den ausgelaugten Böden konnte sich nur Grasland mit einem lockeren Baumbestand entwickeln.

Die Gräser der Feuchtsavanne sind breitblättrig, überwiegend ganzjährig grün und erreichen Wuchshöhen von über 2–5 m, sodass sogar Elefanten darin „verschwinden" (Elefantengras). Während der kurzen ariden Zeit trocknet das Gras ab. Bei Feuern führen die gewaltigen Strohmassen zu großer Hitze, sodass sich nur wenige feuerresistente Baumarten mit dicken, isolierenden Borken durchsetzen können. Aufgrund der kurzen Trockenzeit und bei genügend Bodenwasserreserven besitzen die Bäume noch großblättriges Laub, das aber häufig schon eine dicke Wachsschicht als Verdunstungsschutz aufweist. Während der Trockenzeit werfen empfindliche Arten ihre Blätter ab.

Da die hochwachsenden Gräser verholzen, haben sie nur einen geringen Nährwert. Die afrikanische Savanne ist auch Lebensraum der Tsetsefliege, die die gefürchtete Rinderseuche Nagana überträgt. Daher sind die Feuchtsavannen für die Weidewirtschaft eher ungeeignet. Dagegen lassen die relativ hohen Niederschlagssummen den Anbau von Mais und Bohnen (Südamerika und Afrika) und Reis (Asien) zu.

In der Trockensavanne wird das Gras nur noch 60 cm bis 1,5 m hoch. Aufgrund der geringeren Grasmengen werden bei Feuerereignissen nicht so hohe Temperaturen erreicht, sodass in der Trockensavanne eine größere

162.2 Savannenarten

DIE VEGETATION DER ERDE

Zahl von Baumarten vorkommt. Die Stammlängen der Bäume sind aber deutlich niedriger, das Wurzelsystem ist ausgedehnter und die Baumkronen sind häufig schon in Form von Schirmen ausgebildet, die den Boden beschatten und damit die Evaporation verhindern. Die Blätter sind grob gefiedert, um die Transpiration zu reduzieren.

Da die Gräser einen hohen Nährwert besitzen, während der Trockenzeit nicht vollständig verdorren und nach Niederschlägen schnell austreiben, sind die Bedingungen für die Weidewirtschaft hier sehr günstig. Der Ackerbau ist aufgrund der geringeren Jahresniederschläge dagegen weniger ertragreich als in der Feuchtsavanne.

Verringern sich die Niederschläge auf 500 mm bis unter 200 mm und dauert die aride Zeit mehr als acht bis zehn Monate, dominieren bei den Phanerophyten Sträucher und niedrig wachsende Bäume. Im Bereich der Dornsavanne wachsen die Gräser maximal kniehoch, bilden aber immer noch einen geschlossenen Bestand aus. So kann es Flächenbrände geben, die wiederum die Ausbreitung von Holzgewächsen beschränken. Typisch ist die Bedornung vieler Holzgewächse als Schutz gegen Tierfraß. Zur Verringerung der Verdunstungsfläche sind die Blätter sehr feingliedrig ausgebildet.

Die in der Dornsavanne traditionell dominierende Viehwirtschaft wird in nomadisierender Form betrieben. Ackerbaulich wurde sie in historischer Zeit kaum genutzt. Heute dagegen kommt es aufgrund des Bevölkerungsdrucks zur Überschreitung der agronomischen Trockengrenze und es werden meist anspruchslose, trockenresistente Hirsesorten angebaut.

Alle Savannenarten, besonders aber die Dornsavanne, sind aufgrund der semiariden Bedingungen desertifikationsgefährdet. Heute ist in den meisten Fällen der Mensch Auslöser dieses Verwüstungsprozesses.

Das Aussehen des Affenbrotbaumes oder Baobabs (Adansonia digitata) wird durch den mächtigen, tonnenförmigen Stamm, der oft einen Durchmesser von mehr als zehn Metern erreicht, und die relativ kleine Krone mit meist waagerecht wachsenden Ästen bestimmt. Nach einer afrikanischen Sage wollte der Baobab bei seiner Entstehung schöner als alle anderen Bäume werden. Als er merkte, dass ihm das nicht gelang, steckte er seinen Kopf in die Erde. So sieht es aus, als ob die Wurzeln des Baobab in die Luft ragen. Aber das seltsame Aussehen dieses für die Trockensavannen Afrikas typischen Baumes ist das Ergebnis der Anpassung an die semiariden Verhältnisse. In seinem dicken, sukkulenten Stamm und den unteren Teilen der Äste sind riesige Mengen Wasser gespeichert (insgesamt bis 120 000 Liter). Mit diesen Wasserreserven überdauert der Baobab sechs- bis achtmonatige Trockenzeiten. Seine Blätter sind klein und gefiedert, um die Oberfläche zu verringern. Damit wird der Wasserverlust durch Transpiration erheblich reduziert. Außerdem trägt der Affenbrotbaum seine Blätter nur wenige Wochen im Jahr und wirft sie am Ende der Regenzeit ab. Die Baobabs wachsen nur sehr langsam. Pro Jahr vergrößert sich ihr Umfang nur um etwa 2,5 mm.

Häufig sind die bis zu 1000 Jahre alten Bäume in der Nähe von menschlichen Siedlungen zu finden, denn sie sind vielseitig nutzbar. Aus dem Fruchtfleisch wird ein Getreideersatz für Brot gewonnen, oder es wird zu einem Vitamin-C-haltigen Getränk verarbeitet. Außerdem wird es erfolgreich als Mittel gegen Ruhr und Fieber eingesetzt. Die fetthaltigen Samen aus den holzschaligen, gurkenförmigen Früchten können zu einem Kaffeeersatz geröstet oder zu Öl gestampft werden. Die jungen Blattspitzen eignen sich als Gemüse, die Rinde liefert einen brauchbaren Bast.

163.1 Der Affenbrotbaum

DIE VEGETATION DER ERDE

164.1 Prärie

Die Steppen

Die Prärie in Nordamerika, die Steppen Eurasiens, die Pampa in Südamerika, das Veld im südlichen Afrika und das Tussockgrasland auf Neuseeland sind die großen Grasländer in den gemäßigten Breiten. Ihre größte Ausdehnung erreichen sie auf der Nordhalbkugel im Inneren der Kontinente. Das dort vorherrschende Kontinentalklima ist durch kalte bis sehr kalte Winter und für diese Breitenlagen sehr hohe Sommertemperaturen gekennzeichnet (Abb. 164.2).

Wegen der großen Entfernung zum Meer gibt es selten zyklonale Niederschläge. Es überwiegen konvektive Niederschläge mit einem Sommermaximum und insgesamt geringen Niederschlagssummen. Die nur etwa viermonatige Vegetationsperiode im Frühjahr und Frühsommer wird daher von kalten Wintern und Trockenzeiten im Sommer und Herbst begrenzt. Charakteristisch für die Steppengebiete ist außerdem eine hohe Niederschlagsvariabilität, sodass immer wieder Dürrejahre auftreten, in denen im Sommer kaum oder gar kein Regen fällt (Abb. 164.3).

Im Gegensatz zu den Grasländern der Tropen (Savannen) sind die zentralen Steppengebiete völlig baumlos: Wassermangel bei recht hoher potenzieller Verdunstung im Sommer sowie häufige Dürren und Brände begünstigen hier die Gräser. Die Grasfluren selbst werden wegen intensiver Beweidung durch große Huftierherden (z. B. Wildpferde, Bisons, Antilopen) kurz gehalten.

Im Winter bildet sich eine geschlossene Schneedecke aus. Obwohl sie meist nur gering mächtig ist, hat sie eine wichtige ökologische Funktion, denn sie sorgt nach der Schneeschmelze für die Durchfeuchtung der oberen Bodenschicht. Im Frühjahr beginnt dann der vegetative Zyklus verschiedenartigster Gräser und Kräuter, die die Steppe bis zum Sommer nacheinander in unterschiedlichen Farben erblühen lassen. Etwa ab Mitte Juli „brennt die Steppe aus", die oberirdischen Pflanzenteile vertrocknen. Die Streu trägt zur intensiven Humusbildung bei und führt in den feuchteren Steppengebieten zur Bildung von Schwarzerden, in trockeneren Räumen zu kastanienbraunen Böden (Abb. 165.1,2).

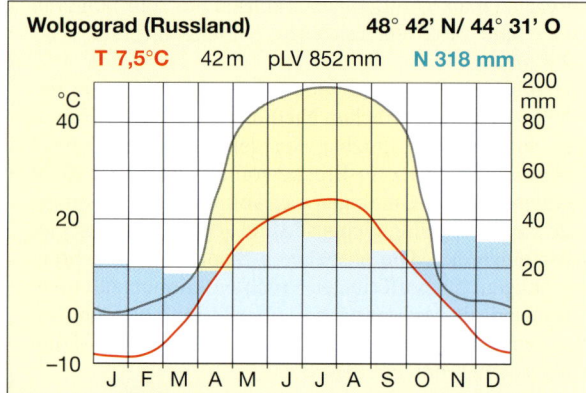

164.2 Klimadiagramm

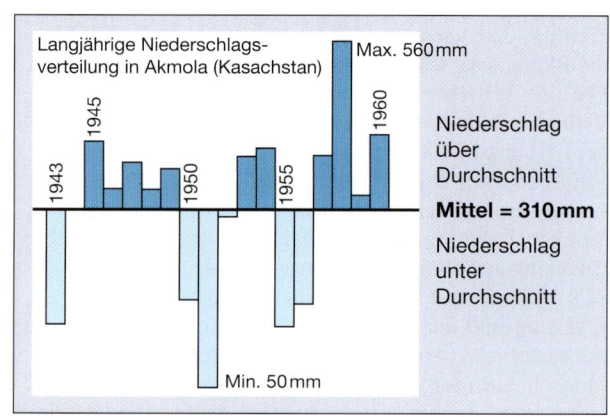

164.3 Niederschlagsvariabilität

DIE VEGETATION DER ERDE

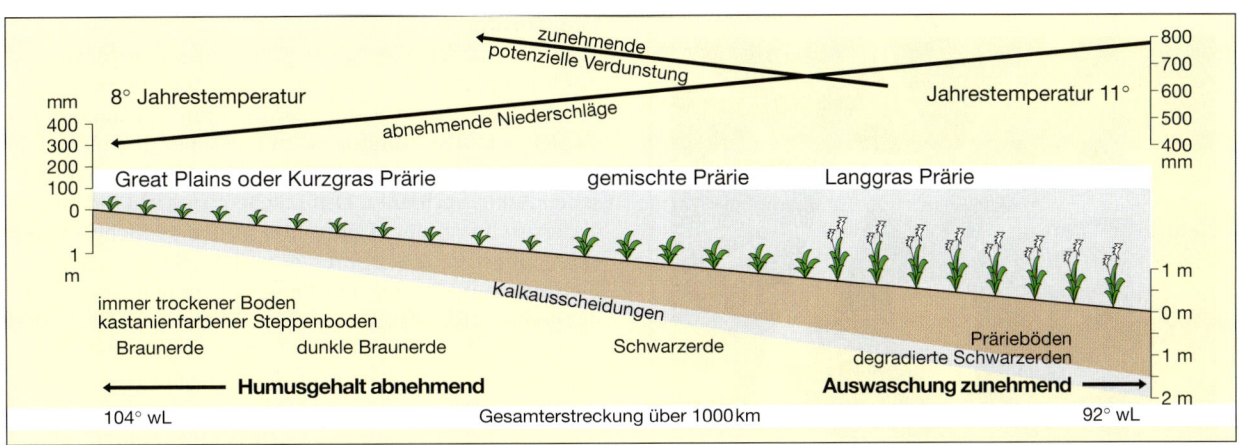

165.1 Vegetationsprofil durch die Great Plains

Die nordamerikanische Prärie (franz.: prairie = Wiese) erstreckt sich etwa zwischen 55° und 30° N sowie 90° und 110° W im Inneren des Kontinents. Von Ost nach West sinken die jährlichen Niederschlagsmengen, die Länge der Vegetationsperiode und die Dürregefahr wächst dagegen. Das führt zur Differenzierung der Prärie in Langgrasprärie im Osten und Mischgras- und Kurzgrasprärie im Westen (Abb. 165.1). Da Temperaturen und Transpirationsraten nach Süden zunehmen, gibt es außerdem noch ein floristisches Nord-Süd-Gefälle innerhalb der drei Prärieformen. In weiten Teilen wächst die Prärievegetation auf Böden, die sich aus dem südlich der eiszeitlichen Gletscher abgelagerten Lössdecken entwickelt haben.

Der Ostteil der Prärie ist mit 600 bis 1000 mm Niederschlägen noch recht feucht. Die Gräser und Kräuter dieser Langgrasprärie erreichen mit ihren Blütenständen Höhen zwischen einem und drei Metern und bedecken den Boden lückenlos. Der Wurzelfilz der Gräser reicht tief in den Boden, der bis zum Grundwasser voll durchfeuchtet ist. Die Langgrasprärie ist sehr artenreich. Im Juni können bis zu 70 Arten gleichzeitig blühen. Selbst im Spätsommer gedeihen hier noch Gras- oder Krautarten und erst Ende September sind die Pflanzen der Langgrasprärie vollständig vertrocknet. Aufgrund der Konkurrenzkraft der hohen Gräser und anderer biotischer und abiotischer Einflüsse fehlen in diesen feuchten Steppengebieten Bäume.

Die Mischgrasprärie, in der noch krautartige Pflanzen mit tiefen Pfahlwurzeln wachsen, ist der Übergangsraum zur Kurzgrasprärie. Sie besitzt eine wesentlich geringere Artenzahl von Gräsern und die Pflanzen erzielen nur noch geringe Wuchshöhen. Die Vegetationsdecke ist schütter und es bilden sich Horstgräser aus. Eine Besonderheit sind die so genannten Steppenläufer bzw. Steppenroller. Diese Pflanzen nutzen für ihre Verbreitung die in den Steppen meist hohen Windgeschwindigkeiten aus. Nachdem sie im Sommer ausgetrocknet sind, brechen die gesamten Pflanzen oberirdisch ab oder sie werden ganz aus dem Boden gerissen. Der Wind weht sie fort, wobei sie sich zu metergroßen Knäueln zusammenballen können, die dann weite Strecken über die ebenen Steppengebiete rollen und springen und dabei ihren Samen ausstreuen.

Mit den von Ost nach West abnehmenden Niederschlägen nehmen auch die Nettobiomasseproduktion der Prärie und die jährlich anfallende tote organische Substanz ab. Die oft mehr als 1,5 m mächtige Humusschicht der Langgrasprärie verringert sich daher in der Kurzgrasprärie auf nur noch wenige Zentimeter. In der Misch- und Kurzgrasprärie tritt in den Böden auf Grund der hohen Evaporationsraten im Sommer ein aufwärts gerichteter Bodenwasserstrom auf, der zur Anreicherung von schwer löslichen Kalziumkarbonaten im Oberboden führt. In den trockenen westlichen Gebieten hat dieser Ausfällungshorizont den geringsten Abstand zur Erdoberfläche. In den Langgrasprärien fehlt er dagegen, da dort der Boden gut durchfeuchtet ist und der Bodenwasserstrom ganzjährig nach unten gerichtet ist.

Heute sind große Gebiete der natürlichen Prärievegetation nachhaltig verändert, da sie seit Mitte des 19. Jahrhunderts intensiv ackerbaulich genutzt werden. Während im feuchteren Osten die Bedingungen für den Maisanbau günstig sind, erfolgt im westlichen Teil der Prärie der Weizenanbau. Mithilfe von Bewässerung gelang es jedoch, auch jenseits der agronomischen Trockengrenze Ackerbau zu betreiben. Durch die Beseitigung der Steppenvegetation verstärkte sich allerdings die Erosions- und Deflationsgefahr.

165.2 Great Plains – Steppe in Nordamerika

DIE VEGETATION DER ERDE

Die Tundra

„Tunturi" heißen die flachen, baumlosen Hügel in Finnisch-Lappland. Von diesem Wort leitet sich der Name für die baumlose Vegetationsformation der subpolaren Gebiete ab. Die Tundra ist auf der Nordhalbkugel in Eurasien, an den Küsten Grönlands und in der amerikanischen Arktis verbreitet. Das Erscheinungsbild der Tundra ändert sich von der Waldtundra in den südlichen Bereichen, über die Zwergstrauchtundra zur so genannten Fleckentundra in den nördlichen Regionen, in der nur noch etwa 10% des Bodens von Pflanzen bedeckt sind (167.1, 167.2). Während die Tundra auf der Nordhalbkugel sehr große Flächen einnimmt, ist auf der Südhalbkugel Tundravegetation nur auf einigen antarktischen Inseln zu finden. Das dortige Artenspektrum unterscheidet sich deutlich von dem der Holarktis.

Ende Mai, Anfang Juni, nach acht bis neun Monaten Winterruhe, erwachen die Tundrenpflanzen zu neuem Leben. Ergrünen, Blühen und Fruchten überstürzen sich in dem kurzen Sommer und die Vegetation leuchtet dabei in den verschiedensten Farben. Sie setzt sich überwiegend aus Gräsern, Moosen und Flechten sowie kleinwüchsigen Kräutern und Zwergsträuchern zusammen (Abb. 166.1).

Baumlosigkeit und Artenarmut (200 bis 300 Blütenpflanzen im Süden, nur noch etwa 50 im Norden) sind Ausdruck der für das Pflanzenwachstum insgesamt ungünstigen ökologischen Bedingungen (Abb. 166.2):

- extreme Schwankungen der Strahlungsbedingungen zwischen Polartag und Polarnacht (zwei Jahreszeiten);
- lange und strenge Winter;
- kühle Sommer mit Monatsmitteltemperaturen von maximal +15 °C und einer Vegetationsperiode von nur 1 bis 3,5 Monaten, in der aber auch jederzeit noch Frost auftreten kann;
- sehr geringe Jahresniederschläge, sodass die winterliche Schneedecke, die die Vegetation vor Kälte und Wind schützt, meist nur 10 bis 50 cm mächtig ist.

Die Krautige Weide (Salix herbacea) ist der kleinste Baum der Erde. Seine Gesamtlänge kann man erst messen, wenn man ihn ausgräbt, denn der bis zu drei Zentimeter hohe Stamm wächst gänzlich unter der Erdoberfläche. Die ältesten Exemplare dieser Art erreichen einen Stammdurchmesser von fast einem Zentimeter! Bis zu 60 Jahresringe können an einem durchgesägten Stämmchen mithilfe einer Lupe gezählt werden. Auch das Astsystem der Krautweide verläuft größtenteils unterirdisch. Nur die Enden schauen aus der Erde. An jeder Astspitze wachsen zwei, nur 8 bis 20 mm lange Blättchen und im Sommer leuchtend gelbe Blütenkätzchen. Schon im Herbst bereitet die Krautige Weide die Laub- und Blütenentwicklung vor. Die kurze schneefreie Sommerzeit kann sie dann intensiv für die Vermehrung nutzen. Mit ihrem flachen Wuchs widersteht sie den Angriffen der stärksten Winde. Vor allem im Winter würden alle Pflanzenteile, die über die Schneedecke hinausragen, dem so genannten Windschliff zum Opfer fallen.

166.1 Der kleinste Baum der Erde

Die Ausprägung der Vegetation wird weiterhin bestimmt durch

- hohe Windgeschwindigkeiten von 15 bis 30 m/s,
- Permafrostboden, der während der Sommermonate nur wenig oberflächlich auftaut,
- saure, nährstoffarme Rohböden, die im Sommer durch Staunässe geprägt sind und
- erschwerte Stickstoffaufnahme, verursacht durch die tiefen Temperaturen.

Das Wachstum aller Pflanzen der Tundra ist extrem verzögert. Selbst bei den weit verbreiteten Rentierflechten beträgt der jährliche Längenzuwachs nur 1 bis 5 mm. Bei Beweidung vergehen mindestens 10 Jahre, bis sich die Pflanzendecke wieder erneuert hat. Trotz ihrer geringen

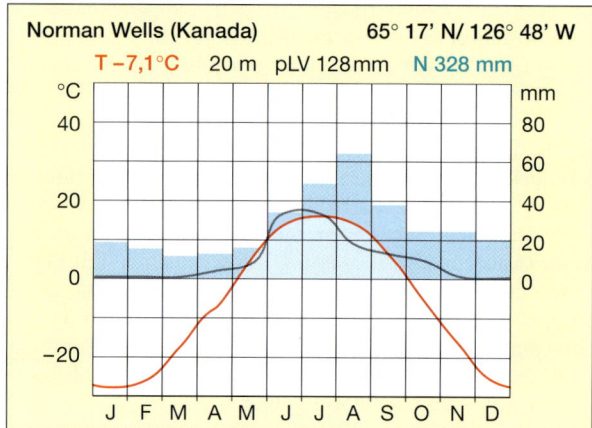

166.2 Klimadiagramm

Größe erreichen die meisten Tundrenpflanzen aber ein hohes Alter. Zwergsträucher können bis zu 200 Jahre, krautartige Pflanzen bis zu 100 Jahre alt werden.

Immergrüne Arten haben in der Tundra den Vorteil, dass sie sofort mit Beginn der Vegetationsperiode mit ihrer Fotosynthese beginnen können. Außerdem herrschen in der Tundra Langtagpflanzen vor, die während des Polartages nahezu ununterbrochen Fotosynthese betreiben können. Trotz der wegen des niedrigen Sonnenstands geringen Einstrahlungsintensität bilden diese Pflanzen daher genügend Stoffreserven, um den langen Winter zu überdauern.

Viele Pflanzen sind Frostkeimer, d.h. sie erreichen ihre Keimfähigkeit erst nach Einwirkung tiefer Temperaturen. Die extrem kurze Vegetationszeit reicht aber häufig nicht aus, um den gesamten vegetativen Zyklus vom Blühen bis zur Bildung von keimfähigen Samen in einem Sommer zu durchlaufen. Viele Arten legen daher zunächst in einem Jahr die Blüten an und erst im darauffolgenden Sommer gelangen ihre Samen zur Reife. Die Entwicklung so genannter aperiodischer Pflanzenarten kann sich sogar über mehrere Jahre erstrecken. Diese Pflanzen sind in der Lage, ihren vegetativen Zyklus in jedem beliebigen Entwicklungsstadium zu unterbrechen. Stellen sich wieder günstige Wachstumsbedingungen ein, setzen sie ihre Entwicklung auf diesem Stadium einfach fort.
Die Samen der meisten Pflanzen sind sehr klein und leicht. Oft wiegen sie weniger als 1 mg. Meist wird der Samen durch den Wind verbreitet, der ungehindert über die Eis- und Schneedecken weht. Die Samen werden dadurch über weite Flächen verbreitet. Ihr Risiko, nicht auskeimen zu können, ist allerdings sehr hoch.
Innerhalb der niedrigen geschlossenen Pflanzendecke herrscht ein eigenes Mikroklima. Die Temperaturen in unmittelbarer Bodennähe sind z.B. deutlich höher als die in 2 m Höhe gemessene Lufttemperatur. Der niedrige Wuchs schützt die Pflanzen außerdem vor den Auswirkungen der starken Winde. Diese erhöhen im Sommer die Austrocknungsgefahr in der meist trockenen Polarluft. Im Winter sind alle Pflanzenteile, die über die meist dünne Schneedecke hinausragen, dem Windschliff schutzlos ausgesetzt.

Das einheitliche und monotone Vegetationsbild der Tundra wird durch die lokale Schneeverteilung, das Bodensubstrat und das Relief differenziert. Die Südseite der Tunturi, die während des Polartages hohe Einstrahlungen erhalten, sind üppig und artenreich bewachsen. Die ebenen Kuppen und Nordhänge sind dagegen nur von Moosen und Flechten überzogen. Zwischen den Hügeln liegen meist feuchte, z.T. vermoorte Mulden, in denen z.B. Zwergbirken oder Wollgräser wachsen.

Schilderung der Waldtundra vom Naturforscher Seroschewski:

„Der Wald ist kümmerlich. Vorzeitig gealtert, bedeckt mit bärtigen Flechten, mit spärlichem gelblichem Grün auf wenigen lebenden Schösslingen, mit vertrockneten, oft abgebrochenen Spitzen zieht er sich in einem breiten, trostlosen Streifen längs der nördlichen Waldgrenze hin. Schwächliche, verkrüppelte Bäume, 4 bis 6 m hoch, mit einem Durchmesser von 10 bis 15 cm sind mit einer Unzahl von kleinen Ästen, Zweigen und vertrockneten einjährigen Trieben bedeckt, die längs des Stammes gleichsam wie Dornen hervorstechen. Die Bäume geben nahezu keinen Schatten und bieten keinen Schutz. In einem derartigen Wald sieht man überall den Himmel über sich und ringsumher Lichtungen."

167.1 Waldtundra

Schilderung der Zwergstrauchtundra von A.G. Schenk:

„(27. August). Bei heiterem Himmel und ziemlich heftigem Westwind war der Schnee bis auf die letzten Spuren geschwunden. Indessen hatte die Tundra schon ein völlig herbstlich buntes Aussehen gewonnen; die Zwergbirken kleideten sich in ein rotes Gewand; Flächen, die von Weidengesträuchen bewachsen waren, nahmen ein gelbliches Aussehen an, und die Weiden verloren ihre Blätter; dürre Hügelhänge, von den Rasen der Alpenbärentraube bedeckt, färbten sich in lichtem Purpurrot, auffallend abstechend gegen die gelbgrüne Umgebung …"

167.2 Zwergstrauchtundra

DIE VEGETATION DER ERDE

8.7 Die Wüsten und Halbwüsten

Bei der Eroberung des Landes besiedelten die Pflanzen zunächst nur humide Landflächen. Erst viel später gelang es ihnen, auch die Trockenräume der Erde zu besiedeln. Geringe Niederschläge und hohe Verdunstung (der Wasserverlust ist im Durchschnitt zehnmal höher als der Niederschlag) kennzeichnen die Trockenräume. In hyperariden Gebieten treten keine regelmäßigen Niederschläge auf. Häufig fällt mehrere Jahre hintereinander überhaupt kein Regen. Aride Gebiete haben dagegen wenigstens kurze Regenzeiten mit Jahresniederschlägen bis 300 mm oder erhalten Feuchtigkeit durch Nebel.

Die ganzjährige Wolkenarmut ist Ursache für die hohen Ein- und Ausstrahlungsintensitäten und die extremen täglichen Temperaturamplituden in den Trockenwüsten. Während sich bodennahe Luftschichten am Tag bis 60 °C aufheizen können, kühlt die Atmosphäre in der Nacht bis auf wenige Grade über den Gefrierpunkt ab. Die Bodenart der nahezu humuslosen Rohböden entscheidet wesentlich über die Wachstumsmöglichkeiten von Pflanzen. Im Gegensatz zu anderen Zonen speichern sandige und felsige Böden in den Wüsten und Halbwüsten das Niederschlagswasser besser, da es schnell versickern kann und damit der Verdunstung entzogen wird. Nur punktuell und an günstigen Stellen treten daher in den Wüsten dürreresistente Pflanzen auf (kontrahierende Vegetation). Die feuchteren Halbwüsten besitzen eine reichere Vegetationsausbildung mit Gräsern, Kakteen und Dornsträuchern.

Neben den Trockenwüsten gibt es jedoch auch richtige „Regenwüsten", z.B. die vulkanischen Asche- und Bimsfelder Islands. In diesen extrem porösen Flächen versickert der ganzjährig hohe Niederschlag so rasch und vollständig, dass sich bis heute keinerlei Vegetation ansiedeln konnte.

Welwitschia mirabilis ist ein Endemit, der ausschließlich in der westafrikanischen Küstenwüste Namib wächst. Sie wurde 1859 von dem österreichischen Naturforscher F. WELWITSCH entdeckt und ist die erste Pflanze, die unter strengen Naturschutz gestellt wurde, erst in Südwestafrika, 1936 dann weltweit. Die eigentümliche Pflanze besitzt nur zwei lederartige und zerfranste Blätter, die aber bis zu acht Meter lang werden. Sie wachsen aus dem etwa ein Meter hohen, rübenförmigen Stamm wie Fingernägel immer wieder nach. Die auf der Erde liegenden Enden der beiden Laubblätter vertrocknen. Damit ist die Weltwitschie die einzige Pflanze der Erde, deren Blätter ebenso alt sind wie die Pflanze selbst. Die Weltwitschie wächst auf ausgetrockneten, sandig kiesigen Flussbetten und deckt ihren Feuchtigkeitsbedarf aus den seltenen Regenfällen. Der obere, rübenartige Wurzelteil ist in der Lage, längere Zeit Feuchtigkeit zu speichern. Er geht in eine lange Pfahlwurzel über, die das in tieferen Schichten gespeicherte Bodenwasser erreicht. Die dicke Kutikula und die eingesenkten Spaltöffnungen der Blätter verringern die Transpiration und schützen die Pflanze vor Austrocknung während der langen Trockenperioden.

168.1 Welwitschia mirabilis

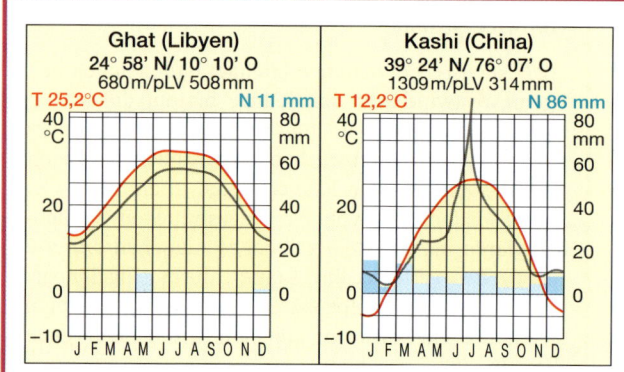

Trockene Wüsten und Halbwüsten sind vor allem auf der Nordhalbkugel verbreitet. Die tropischen und subtropischen Wüsten erstrecken sich etwa zwischen dem 15. und 30. Breitengrad und haben ganzjährig hohe Monatsdurchschnittstemperaturen (heiße Wüsten). Die Wüsten in den gemäßigten Breiten weisen dagegen deutliche Temperaturunterschiede zwischen Sommer und Winter auf (kalte Wüsten). Die Trockenwüsten liegen im Bereich der Wendekreise (z.B. Sahara, Kalahari), an den von kalten Meeresströmungen beeinflussten Westküsten der Kontinente (z.B. Namib, Atacama) und im Regenschatten von Gebirgen (z.B. Takla Makan, Gobi, Karakum).

168.2 Trockenwüsten

DIE VEGETATION DER ERDE

Angleichung: Fähigkeit, Austrocknungsphasen zu überstehen.

Wechselfeuchte Pflanzen sind mit dem Einsetzen von Trockenperioden in der Lage, als Ganzes ihre Lebensvorgänge langsam herunterzufahren. Die Blätter welken nicht, sondern trocknen lediglich aus. Bei der „Rose von Jericho" neigen sich die Zweige dabei kugelartig zusammen. Setzen Monate später wieder Niederschläge ein, nimmt die Pflanze ihren Lebenszyklus wieder auf. Die Zweige werden grün und breiten sich aus.

Unabhängigkeit: Fähigkeit, während Dürrephasen ein Leben erhaltendes inneres Milieu aufrecht zu erhalten.

Die meisten höheren Pflanzen sind nur dann lebensfähig, wenn ihnen genügend Wasser zur Verfügung steht. Während Dürrezeiten verwelken sie und sterben. In den Trockenräumen müssen die Pflanzen mit dem wenigen zur Verfügung stehenden Wasser sparsam umgehen, um gleichbleibend feuchte Verhältnisse zu erhalten. Zur Herabsetzung der Transpiration über die Blätter dienen eine dicke Kutikula, zusätzliche Wachsschichten, tief eingesenkte Spaltöffnungen oder die Verringerung der Blattoberfläche (z.B. Fiederblättrigkeit, Blattumbildung zu Stacheln). Das Wurzelsystem der Pflanzen ist so gestaltet, dass sie die geringen Niederschläge effektiv ausnutzen. Entweder besitzen sie tief reichende, bis 30 m lange Pfahlwurzeln, die tiefere Wasserschichten erreichen oder sie bilden weit reichende, oberflächennahe Wurzeln aus, die Regenwasser aus einem großen Einzugsgebiet schnell aufnehmen können. Vor allem in den Küstenwüsten gelingt es einigen Arten, mit großen, flach dem Erdboden aufliegenden Blättern, den in den Nacht- und Morgenstunden sich bildenden Nebel aufzufangen und zu nutzen. Sukkulente Pflanzen, z.B. Kakteen, sind in der Lage, den in der Regenzeit fallenden Niederschlag in ihren Stängeln, Blättern oder in anderen Pflanzenorganen zu speichern.

Vermeidung: Fähigkeit, Extrembedingungen auszuweichen.

Die so genannten Kompasspflanzen richten bei zu hoher Einstrahlung ihre Blätter senkrecht zum einfallenden Sonnenlicht. Auch mit Zusammenfalten von Fiederblättern wird eine zu hohe Sonnenstrahlung und damit Überhitzung und übermäßige Transpiration verhindert. Andere Arten haben den Hauptteil des Vegetationskörpers unter der Erde angelegt. Bei den „Lebenden Steinen" (Lithops), einer Art der in südafrikanischen Wüstengebieten beheimateten Mittagsblumengewächse, schauen von der Pflanze nur die Blattenden über die Erdoberfläche hinaus, die wie durch ein Fenster Licht in die tiefer gelegenen Bereiche leiten, in denen die Fotosynthese abläuft.

Ruheperiode: Fähigkeit, lebensfeindliche Phasen in Trockenstarre zu überdauern.

Viele Wüstenpflanzen überdauern die Trockenperiode als Samen (Therophyten) oder unterirdisch in Form von Knollen oder Zwiebeln (Kryptophyten). Kurzlebige Samenpflanzen vollziehen nach Niederschlagsereignissen ihren Vegetationszyklus von der Keimung bis zur Samenbildung in wenigen Tagen. Es kommt dann zu der seltenen Erscheinung, dass die Wüste blüht.

Neben dem Wassermangel ist in den Wüstengebieten der Erde das Auftreten von dünenbildendem Sand und erhöhten Bodensalzgehalten typisch. Xerophyte Pflanzenarten ertragen das Überwehen mit Sand oder das Auswehen und Freilegen der Wurzeln. In abflusslosen Senken, in denen das seltene Regenwasser zusammenfließt und anschließend verdunstet, gedeihen nur Arten, die salztolerant sind. Viele dieser Pflanzen vermeiden osmotische Schäden durch sehr hohe Salzkonzentrationen im Zellplasma. Andere scheiden die aufgenommenen Salze über spezielle Salzdrüsen aktiv wieder aus.

169.1 Überlebensstrategien von Pflanzen in Trockenräumen

Die Ursache für die Vegetationsarmut der polaren Wüsten Antarktikas, Grönlands, Alaskas, Nordkanadas und Nordsibiriens ist nicht nur der Wärme- sondern auch der Wassermangel (nur bis 200 mm Jahresniederschlag). Das Wasser ist zudem fast ganzjährig in Form von Eis und Schnee gebunden. Nur einige Algenarten können im Schnee oder auch in den Poren von Eis gedeihen. Auf schneefreien Geröllfeldern oder das Inlandeis überragenden Felsen (Nunatakker) sind neben Algen, Moosen und Pilzen die Flechten mit über 350 Arten die wichtigsten Primärproduzenten. Nur zwei Samenpflanzen, ein Gras- und ein Nelkengewächs, sind in Antarktika nachgewiesen.

169.2 Polare Kältewüsten

8.8 Das Vegetationsmosaik der Subtropen

Etwa zwischen 20° und 40° N verläuft die strahlungsklimatische Zone der Subtropen. Als Übergangszone unterscheidet sie sich von den äquatorwärts angrenzenden Tropen durch das thermische Jahreszeitenklima mit heißen Sommern und milden Wintern und von den polwärts sich anschließenden kühlgemäßigten Mittelbreiten durch die deutlich höheren Strahlungsgewinne. In den Tiefländern der Subtropen sind zwar gelegentlich leichte Fröste und Schneefälle im Winter möglich, insgesamt gibt es aber für die Vegetation außerhalb der Gebirge keine wärmebedingte Kälteruhe.

Die Verschiedenartigkeit der subtropischen Vegetation ist auf die unterschiedlichen Feuchtigkeitsverhältnisse zurückzuführen. Mindestens drei hygrische Klimatypen differenzieren diese Zone:

- trockene Subtropen mit voll- und semiariden Verhältnissen,
- sommertrockene Subtropen mit einer winterlichen Regenzeit und einer sommerlichen Trockenperiode (Abb. 171.2),
- feuchte Subtropen mit ganzjährig humiden Verhältnissen (Abb. 170.2).

In den **trockenen Subtropen** bilden sich heiße Wüsten, Halbwüsten oder Graslander aus. Diese sind im Inneren der Kontinente zonal ausgebildet. Die feuchten und sommertrockenen Subtropen sind dagegen zellenartig an den Küsten verbreitet (Abb. 170.2, 171.2). Da sie völlig isoliert voneinander sind und außerdem verschiedenen Florenreichen angehören, ist die Vegetation in den einzelnen Regionen sehr unterschiedlich ausgeprägt. In den meisten Fällen ist die natürliche Klimaxvegetation durch die menschliche Nutzung extrem zurückgedrängt und von Degradationsstadien des Waldes ersetzt worden (S. 174).

Etwa 2,7 Mio. km², das sind nur 1,8 % der Landfläche der Erde, sind durch die immergrüne Hartlaubvegetation der sommertrockenen Subtropen bedeckt. Sie sind ausschließlich an den Westküsten der Kontinente ausgeprägt. Die wichtigste und größte Region ist der europäische Mittelmeerraum. Er entspricht dem Verbreitungsraum des Ölbaums. Mittelkalifornien auf der Nordhalbkugel, Mittelchile, das südafrikanische Kapland sowie Südwest- und Südaustralien auf der Südhalbkugel sind die anderen Verbreitungsgebiete der sommertrockenen Subtropen.

Schon seit mehr als 5000 Jahren wird der Ölbaum (Olea europaea) im östlichen Mittelmeerraum als Wirtschaftspflanze in Kultur genommen. Alle zwei Jahre können von einem Baum etwa 60 kg Oliven geerntet werden. Die Früchte sind klein und enthalten wenig Fruchtfleisch, das mit 20 bis 65 % Öl angereichert ist. Nach der Ernte im Winter wird aus den Oliven durch leichtes, kaltes Pressen das hochwertige „Jungfernöl" und durch starkes, warmes Pressen minderwertigeres Speiseöl gewonnen. Nur etwa ein Zehntel des Gesamtertrages wird zu Speiseoliven verarbeitet. Die Früchte gären dabei 3 bis 10 Monate in einer mit Gewürzen versetzten Salzlauge, die gleichzeitig die Oliven konserviert.

Ölbäume können mit 800 bis 1000 Jahren sehr alt werden. Die Ölbäume bei Gethsemani sollen sogar noch aus biblischer Zeit stammen. Sie benötigen ein warmes Klima, in dem keine Fröste unter –10 °C auftreten. Der Ölbaum ist ein Hartlaubgewächs (Sklerophyt): Die schmalen, länglichen Blätter sind immergrün, glatt und hart. Mit seinem tief und weit reichenden Wurzelwerk erschließt der Ölbaum Wasserreserven in unteren Bodenhorizonten und kommt auch mit weniger guten Bodenverhältnissen aus.

170.1 Der Ölbaum

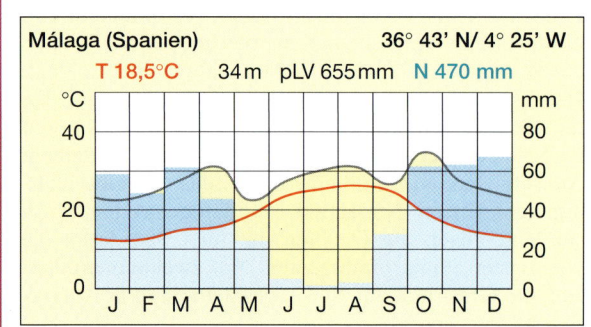

170.2 Klima und Verbreitung der sommertrockenen Subtropen

In den **sommertrockenen Subtropen** folgen die zwei hygrischen Jahreszeiten ziemlich abrupt aufeinander, wobei das thermische Optimum mit dem Niederschlagsminimum zusammenfällt. Die Hauptvegetationszeit liegt daher im Frühjahr. Nach dem „Übersommern" der Pflanzen folgt im Herbst mit dem Einsetzen zyklonaler Regenfälle eine zweite vegetative Phase. Die die ursprünglichen Wälder aufbauenden Baumarten (z. B. Steineiche, Korkeiche, Johannisbrotbaum und wilder Ölbaum) sind überwiegend Hartlaubgewächse (Sklerophylle), deren Blätter in der Lage sind, auch längere Dürrezeiten ohne Verlust ihrer Größe und Struktur zu überstehen. Sie verschließen dazu ihre Spaltöffnungen, wobei neben der Verminderung der Transpiration allerdings auch der Gasaustausch reduziert wird. Durch dicke Wachsschichten, filzige Behaarung oder die Absonderung ätherischer Öle reduzieren die Blätter die Verdunstung über die Kutikula. Der Vorteil für die Hartlaubgewächse besteht darin, dass sie mit Eintreten auch kürzerer Feuchteperioden sofort mit der Stoffproduktion beginnen können. Sie sind somit in den Winterregengebieten anderen immergrünen oder laubabwerfenden Arten im ökologischen Wettbewerb überlegen. Neben den Hartlaubgewächsen gibt es in den trockenen Subtropen eine große Vielzahl an Trockenperioden angepasste Pflanzenformen (u. a. Therophyten, Geophyten, Sukkulenten).

In den **feuchten Subtropen** fällt die Zeit der höchsten Niederschläge mit der wärmsten Jahreszeit zusammen. Auch im Frühjahr und Herbst unterscheidet sich das schwüle Klima nur wenig von feuchten tropischen Verhältnissen, sodass sich die Stoffproduktion nur im Winter verringert. Die subtropischen Feuchtwälder sind immergrün, allerdings weniger artenreich als die tropischen Wälder. Die Blätter der Bäume sind meist kleiner und häufig auch lederartig ausgeprägt (z. B. Lorbeerbaum). Das Auftreten vieler laubabwerfender Baumarten (z. B. Eiche, Kastanie) zeigt, dass diese Wälder eine Übergangsstellung zwischen den tropischen Regenwäldern und den sommergrünen Laubwäldern einnehmen.

Der „chinesische Apfelbaum" (Citrus sinensis) kommt ursprünglich aus Südchina und gehört zu der Gruppe der Zitrusfrüchte (Agrumen), zu der u.a. Grapefruit, Limette, Mandarine, Zitrone und auch die Apfelsine gehören. In China schon seit 4000 Jahren kultiviert, gelangte die Apfelsine (niederl.: „appelsien" = Äpfel aus China) erst im 16. Jh. über Indien und Arabien nach Europa. Während des Barocks wurden in vielen Schlossgärten Orangerien angelegt, in denen die Bäume in festen Häusern überwintern konnten. Heute werden Orangen vor allem in den sommertrockenen Subtropen mit künstlicher Bewässerung angebaut und als Frischfrüchte verkauft oder zu Fruchtsäften verarbeitet. Aus den Orangenblüten und -schalen werden ätherische Öle gewonnen, die in Nahrungs- und Genussmitteln und in Kosmetika Verwendung finden. Der Apfelsinenbaum benötigt zum Wachstum ausreichend Wärme und ganzjährig hohe Feuchtigkeit mit mindestens 1200 mm Niederschlag. Er treibt dann drei mal pro Jahr mäßig harte, glänzend ledrige Blätter aus, die eine dichte Baumkrone bilden. Im Frühjahr werden die meisten und kräftigsten Zuwächse erzielt. Aus den weißen Blüten entwickeln sich bis zum Herbst die Früchte.

171.2 Der Apfelsinenbaum

Die feuchten Subtropen bedecken mit 6,1 Mio. km² etwa 4,1 % der Festlandfläche. Sie sind überwiegend an den niederschlagsreichen Ostküsten der Kontinente verbreitet, auf der Nordhemisphäre hauptsächlich in Süd- und Mittelchina sowie Südjapan und Florida. Auf der Südhalbkugel sind sie in Südbrasilien, Uruguay, Nordargentinien sowie Südostaustralien und Nordneuseeland zu finden. An der Westseite der Kontinente gehören kleine Gebiete ebenfalls zu den feuchten Subtropen: einige atlantische Inseln, der Nordrand des Pontischen Gebirges sowie die Südküste des Kaspischen Meeres.

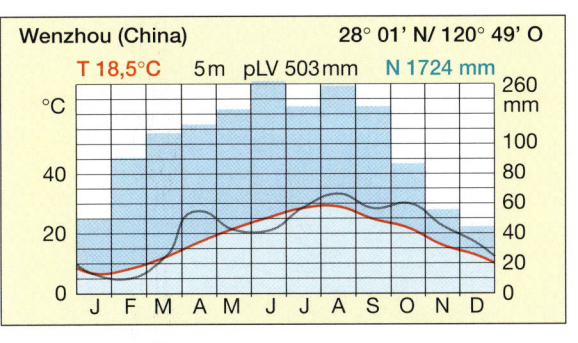

171.1 Klima und Verbreitung der feuchten Subtropen

DIE VEGETATION DER ERDE

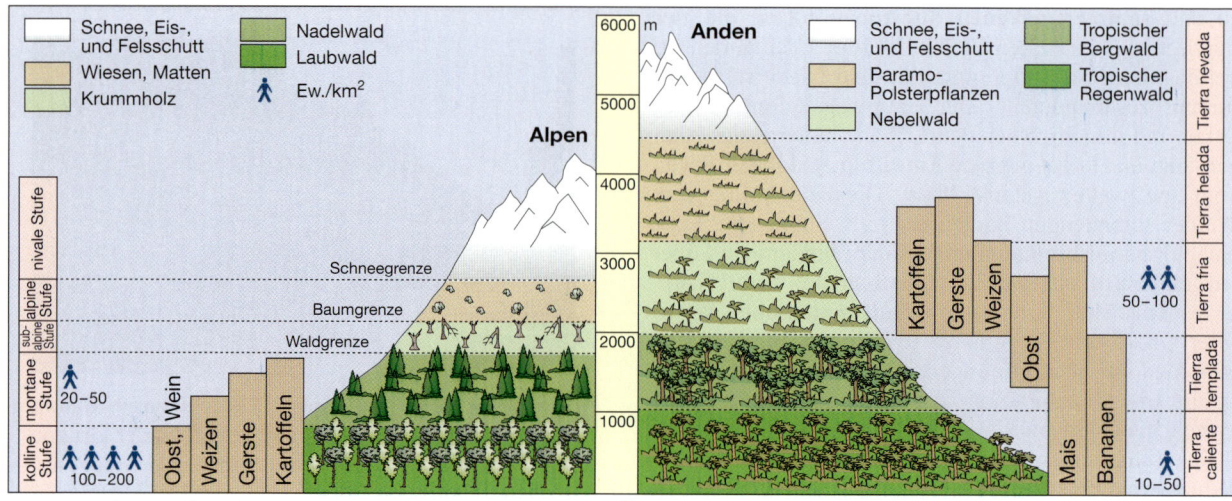

172.1 Höhenstufen der Vegetation im Hochgebirge der Äußeren Tropen

8.9 Die Höhenstufen der Vegetation

Den horizontalen, vom Äquator zu den Polen aufeinander folgenden Vegetationszonen entspricht eine vertikale, vom Meeresniveau bis zu den höchsten Gipfeln reichende Höhenstufung der Vegetation. Da sich die ökologischen Bedingungen einer bestimmten Vegetationszone und Höhenstufe sehr stark gleichen können, sind Erscheinungsbild und Anpassungsmechanismen der jeweiligen Pflanzenwelt meist sehr ähnlich. Mit zunehmender Höhe werden die ökologischen Bedingungen immer extremer. In außertropischen Gebirgen sind dies v. a.
- sinkende Tages- und Jahrestemperaturen bei hohen Tagesschwankungen und z. T. schweren Frösten;
- hohe und wechselnde Schneelagen;
- Verkürzung der Vegetationsperiode mit Frost und Schnee oft noch während der Wachstumszeit;
- häufiger und starker Wind, der durch mitgeführte Eispartikel Verletzungen durch Windschliff erzeugen kann und den Boden schnell austrocknet, sodass trotz der nach oben zunehmenden Niederschläge die Pflanzen oft in Wasserstress geraten;
- Gefahr der Frosttrocknis v. a. bei Nadelbäumen: Sie öffnen schon bei den ersten warmen Sonnenstrahlen im Frühling ihre Spaltöffnungen, um CO_2 für die Fotosynthese aufzunehmen. Gleichzeitig setzt damit auch der Transpirationsstrom ein. Wenn der Boden jedoch noch gefroren ist, verliert die Pflanze über die Transpiration rasch Wasser, ohne aus dem Boden Nachschub zu erhalten;
- weit verbreiteter Stickstoffmangel;
- wenige Insekten, sodass Bestäuber durch intensive Farben und Gerüche der Pflanzen angelockt werden.

172.2 Wiesen und Matten (Alpen 2500 m)

172.3 Nebel- und Bergwald (Anden 2500 m)

DIE VEGETATION DER ERDE

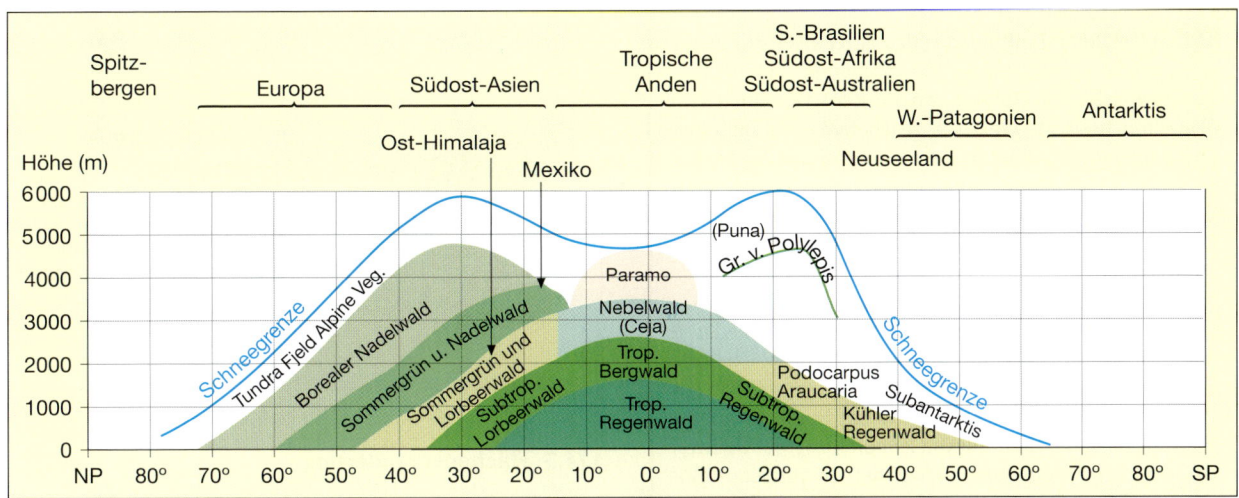

173.1 Schematisches Vegetationsprofil der immerfeuchten Klimate

In Abhängigkeit von Höhe, Exposition, Ausgangsgestein, Bodenentwicklung und Störungen, z.B. durch Lawinen, ändern sich die Standortbedingungen für die Vegetation zudem außerordentlich rasch und kleinräumig.

Außer in den Gebirgen der Trockenräume und der polaren Gebiete sind in allen Gebirgen in den unteren Lagen Hochwälder ausgebildet. Ihre Wuchshöhe, Bestandsdichte und Artenzahl nimmt mit der Höhe ab. Oberhalb der Baumgrenze folgen Graslandschaften, die in noch größeren Höhen von Moosen und Flechten abgelöst werden.

Jenseits der Schneegrenze taut der Schnee ganzjährig nicht mehr ab. Außer an freiliegenden Felsblöcken oder steilen Felswänden ist diese Eis- und Schneelandschaft, die nivale Zone, fast ohne Leben. In der darunter liegenden alpinen Stufe wachsen Rasen- und Mattenpflanzen, die trotz der extremen Bedingungen einen hohen Artenreichtum und im Sommer eine große Farbenpracht aufweisen. Talwärts folgen in der subalpinen Stufe Zwergsträucher und bis zur Waldgrenze ausgedehnte Krummholzbestände. Da unter einer schützenden Schneeschicht Frosttrocknis kaum auftritt, können hier kleinwüchsige Formen, z.B. die Latschenkiefer, überleben. Hochragende Bäume wachsen nur an begünstigten Standorten, denn wegen der kurzen Vegetationsperiode kann sich die Kutikula neuer Nadeln meist nicht voll ausbilden. Trotz Erhöhung des Zuckergehalts im Zellplasma zur Abhärtung („Gefrierschutzmittel") kommt es oft zu Erfrierungen.

An der Waldgrenze enden die geschlossenen, von Nadelbäumen dominierten Waldbestände der montanen Stufe. Häufig erreicht diese markante Grenzlinie nicht ihre thermisch maximal mögliche Höhe, da entweder steile Hänge oder Felswände keinen Baumbewuchs zulassen, Lawinen- und Murenabgänge tiefe Schneisen reißen oder der Wald durch Rodungen für Almen zurückgedrängt wurde. Das Pflanzenbild der submontanen und kollinen Stufe mit ausreichend langen Vegetationsperioden wird dagegen von Misch- und Laubwäldern geprägt.

In den Gebirgen der Tropen weichen die ökologischen Bedingungen von denen der Außertropen in zwei Punkten sehr stark ab. Da in den Tropen konvektive Niederschläge dominieren, werden die Stufen oberhalb des Kondensationsniveaus zunehmend trockener, im Extremfall sogar wüstenhaft. Mit der Höhe verschärfen sich außerdem die täglichen Temperaturunterschiede, sodass in den höheren Regionen tägliche Fröste auftreten und Temperaturunterschiede von bis zu 100 K auftreten können. Am geringsten sind die Temperaturdifferenzen in der untersten Höhenstufe, der Tierra Caliente (heißes Land), die von tropischem Regenwald bzw. Savannen bestimmt wird. Mit zunehmender Höhe nehmen Artenvielfalt und Mächtigkeit der Waldformationen ab. Die Temperaturen in der Tierra Templada (gemäßigtes Land) liegen im Mittel noch bei 17 °C, doch es gibt bereits hohe Temperaturunterschiede zwischen Tag und Nacht. In der darüber liegenden Tierra Fria (kaltes Land) treten Nachtfröste während des ganzen Jahres auf. Die im Vergleich zu den unteren Stufen kleinwüchsigeren Gehölze sind durch die häufigen und lang andauernden Nebel mit Epiphyten und üppigen Flechten überzogen (Nebelwald). Oberhalb dieser Hauptkondensationsregion wird es zunehmend trockener. Wegen mangelnder Feuchtigkeit bilden sich keine den Außertropen vergleichbaren Nadelwald- bzw. Krummholzstufen aus. Gräser und stammbildende Sukkulenten prägen daher den Bereich der Tierra helada (eisiges Land) bis zur Schneegrenze. Die Tierra nevada (Schneeland) entspricht der nivalen Stufe der außertropischen Gebirge, allerdings in größerer Höhe.

DIE VEGETATION DER ERDE

Vor über 2000 Jahren war das griechisch-römische Ephesos eine lebendige und blühende Hafenstadt. Heute werden die Ruinen von Ephesos nur noch von Touristen besucht. Was war geschehen? Pollenanalysen von Bodenproben im Umland der Stadt lösten das Rätsel des Untergangs von Ephesos. Sie ermöglichen die Rekonstruktion früherer Vegetationsverhältnisse, da jede Pflanzenart charakteristische Pollen hat, die im Boden überdauern können.

In 3000 Jahre alten Bodenschichten um Ephesos fanden sich überwiegend Pollen von Eichen. Das Land war, als die griechischen Kolonisten 700 v. Chr. die Stadt gründeten, also mit lichten Eichenwäldern bedeckt. Diese wurden gerodet und als Bauholz für die Häuser, Brennmaterial für die Zubereitung der Speisen und Baustoff für Schiffe verwendet. In jüngeren Bodenschichten fanden sich dagegen v. a. Pollen von Wegerich und Weizen. Sie beweisen, dass die Stadt später von Weiden und Ackerland umgeben war. Der Waldverlust und das nach der Ernte völlig vegetationsfreie Ackerland hatte für Ephesos dramatische Folgen. Die Niederschläge fielen auf den ausgetrockneten und ungeschützten Boden. Großflächig wurde die Bodenkrume abgetragen und in die Küstenbucht und den Hafen geschwemmt. Nur weil der Hafen und ein immer länger werdender Kanal ständig ausgebaggert wurden, hatte Ephesos noch bis zum 6. Jahrhundert einen direkten Zugang zum Meer. Mit der endgültigen Verlandung des Hafens versiegte der Quell des Reichtums und leitete den Verfall der „marmornen Stadt" ein, die sich durch den Raubbau an der Natur ihren eigenen Untergang bereitete. Die Reste von Ephesos liegen heute 8 km vom Meer entfernt.

174.1 Der Untergang von Ephesos

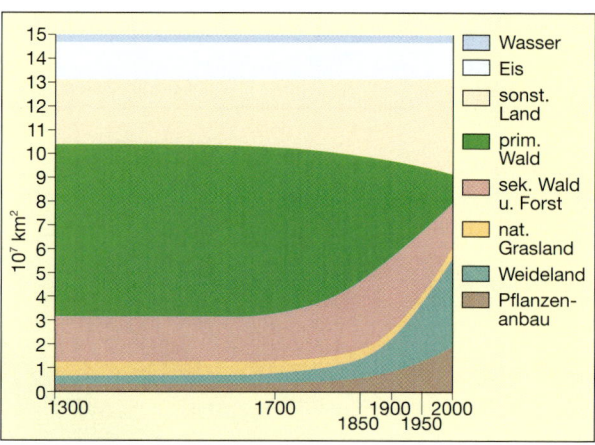

174.3 Flächenveränderung

8.10 Die Bedrohung des grünen Planeten

Seit ihrer Entstehung haben Pflanzen die Entwicklung des Planeten maßgeblich beeinflusst: durch die Produktion energiereicher Moleküle als Basisenergieträger für zahllose Nahrungsketten, durch die Produktion von Sauerstoff, der die Zusammensetzung der Atmosphäre völlig veränderte und zusammen mit pflanzlichen Säuren und pflanzlicher Streu Verwitterung und Bodenbildung beschleunigte, durch die Bereitstellung von Rohmaterial für die Bildung von Lagerstätten fossiler Energieträger.

Mit der zivilisatorischen Entwicklung ist der Mensch zu einem vegetationsbestimmenden Faktor geworden. Während in den alten Kulturzentren Vorderasiens, des Mittel-

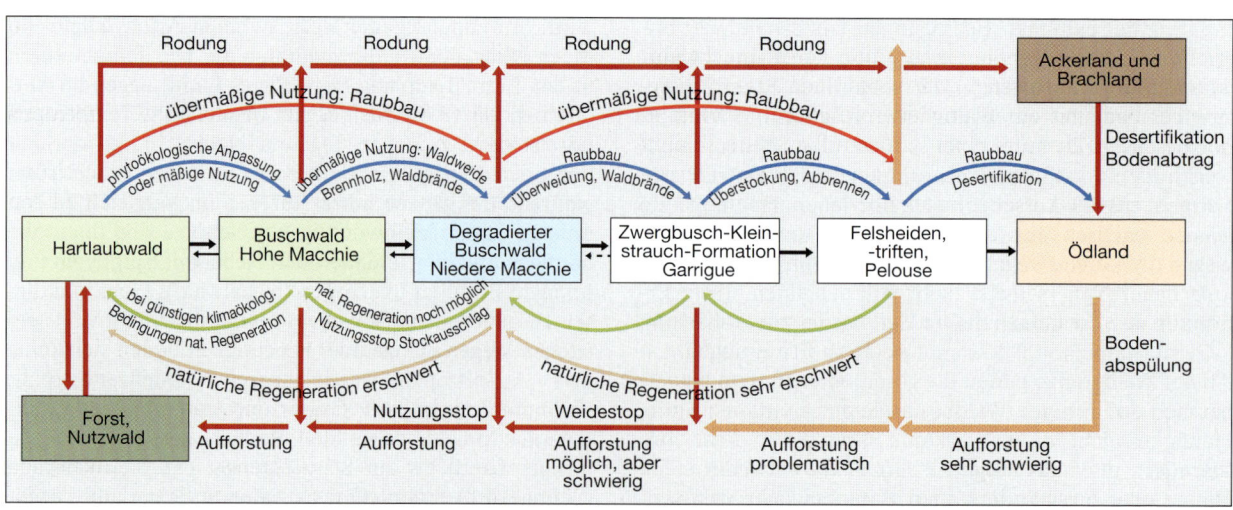

174.2 Degradationsstadien der Hartlaubvegetation

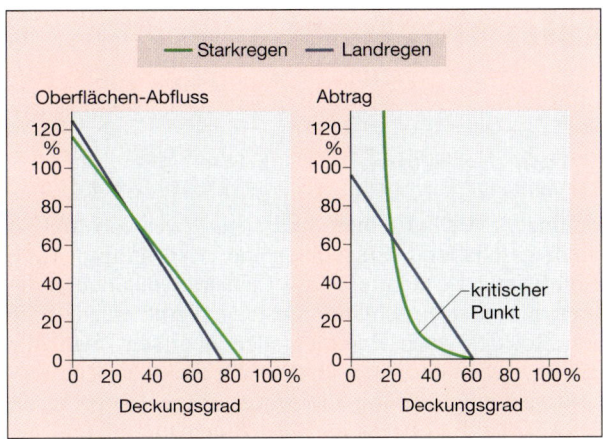

175.1 Pflanzen, Wasserabfluss und Bodenerosion

A1 Vergleichen Sie die Produktivität der Waldformationen der Erde (Abb. 158.1).

A2 Beschreiben Sie den Aufbau des immergrünen tropischen Regenwaldes (Abb. 159.1).

A3 Erläutern Sie Anpassungsformen des Laub- und Mischwaldes bzw. des borealen Nadelwaldes an die unterschiedlichen Klimabedingungen in den gemäßigten Breiten.

A4 Erläutern Sie die besondere ökologische Funktion des Feuers in den borealen Nadelwäldern (Abb. 161.1).

A5 Beschreiben und begründen Sie die unterschiedliche Nord-Süd-Ausdehnung der borealen Nadelwälder auf den Kontinenten (Atlas).

A6 Der Laubwald in Mitteleuropa kann mit einer Firma mit großer und solider Kapitaldecke und mäßigem Umsatz, der Regenwald mit einer Firma mit sehr dünner Kapitaldecke aber riesigem Umsatz verglichen werden. Eine Wirtschaftskrise trifft beide „Firmen" sehr unterschiedlich. Erklären Sie diesen Vergleich.

A7 Vergleichen Sie Anpassungsformen der Vegetation und die Nutzung der Savannenformen (Abb. 162.2).

A8 Begründen Sie, weshalb der Baobab und die Schirmakazie typische Vertreter von Savannenbäumen darstellen (Abb. 150.1, 161.1).

A9 Charakterisieren Sie den Ost-West-Wandel der Vegetation in der Prärie (Abb. 165.2).

A10 Erläutern Sie Anpassungsformen der Tundrenvegetation an die extremen thermischen Bedingungen der subpolaren Zone.

A11 Erklären Sie das Vegetationsmosaik der Subtropen.

A12 Erläutern Sie die Anpassungsstrategien der Pflanzen an die ariden Verhältnisse in den Wüsten und Halbwüsten (Abb. 168.1, 169.1).

A13 „Das Leben und Wirtschaften des Menschen ist eng mit der Pflanzenwelt verbunden". Erarbeiten Sie zu dieser Aussage eine Übersicht.

A14 Beschreiben Sie die Degradationsphasen der subtropischen Hartlaubwälder und erläutern Sie die Auswirkungen der Vegetationszerstörung auf das Lokalklima, den Wasserhaushalt und die Bodenerosion (Abb. 174.1, 174.2, 175.1).

meerraums oder Chinas die Veränderungen der Pflanzenwelt noch regional begrenzt waren, sind mit dem sprunghaften Anstieg der Weltbevölkerung und dem wachsenden Flächen- und Rohstoffbedarf seit Mitte des 19. Jahrhunderts immer größere Gebiete in immer kürzerer Zeit nachhaltig verändert worden. Heute gibt es kaum noch eine Region auf der Erde, die nicht direkt oder indirekt vom Menschen beeinflusst wird. Natürliche und naturnahe Flächen werden in dicht besiedelten Räumen immer geringer, treten meist nur noch inselhaft auf oder sind völlig verschwunden (Abb. 174.3).

Brandrodung, Weidewirtschaft, Kahlschlag, Ackerbau, Verbauung sowie der Abfall- und Giftstoffausstoß (z.B. Abwässer, SO_2, Stickoxide) führen zur meist allmählichen oder auch plötzlichen Zerstörung der ursprünglichen Vegetation (regressive Sukzession). Diese erfolgt meist über mehrere Degradationsstadien und führt dabei zu Veränderungen der Artenzusammensetzung (Abb. 174.2). Weltweit sind heute durch die menschlichen Eingriffe etwa 20% der Samenpflanzen, vor allem endemische Arten, vom Aussterben bedroht. Jede ausgestorbene Spezies bedeutet einen unwiederbringlichen Verlust an genetischen Ressourcen, zu deren Aufbau oft Millionen von Jahren nötig waren. Mit verschwindenden Pflanzenarten sterben zugleich auch diejenigen Tierarten aus, die direkt von ihnen abhängig sind.

Da die Vegetation eine wichtige Rolle im Landschaftshaushalt spielt, hat ihre Degradation zudem weit reichende Auswirkungen auf das lokale Klima, die Bodenbildung, den Wasserhaushalt und die erosionsbedingte Veränderung einer Region (Abb. 175.1). Je schwerwiegender die Veränderungen sind, um so unwahrscheinlicher ist es, dass die Pflanzenwelt sich wieder selbst regeneriert (progressive Sukzession). Im Extremfall ist eine progressive Sukzession unmöglich, die Vegetationsentwicklung irreversibel gestört (Abb. 174.2).

9 Die naturräumliche Gliederung Deutschlands

9.1 Die Großlandschaften Deutschlands

Etwa 400 Millionen Jahre Erdgeschichte haben ihre Spuren in Deutschland hinterlassen. Küstenräume und Hochgebirge, uralte Gebirge und jüngste Ablagerungen, vereinzelte Vulkangebiete und sogar zwei von Meteoriten geschaffene Einschlagkrater (Nördlinger Ries, Steinheimer Becken) sind die Elemente, aus denen die Naturräume Deutschlands bestehen. Auf einem Flug von Rostock nach Berchtesgaden überfliegt man alle drei deutschen Großlandschaften: das Norddeutsche Tiefland (Fläming 201 m), die Mittelgebirge (Feldberg im Schwarzwald 1493 m) und das Alpenvorland und die Alpen (Zugspitze 2963 m). Der allgemeinen Abdachung nach Norden folgend, fließen alle Flüsse – mit Ausnahme des Donau-Flusssystems – in die Nord- oder Ostsee.

Der Bereich der **Mittelgebirgsschwelle** stellt die älteste Großeinheit dar. Ihr Grundgerüst bilden Gebirgszüge wie z. B. das Erzgebirge, das Rheinische Schiefergebirge oder der Schwarzwald, die im Erdaltertum als Hochgebirge entstanden und durch Jahrmillionen dauernde Verwitterung und Abtragung zu flachwelligen Gebirgslandschaften wurden (permische Rumpffläche).

Zwischen den alten Gebirgsrümpfen bzw. an ihren Flanken liegen Berglandschaften mit unterschiedlich stark geneigten Schichten aus Festlands- oder Meeressedimenten des Erdmittelalters wie z. B. das Weserbergland oder das Südwestdeutsche Schichtstufenland. Darüber hinaus bilden Becken (Thüringer Becken) und Gräben (Oberrheingraben) oder Vulkanlandschaften (Vogelsberg-Rhön) weitere Elemente dieser klein gekammerten Landschaftseinheit. Gegen Ende des Erdmittelalters, v. a. aber in der Erdneuzeit, wurde das Hochgebirge der **Alpen** an den Mittelgebirgsblock angeschweißt. Durch die Kollision zweier Platten wurde der alte Mittelgebirgsblock zu einem Schollenmosaik unterschiedlich gehobener bzw. abgesenkter Teile. In den Alpen sind aufgrund des jüngeren Alters noch die scharfgratigen Hochgebirgsformen erhalten. Zeitgleich entstand auch das vorgelagerte Alpenvorland.

Das **Norddeutsche Tiefland** weist die jüngsten Oberflächenformen auf. Die im Untergrund vorhandenen älteren Schichten wurden während der Kaltzeiten mehrfach vom skandinavischen Inlandeis überfahren. Mächtige Moränenablagerungen bilden daher das charakteristische Landschaftselement. Präglaziale Gesteine finden sich nur vereinzelt, z. B. Buntsandstein auf Helgoland, Kreide auf Rügen. Ausgedehnte glaziale Ablagerungen finden sich auch im Alpenvorland.

Landschaftsverändernde Prozesse sind am Besten an Nord- und Ostseeküste zu beobachten. Durch Wellen und Wind werden die Küsten ständig umgestaltet.

Gruppe	vor Mio. Jahren	System	Abteilung
Neozoikum oder Känozoikum (Erdneuzeit)		Quartär	Holozän / Pleistozän
	2	Tertiär	Pliozän / Miozän } Jungtertiär Oligozän / Eozän / Paläozän } Alttertiär
	70		
Mesozoikum (Erdmittelzeit)		Kreide	Oberkreide / Unterkreide
	135	Jura	Malm (Weißer Jura) / Dogger (Brauner Jura) / Lias (Schwarzer Jura)
	180	Trias	Keuper / Muschelkalk / Buntsandstein
	225		
Paläozoikum (Erdaltzeit)		Perm	Zechstein / Rotliegendes
	275	Karbon	Oberkarbon / Unterkarbon
	345	Devon	Oberdevon / Mitteldevon / Unterdevon
	400	Silur	Obersilur / Mittelsilur / Untersilur
	440	Ordoviz (Ordovizium)	Oberordoviz / Mittelordoviz / Unterordoviz
	500	Kambrium	Oberkambrium / Mittelkambrium / Unterkambrium
	580		
Kryptozoikum (Präkambrium)	Algonkium (Erdfrühzeit)	1000	Jungangolkium (Riphäikum)
		1800	Altangolkium (Proterozoikum)
	Archaikum (Erdurzeit)	4000	Jungarchaikum / Altarchaikum

176.1 Gliederung der Erdgeschichte

DIE NATURRÄUMLICHE GLIEDERUNG DEUTSCHLANDS

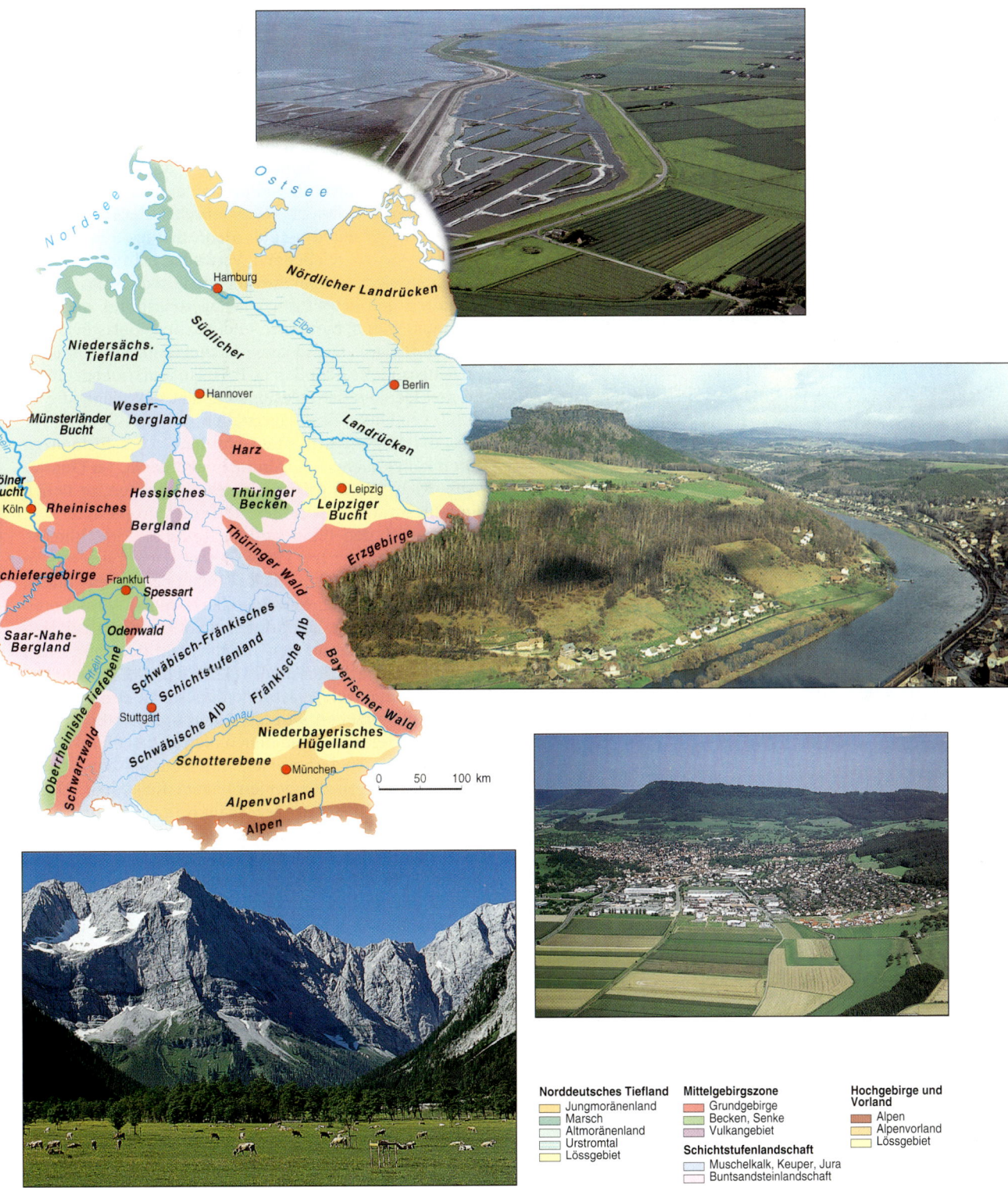

177.1 Naturräume Deutschlands

178.1 Moränenlandschaft

9.2 Das Norddeutsche Tiefland

Glazial geformtes Binnenland

Lediglich vereinzelt an die Oberfläche tretende Schichten älterer Gesteine wie z. B. der Buntsandstein Helgolands oder die Kreidefelsen auf Rügen zeugen davon, dass sich tief unter dem heute reliefarmen Norddeutschen Tiefland einst mächtige Sedimentationströge aus mesozoischen Schichten zwischen Skandinavien und den deutschen Mittelgebirgen befanden (Germanisches Becken), die im Tertiär mit Festlands- und Meeressedimenten verfüllt wurden. An tief reichenden Verwerfungslinien konnten Zechsteinsalze aus dem ausgehenden Erdaltertum (Perm), die durch den gewaltigen Überlagerungsdruck plastisch geworden waren, aufsteigen und mächtige Salzstöcke bilden (Gorleben). Durch diese Salztektonik wurden auch einzelne isolierte Schollen (z. B. Helgoland) hochgepresst. An den Flanken der Salzstöcke finden sich häufig die im Tertiär gebildeten Erdöllagerstätten.

Fast alle älteren Strukturen wurden in der Erdneuzeit durch kaltzeitliche Ablagerungen überdeckt. Im Quartär (Abb. 51.1, 178.2) gab es mehrere Kaltzeiten, in denen die Jahresmitteltemperaturen in Mitteleuropa unter 0 °C lagen. Durch den Temperaturrückgang sank die klimatische Schneegrenze um 1200–1500 m, sodass sich z. B. in Skandinavien 2–3 km dicke Inlandeismassen bilden konnten. Gletscher bewegten sich radial vom Vereisungszentrum weg, überfuhren das Norddeutsche Tiefland zum Teil bis an den Rand der Mittelgebirge und hinterließen nach ihrem Abschmelzen das mitgeführte Material – eine wellige Moränenlandschaft entstand. Die einzelnen Kaltzeiten wurden unterbrochen von Warmzeiten (Interglazialen), in denen Norddeutschland eisfrei war. Das heutige Landschaftsbild setzt sich zusammen aus Ablagerungen der beiden letzten Kaltzeiten. Dabei drangen die Gletscher der Saale-Kaltzeit weiter nach Süden vor als die der jüngeren Weichsel-Kaltzeit.

Dadurch ergibt sich eine landschaftliche Zweiteilung in die südliche Altmoränenlandschaft und das nördliche Jungmoränengebiet. In beiden Teilräumen findet sich oft eine typische Abfolge von Landschaftselementen, die so genannte **glaziale Serie**: flache bis wellige Grundmoränen, höhere Endmoränen an den Eisrandlagen sowie die vorgelagerten, von Schmelzwassern geschaffenen Sanderflächen und die südlich anschließenden Urstromtäler (Abb. 179.1).

Die Endmoränenwälle bilden markante Strukturlinien in der Landschaft; die so genannten Landrücken weisen die höchsten Erhebungen im glazialen Formenschatz auf. Oft liegen mehrere Moränenwälle hintereinander gestaffelt, da es auch während der einzelnen Kaltzeiten Schwankungen des Gletscherstandes gab. Ein weiteres Strukturelement stellen die bis zu über 20 km breiten

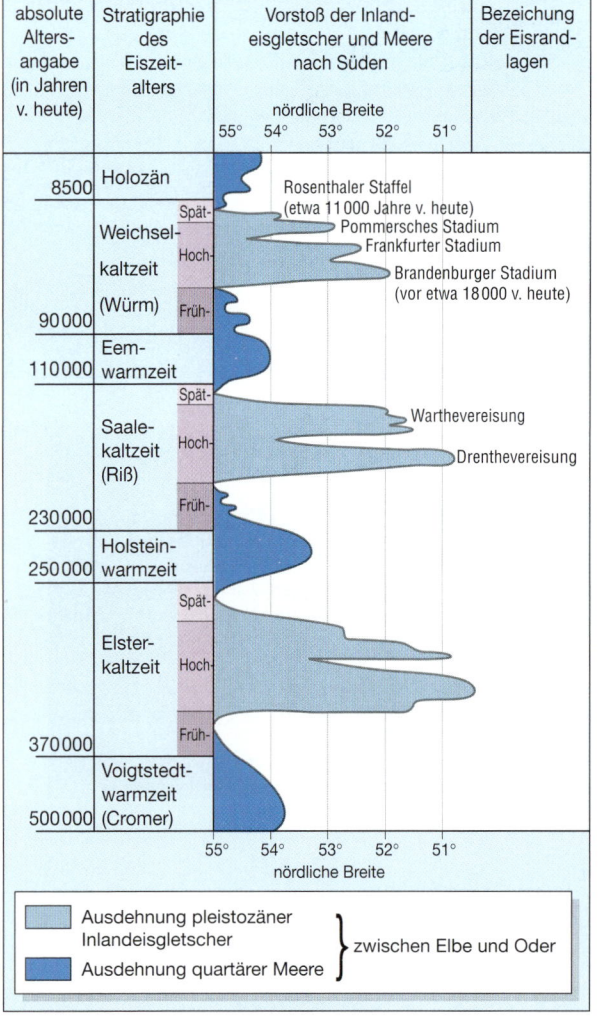

178.2 Kaltzeiten und Warmzeiten

DIE NATURRÄUMLICHE GLIEDERUNG DEUTSCHLANDS

Urstromtäler dar. Sie entstanden als Abflussrinnen der Schmelzwasser und der aus Süden kommenden Flüsse, deren ursprüngliche Abflussrichtung durch die Gletscherfronten versperrt wurde, sodass sie parallel zum Eisrand fließend ihren Weg zum Meer suchen mussten. Typisch für die heutigen großen Tieflandsflüsse wie die Elbe ist ein „Zickzackverlauf". Die Flüsse benutzten zunächst die Urstromtäler, konnten aber nach Abschmelzen des Eises durch Einschneiden in die Moränen in einem Teilstück der präglazialen Abdachung nach Norden folgen, bis das nächste Urstromtal vor einem Eisrand sie wieder zur Richtungsänderung zwang. Der Flusslauf besteht daher aus Urstromtalstrecken (ca. W-E) und Durchbruchsstrecken (S-N).

Trotz gleicher Genese unterscheiden sich aber Alt- und Jungmoränenland in vielerlei Hinsicht. Das **Altmoränenland** ist seit über 100 000 Jahren eisfrei. Exogene Kräfte (Verwitterung, Abtragung) veränderten in der folgenden Warmzeit (Abb. 178.2), vor allem aber während der Weichsel-Kaltzeit, das Relief ganz entscheidend. In der jüngsten Kaltzeit bildeten sich im eisfreien Gebiet (Periglazialgebiet) aufgrund der niederen Temperaturen Dauerfrostböden (Permafrostböden) mit 50–250 m Mächtigkeit. Die sommerliche, wasserdurchtränkte Auftauschicht begann auch bei sehr geringer Hangneigung zu fließen (Solifluktion), wobei bestehende Hänge abgeflacht und Hohlformen aufgefüllt wurden. Die Vegetationsarmut begünstigte das Bodenfließen. Vor allem wegen der zu niedrigen Sommertemperaturen war in den Kaltzeiten der Raum nördlich der Pyrenäen waldfrei.

Die lange andauernden Verwitterungs- und Abtragungsprozesse führten im Altmoränenland zu einer weitgehenden Nivellierung des Reliefs. Das **Jungmoränenland** dagegen wurde erst vor etwa 12 000 Jahren eisfrei und zeigt daher noch alle Merkmale jungglazialer Oberflächenformen mit einer stärkeren Reliefenergie und auffallend vielen Seen (Rinnenseen oder so genannte Toteislöcher = Sölle) wie z. B. in der Mecklenburger Seenplatte (Abb. 55.1).

Die agrarische Nutzung des Binnenlandes spiegelt die unterschiedliche Wertigkeit der Böden der einzelnen Teile der glazialen Serie wider. Am fruchtbarsten sind die kalkhaltigen Geschiebemergel des Jungmoränenlandes, die Böden des Altmoränenlandes sind dagegen bereits zu kalkarmen Geschiebelehmen degradiert und daher unfruchtbarer. Agrarisch minderwertige Standorte bilden die Podsolböden der Sanderflächen, auf denen man häufig ausgedehnte Nadelwaldbestände findet und die Moor- und Gleyböden der Urstromtäler. Die feuchten Niederungen wurden erst seit der Zeit des Absolutismus durch Meliorationsmaßnahmen (Entwässerung) nutzbar gemacht; sie werden heute vorwiegend als Grünland genutzt.

A1 Bestimmen Sie die Lage der Endmoränen der einzelnen Kaltzeiten. Ordnen Sie die Urstromtäler einzelnen Kaltzeiten zu (Abb. 178.2, Atlas).

A2 Beschreiben und begründen Sie die Landschaftsgliederung in Abb. 179.1.

Bodennutzung	Weizen, Zuckerrüben, Futterpflanzen			Roggen, Kartoffeln	Grünland	Roggen			Weizen, Zuckerrüben, Gemüse, Obst
Wälder	Laub- und Mischwälder (Eiche, Buche)			Kiefernwälder	Auenwälder	Mischwälder (hoher Nadelwaldanteil)	Auenwälder		wenig Wald
Ausgangsmaterial für Bodenbildung	Geschiebemergel			Sand	Ton	Geschiebelehm	Ton		Löss
Landschaften	Mecklenburger Boddenküste	Mecklenburger Seenplatte / Baltischer Landrücken		Märkische Heide	Berliner Urstromtal	Fläming / südlicher Landrücken	Magdeburger Urstromtal		Leipziger Bucht

179.1 Schematisches Profil durch das Norddeutsche Tiefland

DIE NATURRÄUMLICHE GLIEDERUNG DEUTSCHLANDS

Die Nordseeküste

Vor etwa 12 000 Jahren, gegen Ende der jüngsten Kaltzeit, war der südliche Teil der heutigen Nordsee Festland. Der Ärmelkanal existierte noch nicht, die Themse war ein Nebenfluss des Rheins (Abb. 180.1). Seit dieser Zeit wurde die Küstenlinie als Grenzsaum zwischen Land und Meer ständig verändert. Diese Veränderungen beruhen im Wesentlichen auf drei Faktoren: den Meeresspiegelschwankungen, den Gezeiten (Abb. 56.2) und einzelnen Sturmflutereignissen. Zur Zeit der maximalen Ausdehnung der Weichselkaltzeit lag der Meeresspiegel etwa 130 m tiefer als heute, da ungeheure Mengen von Wasser im Eis gebunden waren. Mit dem Abschmelzen der Eismassen nach der Kaltzeit stieg der Meeresspiegel rasch an, z. T. bis zu 2 cm/Jahr. Veränderungen des Meeresspiegelniveaus nennt man eustatische Meeresspiegelschwankungen. Da durch das Abschmelzen der bis zu 3 km mächtigen skandinavischen Inlandeismassen der Eisdruck auf den geologischen Untergrund nachließ, wurde dieser Prozess von einem Anstieg des Landes und damit einer Veränderung der Küstenlinie begleitet (isostatische Meeresspiegelschwankung).

Nach der so genannten flandrischen Transgression, die vor etwa 7000 Jahren begann und ca. 2000 Jahre dauerte, erreichte die Nordsee durch die Vereinigung mit dem vorrückenden Atlantik auf der Höhe der niederländischen Insel Texel ungefähr ihre heutige Ausdehnung.

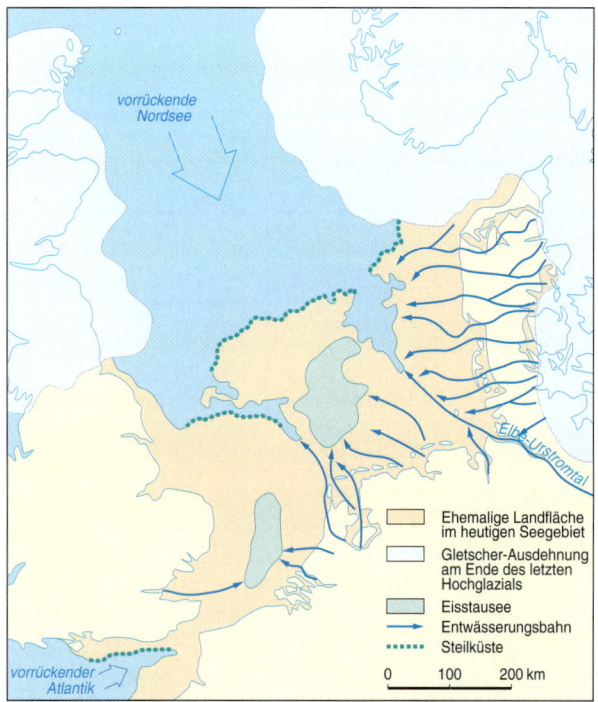

180.1 Das Nordseebecken vor 12 000 Jahren

Die von der Nordsee und vom Ärmelkanal kommenden Gezeitenwellen gestalteten in der Folgezeit die Strukturformen des Küstensaums. Im flach abfallenden Meeresboden vor der deutschen Küste werden die Brandungswellen schon vor dem Strand gebrochen. Bei nachlassender Wellenenergie bilden sich durch Sedimentation grober Sandpartikel noch im Meer strandparallele Wälle, die Riffe. Die gleichen Formen finden sich auch in Ufernähe. Diese Strandwälle fallen bei Ebbe trocken, sodass der Wind Sand verfrachten und zu Dünen aufhäufen kann. Der breite Wattgürtel vor der deutschen Küste stellt eine einmalige Landschaft dar. Die landseitige Grenze des Watts, das sich nur an flachen Gezeitenküsten entwickelt, liegt bei der Linie des mittleren Tidehochwassers (MThw). Die Flutwellen lagern bei nachlassender Wellenenergie landwärts der aus groberem Material bestehenden Strandwälle die feinen Partikel wie Schluff und Ton ab. Der durch z. T. tiefe Rinnen (Priele) abziehende Ebbestrom führt nur einen Teil dieses Materials wieder ab, sodass das Watt mit der Zeit immer höher aufgeschlickt wird (Schlick = Schlamm).

Wenn das so vom Meer geschaffene Neuland vom mittleren Tidehochwasser nicht mehr erreicht wird, entsteht Marschland. Auf dem Marschboden siedelt sich eine Pioniervegetation an, deren Pflanzen (z. B. Queller) im salzhaltigen Milieu gedeihen können. Die Marsch wird lediglich bei Sturmtiden überflutet. Dabei wird das feine Sedimentationsmaterial teilweise an den Pflanzen abgesetzt, da diese die Strömungsgeschwindigkeit abbremsen. Marschland bildet sich vor allem an der Küste (Seemarsch), aber auch beiderseits von Flüssen im Einflussbereich der Gezeiten (Flussmarsch), z. B. an der Elbe bei Hamburg. Aufgrund der großen Fruchtbarkeit der Marschböden wurden diese Bereiche schon in vorhistorischer Zeit besiedelt, wobei die Siedlungen auf den relativ hochwassersicheren Strandwällen lagen. Ein verstärkter Meeresspiegelanstieg um die Zeitenwende führte dazu, dass diese Wohnplätze durch künstliche Hügel aus Erde und Grassoden erhöht werden mussten. Diese so genannten Wurten oder Warften bilden auch heute noch die Vorposten der Besiedlung im Küstenbereich.

Während sich die durch Gezeiten oder Meeresspiegelschwankungen hervorgerufenen Prozesse der Küstenveränderung über sehr lange Zeiträume erstreckten, veränderten einzelne katastrophale Sturmfluten das Gesicht der Küstenlandschaften in kürzester Zeit. Die bislang folgenschwerste Sturmflut ereignete sich im Jahr 1362 („Große Mandränke"). Nordfriesland, das bis dahin zusammenhängende Festland aus Altmoränenmaterial (Geest) bzw. Marsch, wurde zerschlagen und in einzelne Inseln aufgelöst. So bilden die heutigen Halligen Reste des ursprünglich zusammenhängenden Marsch-

DIE NATURRÄUMLICHE GLIEDERUNG DEUTSCHLANDS

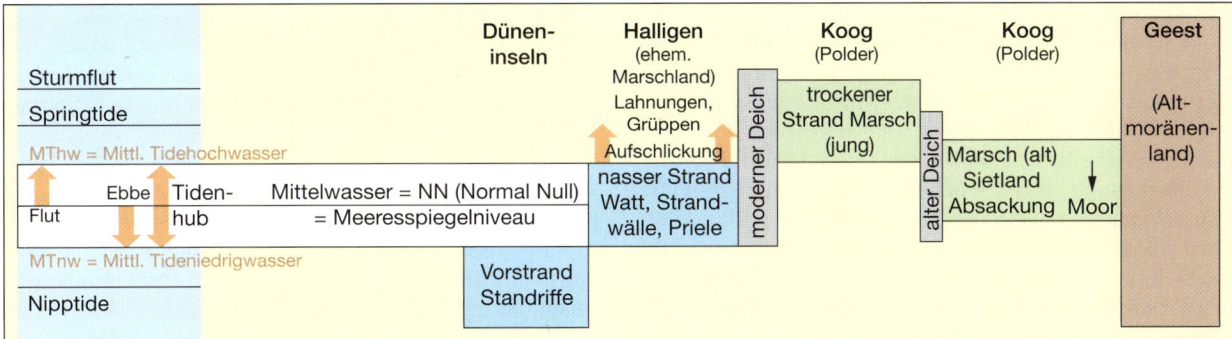

181.1 Formenelemente zwischen Meer und Geest

landes. Weitere Sturmfluten bildeten den Dollart, den Jadebusen und die Zuidersee in Holland. Die Zerstörung durch Sturmfluten betrifft nicht nur den unmittelbaren Küstensaum, sondern reicht oft weit in das Landesinnere. Seit etwa 1000 n. Chr. versuchen die Küstenbewohner, sich durch Deiche zu schützen. Die frühen Deiche waren allerdings wegen fehlender technischer Möglichkeiten schmal, nur wenige Meter hoch und mit einer steilen Außenböschung versehen. Die über die Jahrhunderte immer höher werdenden Hochwasserstände bei Sturmfluten erzwangen eine stetige Verbesserung der Küstenschutzmaßnahmen. Moderne Deiche haben eine Basisbreite bis 100 m, eine Höhe bis fast 9 m über dem mittleren Hochwasser und eine flache Außenböschung, die als Wellenbrecher dient. Aufgrund dieser Maßnahmen haben sich seit 1962 trotz größerer Häufigkeit der Sturmfluten keine Flutkatastrophen ereignet.

Dem Meer wird auch heute noch mit großem Aufwand Land abgerungen, und durch umfangreiche Maßnahmen versucht man, das bestehende Land zu schützen. Die natürliche Aufschlickung des Watts wird durch Lahnungen (lange Reihen von in den Wattboden getriebenen Pfählen mit Flechtwerk aus Reisig dazwischen) gefördert. Ab einer bestimmten Höhe wird das Neuland eingedeicht, sodass heute oft mehrere Deichreihen das Festland schützen. Das eingedeichte Land nennt man Koog (Plur.: Köge) oder Polder. Die meernahe junge Marsch liegt am höchsten; ihre Böden weisen einen hohen Kalkgehalt auf und eignen sich daher gut für Ackerbau. Die tiefere Lage der Altmarsch ist eine Folge langer Entwässerung und natürlicher Absetzbewegungen; die schon entkalkten grundwassernahen Böden dienen vorwiegend der Grünlandnutzung.

A1 Erklären Sie die Entstehung und Nutzung der in Abb. 181.1 dargestellten Landschaftsteile.

A2 Fassen Sie stichwortartig die Auswirkungen der drei Hauptkräfte zusammen, die für die Küstengestaltung maßgebend sind.

181.2 Lahnungen

181.3 Küstenschutzmaßnahme

DIE NATURRÄUMLICHE GLIEDERUNG DEUTSCHLANDS

Die Ostseeküste

Noch im letzten Jahrhundert stritten sich die Gelehrten darüber, wie die riesigen Findlinge aus skandinavischen Gesteinen über die Ostsee nach Norddeutschland gelangen konnten. Sie wussten noch nichts von den gewaltigen Transportleistungen der Gletscher und konnten sich auch nicht vorstellen, dass der gesamte Ostseeraum einmal Festland war. Die Entwicklung der Ostsee begann gegen Ende der letzten Kaltzeit und vollzog sich in mehreren Etappen. Die Küstengestaltung erfolgte dabei im Wettlauf zwischen isostatischer Landhebung und Meeresspiegelanstieg.

Als der Eisrand nach Abschmelzen der randlichen Inlandeismassen auf der Höhe der Åland-Inseln nordöstlich von Stockholm lag, bildete sich in seinem Vorland der Baltische Eisstausee, ein großer Süßwassersee (Abb. 182.1). Da der Wasserspiegel des Weltmeeres damals noch etwa 90 m tiefer lag als heute, reichte eine Festlandsbrücke von Südschweden nach Dänemark, die den Zugang zum Weltmeer versperrte.

Das Yoldia-Meer entstand, als der Seewasserspiegel immer stärker stieg und schließlich im Bereich der südschwedischen Seenplatte eine Verbindung zum Meer fand. In der Folgezeit hob sich aber das skandinavische Festland in höherem Maß als das Meerwasser anstieg, sodass eine erneute Abschnürung vom Weltmeer zur Bildung der Ancylus-See führte. Die Großformen der Küsten am Südrand der Ostsee sind das Ergebnis der Litorina-Transgression: Der Zugang des Litorina-Meeres (Abb. 182.1) erfolgte dieses Mal bei der Darßer Schwelle vor der deutschen Küste. Die Festlandsbrücke zwischen Dänemark und Schweden wurde überflutet und der Osten Dänemarks löste sich in einzelne Inseln auf.

Inzwischen war fast die ganze Inlandeismasse abgeschmolzen. Durch isostatische Landhebung wurde der Zugang zum Weltmeer immer schmaler, dadurch sank der Salzgehalt der Ostsee. Im Bereich des Bottnischen Meerbusens führt die anhaltende Hebung (heute fast 1 cm/Jahr) in dem flachen Meeresteil zu einer ständigen Verlagerung der Küstenlinie. Zum Ausgleich der Landhebung in Skandinavien erfolgte eine Landsenkung im südlichen Ostseebereich; die Trennlinie zwischen Hebung und Senkung (0-m-Linie) erreicht ihre südlichste Ausbuchtung vor der Odermündung (Abb. 183.1). Das durch die Landsenkung vorrückende Meer überflutete die jungglaziale Landschaft und gestaltete sie dabei um. Als Ergebnis lässt sich die deutsche Ostseeküste heute in drei Abschnitte gliedern: Fördenküste und Buchtenküste, Boddenküste und Ausgleichsküste.

Zungenbecken und Schmelzwasserrinnen bilden nach Meeresüberflutung Förden (z.B. Kieler Förde); aus der welligen Moränenlandschaft entstehen in tiefer gelegenen Teilen flache Bodden (Buchten), Erhebungen werden zu Inseln oder Halbinseln. Bei dem vorhandenen Wechsel von steilen und flachen Küstenabschnitten findet die marine Abtragung vorwiegend an Steilküsten (Kliffs) statt.

Die Brandungswellen unterschneiden die Kliffs, das überhängende Material bricht nach, wird mit der Zeit immer mehr zerkleinert und schließlich verfrachtet und an anderer Stelle akkumuliert. Wenn der Wind die Wellen schräg auf den Strand auflaufen lässt, wird Feinmaterial in spitzem Winkel strandauf transportiert. Das zurückströmende Wasser dagegen fließt in direkter Linie zurück. Dieser zickzackförmige Materialtransport führt zu einer küstenparallelen Strandversetzung.

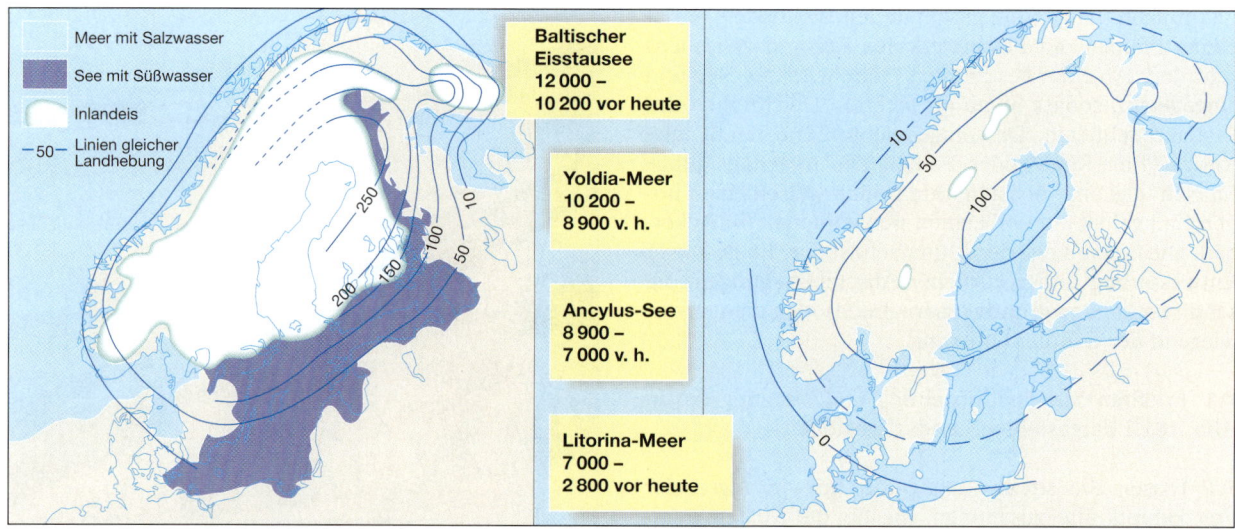

182.1 Die Entwicklung der Ostsee

DIE NATURRÄUMLICHE GLIEDERUNG DEUTSCHLANDS

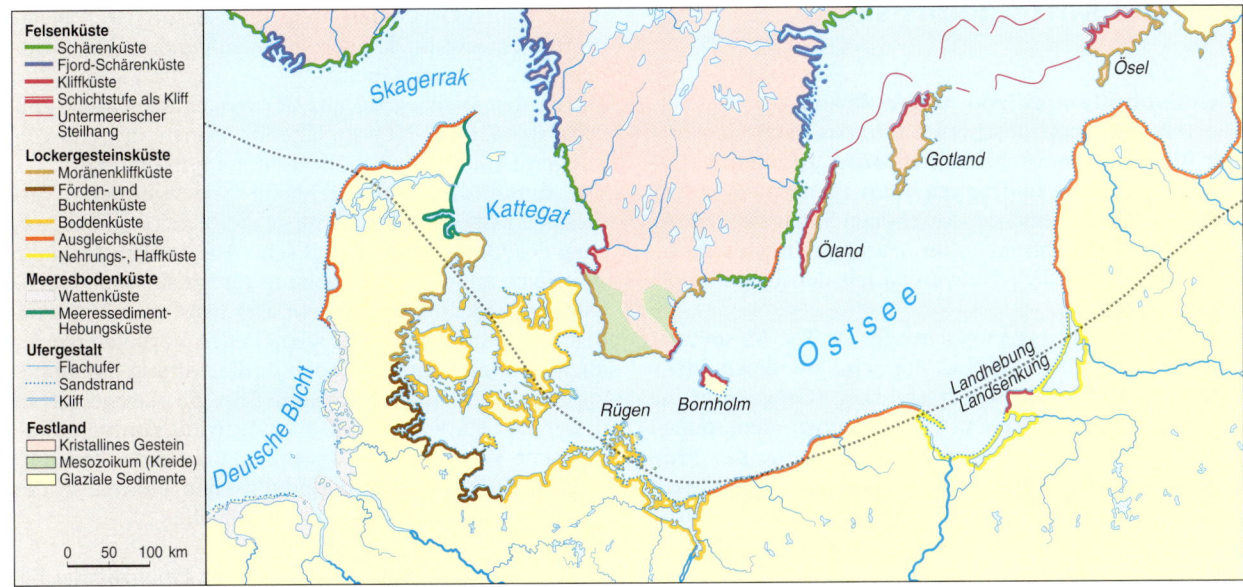

183.1 Küstentypen der Ostsee

Im Bereich der deutschen Ostseeküste herrscht eine west-östliche Strömung vor. Im Strömungsschatten z. B. von Inseln oder Halbinseln wird Feinmaterial abgelagert; es entsteht ein so genannter Haken, der mit der Zeit zu einer lang gestreckten Nehrung anwachsen und die dahinter liegende Bucht abschnüren kann. Ein vormals zerlappter Küstenabschnitt wird dadurch begradigt – eine Ausgleichsküste ist entstanden. Abgeschnürte Meeresbuchten werden allmählich zu Süßwasserseen (Strandseen) oder vermooren.

Die Küstenformen haben einen entscheidenden Einfluss auf die Lage der Siedlungen. Natürliche Häfen gibt es nur an Flussmündungen bzw. im Bereich der Förden und Buchten; die Abschnitte mit einer Ausgleichsküste sind dagegen hafenfeindlich.

A1 Abb. 182.1 zeigt ein frühes und ein spätes Entwicklungsstadium der Ostsee. Nennen Sie die wesentlichen Unterschiede in Bezug auf den Küstenverlauf und skizzieren Sie Veränderungen in der Zeit zwischen diesen Stadien (Text).

A2 Entwerfen Sie ein Szenario der zukünftigen Küstenentwicklung im nördlichen und südlichen Ostseeraum. Beachten Sie dabei isostatische und eustatische Meeresspiegelschwankungen und berücksichtigen Sie auch mögliche Folgen des Treibhauseffekts (Abb. 183.1, Text).

A3 Die Insel Rügen entstand aus verschiedenen kleinen Inseln. Begründen Sie.

183.2 Fördenküste

183.3 Ausgleichsküste

9.3 Die Mittelgebirgszone

Bruchschollengebirge und Vulkane

Die tektonische Großstruktur Europas setzt sich aus vier Einheiten unterschiedlichen Alters zusammen: Ureuropa, dem präkambrischen Kern (Kraton) mit dem Baltischen Schild und der Russischen Tafel, Paläoeuropa mit den kaledonischen, Mesoeuropa mit den variskischen und schließlich Neoeuropa mit den jungen alpidischen Gebirgen.

Die deutsche Mittelgebirgsschwelle als Teil Mesoeuropas gliedert sich in drei geologische Bautypen: dem durch die variskische Gebirgsbildung (Orogenese) im Erdaltertum entstandenen Grundgebirge, dem auflagernden Deckgebirge aus Sedimentschichten des Erdmittelalters und kleineren Vulkangebieten aus unterschiedlichen geologischen Zeiten. Die variskische Orogenese begann vor etwa 340 Mio. Jahren (S. 10/11) und dauerte ca. 100 Mio. Jahre an. In den Vortiefen der bestehenden Landmassen wurde u.a. immer mehr Erosionsmaterial abgelagert, wobei die untersten Teile des Sedimentpakets bei zunehmender Schichtmächtigkeit durch hohen Druck und hohe Temperaturen z.T. metamorph umgewandelt oder sogar aufgeschmolzen wurden (z.B. Schiefer, Gneise).

Durch den vorwiegend aus SO wirkenden Druck entstanden vier SW-NO streichende Zonen mit Aufwölbungen (Antiklinalen) und Mulden (Synklinalen).

Die durch die Raumeinengung hervorgerufene Verdickung der Erdkruste führte schließlich zu einem Aufstieg des Orogens als isostatische Ausgleichsbewegung. Zeitgleich mit der Heraushebung des variskischen Hochgebirges setzte die Erosion ein. Der Erosionsschutt wurde in den Mulden und vor allem in den Vortiefen wieder abgelagert und zum Teil noch in die Faltung mit einbezogen – wie z.B. die Steinkohleflöze im Ruhrgebiet. In dieser Zeit starker tektonischer Aktivität konnten magmatische Massen an Störungslinien (Verwerfungen) aufsteigen. So entstanden die granitischen Plutone in der Tiefe oder Vulkane an der Erdoberfläche.

Bereits im Perm war das variskische Hochgebirge bis auf seine Wurzelbereiche zu einer flachwelligen Landschaft, der so genannten permischen Rumpffläche, abgetragen. Während des Erdmittelalters wurde dieses

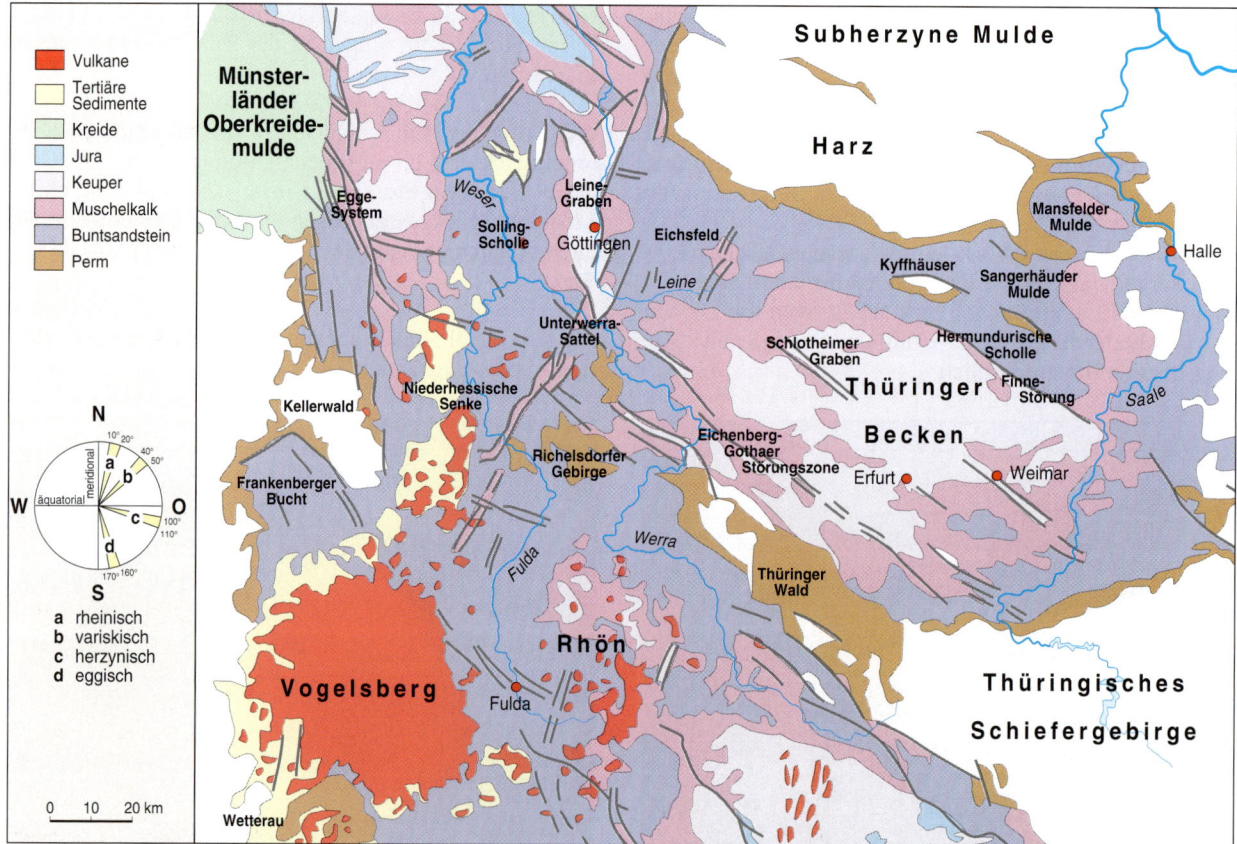

184.1 Tektonische und geologische Strukturen der Mittelgebirgszone (vereinfachter Ausschnitt)

DIE NATURRÄUMLICHE GLIEDERUNG DEUTSCHLANDS

Grundgebirge von Meeres- und Festlandssedimenten überdeckt. Die Schichtmächtigkeiten dieses Deckgebirges betragen oft viele hundert Meter.

Die heutige Struktur der Mittelgebirge entstand vor allem im Tertiär zur Zeit der Alpenbildung. Der variskische Gebirgsblock wurde durch Druck von S und SO (afrikanische Platte) und von NW (Trennung der nordamerikanischen und der eurasischen Platte entlang des mittelatlantischen Rückens) gleichsam in einen Schraubstock eingespannt. Auf die mechanische Beanspruchung konnten die starren alten Gebirgsrümpfe nur durch Bruchtektonik reagieren. In einem spitzen Winkel zur Hauptdruckrichtung entstanden zahlreiche Verwerfungen, an denen einzelne Schollen gehoben, abgesenkt oder horizontal verschoben wurden. Zugleich wurden alte, variskische Störzonen reaktiviert. So ergibt sich ein Verwerfungsnetz, in dem drei Richtungen vorherrschen: die variskische (erzgebirgische) von SW-NO, die herzynische (harzische) von NW-SO und die rheinische (ca. NNO-SSW). Die Längsachsen der Mittelgebirge sowie die Fließrichtung vieler Gewässer ordnen sich diesem System unter.

Die heutige Kleinkammerung der Mittelgebirgszone ist das Ergebnis dieser germanotypen/saxonischen Bruchtektonik. Hochschollen bilden Horste, in denen durch Abtragung des Deckgebirges oft der Rumpf des variskischen Gebirges die Oberfläche bildet, gekippte Gesteinspakete mit asymmetrischen Abdachungen nennt man Pultschollen (Erzgebirge). Am Rand oder zwischen diesen Hochgebieten liegen abgesenkte Becken oder Gräben (z. B. Eger-, Leinetal-, Oberrheingraben), in die Erosionsmaterial aus höher gelegenen Bereichen verfrachtet wird.
Zahlreiche Erdbeben- und Vulkangebiete sind an diese Verwerfungszonen gebunden. Besonders leicht konnte magmatisches Material dabei im Schnittpunkt verschiedener Störungslinien aufdringen. Der Vogelsberg, mit einem Durchmesser von fast 60 km etwa doppelt so groß wie der Ätna, ist der flächenmäßig größte Vulkan Europas. Wie die meisten Vulkane Deutschlands entstand er im Tertiär. Während die Basaltdecke des flach gewölbten Vogelsbergs eine Fläche von über 2000 km^2 bedeckt, blieben in anderen Vulkanlandlandschaften nach Abtragung des Lockermaterials oft nur die Vulkanschlote als Härtlinge erhalten. Vereinzelte vulkanische Aktivitäten ereigneten sich in der Mittelgebirgszone bis in die jüngste geologische Vergangenheit (spät- und postglazialer Vulkanismus in der Eifel). Die vielen Thermalquellen entlang von Verwerfungen sind ein weiteres Indiz für die anhaltende Dynamik der Bruchtektonik. Die Hebungs- und Senkungsprozesse dauern an. So sinkt z. B. der Oberrheingraben, der seit der Entstehung im Tertiär um etwa 5000 m in Staffelbrüchen gegenüber der benachbarten Hochscholle des Schwarzwaldes abgesunken ist, weiter ein.

Beim Bau eines Eisenbahntunnels in Freiburg/Breisgau, der die Hauptverwerfung quert, hat man Mitte der 1930er Jahre beiderseits der Verwerfung Markierungen auf gleichem Niveau angebracht. Schon nach 50 Jahren waren die Markierungen um 9 mm vertikal gegeneinander versetzt.

A1 Ordnen Sie die variskischen Gebirge Mitteleuropas den Hauptstreichrichtungen zu (Abb. 184.1, Atlas).

A2 Große Teile der Grundgebirge bestehen aus Plutoniten und Metamorphiten. Erklären Sie die Entstehung dieser Gesteine und die Tatsache, dass sie heute verbreitet die Landoberfläche bilden.

A3 Nennen Sie die Formen der Bruchschollentektonik (Text). Suchen Sie jeweils Beispiele in ihrem engeren Heimatraum oder in Deutschland (Atlas).

185.1 Im Harz

185.2 Am Vogelsberg

Das Deckgebirge

Alle Schichten des Deckgebirges wurden als Sedimente auf dem variskischen Grundgebirgssockel abgelagert. Die unterschiedlichen Ablagerungen (Kalk, Sand, Ton) erlauben Rückschlüsse auf die zur Zeit der Sedimentation herrschende Verteilung von Festland und Meer.

Die ältesten Ablagerungen stammen aus dem ausgehenden Erdaltertum (Perm). Sedimente des Rotliegenden füllten die Mulden des variskischen Gebirges mit Abtragungsschutt der benachbarten Gebirgsschwellen. Das anschließend von Norden über das eingerumpfte und teilweise absinkende Grundgebirge eindringende Zechsteinmeer hinterließ als Eindampfungsrückstände mächtige Salzschichten vor allem in Norddeutschland. Landschaftsbestimmend für große Bereiche der Mittelgebirgszone sind aber die Sedimente des Erdmittelalters. Während der etwa 150 Mio. Jahre dauernden mesozoischen Sedimentationszeit vom Buntsandstein bis zur Kreide überwogen Meeresablagerungen.

Im Tertiär führte die durch die Alpenbildung ausgelöste Bruchtektonik zu einer Störung der ursprünglich horizontalen Lagerungsverhältnisse. In Hebungsgebieten wurden die Deckschichten aufgewölbt und bildeten Sättel (Antiklinalen), in Senkungsgebieten entstanden Mulden (Synklinalen). Diese Deformationen, bei denen die Sedimente in unterschiedlichen Winkeln gekippt wurden, lieferten die Voraussetzungen für die nachfolgende erosive Abtragung und das Herausmodellieren typischer Landschaftsformen, deren Grundtypus die Schichtstufenlandschaft darstellt.

Das Deckgebirge besteht aus einer Abfolge unterschiedlich widerstandsfähiger Sedimente in Wechsellagerung (Sandwichbauweise). Da bei Schrägstellung die Erosion verstärkt am herausgehobenen Teil ansetzt, werden die so genannten morphologisch weichen, Wasser stauenden Partien (Ton, Mergel) zuerst ausgeräumt. Dieser Prozess wird unterstützt durch Quellaustritte an der Schichtgrenze zwischen dem auflagernden morphologisch harten, wasserdurchlässigen Gestein (Kalk, Sandstein) und dem weichen Gestein. Es entsteht eine markante Abbruchkante (Stufenstirn) im Bereich der harten Schichten, die somit zu Stufenbildnern werden. Der untere Teil der Stufe (Stufenlehne) dagegen hat eine konkave Form. Schichtstufen bilden sich durch diese selektive Erosion bei geringem Neigungswinkel (Schichtfallen) der Sedimente. Ein Beispiel dafür liefert das Südwestdeutsche Schichtstufenland. Bei diesem Teil der weit gespannten Antiklinale mit Fortsetzung jenseits des Rheins wurden im Bereich der höchsten Heraushebung (Schwarzwald) alle Deckgebirgsschichten bereits abgetragen und der kristalline Rumpf freigelegt. Da durch die Erosion nicht nur immer ältere Schichten angeschnitten werden, sondern auch eine Rückverlagerung der Stufenstirn erfolgt, bilden nach Osten hin immer jüngere Schichten die Erdoberfläche.

186.2 Schichtstufe

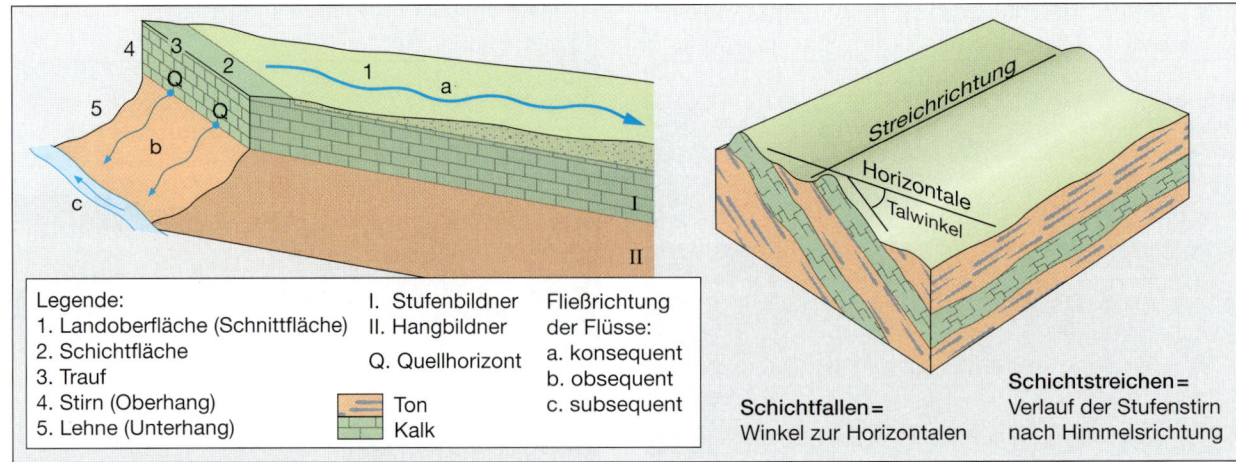

186.1 Idealprofil einer Schichtstufe

DIE NATURRÄUMLICHE GLIEDERUNG DEUTSCHLANDS

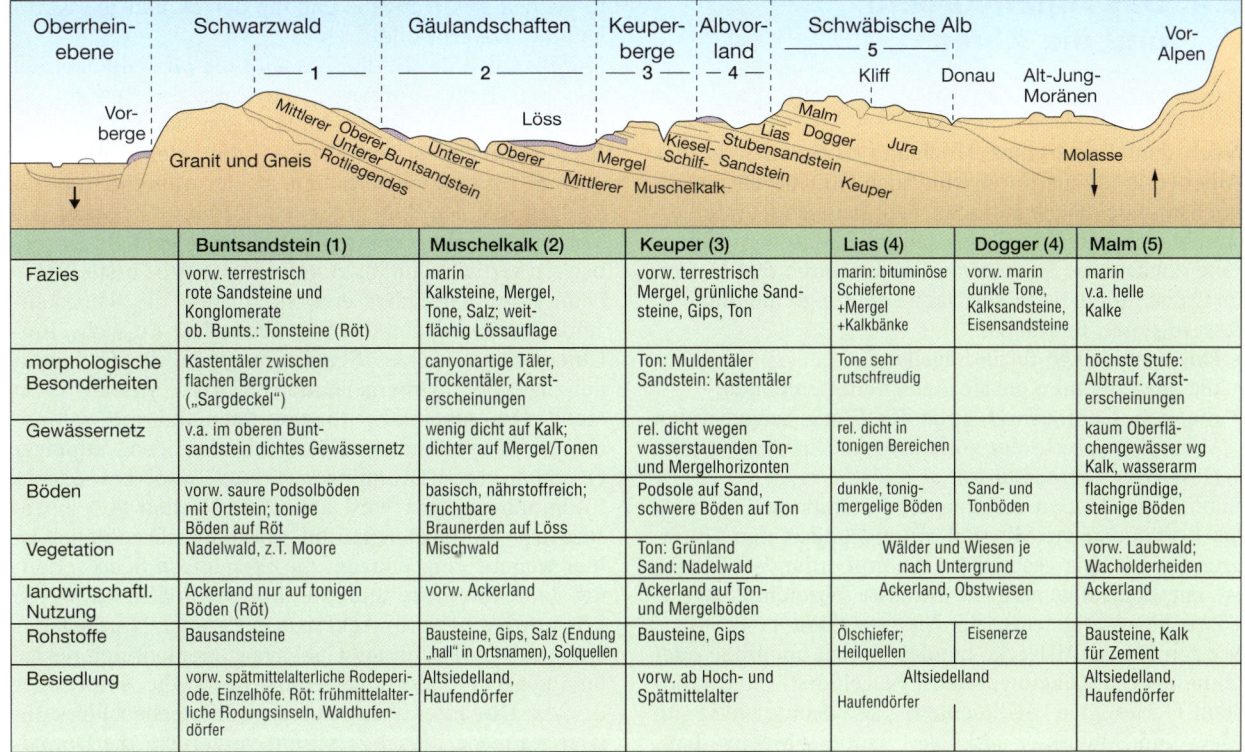

	Buntsandstein (1)	Muschelkalk (2)	Keuper (3)	Lias (4)	Dogger (4)	Malm (5)
Fazies	vorw. terrestrisch rote Sandsteine und Konglomerate ob. Bunts.: Tonsteine (Röt)	marin Kalksteine, Mergel, Tone, Salz; weitflächig Lössauflage	vorw. terrestrisch Mergel, grünliche Sandsteine, Gips, Ton	marin: bituminöse Schiefertone +Mergel +Kalkbänke	vorw. marin dunkle Tone, Kalksandsteine, Eisensandsteine	marin v.a. helle Kalke
morphologische Besonderheiten	Kastentäler zwischen flachen Bergrücken („Sargdeckel")	canyonartige Täler, Trockentäler, Karsterscheinungen	Ton: Muldentäler Sandstein: Kastentäler	Tone sehr rutschfreudig		höchste Stufe: Albtrauf. Karsterscheinungen
Gewässernetz	v.a. im oberen Buntsandstein dichtes Gewässernetz	wenig dicht auf Kalk; dichter auf Mergel/Tonen	rel. dicht wegen wasserstauenden Ton- und Mergelhorizonten	rel. dicht in tonigen Bereichen		kaum Oberflächengewässer wg Kalk, wasserarm
Böden	vorw. saure Podsolböden mit Ortstein; tonige Böden auf Röt	basisch, nährstoffreich; fruchtbare Braunerden auf Löss	Podsole auf Sand, schwere Böden auf Ton	dunkle, tonigmergelige Böden	Sand- und Tonböden	flachgründige, steinige Böden
Vegetation	Nadelwald, z.T. Moore	Mischwald	Ton: Grünland Sand: Nadelwald	Wälder und Wiesen je nach Untergrund		vorw. Laubwald; Wacholderheiden
landwirtschaftl. Nutzung	Ackerland nur auf tonigen Böden (Röt)	vorw. Ackerland	Ackerland auf Ton- und Mergelböden	Ackerland, Obstwiesen		Ackerland
Rohstoffe	Bausandsteine	Bausteine, Gips, Salz (Endung „hall" in Ortsnamen), Solquellen	Bausteine, Gips	Ölschiefer; Heilquellen	Eisenerze	Bausteine, Kalk für Zement
Besiedlung	vorw. spätmittelalterliche Rodeperiode, Einzelhöfe. Röt: frühmittelalterliche Rodungsinseln, Waldhufendörfer	Altsiedelland, Haufendörfer	vorw. ab Hoch- und Spätmittelalter	Altsiedelland Haufendörfer		Altsiedelland, Haufendörfer

187.1 Südwestdeutsches Schichtstufenland: Natur- und Kulturraum

In Schichtstufenlandschaften folgen die einzelnen Stufen aufgrund des flachen Einfallswinkels der Schichten in größerem Abstand aufeinander. Fallen die Schichten steil ein, entsteht eine sägezahnartige, dichte Abfolge von Schichtkämmen wie z. B. am Nordrand der Mittelgebirgszone. Die starke Verstellung der Schichten wurde nicht nur durch die Hebung von Grundgebirgsschollen verursacht. Einen maßgeblichen Anteil hatte die Salztektonik; v.a. die entlang von Verwerfungen hoch aufsteigenden Salzstöcke aus Zechsteinsalzen bewirkten eine zusätzliche Deformation des Schichtgefüges.

A1 Beschreiben Sie die Entstehung unterschiedlicher Landschaftsformen im Deckgebirge (Abb. 187.2, Text).

A2 Nennen Sie Beispiele für Synklinal- und Antiklinalstufenlandschaften in Europa (Abb. 187.3, Atlas).

A3 Erklären Sie die unterschiedliche Wertigkeit der Teillandschaften im Südwestdeutschen Schichtstufenland (Abb. 187.1). Vergleichen Sie die Ergebnisse mit anderen Landschaften in Deutschland mit gleichem geologischen Untergrund (Atlas).

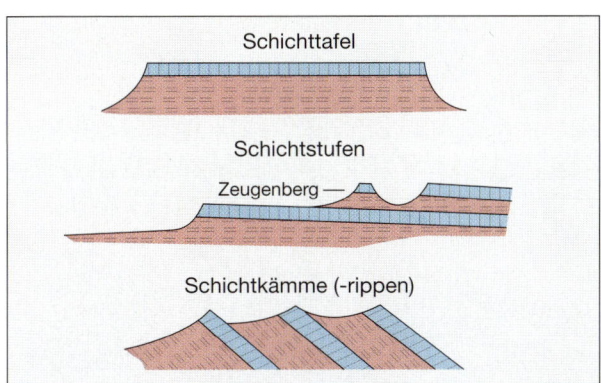

187.2 Typen von Schichtlandschaften

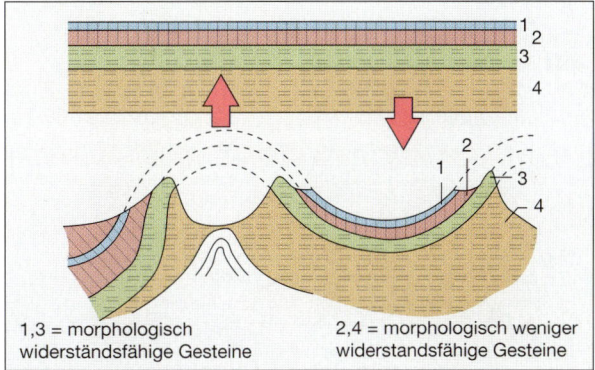

187.3 Antiklinal- und Synklinalstufenlandschaft

9.4 Das Alpenvorland und die Alpen

Nach dem Kastilischen Hochland in Spanien ist das Alpenvorland mit durchschnittlich 500 m die zweithöchste Hochfläche Europas. Sein deutscher Anteil erstreckt sich wie eine riesige schiefe Ebene vom Alpenrand zur Donau. Sie wird im Westen durch den Hegau, im Osten durch die Inn-Salzach-Linie begrenzt und umfasst folgende Teilräume:
- Das flachwellige Tertiärhügelland,
- die ausgedehnten pleistozänen Schotterebenen,
- die den Gebirgsrand girlandenförmig umgebenden Vereisungsgebiete der vorletzten und letzten Kaltzeit (Riß- bzw. Würm-Kaltzeit).

Südlich der Donau tauchen die Jurakalke der Schwäbisch-Fränkischen Alb steil ab und bilden den Untergrund einer lang gestreckten Gebirgsvorlandsenke. Sie ist mit dem allgemein als Molasse bezeichneten tertiären Abtragungsschutt der Alpen verfüllt.

Je nach Transportstrecke handelt es sich um grobe oder feine, z.T. zu Konglomeraten („Nagelfluh") oder Sandstein verfestigten Sedimenten, die wechselweise im Meer und Süßwasser abgelagert wurden (Meeres- bzw. Süßwassermolasse). Durch Hebung dieser Tertiärschichten vor etwa 7 Mio. Jahren entstand im Nordosten des Alpenvorlands das heute waldarme, durch Lössanwehung fruchtbare Hügelland Niederbayerns, das zusammen mit den ebenfalls lössbedeckten Schotterflächen des Dungaus entlang der Donau die Kornkammer Bayerns bildet.

Nordwestlich des Bodensees wird die Molasse überragt von den Hegau-Vulkanen, die Ende des Tertiärs die gesamten Ablagerungen durchstoßen hatten. Der ihre Basaltschlote einst umhüllende Tuffmantel blieb jedoch nur im „Eisschatten" erhalten, als der während der Riß-Kaltzeit aus den Alpen quellende Rhein-Gletscher das Vorland überfuhr, das tektonisch angelegte Bodenseebecken vertiefte und bis zum Rand der Alb vorstieß. Wie beim Rhein-Gletscher erreichten auch die würmkaltzeitlichen Eiszungen des Iller-Lech-, Isar-Loisach-, Inn-Chiemsee- sowie des Salzachgletschers die Endmoränenzüge der vorhergehenden Kaltzeit jedoch nicht mehr. Das alpennahe Jungmoränenland mit zahlreichen, z.T. verlandeten Zungenbeckenseen, kuppiger Grundmoräne, Drumlinschwärmen und bewaldeten Endmoränenzügen wird daher im Norden von einem schmalen Altmoränengürtel umsäumt. Das Relief ist hier weitaus eingeebneter, die ehemaligen Seen verlandet und vermoort und die Bodenverhältnisse durch Lössanwehungen für Ackerbau geeigneter. Nördlich des ehemals vergletscherten Gebietes erstrecken sich riesige fluvioglaziale Schotterfelder, die durch die Sohlentäler der zur Donau entwässernden gefällereichen Flüsse in lang gezogene Riedel zerschnitten wurden, die Donau-Iller-Lech- und die Isar-Inn-Platten. Anhand der ineinander verschachtelten Terrassen gelang dem deutschen Geographen A. PENCK Ende des 19. Jahrhunderts hier erstmals der Nachweis eines mehrfachen Wechsels von Kalt- und Warmzeiten während des Pleistozäns. Die

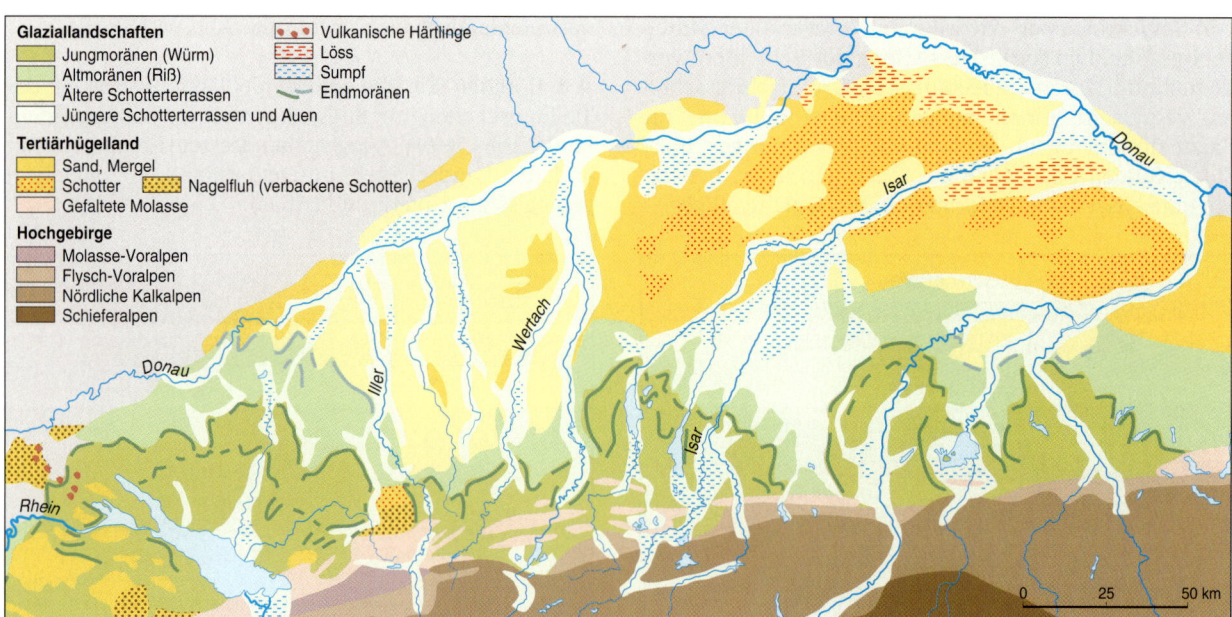

188.1 Alpenvorland und Alpen

charakteristische Abfolge unterschiedlich alter Terrassen entstand durch den Wechsel von Aufschotterung wegen geringer Transportkraft während der Kaltzeiten und teilweiser Zerschneidung dieser Ablagerungen bei verstärkter Schmelzwasserführung in den sich jeweils anschließenden Warmzeiten (Abb. 189.1). Wie im Moränenland liefern die älteren Terrassen gute Ackerböden, während die jüngeren im Süden mit trockenen Nadelwäldern (Grünwälder und Ebersberger Forst), weiter nördlich mit Heide bestanden sind (Lechfeld).

Nach Norden werden die Schotter geringmächtiger. Das sich auf dem tertiären Untergrund stauende Grundwasser tritt daher aus und bildete ursprünglich große, inzwischen aber weitgehend kultivierte Moore, schwäbisch als Ried, bayerisch als Moos bezeichnet (Dachauer, Erdinger Moos). Das Tal der Donau, Vorfluter der meisten Alpenvorlandflüsse, besitzt einen Wechsel zwischen ebenfalls vermoorten Weitungen mit wertvollen Grundwasservorräten (Donau-Ried und -Moos) und engen, epigenetisch entstandenen Durchbrüchen durch Ausläufer der Alb oder des Bayerischen Waldes (Neuburger, Weltenburger und Passauer Durchbruchstal).

Charakteristisch für das Klima des Alpenvorlandes sind die alpenwärts zunehmenden Steigungsniederschläge sowie die kontinentale Ausprägung der Temperaturverhältnisse. Letztere resultiert aus der relativen Meeresferne, der Höhenlage sowie der Klimascheide der Alpen, die die Zufuhr warmer subtropischer Luftmassen ebenso behindert wie den Abfluss von Kaltluftmassen. Schauertätigkeit und Kälteperioden dauern in Südbayern daher länger als in alpenferneren Gebieten. Zusammen mit dem häufigen, bis weit ins Vorland spürbaren Föhneinfluss und die besonders in Alpennähe starke Gewittertätigkeit ergibt sich so ein gegensatzreiches, raues Reizklima mit Wetterstürzen zu jeder Jahreszeit.

189.2 Tertiäres Hügelland (Hallertau)

189.3 Niederterassen im Voralpenland

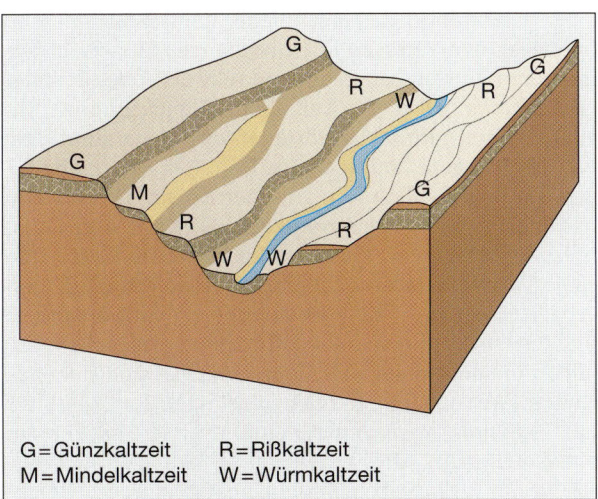

189.1 Terrassenabfolge im Alpenvorland

189.4 Jungmoränenland

DIE NATURRÄUMLICHE GLIEDERUNG DEUTSCHLANDS

190.1 Im Allgäu bei Füssen

190.2 Wettersteingebirge

190.3 Watzmann

Der zu Deutschland gehörende Teil der Alpen lässt sich in mehrere schmale, nicht durchgehend ausgebildete, west-östlich verlaufende Gebirgsketten gliedern, die sich in Höhe und Formenschatz unterscheiden. Dies ist zurückzuführen einerseits auf die Deckentektonik und den verschiedenen Aufbau der Decken, andererseits auf die starke kaltzeitliche Vergletscherung und intensive fluviatile Erosion.

Die äußerste und mit maximal 1800 m niedrigste, dem Gebirge zuletzt angegliederte Zone sind die teilweise noch mit Moränen bedeckten, fast durchweg bewaldeten Hügel der Molassevoralpen. Sie bestehen im Allgäu aus bis zu fünf parallel zum Gebirgsrand streichenden Mulden- und Sattelstrukturen, die durch Faltung aus dem Abtragungsschutt (Mergel, Ton, Sandstein, Konglomerat) des sich hebenden Alpenkörpers entstanden sind.

Die südlich folgende Zone der bis 2000 m aufragenden Kalkvoralpen besteht aus den auf die Molasse überschobenen kreidezeitlichen Sedimenten der Schelfbereiche Ureuropas („Helvetikum"). Ihre einfachen Faltenstrukturen spiegeln sich am Hohen Ifen und dem verkarsteten Gottesackerplateau wider (Abb. 191.2).

Auch die Flyschvoralpen besitzen im Allgäu ihre größte Breitenausdehnung. Der Flysch entstand aus feinkörnigen, wassergesättigten Sedimenten an Schelfrändern, die durch Erdbeben ins Rutschen gebracht und als gewaltige Schlammlawinen (Trübeströme) den Kontinentalabhang hinabrasend in der Tiefsee abgelagert wurden. Da die mächtigen, tonig-sandigen Schichten leicht verwittern und abgetragen werden, zeigen die sich am Fellhorn bis auf 2037 m erhebenden Flyschvoralpen wie ein Mittelgebirgsrelief weiche gerundete Formen. Sie sind bis auf die Höhen bewaldet oder tragen als „Grasberge" wie das mergelige untere Stockwerk der Kalkvoralpen saftige Almen.

Erst südlich der Flyschzone beginnt mit den Kalkhochalpen (Kalkalpin) das eigentliche, über die Wald- und Schneegrenze aufragende Hochgebirge. Es besteht aus mehreren, in sich gefalteten und teilweise übereinander geschobenen Decken (Kalkalpine Randschuppe, Allgäu-, Lechtal-, Inntal-, Hallstätter- und Reiteralmdecke) von überwiegend kalkig-mergeligem Charakter, abgelagert auf ursprünglich afrikanischer Kruste. Die Erosion hat aus den mächtigen mesozoischen Kalk- und Dolomitschichten spitze Gipfel, scharfgezackte Grate und steile Wände herausmodelliert, während die tonig mergeligen Gesteine Hangverflachungen, Einsattelungen und Geländemulden bilden. In ihrem westlichen Teil bilden die deutschen Kalkalpen einzelne, steil stehende Ketten (Wetterstein-, Karwendelgebirge). Im Osten, wo das Kalkalpin auch den Alpenrand bildet, hat die flachere Lagerung die Entwicklung klotziger Gebirgsstöcke mit verkarsteten Gipfelplateaus gefördert (Berchtesgadener Alpen).

DIE NATURRÄUMLICHE GLIEDERUNG DEUTSCHLANDS

A1 Charakterisieren Sie die Oberflächenformen und die geologische Struktur des Gottesackerplateaus (Abb. 191.2).

A2 Zu welcher tektonischen „Baueinheit" der deutschen Alpen gehört das Gottesackerplateau (Text)? Nennen und charakterisieren Sie die anderen Baueinheiten.

A3 Erklären Sie den Begriff „Deckentektonik".

A4 Beschreiben Sie die in Abb. 191.1 dargestellten Vorgänge sowie die Bildung der damit verbundenen Gesteinsschichten.

A5 Beschreiben Sie die Entstehung der Deckenstruktur der deutschen Alpen (Abb. 191.1).

A6 „Einige Berge Bayerns gehören geologisch gesehen zu Afrika." Begründen Sie diese Aussage.

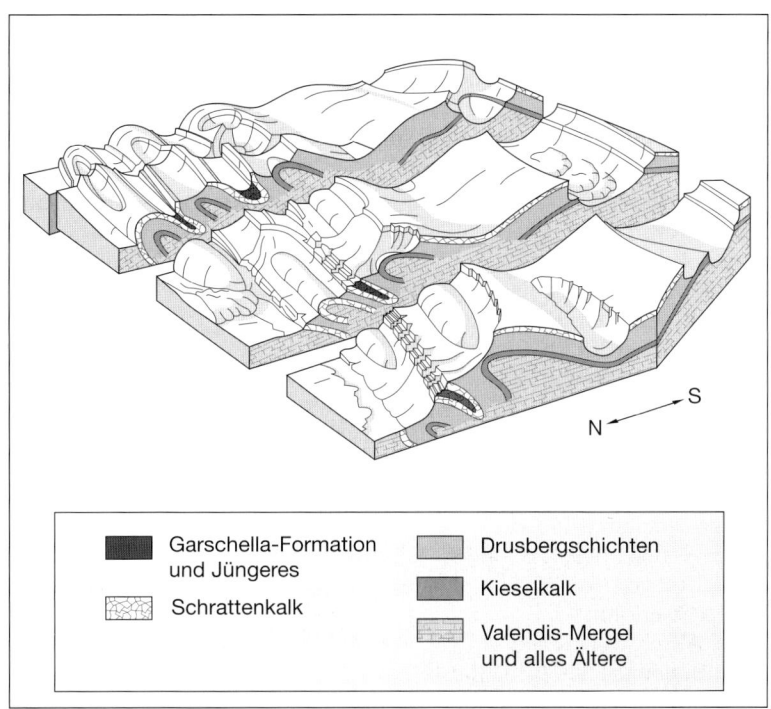

Legende:
- Garschella-Formation und Jüngeres
- Schrattenkalk
- Drusbergschichten
- Kieselkalk
- Valendis-Mergel und alles Ältere

191.2 Geologisches Bild des Gottesackerplateaus am Hohen Ifen

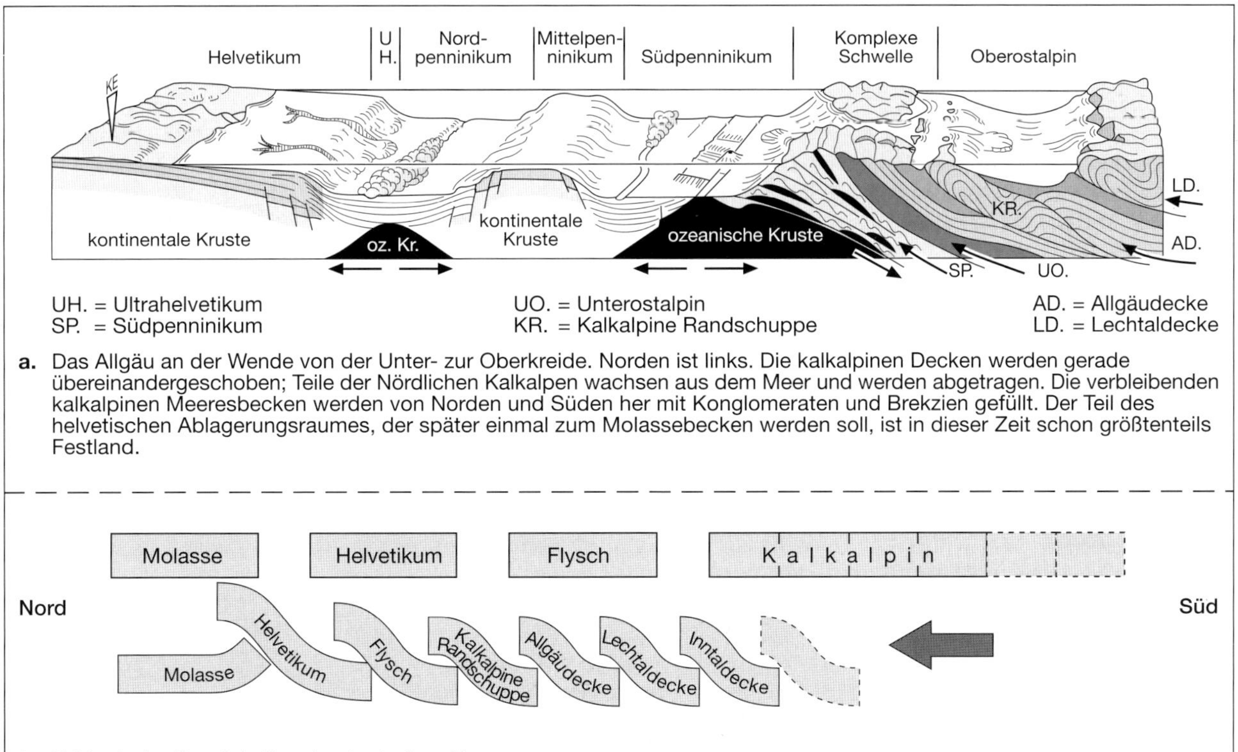

a. Das Allgäu an der Wende von der Unter- zur Oberkreide. Norden ist links. Die kalkalpinen Decken werden gerade übereinandergeschoben; Teile der Nördlichen Kalkalpen wachsen aus dem Meer und werden abgetragen. Die verbleibenden kalkalpinen Meeresbecken werden von Norden und Süden her mit Konglomeraten und Brekzien gefüllt. Der Teil des helvetischen Ablagerungsraumes, der später einmal zum Molassebecken werden soll, ist in dieser Zeit schon größtenteils Festland.

UH. = Ultrahelvetikum
SP. = Südpenninikum
UO. = Unterostalpin
KR. = Kalkalpine Randschuppe
AD. = Allgäudecke
LD. = Lechtaldecke

b. Tektonische Baueinheiten der deutschen Alpen

191.1 Die wichtigsten tektonischen Baueinheiten des Allgäus in einem Profilschnitt

Bildquellenverzeichnis

Aluminiumzentrale e.V., Düsseldorf: 77.1
Amtsfeld, Umkirch: 56.1
Archiv für Kunst und Geschichte, Berlin: 20.1
Astrofoto, Leichlingen: 9.1
Bauer, Breisach: 39.2, 148.1, 166.1
Bricks, Erfurt: 141.2, 141.3, 142.3
Bütow, Kemnitz: 156.1b
Christoph & Friends, Essen: Titelbild
Deutsche Luftbild, Hamburg: 183.2
dpa, Frankfurt: 185.1
Eckert, Kirchzarten: 173.3
Englert, Freiburg: 53.1, 53.2, 56.3, 59.1b, 63.3, 186.2
GEOMAR, Kiel: 75.1
Gehrke, Mahlberg: 79.1, 167.1
Goßmann, Freiburg: 39.4
Greiner, Freiburg: 156.1f
Härle, Wangen: 49.4, 61.1a, 63.5, 140.1, 140.2, 156.1g, 161.1, 162.1c, 169.1
Hellige, Iserlohn: 45.3
Hinz, Allschwill: 48.1
Jahn, Breidenbach: 59.1a, 189.4
Junge, Hannover: 141.1
Kali- und Salz-GmbH, Kassel: 143.1
Landesmedienzentrum Rheinland-Pfalz, Koblenz: 35.1, 49.2
Kahlert, Kleinbittersdorf: 181.2, 181.3
Klohn, Vechta: 143.3, 147.1b, 189.2
Kluge, Chemnitz: 156.1d
Knigge, Hannover: 143.2
Krzemien, Hannover: 156.1a, 160.1, 164.1, 171.1
Mack, Villingen-Schwenningen: 47.1, 63.4, 146.1
Mauritius, Mittenwald: 24.3, 87.1, 90.1, 112.1, 185.2
Meinel, Hannover: 61.1c
Meier, Dresden: 177.2
Mitschke, München: 189.3, 190.2, 190.3
Morgeneyer, Leipzig: 153.1a, 153.1b, 153.1c, 170.1
Mühr, Karlsruhe: 89.2, 94.1
Müller, K.-U., Berlin: 144.1
NASA: 86.1
Rheinbraun, Köln: 72.1
Rieke, Hannover: 58.1, 142.1, 142.2, 168.1, 177.2, 177.4
Robel, Bad Dürkheim: 151.1, 156.1c
Schmidt, Teningen: 54.1
Schmidtke, Melsdorf: 54.2, 61.1b, 63.1, 156.1c, 162.1b, 177.1, 178.1, 183.3,
Schuchardt, Berlin: 31.1
Simon, Essen: 93.2
Solvay Deutschland, Hannover: 71.1
Sprunkel, Köln: 147.1c
Staudenmaier, Donzdorf: 177.3
Svoboda, Hannover: 163.1
Taubert, Springe: 147.1a

Thorbecke, Lindau: 190.1
Tönnies, Hannover: 79.4
Ulmer Verlag, Stuttgart (Frau Briemle):
Vulkaneifel-Touristik- und Werbe-GmbH: 26.2
Westfälisches Amt für Denkmalspflege: 40.1
Wetzel, Freiburg: 28.3, 162.1a
ZEFA, Düsseldorf: 22.1

Karten- und Grafikenverzeichnis

Computerkartografie, Computergrafik Heidolph, Eching: 6.1, 7.1, 8.1, 8.2, 13.1, 13.2, 13.3, 14.1a, 14.1b, 15.1, 15.2, 17.1, 17.2, 18.2, 19.1, 19.2, 21.2, 21.3, 22.1, 22.2b, 23.1, 23.2, 24.2, 25.1, 26.1, 28.1, 28.2, 29.1, 29.2, 30.1, 30.2, 31.2, 31.3, 32.1, 33.1, 35.2, 36.1, 37.1, 38.1, 38.2, 39.1, 41.2, 42.1, 42.2, 42.3, 43.1, 43.2, 45.1, 45.2, 46.1, 46.2, 47.1, 47.2, 49.1, 49.3, 50.1, 50.2, 50.3, 51.1, 51.2, 52.1, 55.1, 56.2, 57.1, 58.2, 58.3, 60.1, 60.2, 61.1, 61.2, 63.2, 64.1, 65.1, 65.2, 66.1, 67.1, 68.1, 69.1, 70.1, 70.2, 71.2, 72.1, 73.1, 73.2, 74.1, 74.1, 74.2, 76.1, 76.2, 78.1, 79.3, 80.2, 81.1, 82.1, 82.2, 82.3, 83.1, 83.2, 84.1, 84.2, 84.3, 85.1, 85.2, 85.3, 88.1, 89.1, 89.3, 89.4, 90.2, 91.2, 92.1, 92.2, 92.3, 93.1, 94.2, 94.3, 95.1, 95.2, 96.1, 96.2, 97.1, 97.2, 99.1, 99.2, 106.1, 107.1, 108.1, 109.1, 110.3, 111.1, 112.2, 113.1, 113.2, 114.1, 118.1, 120.1, 124.1, 126.2, 128.1, 128.2, 128.3, 129.1, 130.1, 131.1, 131.2, 132.1, 133.1, 134.1, 134.2, 136.2, 137.1, 138.1, 139.2, 145.1, 146.1, 150.1, 150.2, 152.1, 153.2, 154.2, 155.1, 156.2, 158.1, 159.1, 164.2, 164.3, 165.1, 166.2, 168.2, 170.2, 171.2, 172.1, 173.1, 174.2, 174.3, 175.1, 178.2, 179.1, 180.1, 181.1, 186.1, 187.1, 189.1, 191.1, 191.2
Domke Grafik, Hannover: 87.2, 110.1, 110.2, 123.1, 182.2
Güttler, Berlin: 12.1, 16.1, 20.2, 21.1, 22.2a, 27.1, 27.2, 34.1, 34.2, 37.2, 44.1, 48.2, 59.1, 77.2, 100.1, 103.1, 103.2, 103.3, 103.4, 109.2, 116.1, 119.1, 120.2, 124.2, 125.1, 126.1, 149.1, 177.1, 183.1, 184.1, 188.1